高职高专版

Advanced Mathematics

高等数学

主编◎邓俊谦　　周素静

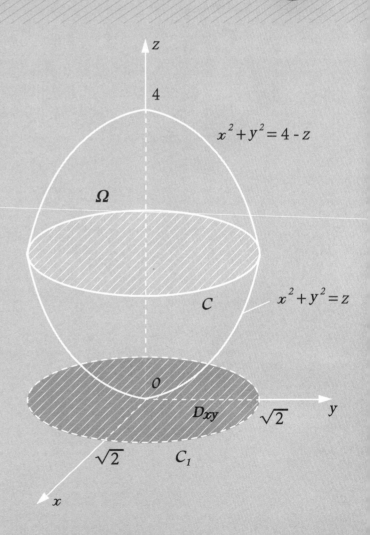

华东师范大学出版社

前　言

随着信息化技术的突飞猛进,教育信息化进入 2.0 时代,作为培养高素质技术型人才的公共基础课的教材也必须与时俱进.本教材在编写过程中,遵循"必需、够用"为度的原则,精心选取教材内容、利用信息技术,融入数字化资源,以满足高职高专院校工科类及经济类各专业对高等数学的需求、适应信息化时代高职学生的认知特点和学习需求.

本书主要内容有 10 章,分别为:1. 函数与极限;2. 导数与微分;3. 导数的应用;4. 积分及其应用;5. 微分方程;6. 无穷级数;7. 矩阵简介;8. 向量　常见空间图形及其方程;9. 多元函数的微积分;10. MATLAB 软件使用简介."矩阵简介"这一章内容,本属于线性代数,但矩阵及相关知识在当今经济生活和科学研究中的应用非常广泛,有一部分专业需要,另外,了解一些矩阵知识,对提高学生的职业能力和素质也是有益的,因此,本书中设置了这一章.另外,针对目前高职院校生源层次多样的实际情况,作为附录,本书特地安排了"基本初等函数"这一内容,以及常用基本初等函数的图形、特性表,以方便教师根据需要选用,也给学生需要时能够及时查阅带来便利.

本书作者均是教学一线的高职高专数学教师,都有多年的教学经历,积累了丰富的教学经验,十分熟悉高职学生的特点,对高职高专数学教育有较深的体会和认识,这为编写出一部师生满意的教材提供了有力保障.高职高专数学教材不同于本科数学教材,必须体现出高等职业教育的特色,本书具有如下特色:

(1) 通过具体案例、数表和图形引出重要概念和结论,淡化理论的推导和证明;突出数学技术与专业技能的融合,适时融入数学建模案例和数学文化.

(2) 利用信息技术,在纸质教材中融入数字化资源.在每节内容后添加课堂测试二维码(书后附有参考答案);每章基本知识后增添了"阅读与拓展"二维码,方便学生进行自主化学习,延伸学习时空,拓展知识面,提高数学素养.

(3) 融入 MATLAB 数学实验,弱化不常用公式的记忆和复杂计算技巧. MATLAB 数学软件具有强大的运算功能,也是数学建模的重要工具.因此,本书第十章安排了"MATLAB 软件使用简介",并在每章适时添加 MATLAB 实现相应运算的例题.这样的编排符合高职高专院校学生的基础和认知特点,降低了对复杂数学运算的要求,有利于提升学生学习数学的信心,培养学生利用数学知识和数学软件解决实际问题的能力.

(4) 在第一章至第九章中,每节配备了 A、B 两组习题,每章后安排有 A、B 两组复习题. A 组题反映的是教学基本要求;B 组题是为学有余力的同学自主练习设计的,教师也可需要时选用.习题和复习题题量足,且书后附有习题和复习题、课堂测试题的答案,期望能够方便师生使用.

（5）本书处处为教学着想,为学生着想,高度重视细节的处理.在每一节的前面都突出地标明了本节的要点,有利于学生学习和复习;在格式的安排上精心、细致,重要概念、结论、公式视觉突出,具有良好的心理效果;努力追求语言表述的规范、精练、一致和通俗易懂,为同学作好示范和利于阅读.

本书由郑州铁路职业技术学院的邓俊谦、周素静任主编,并负责全书的规划、统稿等工作.余敏、李静、刘冬华任本书副主编.第一、二章由邓俊谦编写,第四、十章由周素静编写,第三、九章由余敏编写,第五、六章由李静编写,第七章由刘冬华编写,第八章由乔铁编写,附录、附表、课堂测试、阅读与拓展由邓俊谦、周素静和余敏提供.受我们的水平所限,书中难免有不妥之处,甚至错误,真诚欢迎读者提意见和批评指正.

编　者

2020 年 3 月

目　录

第一章 函 数 与 极 限

　　本书大部分内容属于微积分学. 微积分是科学史上的重大发明,它在物理学、天文学、工程技术、经济学、管理科学、社会科学以及生物学等众多领域都展示了强大威力.

　　微积分研究的基本对象是函数,极限是微积分的基本概念和重要工具. 朴素的极限思想和应用早已出现. 例如,早在公元前 4 世纪,我国就有"一尺之棰,日取其半,万世不竭"的说法,意思就是,一尺长的木棒,每天取走一半,永远也取不完. 又如,在公元 3 世纪,我国魏晋时期的杰出数学家刘徽创立了"割圆术",利用圆内接正多边形周长的极限是圆周长这一思想,去近似计算圆周率 π 的值,取得了杰出的成果.

　　本章我们将介绍初等函数的概念,学习极限和连续的概念以及相关的一些微积分基础知识.

第一节 函　　数

> ⊙ 函数的定义及表示法、分段函数、函数的增量　⊙ 函数的常见特性
> ⊙ 基本初等函数　⊙ 复合函数　⊙ 初等函数

一、函数的概念

1. 函数的定义

　　变量与变量之间经常是相互依赖、相互制约的,一个量确定了,另一个量随之确定,这两个量之间就有了函数关系. 例如,行星绕太阳公转的周期和行星椭圆轨道的半长轴的关系;大气压强和海拔高度的关系;放射性物质的质量和时间的关系;球的体积、表面积分别和球半径的关系;利率和存期的关系;个人所得税的纳税额和收入的关系等,这里每一个问题中的两个变量之间都存在着函数关系.

> 　　**定义**　设 x、y 是两个取实数值的变量,x 取值的集合是非空集 D. 如果按照某个对应规则 f,对于 D 中的每一个 x 的值,都有唯一确定的 y 值和它对应,那么就称 y 是 x 的**函数**,记作 $y=f(x)$;称 x 是**自变量**,y 是**因变量**,D 是函数的**定义域**;与 x 值相对应的 y 值叫做**函数值**,函数值的集合叫做函数的**值域**.

如果某个数 $x_0 \in D$,就说函数 $f(x)$ 在 x_0 有定义,函数 $f(x)$ 在 x_0 的函数值记作 $f(x_0)$ 或 $y|_{x=x_0}$.

上面定义的函数也叫做**单值函数**,定义要求"对于 D 中的每一个 x 的值,都有唯一确定的 y 值和它对应".如果把这句话中的"唯一"两字去掉,并修改为"对于 D 中的每一个 x 的值,都有确定的 y 值和它对应,并且至少有一个 x 值与多个 y 值相对应",那么这样定义的函数叫做**多值函数**.

例如,方程 $y^2 = x$,对于 $[0, +\infty)$ 上的每一个 x 值,y 都有确定的值和它对应,并且对任意一个大于零的 x,都有两个 y 值:$y_1 = \sqrt{x}$ 和 $y_2 = -\sqrt{x}$ 与 x 相对应.所以这个方程确定了一个以 x 为自变量,y 为因变量的**多值函数**.

说明: 本书对多值函数不作讨论,以后说到函数,若无特别声明,都指单值函数.

2. 函数的表示法

表示函数的方法,常用的有三种,即**公式法**、**表格法**和**图形法**.

球的体积 $V = \frac{4}{3}\pi r^3$(r 表示球的半径),汽车刹车距离 $s = kv^2$(k 为常数,v 为速度)等,就是用公式法表示的函数.微积分研究的就是用公式法表示的函数.用表格法表示的函数也常可以见到.例如,银行的存款利率表,个人所得税税率表等.在媒体上常可以看到图形法表示的函数.例如,描述某段时间内某种商品价格的图形,股市的综合指数即时图等;心电监护仪屏幕上显示的病人心电图形,也描述了一种函数关系,为医生时时提供着病人心脏的信息.

3. 分段函数

在定义域的不同范围内,用不同解析式表示的函数叫做**分段函数**.

例如,下面的两个函数都是分段函数.

绝对值函数 $y = \begin{cases} x, & x \geqslant 0, \\ -x, & x < 0; \end{cases}$

电工学中的一种梯形波,电流 I 与时间 t 在 $[0, T]$ 上的关系为

$$I(t) = \begin{cases} \dfrac{4A_m}{T}t, & 0 \leqslant t < \dfrac{T}{4}, \\[2ex] -\dfrac{4A_m}{T}t + 2A_m, & \dfrac{T}{4} \leqslant t < \dfrac{3T}{4}, \\[2ex] \dfrac{4A_m}{T}t - 4A_m, & \dfrac{3T}{4} \leqslant t \leqslant T. \end{cases}$$

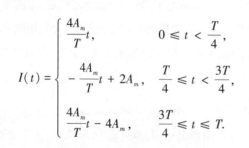

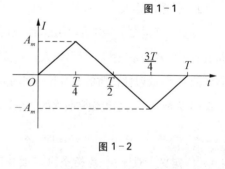

图 1-1

图 1-2

这两个函数的图形分别见图 1-1 和图 1-2.

4. 函数的增量

设函数 $y = f(x)$,当 x 从 x_1 变到 x_2 时,终值 x_2 与初值 x_1 的差 $x_2 - x_1$ 叫做**自变量 x 的增量**(也

称**改变量**),记作 Δx,即 $\Delta x = x_2 - x_1$,函数值的差 $f(x_2) - f(x_1)$ 叫做**函数的增量(改变量)**,记作 Δy,即

$$\Delta y = f(x_2) - f(x_1) = f(x_1 + \Delta x) - f(x_1).$$

例如,设 $f(x) = 3x^2 + 1$,则:

当 x 从 1 变到 1.1 时,$\Delta x = 1.1 - 1 = 0.1$,

$$\Delta y = f(1.1) - f(1) = (3 \times 1.1^2 + 1) - (3 \times 1^2 + 1) = 0.63;$$

当 x 从 0 变到 -0.2 时,$\Delta x = -0.2 - 0 = -0.2$,

$$\Delta y = f(-0.2) - f(0) = [3 \times (-0.2)^2 + 1] - 1 = 0.12;$$

当 x 从 1 变到 0 时,$\Delta x = 0 - 1 = -1$,

$$\Delta y = f(0) - f(1) = 1 - (3 \times 1^2 + 1) = -3.$$

二、函数的常见特性

单调性、奇偶性、周期性,函数的这几种特性在中学已有详细描述,此处不再介绍,下面说明有界性.

设函数 $f(x)$ 在数集 D 上有定义,如果存在正数 M,对 D 中的任一 x,相应的函数值 $f(x)$ 都满足 $|f(x)| \leqslant M$,那么称函数 $f(x)$ 在 D 上**有界**,也可说 $f(x)$ 是 D 上的**有界函数**;如果不存在这样的正数 M,则称函数 $f(x)$ 在 D 上**无界**,也可说 $f(x)$ 是 D 上的**无界函数**.

例如,对任意的 $x \in \mathbf{R}$ 都有 $|\sin x| \leqslant 1$,$|\arctan x| < \dfrac{\pi}{2}$,所以正弦函数、反正切函数都在它们的定义域 $\mathbf{R}$ 上有界.

当函数 $y = f(x)$ 在数集 D 上有界时,它在 D 上的图形一定在两条平行线 $y = M$ 和 $y = -M$ 之间.

三、初等函数

1. 基本初等函数

常值函数 $y = C$(C 为常数)、幂函数 $y = x^\alpha$、指数函数 $y = a^x$、对数函数 $y = \log_a x$、三角函数($y = \sin x$、$y = \cos x$、$y = \tan x$)以及反三角函数($y = \arcsin x$、$y = \arccos x$、$y = \arctan x$),这些函数称为**基本初等函数**.

说明: 三角函数除了上面列出的三个,还有:余切函数 $y = \cot x = \dfrac{1}{\tan x}$、正割函数 $y = \sec x = \dfrac{1}{\cos x}$、余割函数 $y = \csc x = \dfrac{1}{\sin x}$,但由于这三个函数和常用的 $y = \sin x$、$y = \cos x$、$y = \tan x$ 有倒数

关系,计算或应用时可用相应函数代替,因此,本书不再介绍这三个函数及运算. 三个反三角函数的图形及特性见表 1 - 1,其他几种基本初等函数的图形及特性不再一一列出.

表 1 - 1

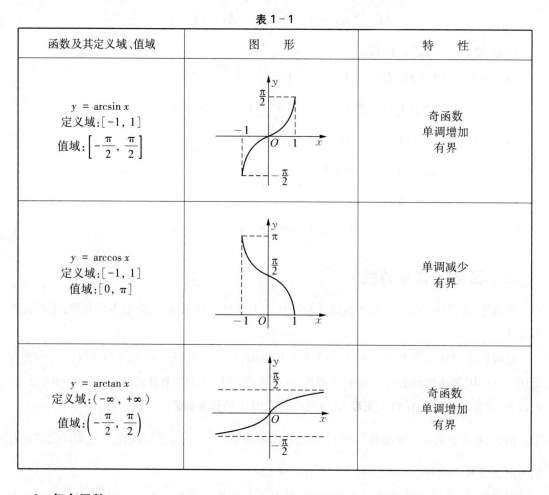

函数及其定义域、值域	图　形	特　性
$y = \arcsin x$ 定义域:$[-1, 1]$ 值域:$\left[-\dfrac{\pi}{2}, \dfrac{\pi}{2}\right]$		奇函数 单调增加 有界
$y = \arccos x$ 定义域:$[-1, 1]$ 值域:$[0, \pi]$		单调减少 有界
$y = \arctan x$ 定义域:$(-\infty, +\infty)$ 值域:$\left(-\dfrac{\pi}{2}, \dfrac{\pi}{2}\right)$		奇函数 单调增加 有界

2. 复合函数

设函数 $y = f(u) = 3\sin u$, $u = \varphi(x) = 2x + \dfrac{\pi}{4}$,则称函数 $y = f[\varphi(x)] = 3\sin\left(2x + \dfrac{\pi}{4}\right)$ 是由函数 $y = 3\sin u$ 和 $u = 2x + \dfrac{\pi}{4}$ "复合" 而成的.

一般地,设 y 是 u 的函数,即 $y = f(u)$, u 又是 x 的函数,即 $u = \varphi(x)$,那么称以 x 为自变量的函数 $y = f[\varphi(x)]$ 为由 $y = f(u)$ 和 $u = \varphi(x)$ 复合而成的**复合函数**,称 u 为**中间变量**.

类似地,可以说明由三个或更多的函数复合而成的复合函数.

但是,并不是任何两个函数都能够复合成为一个复合函数的. 例如,$y = \ln u$, $u \in (0, +\infty)$ 和 $u = -x^2$, $x \in \mathbf{R}$,将 $u = -x^2$ 代入 $y = \ln u$,得 $y = \ln(-x^2)$,这就不是以 x 为自变量的函数,因为对任意的 x 值,都没有 y 值与它对应. 所以 $y = \ln u$, $u = -x^2$ 不能复合成为 x 的复合函数.

有时需要把几个函数复合成为一个函数,有时又需要分清楚一个复合函数是由哪几个简单函数复合而成的. 这里说的简单函数是指基本初等函数以及由它们的和、差、积、商所形成的函数.

例1 说出下列复合函数是由怎样的简单函数复合而成的:

(1) $y = \sin^3 x$;

(2) $y = \arctan\sqrt{\dfrac{x-1}{x^2+1}}$.

解 (1) 函数 $y = \sin^3 x$ 可以看成是由简单函数 $y = u^3$ 和 $u = \sin x$ 复合而成的.

(2) 函数 $y = \arctan\sqrt{\dfrac{x-1}{x^2+1}}$ 可以看成是由简单函数 $y = \arctan u$, $u = \sqrt{v}$ 和 $v = \dfrac{x-1}{x^2+1}$ 复合而成的.

3. 初等函数

初等函数是指由基本初等函数经过有限次四则运算以及有限次复合步骤而构成,并能用一个数学式子表示的函数.

例如,上面例1中的两个函数,多项式函数 $y = a_n x^n + a_{n-1} x^{n-1} + \cdots + a_1 x + a_0$,有理分式函数

$y = \dfrac{a_n x^n + a_{n-1} x^{n-1} + \cdots + a_1 x + a_0}{b_m x^m + b_{m-1} x^{m-1} + \cdots + b_1 x + b_0}$ 等都是初等函数. 本节中的函数 $I(t)$ 不是初等函数.

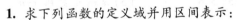

习题 1-1

课堂测试
1-1

A 组

1. 求下列函数的定义域并用区间表示:

(1) $y = \sqrt[4]{x+2}$;

(2) $y = (x-3)^{-\frac{1}{5}}$;

(3) $y = (1-3x)^{-\frac{1}{2}}$;

(4) $y = 4^{\frac{1}{x}}$;

(5) $y = \ln(2x+1)$;

(6) $y = \ln(4-x^2)$;

(7) $y = \dfrac{1}{\log_2(x-1)}$;

(8) $y = \sqrt{\log_3 x}$;

(9) $y = \dfrac{1}{\sqrt{\log_{\frac{1}{2}} x}}$;

(10) $y = \arcsin(x-1) + \arctan(x-2)$.

2. 求下列函数的定义域:

(1) $y = (3-x)^{\frac{1}{4}} + (x+5)^{-\frac{1}{2}}$;

(2) $y = \dfrac{1}{\sqrt{x^2-9}}$;

(3) $y = \dfrac{x-3}{x^2-2x-8}$;

(4) $y = \dfrac{\ln(x^2-1)}{\sqrt{5-x}}$;

(5) $y = \mathrm{e}^{\frac{1}{x-1}} + \sqrt{3^x - 1}$;   (6) $y = \dfrac{\arcsin(x + 2)}{x + 1}$.

3. 设 $f(x) = \begin{cases} 2, & x < 0, \\ x^2 - 1, & 0 \leqslant x < 1, \\ 1 - x, & x \geqslant 1, \end{cases}$ 画出函数 $y = f(x)$ 的图形，并求 $f(-3)$、$f(0)$、$f(3)$、

$f[f(0.5)]$ 和 $f[f(-1)]$ 的值.

4. 作出函数 $y = \dfrac{|x|}{x}$ 的图形，并指出它是否为奇函数或偶函数.

5. 判断下列函数是奇函数、偶函数，还是既非奇函数也非偶函数：

(1) $f(x) = 3x - \dfrac{1}{2x}$;   (2) $f(x) = \dfrac{\sin^2 x}{1 + \cos x}$;

(3) $f(x) = \ln|x| + 1$;   (4) $f(x) = |x - 2|$;

(5) $f(x) = \mathrm{e}^x - \mathrm{e}^{-x}$;   (6) $f(x) = x^3 \arctan x$.

6. 说出下列函数是由哪些简单函数复合而成的：

(1) $y = \sin^2 x$;   (2) $y = \sin x^2$;   (3) $y = \tan\sqrt{x}$;

(4) $y = \sqrt{\arctan x}$;   (5) $y = \mathrm{e}^{\cos^3 x}$;   (6) $y = \sqrt[3]{3x^2 + 1}$;

(7) $y = \sin\left(\ln\dfrac{x-1}{x+1}\right)$;   (8) $y = \arcsin\sqrt{x-1}$;   (9) $y = \ln(\arctan\sqrt{x})$.

7. 设函数 $y = \dfrac{1}{x}$ ，求 Δx、Δy：

(1) x 从 2 变到 2.1;   (2) x 从 4 变到 3.8;   (3) x 从 a 变到 $a+h$.

8. 应用题：

(1) 一扇窗户上面一部分是半圆形，下面一部分是矩形. 已知窗户的周长是 9 m，试把窗户的面积 A 表示为宽 x 的函数.

(2) 夏季某高山的气温，从山脚起，每升高 100 m 降低 0.7℃. 已知山脚气温是 26℃，山顶气温是 14.1℃，用 T 表示气温，h 表示相对于山脚的高度.

① 把 T(单位：℃)表示成 h(单位：m)的函数；

② 求这座山的相对高度；

③ 气温为 17.6℃ 时，相对高度是多少？

(3) 2002 年以来，我国的税收总额高速增长，年增长率约为 21.9%. 已知 2002 年的税收总额为 16 997 亿元，用 t 和 P 分别表示 2002 年 ($t = 0$) 以来的年数和年税收总额.

① 求函数关系式 $P = P(t)$，并表示成 $P_0 \mathrm{e}^{kt}$ 的形式(k 值精确到万分之一)；

② 估计 2006 年的税收总额(精确到 1 亿元).

B 组

1. 画出取整函数 $y = [x]$ 的图形,其中 $[x]$ 表示不超过 x 的最大整数.

2. 求下列函数的定义域:

(1) $y = \sqrt{2^x - 1}$;   (2) $y = \dfrac{1}{\sqrt{\dfrac{1}{27} - 3^x}}$;   (3) $y = \sqrt{\arcsin(x + 1)}$.

3. 求函数 $f(x) = \ln \dfrac{1 - x}{1 + x}$ 的定义域,并判断它是否为奇函数或偶函数.

4. 设函数 $f(x) = 1 - \dfrac{1}{x^2}$, $\varphi(x) = \sqrt{1 + \sin x}$.

(1) 求函数 $f[\varphi(x)]$ 以及函数值 $f[\varphi(0)]$ 和 $f\left[\varphi\left(\dfrac{\pi}{2}\right)\right]$;

(2) 求函数 $f[f(x)]$ 和函数值 $f[f(2)]$.

第二节 极限的概念

> ⊙ $x \to x_0$ 时 $f(x)$ 的极限,左、右极限 ⊙ $x \to \infty$ 时 $f(x)$ 的极限
> ⊙ 水平渐近线 ⊙ 数列的极限 ⊙ 无穷小与无穷大 ⊙ 铅直渐近线

一、$x \to x_0$ 时 $f(x)$ 的极限

1. 瞬时速度

旋停在地震灾区上空 50 m 高处的直升机上丢下一包救灾物品,忽略空气阻力,记开始下落的时刻为 $t = 0$. 试考察在下落的第 3 秒末这一时刻物品的速度.

由于物品下落的速度 v 是不断改变的,因此不能用匀速运动的速度公式

$$v = \frac{s}{t} = \frac{\text{下落路程}}{\text{所用时间}} \qquad ①$$

来计算. 我们注意到,虽然物品下落速度随时间而改变,但时间间隔越短,速度的改变就越小,因此,在很小的时间区间 $[3, t]$(当然也可以取 $[t, 3]$)上,下落可近似看成是匀速的. 这样就可以用在 $[3, t]$ 内下落的平均速度,记作 $\bar{v}(t)$,来近似代替第 3 秒末这一时刻的速度.

下面计算 $\bar{v}(t)$. 根据自由落体公式 $s(t) = \dfrac{1}{2}gt^2$(g 为重力加速度),在时间段 $[3, t]$ 内物品下落的距离为

$$\Delta s = s(t) - s(3) = \frac{1}{2}g(t^2 - 9),$$

所用时间为 $\Delta t = t - 3$. 由上面的平均速度公式①,得

$$\bar{v}(t) = \frac{\Delta s}{\Delta t} = \frac{1}{2}g \cdot \frac{t^2 - 9}{t - 3}. \qquad ②$$

取 t 的一系列越来越接近 3 的值计算,见表 1 - 2,其中 t 和 $\bar{v}(t)$ 的单位分别为 s 和 m/s.

表 1 - 2

t	3. 1	3. 001	3. 000 01	3. 000 000 1	…	→3
$\bar{v}(t)$	3. 05g	3. 000 5g	3. 000 005g	3. 000 000 05g	…	→3g

t 的值越接近 3,$\bar{v}(t)$ 的值作为第 3 秒末这一时刻速度的近似值,其近似程度越高,越能客观反映这一时刻速度的状况. 从表中可以看出,当 t 的值无限趋近于 3 时,$\bar{v}(t)$ 的值无限趋近于 $3g$. 把这个常数 $3g$ 叫做函数 $\bar{v}(t)$ 当 t 趋向于 3 时的极限,记作 $\lim\limits_{t\to 3}\bar{v}(t)$,即

$$\lim_{t\to 3}\bar{v}(t) = \lim_{t\to 3}\frac{\Delta s}{\Delta t} = \lim_{t\to 3}\frac{s(t) - s(3)}{t - 3} = \lim_{t\to 3}\frac{1}{2}g \cdot \frac{t^2 - 9}{t - 3} = 3g\,(\text{m/s}).$$

我们就定义这个极限值 $3g$ 为第 3 秒末物品下落的速度,即这一时刻的瞬时速度.

2. $x \to x_0$ 时 $f(x)$ 的极限

首先说明邻域的概念. 设 δ 为正实数,称区间 $(x_0-\delta, x_0+\delta)$ 为**点 x_0 的 δ 邻域**,点 x_0 称为邻域中心,δ 称为邻域半径;把 $(x_0-\delta, x_0) \cup (x_0, x_0+\delta)$ 称为**点 x_0 的去心 δ 邻域**.

设 x_0 是一个定值,x 从 x_0 的两侧以任何方式趋近于 x_0,但始终不等于 x_0,用"$x\to x_0$"表示,读作"x 趋向于 x_0".

> **定义 1** 设函数 $y = f(x)$ 在点 x_0 的某个邻域内有定义(在 x_0 可以没有定义),如果当 $x\to x_0$ 时,$f(x)$ 无限趋近于一个常数 L,那么就说 L 是**当 x 趋向于 x_0 时函数 $f(x)$ 的极限**,记作
>
> $$\lim_{x\to x_0}f(x) = L \text{ 或 } f(x) \to L(x\to x_0).$$

从图形上看,当 $x\to x_0$ 时 L 是 $f(x)$ 的极限,就是在 x_0 附近,当 x 不论从 x_0 的左侧还是右侧趋向于 x_0 时,$y = f(x)$ 图形上的点都无限趋近于点 (x_0, L). 点 (x_0, L) 可以是函数图形上的点(如图 1 - 3(a) 所示),也可以不是函数图形上的点(如图 1 - 3(b)、(c) 所示). 当 $f(x)$ 在 x_0 有定义时,可能有 $L = f(x_0)$(图 1 - 3(a)),也可能有 $L \neq f(x_0)$(图 1 - 3(b)),$f(x)$ 也可以在 x_0 无定义(图 1 - 3(c)).

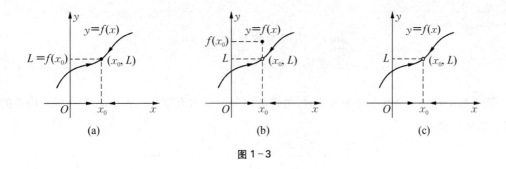

图 1-3

说明: 当极限存在时,极限是唯一的.

上面我们讨论了救灾物品在下落的第 3 秒末这一时刻的速度,一般地,设物体沿直线运动,运动方程为 $s = s(t)$,s 表示物体相对于原点的位移,函数 $s = s(t)$ 称为**位置函数**. 对于物体在运动中的某一时刻 t_0,如果当 t 趋向于 t_0 时,在 $[t_0, t]$(或 $[t, t_0]$)内的平均速度 $\dfrac{\Delta s}{\Delta t}$ 的极限存在,即

$$\lim_{t \to t_0} \frac{\Delta s}{\Delta t} = \lim_{t \to t_0} \frac{s(t) - s(t_0)}{t - t_0}$$

存在,那么这个极限就叫做物体在 $t = t_0$ 这一时刻的速度, 也称**瞬时速度**.

科学技术中的许多概念都需要用极限来说明,许多问题的解决需要用到极限这一工具.

例 1 考察函数 $f(x) = \dfrac{x^2 - 4}{x - 2}$ 当 $x \to 2$ 时的极限.

解 因为当 $x \neq 2$ 时,$\dfrac{x^2 - 4}{x - 2} = x + 2$,所以函数 $y = \dfrac{x^2 - 4}{x - 2}$ 的图形就是函数 $y = x + 2$($x \neq 2$)的图形,如图 1-4 所示.从图中可以看出,当 $x \to 2$ 时 $f(x)$ 有极限,且

$$\lim_{x \to 2} \frac{x^2 - 4}{x - 2} = 4.$$

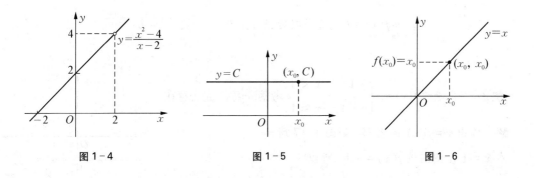

图 1-4   图 1-5   图 1-6

从常值函数 $y = C$ 的图形(图 1-5)和函数 $y = x$ 的图形(图 1-6)可以看出:

$$\lim_{x \to x_0} C = C(C \text{ 为常数}); \lim_{x \to x_0} x = x_0.$$

当函数 $y = f(x)$ 是基本初等函数时,由函数图形容易知道,若 x_0 是 $f(x)$ 定义区间内部的点(端点除外),则有

$$\lim_{x \to x_0} f(x) = f(x_0),$$

即极限值等于函数值. 例如, $\lim\limits_{x \to 0} \sin x = \sin 0 = 0$, $\lim\limits_{x \to 0} \cos x = \cos 0 = 1$, $\lim\limits_{x \to 3} x^2 = 3^2 = 9$ 等等.

3. 左、右极限

x 仅从 x_0 的左侧,即小于 x_0 的一侧无限趋近于 x_0,记作 $x \to x_0^-$;x 仅从 x_0 的右侧,即大于 x_0 的一侧无限趋近于 x_0,记作 $x \to x_0^+$.

定义 2 设函数 $y = f(x)$,如果当 $x \to x_0^-$ 时,$f(x)$ 无限趋近于一个常数 L,那么就说 L 是当 x 趋向于 x_0 时函数 $f(x)$ 的**左极限**,记作

$$\lim_{x \to x_0^-} f(x) = L, \text{ 或 } f(x_0^-) = L;$$

如果当 $x \to x_0^+$ 时,$f(x)$ 无限趋近于一个常数 L,那么就说 L 是当 x 趋向于 x_0 时函数 $f(x)$ 的**右极限**,记作

$$\lim_{x \to x_0^+} f(x) = L, \text{ 或 } f(x_0^+) = L.$$

由定义 1 和定义 2 就得到极限存在的一个充分必要条件:

$$\lim_{x \to x_0} f(x) = L \text{ 的充分必要条件是 } f(x_0^-) = f(x_0^+) = L.$$

例 2 设函数 $f(x) = \begin{cases} -1, & x < 1, \\ x - 1, & x \geqslant 1, \end{cases}$ 考察 $\lim\limits_{x \to 1} f(x)$ 是否存在.

解 作出 $y = f(x)$ 的图形,如图 1-7 所示.

在 $x = 1$ 左侧附近 $f(x) = -1$,所以

$$\lim_{x \to 1^-} f(x) = \lim_{x \to 1^-} (-1) = -1;$$

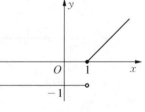

图 1-7

在 $x = 1$ 右侧附近 $f(x) = x - 1$，所以

$$\lim_{x \to 1^+} f(x) = \lim_{x \to 1^+} (x - 1) = 0,$$

左、右极限都存在但不相等，由上面的充分必要条件可知，$\lim_{x \to 1} f(x)$ 不存在.

二、$x \to \infty$ 时 $f(x)$ 的极限

x 无限增大，记作 $x \to +\infty$，读作"x 趋向于正无穷大"；x 无限减小，记作 $x \to -\infty$，读作"x 趋向于负无穷大"；$|x|$ 无限增大，记作 $x \to \infty$，读作"x 趋向于无穷大".

1. $x \to \infty$ 时 $f(x)$ 的极限

先看一个问题：

设火箭所要达到的最大高度为 h，那么发射火箭所需要的初速度为

$$v = f(h) = \sqrt{\frac{2gRh}{h + R}}, \ h \in (0, +\infty),$$

其中 g 是重力加速度，R 是地球半径.

现在来考察当 $h \to +\infty$ 时，函数 $v = f(h)$ 的变化趋势. 将函数式改写成

$$v = f(h) = \sqrt{\frac{2gR}{1 + \dfrac{R}{h}}}.$$

容易看出，当 $h \to +\infty$ 时，$\dfrac{R}{h} \to 0$，从而 $f(h) \to \sqrt{2gR}$，函数图

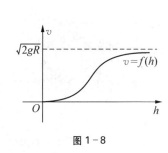

图 1-8

形见图 1-8. 我们把常数 $\sqrt{2gR}$ 称为当 $h \to +\infty$ 时，函数 $f(h)$ 的极

限，记作 $\lim_{h \to +\infty} f(h)$，即

$$\lim_{h \to +\infty} f(h) = \lim_{h \to +\infty} \sqrt{\frac{2gRh}{h + R}} = \sqrt{2gR} = 11\,200 (\text{m/s}).$$

其中 g 取 9.8 m/s^2，R 取 $6.4 \times 10^6 \text{ m}$. 这个极限值就是第二宇宙速度.

> **定义 3** 设函数 $y = f(x)$，如果当 $x \to +\infty$ 时，$f(x)$ 无限趋近于一个常数 L，那么就说 L 是当 x 趋向于正无穷大时函数 $f(x)$ 的极限，记作
>
> $$\lim_{x \to +\infty} f(x) = L, \text{或} f(x) \to L (x \to +\infty).$$

例如，$\lim\limits_{x \to +\infty} \dfrac{1}{x} = 0$（见图 1-9），$\lim\limits_{x \to +\infty} \dfrac{1}{x^2} = 0$（见图 1-10）.

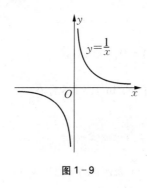

图 1 - 9

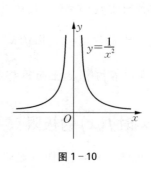

图 1 - 10

一般地,如果 q 是一个正有理数,那么有

$$\lim_{x \to +\infty} \frac{1}{x^q} = 0.$$

又如,观察指数函数的图形可以看出,当 $0 < a < 1$ 时,有 $\lim\limits_{x \to +\infty} a^x = 0$.

类似地,如果当 $x \to -\infty$ 时,$f(x)$ 无限趋近于一个常数 L,那么就说 L 是当 x 趋向于负无穷大时函数 $f(x)$ 的极限,记作

$$\lim_{x \to -\infty} f(x) = L, \text{或} f(x) \to L(x \to -\infty).$$

例如,$\lim\limits_{x \to -\infty} \frac{1}{x} = 0$(如图 1-9 所示).

> **定义 4** 设函数 $y = f(x)$,如果 $\lim\limits_{x \to +\infty} f(x) = L$,且 $\lim\limits_{x \to -\infty} f(x) = L$,那么就说常数 L 是当 x 趋向于无穷大时函数 $f(x)$ 的极限,记作
>
> $$\lim_{x \to \infty} f(x) = L, \text{或} f(x) \to L(x \to \infty).$$

由此可知:

$\lim\limits_{x \to \infty} f(x) = L$ 的充分必要条件是 $\lim\limits_{x \to +\infty} f(x) = \lim\limits_{x \to -\infty} f(x) = L$.

由 $\lim\limits_{x \to +\infty} \frac{1}{x} = \lim\limits_{x \to -\infty} \frac{1}{x} = 0$ 和定义 4,可知 $\lim\limits_{x \to \infty} \frac{1}{x} = 0$.

容易知道,$\lim\limits_{x \to \infty} C = C$,$C$ 为常数.

例 3 考察 $\lim\limits_{x \to \infty} \arctan x$ 是否存在.

解 由图 1 - 11 可以看出

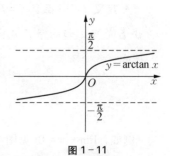

图 1 - 11

$$\lim_{x \to +\infty} \arctan x = \frac{\pi}{2}, \quad \lim_{x \to -\infty} \arctan x = -\frac{\pi}{2}.$$

$\lim\limits_{x\to+\infty}\arctan x$ 和 $\lim\limits_{x\to-\infty}\arctan x$ 虽然都存在,但不相等,所以 $\lim\limits_{x\to\infty}\arctan x$ 不存在.

2. 水平渐近线

从图形上看, $\lim\limits_{x\to+\infty}\arctan x=\dfrac{\pi}{2}$ 表明,当 $x\to+\infty$ 时曲线 $y=\arctan x$ 上的点无限接近于水平直线 $y=\dfrac{\pi}{2}$; $\lim\limits_{x\to-\infty}\arctan x=-\dfrac{\pi}{2}$ 表明,当 $x\to-\infty$ 时曲线 $y=\arctan x$ 上的点无限接近于水平直线 $y=-\dfrac{\pi}{2}$. 直线 $y=\dfrac{\pi}{2}$ 和 $y=-\dfrac{\pi}{2}$ 都叫做曲线 $y=\arctan x$ 的水平渐近线.

> 一般地,设函数 $y=f(x)$,如果
> $$\lim\limits_{x\to+\infty}f(x)=b \text{ 或 } \lim\limits_{x\to-\infty}f(x)=b,$$
> 那么就称直线 $y=b$ 为曲线 $y=f(x)$ 的**水平渐近线**.

例如,由 $\lim\limits_{x\to\infty}\dfrac{1}{x}=0$ 可知, $y=0$ 是曲线 $y=\dfrac{1}{x}$ 的一条水平渐近线.

三、数列的极限

n 取正整数且无限增大,记作 $n\to\infty$,读作"n 趋向于无穷大".

> **定义5** 设 $\{u_n\}$ 是一个无穷数列,如果当 $n\to\infty$ 时, u_n 无限趋近于一个常数 L ,那么就说 L 是数列 $\{u_n\}$ 的极限,记作
> $$\lim\limits_{n\to\infty}u_n=L, \text{ 或 } u_n\to L(n\to\infty).$$

数列有极限时,称它收敛,否则称它发散.

数列极限与 $x\to+\infty$ 时函数 $f(x)$ 的极限都是指函数值无限趋近于常数,区别仅在于 x 可取任何实数, $x\to+\infty$ 时是连续地增大,而 n 只取正整数, $n\to\infty$ 时是离散地增大. 例如, $\lim\limits_{x\to+\infty}\dfrac{1}{x}=0$, $\lim\limits_{x\to+\infty}\left(\dfrac{1}{2}\right)^x=0$,同样有 $\lim\limits_{n\to\infty}\dfrac{1}{n}=0$, $\lim\limits_{n\to\infty}\left(\dfrac{1}{2}\right)^n=0$.

以下的数列极限较为常用:

> $$\lim\limits_{n\to\infty}q^n=0\ (q\text{ 为常数,且 } |q|<1);\lim\limits_{n\to\infty}\dfrac{1}{n^{\alpha}}=0\ (\alpha\text{ 是正常数}).$$

例如, $\lim\limits_{n\to\infty}\left(\dfrac{2}{3}\right)^n = 0$, $\lim\limits_{n\to\infty}\dfrac{1}{\sqrt{n}} = 0$ 等.

下面是一个判定数列极限存在的法则,称为**单调有界原理**:

单调有界数列必有极限.

四、无穷小与无穷大

1. 无穷小

如果当 $x\to x_0$(或 $x\to\infty$)时,函数 $f(x)$ 的极限为零,那么就说 $x\to x_0$(或 $x\to\infty$)时,$f(x)$ 是**无穷小量**,简称**无穷小**. 例如:

因为 $\lim\limits_{x\to 0}\sin x = 0$,所以 $x\to 0$ 时,$\sin x$ 是无穷小;

因为 $\lim\limits_{x\to\infty}\dfrac{1}{x} = 0$,所以 $x\to\infty$ 时,$\dfrac{1}{x}$ 是无穷小;

因为 $\lim\limits_{x\to +\infty}\left(\dfrac{1}{3}\right)^x = 0$,所以 $x\to +\infty$ 时,$\left(\dfrac{1}{3}\right)^x$ 是无穷小.

$x\to x_0$ 时 $f(x)$ 无限趋近于常数 L,换一种说法就是,$x\to x_0$ 时 $f(x)-L$ 无限趋近于零. 这就是说,$\lim\limits_{x\to x_0}f(x) = L$ 与 $x\to x_0$ 时 $f(x)-L$ 是无穷小是一回事. 若记 $f(x)-L = \alpha(x)$,则 $f(x) = L + \alpha(x)$. 可以得出极限与无穷小的以下关系:

$\lim\limits_{x\to x_0}f(x) = L$ 的充分必要条件是 $f(x) = L + \alpha(x)$,其中 $\alpha(x)$ 是 $x\to x_0$ 时的无穷小.

上面的讨论也适用于 x 趋向于无穷大时的情形.

无穷小具有这样的性质:**有界函数与无穷小的乘积仍是无穷小.**

例如,求 $\lim\limits_{x\to 0}x^2\sin\dfrac{1}{x}$,虽然 $\lim\limits_{x\to 0}\sin\dfrac{1}{x}$ 不存在,但 $\sin\dfrac{1}{x}$ 有界,又 x^2 是 $x\to 0$ 时的无穷小,所以 $\lim\limits_{x\to 0}x^2\sin\dfrac{1}{x} = 0$.

2. 无穷大

当 $x\to x_0$(或 $x\to\infty$)时:

如果 $f(x)$ 的绝对值无限地增大,那么称函数 $f(x)$ 是 $x\to x_0$(或 $x\to\infty$)时的**无穷大量**,简称**无穷大**,记作

$$\lim\limits_{x\to x_0}f(x) = \infty\ (\text{或}\lim\limits_{x\to\infty}f(x) = \infty);$$

如果仅有 $f(x)$ 的值无限增大,则也称 $f(x)$ 是**正无穷大**,可记作

$$\lim_{x \to x_0} f(x) = +\infty \ (\text{或} \lim_{x \to \infty} f(x) = +\infty);$$

如果仅有 $f(x)$ 的值无限减小,则也称 $f(x)$ 是**负无穷大**,可记作

$$\lim_{x \to x_0} f(x) = -\infty \ (\text{或} \lim_{x \to \infty} f(x) = -\infty).$$

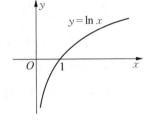

例如,$y = \dfrac{1}{x}$ 是 $x \to 0$ 时的无穷大(图形见图1-9),可记作 $\lim\limits_{x \to 0} \dfrac{1}{x} =$

∞;$y = \ln x$ 是 $x \to 0^+$ 时的负无穷大,也是 $x \to +\infty$ 时的正无穷大(如

图1-12所示),可分别记作 $\lim\limits_{x \to 0^+} \ln x = -\infty$ 和 $\lim\limits_{x \to +\infty} \ln x = +\infty$.

很明显,无穷大与无穷小之间具有以下关系:

无穷大的倒数是无穷小,无穷小(不为零)的倒数是无穷大.

图1-12

例如,$x \to 0$ 时,x 是无穷小,而 $\dfrac{1}{x}$ 是无穷大.

说明: 当 $x \to x_0$(或 $x \to \infty$)时,$f(x)$ 是无穷大,这时 $f(x)$ 是没有极限的,记号 $\lim\limits_{x \to x_0} f(x) = \infty$($\lim\limits_{x \to \infty}$

$f(x) = \infty$),仅仅是用来表示函数这类变化趋势的记号而已,并不表明极限存在.

3. 铅直渐近线

从图形上看,$\lim\limits_{x \to 0^+} \ln x = -\infty$,意味着当 x 从0的右侧无限趋近于0时,曲线 $y = \ln x$ 向下无

限延伸,并无限接近垂直于 x 轴的直线 $x = 0$,直线 $x = 0$ 叫做曲线 $y = \ln x$ 的铅直渐近线. 一般

地,有

> 设函数 $y = f(x)$,a 为定值,如果
>
> $$\lim_{x \to a^+} f(x) = +\infty \ (-\infty) \ \text{或} \lim_{x \to a^-} f(x) = +\infty \ (-\infty),$$
>
> 那么称直线 $x = a$ 为曲线 $y = f(x)$ 的**铅直渐近线**.

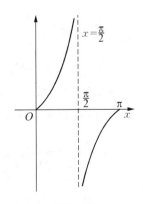

例如,$x = 0$ 是曲线 $y = \dfrac{1}{x}$ 的一条铅直渐近线(如图1-9所示);因为

$\lim\limits_{x \to \frac{\pi}{2}^-} \tan x = +\infty$(如图1-13所示),所以 $x = \dfrac{\pi}{2}$ 是曲线 $y = \tan x$ 的一条铅

直渐近线.

图1-13

习题 1-2

A 组

1. 设函数 $y = f(x)$，a 为一定值，下列说法是否正确?

（1）如果 $f(x)$ 在 $x = a$ 无定义，那么 $\lim\limits_{x \to a} f(x)$ 不存在;

（2）如果 $f(x)$ 在 $x = a$ 有定义，那么 $\lim\limits_{x \to a} f(x)$ 存在;

（3）如果 $f(a) = 3$，那么 $\lim\limits_{x \to a} f(x) = 3$;

（4）如果 $\lim\limits_{x \to a} f(x) = 3$，那么 $f(a) = 3$.

2. 函数 $y = f(x)$ 的定义域为 $(-\infty, +\infty)$，它的图形如图所示.

（1）写出下列函数值或极限值，若极限不存在，请指出:

$f(0)$，$f(2)$，$\lim\limits_{x \to 0} f(x)$，$\lim\limits_{x \to 2^-} f(x)$，$\lim\limits_{x \to 2^+} f(x)$，$\lim\limits_{x \to 2} f(x)$，

$\lim\limits_{x \to -\infty} f(x)$，$\lim\limits_{x \to +\infty} f(x)$，$\lim\limits_{x \to \infty} f(x)$;

（2）曲线 $y = f(x)$ 有无水平渐近线? 若有，写出来.

第2题图

3. 设函数 $f(x) = \begin{cases} 1, & x < -2, \\ -1 - x, & -2 \leqslant x < 0, \\ x^2, & x \geqslant 0. \end{cases}$

（1）画出 $y = f(x)$ 的图形;

（2）考察下列极限，若极限不存在，指出来;若极限存在，说出其值:

① $\lim\limits_{x \to -2^-} f(x)$; ② $\lim\limits_{x \to -2^+} f(x)$; ③ $\lim\limits_{x \to -2} f(x)$; ④ $\lim\limits_{x \to 0^-} f(x)$; ⑤ $\lim\limits_{x \to 0^+} f(x)$;

⑥ $\lim\limits_{x \to 0} f(x)$; ⑦ $\lim\limits_{x \to -3} f(x)$; ⑧ $\lim\limits_{x \to -1} f(x)$; ⑨ $\lim\limits_{x \to 2} f(x)$.

4. 画出函数 $f(x) = |x|$ 的图形并考察 $\lim\limits_{x \to 0} f(x)$.

5. 考察下列极限:

（1）$\lim\limits_{x \to 0} 2^x$; （2）$\lim\limits_{x \to 4} \sqrt{x}$; （3）$\lim\limits_{x \to +\infty} e^{-x}$;

（4）$\lim\limits_{x \to \infty} \left(1 + \dfrac{1}{x^2}\right)$; （5）$\lim\limits_{n \to \infty} (-1)^{n-1} \dfrac{5^n}{6^n}$; （6）$\lim\limits_{x \to \infty} \dfrac{\sin x}{x}$.

6. x 怎样变化时 $f(x)$ 为无穷小? x 怎样变化时 $f(x)$ 为无穷大? 曲线 $y = f(x)$ 若有水平或铅直渐近线，请指出:

（1）$f(x) = 3x + 1$; （2）$f(x) = \log_{\frac{1}{10}} x$;

（3）$f(x) = \dfrac{1}{x - 2}$; （4）$f(x) = \dfrac{1}{x^2 - 9}$.

7. 电容器充电和放电的电路如图所示,当开关 K 接在 A 点时充电,当 K 接在 B 点时放电.已知电容器两端的电压 U_C 随时间 t 变化的规律如下:

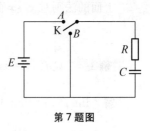

第 7 题图

充电时,$U_C = E(1 - \mathrm{e}^{-\frac{t}{RC}})$;

放电时,$U_C = E\mathrm{e}^{-\frac{t}{RC}}$,

其中 E、R、C 都是正常数. 求 $\lim\limits_{t \to +\infty} E(1 - \mathrm{e}^{-\frac{t}{RC}})$ 和 $\lim\limits_{t \to +\infty} E\mathrm{e}^{-\frac{t}{RC}}$,并说明这两个极限的意义.

B 组

1. 设函数 $f(x) = \dfrac{|x|}{x}$,考察 $\lim\limits_{x \to 0^+} f(x)$,$\lim\limits_{x \to 0^-} f(x)$,$\lim\limits_{x \to 0} f(x)$.

2. 求极限 $\lim\limits_{x \to 0} x^2 \arctan \dfrac{1}{x^2}$.

3. 设函数 $f(x) = \mathrm{e}^{\frac{1}{x}}$,考察:(1)$x$ 怎样变化时 $f(x)$ 是无穷小? x 怎样变化时 $f(x)$ 是无穷大? (2)曲线 $y = f(x)$ 是否有水平渐近线或铅直渐近线? 若有,请求出.

第三节　极限的运算和两个重要极限

⊙ 极限的四则运算　　⊙ 重要极限 $\lim\limits_{x \to 0} \dfrac{\sin x}{x} = 1$ 和 $\lim\limits_{x \to \infty} \left(1 + \dfrac{1}{x}\right)^x = \mathrm{e}$

⊙ 无穷小的比较

一、极限的四则运算法则

设 $\lim\limits_{x \to x_0} f(x) = L$,$\lim\limits_{x \to x_0} g(x) = M$,则下列运算法则成立:

(1) $\lim\limits_{x \to x_0} [f(x) \pm g(x)] = \lim\limits_{x \to x_0} f(x) \pm \lim\limits_{x \to x_0} g(x) = L \pm M$;

(2) $\lim\limits_{x \to x_0} [f(x) \cdot g(x)] = \lim\limits_{x \to x_0} f(x) \cdot \lim\limits_{x \to x_0} g(x) = L \cdot M$;

(3) $\lim\limits_{x \to x_0} kf(x) = k\lim\limits_{x \to x_0} f(x) = kL$,其中 k 是常数;

(4) $\lim\limits_{x \to x_0} \dfrac{f(x)}{g(x)} = \dfrac{\lim\limits_{x \to x_0} f(x)}{\lim\limits_{x \to x_0} g(x)} = \dfrac{L}{M}$,其中 $M \neq 0$.

上面的法则对 $x \to \infty$ 的情形和数列极限都成立.

例1 设 $f(x) = 3x^2 - 2x + 6$，$R(x) = \dfrac{2x^3 + 5x - 1}{3x^2 + 2}$，求 $\lim\limits_{x \to a} f(x)$ 和 $\lim\limits_{x \to a} R(x)$.

解 $\lim\limits_{x \to a} f(x) = \lim\limits_{x \to a}(3x^2 - 2x + 6) = \lim\limits_{x \to a}(3x^2) - \lim\limits_{x \to a}(2x) + \lim\limits_{x \to a} 6$

$\qquad\qquad = 3\lim\limits_{x \to a} x^2 - 2\lim\limits_{x \to a} x + 6 = 3a^2 - 2a + 6 = f(a).$

$\quad \lim\limits_{x \to a} R(x) = \lim\limits_{x \to a} \dfrac{2x^3 + 5x - 1}{3x^2 + 2} = \dfrac{\lim\limits_{x \to a}(2x^3 + 5x - 1)}{\lim\limits_{x \to a}(3x^2 + 2)}$

$\qquad\qquad = \dfrac{2\lim\limits_{x \to a} x^3 + 5\lim\limits_{x \to a} x - 1}{3\lim\limits_{x \to a} x^2 + 2} = \dfrac{2a^3 + 5a - 1}{3a^2 + 2} = R(a).$

一般地，如果 $f(x)$ 是多项式函数，$R(x) = \dfrac{P(x)}{Q(x)}$ 是有理分式函数，a 是一个定值，那么

$$\lim\limits_{x \to a} f(x) = f(a) ; \quad \lim\limits_{x \to a} R(x) = \dfrac{P(a)}{Q(a)} ，其中 Q(a) \neq 0.$$

例如，求 $\lim\limits_{x \to 2} \dfrac{2x^2 - 3x}{x^2 - 2x + 3}$. 因为 $x = 2$ 时分母不等于零，所以

$$\lim\limits_{x \to 2} \dfrac{2x^2 - 3x}{x^2 - 2x + 3} = \dfrac{2 \times 2^2 - 3 \times 2}{2^2 - 2 \times 2 + 3} = \dfrac{2}{3}.$$

例2 求 $\lim\limits_{x \to 3} \dfrac{x^2 - 4x + 3}{x^2 - 2x - 3}$.

解 当 $x \to 3$ 时，分子与分母极限都是 0，不能用运算法则(4). $x \to 3$ 的意义是 x 无限趋近于 3，但 $x \neq 3$，因此 $x - 3 \neq 0$，所以可以约去公因式 $x - 3$ 后再考察，即

$$\lim\limits_{x \to 3} \dfrac{x^2 - 4x + 3}{x^2 - 2x - 3} = \lim\limits_{x \to 3} \dfrac{(x-3)(x-1)}{(x-3)(x+1)} = \lim\limits_{x \to 3} \dfrac{x-1}{x+1} = \dfrac{1}{2}.$$

例3 求 $\lim\limits_{x \to -2} \dfrac{x^2 + 1}{x^2 - 4}$.

解 当 $x \to -2$ 时，分母极限是 0，所以不能用法则(4)，但分子极限不是 0，故可以先考虑倒数的极限. 因为

$$\lim\limits_{x \to -2} \dfrac{x^2 - 4}{x^2 + 1} = \dfrac{0}{5} = 0,$$

所以,根据无穷大与无穷小的关系得 $\lim\limits_{x \to -2} \dfrac{x^2 + 1}{x^2 - 4} = \infty$.

例4 求 $\lim\limits_{x \to \infty} \dfrac{3x^2 - 2x + 1}{4x^2 + 5x - 2}$.

解 当 $x \to \infty$ 时,分子、分母都是无穷大,不能用上述法则. 先将分子、分母同除以 x^2 后,再取极限,即

$$\lim_{x \to \infty} \frac{3x^2 - 2x + 1}{4x^2 + 5x - 2} = \lim_{x \to \infty} \frac{3 - \dfrac{2}{x} + \dfrac{1}{x^2}}{4 + \dfrac{5}{x} - \dfrac{2}{x^2}} = \frac{3 - 0 + 0}{4 + 0 - 0} = \frac{3}{4}.$$

例5 求 $\lim\limits_{x \to \infty} \dfrac{7x^2 + 3x}{6x^3 + 5x - 3}$.

解 先将分子、分母同除以 x^3 后再取极限,得

$$\lim_{x \to \infty} \frac{7x^2 + 3x}{6x^3 + 5x - 3} = \lim_{x \to \infty} \frac{\dfrac{7}{x} + \dfrac{3}{x^2}}{6 + \dfrac{5}{x^2} - \dfrac{3}{x^3}} = \frac{0 + 0}{6 + 0 - 0} = 0.$$

在上面例4、例5中,当 $x \to \infty$ 时,分子、分母都是无穷大量,两个无穷大量之比叫做 $\dfrac{\infty}{\infty}$ 型的未定式. 对于 $x \to \infty$ 时有理分式函数的 $\dfrac{\infty}{\infty}$ 型未定式,容易得出下面的结果:

$$\lim_{x \to \infty} \frac{a_0 x^n + a_1 x^{n-1} + \cdots + a_{n-1} x + a_n}{b_0 x^m + b_1 x^{m-1} + \cdots + b_{m-1} x + b_m} = \begin{cases} \dfrac{a_0}{b_0}, & \text{当 } m = n \text{ 时}, \\ 0, & \text{当 } m > n \text{ 时}, \\ \infty, & \text{当 } m < n \text{ 时}, \end{cases}$$

其中 m、n 都是正整数,且 $a_0 \neq 0$,$b_0 \neq 0$.

例6 求 $\lim\limits_{h \to 0} \dfrac{\sqrt{a + h} - \sqrt{a}}{h}$ $(a > 0)$.

解 当 $h \to 0$ 时,分子、分母都趋向于0,不能用极限运算法则,故先变形再考察.

$$\lim_{h \to 0} \frac{\sqrt{a + h} - \sqrt{a}}{h} = \lim_{h \to 0} \frac{(\sqrt{a + h} - \sqrt{a})(\sqrt{a + h} + \sqrt{a})}{h(\sqrt{a + h} + \sqrt{a})}$$

$$=\lim_{h \to 0} \frac{1}{\sqrt{a+h}+\sqrt{a}}=\frac{1}{2\sqrt{a}}.$$

课堂测试

1-3-1

这个例题和本节例2都是两个无穷小之比,这种类型的极限称为 $\frac{0}{0}$ 型的未定式.

二、两个重要极限

1. $\lim\limits_{x \to 0} \dfrac{\sin x}{x}=1$(**重要极限1**)

观察表 1-3 和图 1-14,可以看出:当 $x \to 0$ 时,函数 $y=\dfrac{\sin x}{x}$ 的值无限趋近于 1. 根据极限定义可知,$\lim\limits_{x \to 0} \dfrac{\sin x}{x}=1$ 成立.

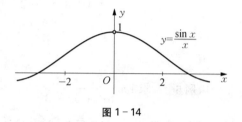

图 1-14

表 1-3

x	-0.5	-0.1	-0.05	-0.02	-0.01	→	0
$\dfrac{\sin x}{x}$	0.958 85	0.998 33	0.999 58	0.999 93	0.999 98	→	1
x	0.5	0.1	0.05	0.02	0.01	→	0
$\dfrac{\sin x}{x}$	0.958 85	0.998 33	0.999 58	0.999 93	0.999 98	→	1

例7 求 $\lim\limits_{x \to 0} \dfrac{\sin 3x}{x}$.

解 $\lim\limits_{x \to 0} \dfrac{\sin 3x}{x}=\lim\limits_{x \to 0} 3 \cdot \dfrac{\sin 3x}{3x} \xlongequal{\text{令} 3x=u} 3\lim\limits_{u \to 0} \dfrac{\sin u}{u}=3 \times 1=3.$

在例7中使用了换元法,换元的步骤有时可以省略,如下面的例子.

例8 求 $\lim\limits_{x \to 0} \dfrac{1-\cos x}{x^2}$.

解 $\lim\limits_{x \to 0} \dfrac{1-\cos x}{x^2}=\lim\limits_{x \to 0} \dfrac{2\sin^2 \dfrac{x}{2}}{x^2}=\dfrac{1}{2}\lim\limits_{x \to 0}\left(\dfrac{\sin \dfrac{x}{2}}{\dfrac{x}{2}}\right)^2=\dfrac{1}{2} \times 1^2=\dfrac{1}{2}.$

2. $\lim\limits_{x\to\infty}\left(1+\dfrac{1}{x}\right)^{x}=e$(重要极限 2)

由表 1-4 可以看出:当 $x\to\infty$ 时,$\left(1+\dfrac{1}{x}\right)^{x}$ 无限趋近于无理数 e,即 $\lim\limits_{x\to\infty}\left(1+\dfrac{1}{x}\right)^{x}=e$ 成

立. 这里的 e 就是作为自然对数底的无理数,小数点后取五位时,$e\approx 2.718\,28$. e 和圆周率 π 都是
科学技术中十分有用的常数,具有特殊地位.

表 1-4

x	1000	10 000	100 000	1 000 000
$\left(1+\dfrac{1}{x}\right)^{x}$	2.716 924	2.718 159	2.718 268	2.718 280
x	-1000	-10 000	-100 000	-1 000 000
$\left(1+\dfrac{1}{x}\right)^{x}$	2.719 642	2.718 418	2.718 295	2.718 283

说明:(1) 因为当 $x\to\infty$ 时,$1+\dfrac{1}{x}\to 1$,所以称 $\lim\limits_{x\to\infty}\left(1+\dfrac{1}{x}\right)^{x}$ 为 1^{∞} **型的未定式.**

(2) 令 $t=\dfrac{1}{x}$,则当 $x\to\infty$ 时,$t\to 0$. 于是,得 $\lim\limits_{x\to\infty}\left(1+\dfrac{1}{x}\right)^{x}=e$ 的另一种形式

$$\lim_{t\to 0}(1+t)^{\frac{1}{t}}=e.$$

对于数列这一结果也成立,即 $\lim\limits_{n\to\infty}\left(1+\dfrac{1}{n}\right)^{n}=e$.

例 9 求 $\lim\limits_{x\to\infty}\left(1+\dfrac{3}{x}\right)^{x}$.

解 $\lim\limits_{x\to\infty}\left(1+\dfrac{3}{x}\right)^{x}=\lim\limits_{x\to\infty}\left[\left(1+\dfrac{3}{x}\right)^{\frac{x}{3}}\right]^{3}=e^{3}$.

例 10 求 $\lim\limits_{x\to 0}(1-2x)^{\frac{1}{x}}$.

解 $\lim\limits_{x\to 0}(1-2x)^{\frac{1}{x}}=\lim\limits_{x\to 0}\{[(1+(-2x)]^{-\frac{1}{2x}}\}^{-2}=e^{-2}$.

对于复杂的求极限问题,可以利用 MATLAB 软件来求解.

例 11 利用 MATLAB 软件求极限 $\lim\limits_{x\to\infty}\left(1+\dfrac{1}{x+2}\right)^{x+1}$.

解 在 MATLAB 命令窗口输入下面语句：

```
>>syms x
>>limit((1+1/(x+2))^(x+1),x,inf)
```

输出结果为

```
ans = exp(1)
```

即
$$\lim_{x \to \infty} \left(1 + \frac{1}{x+2}\right)^{x+1} = \mathrm{e}.$$

注: MATLAB 7.1 具有强大的符号运算和图形功能,本节中 MATLAB 相关例题中的程序语句均为 MATLAB 7.1 版本下的程序语句.

三、无穷小的比较

虽然无穷小都趋向于零,但有的趋向于零要快一些,有的趋向于零要慢一些. 例如,当 $x \to 0$ 时,$3x$、$\sin x$ 和 x^3 都是无穷小,从表 1-5 中可以看出,$3x$ 与 $\sin x$ 趋向于零的快慢差不多,而 x^3 趋向于零则要比 $3x$ 和 $\sin x$ 快得多.

表 1-5

x	± 0.1	± 0.01	± 0.001	$\cdots$	$\to 0$
$3x$	± 0.3	± 0.03	± 0.003	$\cdots$	$\to 0$
$\sin x$	$\pm 0.099\ 833$	$\pm 0.009\ 999$	$\pm 0.000\ 999$	$\cdots$	$\to 0$
x^3	± 0.001	$\pm 0.000\ 001$	$\pm 0.000\ 000\ 001$	$\cdots$	$\to 0$

比较两个无穷小趋向于零的快慢程度,可以通过它们的商的极限来衡量.

定义 设 $\alpha = f(x)$ 和 $\beta = g(x)$ 是 $x \to x_0$ 时的两个无穷小:

(1) 如果 $\lim\limits_{x \to x_0} \dfrac{\alpha}{\beta} = 0$,那么称 $x \to x_0$ 时,α 是比 β **高阶的无穷小**,记作 $\alpha = o(\beta)$;

(2) 如果 $\lim\limits_{x \to x_0} \dfrac{\alpha}{\beta} = L \neq 0$,那么称 $x \to x_0$ 时,α 与 β 是**同阶无穷小**;特别地,若 $\lim\limits_{x \to x_0} \dfrac{\alpha}{\beta} = 1$,则称 α 与 β 是**等价无穷小**,记作 $\alpha \sim \beta$.

这个定义也适用于自变量趋向于无穷时的无穷小量.

例如,因为

$$\lim_{x \to 0} \frac{\sin x}{3x} = \frac{1}{3}, \ \lim_{x \to 0} \frac{x^3}{3x} = \lim_{x \to 0} \frac{1}{3} x^2 = 0, \ \lim_{x \to 0} \frac{\sin x}{x} = 1,$$

所以,当 $x \to 0$ 时:$\sin x$ 与 $3x$ 是同阶无穷小;x^3 是比 $3x$ 高阶的无穷小,可以记作 $x^3 = o(3x)$;$\sin x$ 与 x 是等价无穷小,可以记作 $\sin x \sim x$.

习题 1-3

A 组

1. 求下列极限:

(1) $\lim\limits_{x \to 2} (x^2 - 3x + 1)$;

(2) $\lim\limits_{x \to -1} \dfrac{3x^4 - 2x^3 - 9}{2x^3 - 5x + 3}$;

(3) $\lim\limits_{x \to -3} \dfrac{x + 3}{x^2 + 1}$;

(4) $\lim\limits_{x \to 1} \dfrac{x^2 + 2x}{(x - 1)^2}$;

(5) $\lim\limits_{x \to -2} \dfrac{x + 2}{x^3 + 8}$;

(6) $\lim\limits_{x \to 2} \dfrac{x^2 - x - 2}{x^2 - 3x + 2}$;

(7) $\lim\limits_{x \to \infty} \dfrac{2x^3 - 3x + 1}{3x^3 + 8x - 5}$;

(8) $\lim\limits_{x \to \infty} \dfrac{x^2 + 5x - 3}{3x + 8}$;

(9) $\lim\limits_{n \to \infty} \dfrac{3n^2 + 4n - 1}{n^3 + 1}$;

(10) $\lim\limits_{n \to \infty} \dfrac{1 - n^2}{2n^2 + 3}$;

(11) $\lim\limits_{n \to \infty} \dfrac{(n + 1)(n + 2)(2n + 3)}{6n^3}$;

(12) $\lim\limits_{x \to 3} \dfrac{\sqrt{x + 6} - 3}{x - 3}$.

2. 求下列极限:

(1) $\lim\limits_{x \to 0} \dfrac{x}{\sin x}$;

(2) $\lim\limits_{x \to 0} \dfrac{\sin 5x}{x}$;

(3) $\lim\limits_{x \to 0} \dfrac{\tan x}{x}$;

(4) $\lim\limits_{x \to \infty} x \sin \dfrac{1}{x}$;

(5) $\lim\limits_{x \to \pi} \dfrac{\sin x}{\pi - x}$;

(6) $\lim\limits_{x \to 0} \dfrac{\sin 2x}{\sin 3x}$.

3. 求下列极限:

(1) $\lim\limits_{x \to \infty} \left(1 + \dfrac{1}{x}\right)^{3x}$;

(2) $\lim\limits_{x \to \infty} \left(1 - \dfrac{3}{x}\right)^{x}$;

(3) $\lim\limits_{x \to 0} (1 - 5x)^{\frac{1}{x}}$;

(4) $\lim\limits_{n \to \infty} \left(1 - \dfrac{5}{n}\right)^{-n}$;

(5) $\lim\limits_{t \to 0} (1 + 3t)^{-\frac{3}{t}}$;

(6) $\lim\limits_{n \to \infty} \left(\dfrac{n}{1 + n}\right)^{n}$.

4. 求曲线的水平渐近线或铅直渐近线:

(1) $y = \dfrac{1 - 2x}{2x + 1}$;

(2) $y = \dfrac{3x^2 + 1}{x^2 - 4}$;

(3) $y = \dfrac{x^2 - 3x}{x^3 - 27}$;

(4) $y = 1 + \dfrac{10 - x}{10 + x}$.

B 组

1. 求下列极限：

(1) $\lim\limits_{n\to\infty}\dfrac{3^{n+1}+5^{n+1}}{3^n+5^n}$；

(2) $\lim\limits_{n\to\infty}\left(n-\dfrac{2+4+\cdots+2n}{n+3}\right)$；

(3) $\lim\limits_{x\to+\infty}\dfrac{\sqrt{3x^2+1}}{x-2}$；

(4) $\lim\limits_{x\to+\infty}\left(\sqrt{x^2+2x}-x\right)$.

2. 求下列极限：

(1) $\lim\limits_{x\to0}\dfrac{\arcsin 2x}{x}$；

(2) $\lim\limits_{x\to0^+}\dfrac{x}{\sqrt{1-\cos x}}$；

(3) $\lim\limits_{x\to0}(1+2x)^{\frac{1}{x}+1}$；

(4) $\lim\limits_{n\to\infty}\left(\dfrac{3n-1}{3n+1}\right)^{3n}$.

3. 设 $\lim\limits_{x\to2}\dfrac{x^2-x+a}{x-2}=3$，求 a 的值.

4. 设圆的半径为 r：(1) 证明圆内接正 n 边形的面积 $A_n=\dfrac{n}{2}r^2\sin\dfrac{2\pi}{n}$；(2) 求 $\lim\limits_{n\to\infty}A_n$.

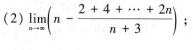

5. 如图所示，M 是曲线 $y=\sqrt{x}$ 上的动点，OM 的垂直平分线与 x 轴相交于点 H. 当 M 沿曲线趋向于原点时，点 H 的极限位置在何处？

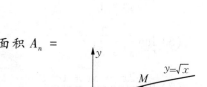

第 5 题图

第四节   函数的连续性

> ⊙ 函数在一点连续的定义及三个条件   ⊙ 间断点及其类型
> ⊙ 初等函数的连续性   ⊙ 最大值、最小值性质和介值性质

一、函数的连续性

大气压强 y 随着海拔高度 x 的改变而改变，它是"连续"变化的，或者说是渐变的，即在任一确定的高度 x_0 处，x 的改变量的绝对值 $|\Delta x|$ 越小，相应的 $|\Delta y|$ 也越小（如图 1-15 所示），当 $\Delta x\to0$，应该有 $\Delta y\to0$，即

$$\lim_{\Delta x\to0}\Delta y=0.$$

这就是"连续"的特征. 自然界中许多量的变化都是"连续"的，又

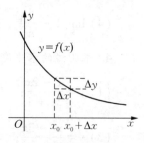

图 1-15

如,气温的变化、植物高度的变化、港口水深度的变化、放射性物质质量的衰减等.

1. 函数在一点连续的概念

设函数 $y = f(x)$,x_0 是其定义域内一点,当自变量从 x_0 变到 $x_0 + \Delta x$ 时,函数的增量为 $\Delta y = f(x_0 + \Delta x) - f(x_0)$. 令 $x = x_0 + \Delta x$,则当 $\Delta x \to 0$ 时,$x \to x_0$,于是 $\lim\limits_{\Delta x \to 0} \Delta y = 0$,故 $\lim\limits_{\Delta x \to 0} [f(x_0 + \Delta x) - f(x_0)] = 0$ 就化为 $\lim\limits_{x \to x_0} [f(x) - f(x_0)] = 0$,即 $\lim\limits_{x \to x_0} f(x) = f(x_0)$.

> **定义** 设函数 $f(x)$ 在点 x_0 的某个邻域内有定义,如果
> $$\lim\limits_{x \to x_0} f(x) = f(x_0),$$
> 那么就说**函数 $f(x)$ 在点 x_0 处连续**,称 x_0 是 $f(x)$ 的一个**连续点**.

由定义知,对函数 $f(x)$ 在点 x_0 处连续要求了三个条件:

(1) $f(x)$ 在 x_0 有定义;

(2) $\lim\limits_{x \to x_0} f(x)$ 存在;

(3) $\lim\limits_{x \to x_0} f(x) = f(x_0)$.

这三个条件中任何一条不满足,就说 $f(x)$ 在点 x_0 处不连续,这时称点 x_0 是 $f(x)$ 的**不连续点**或**间断点**.

从函数图形上看,$f(x)$ 在点 x_0 处连续,就是图形在点 $(x_0, f(x_0))$ 处无断开,如图 $1-16$ 所示.$f(x)$ 在点 x_0 处不连续,就是在 $x=x_0$ 处图形断开了. 如图 $1-17$ 所示,函数在 x_1、x_2、x_3、x_4 四个点处不连续,图形在这四个点处都是断开的,在除了这四个点以外的其他点处,函数都是连续的.

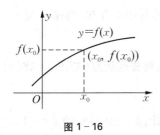

图 $1-16$ 　　　　　　　　　　　图 $1-17$

例 1 说明函数在指定点处是否连续:

(1) $h(x) = \dfrac{x^2 - 1}{x - 1}$,$x = 1$;

(2) $g(x) = \begin{cases} \dfrac{x^2 - 1}{x - 1}, & x \neq 1, \\ 1, & x = 1, \end{cases}$ $x = 1$,

(3) $\varphi(x) = \begin{cases} -x, & x \leqslant -1, \\ x - 1, & x > -1, \end{cases}$ $x = -1$;　(4) $f(x) = |x|$,$x = 0$.

解　(1) 因为 $h(x)$ 在 $x=1$ 无定义,所以 $h(x)$ 在点 $x=1$ 处不连续(如图 $1-18$(a)).

(2) $g(x)$ 在 $x=1$ 有定义, $g(1)=1$,但

$$\lim_{x\to 1}g(x) =\lim_{x\to 1}\frac{x^2-1}{x-1} =\lim_{x\to 1}(x+1)=2\neq g(1),$$

所以 $g(x)$ 在点 $x=1$ 处不连续(如图 $1-18$(b)).

(3) $\varphi(x)$ 在 $x=-1$ 有定义, $\varphi(-1)=-(-1)=1$,但

$$\lim_{x\to -1^-}\varphi(x) = \lim_{x\to -1^-}(-x)=1,\quad \lim_{x\to -1^+}\varphi(x)=\lim_{x\to -1^+}(x-1)=-2,$$

所以 $\lim_{x\to -1}\varphi(x)$ 不存在. 因此 $\varphi(x)$ 在点 $x=-1$ 处不连续(如图 $1-18$(c)).

(4) $f(x)$ 在 $x=0$ 有定义, $f(0)=0$,且

$$\lim_{x\to 0}f(x) =\lim_{x\to 0}\mid x\mid =0=f(0),$$

所以 $f(x)$ 在点 $x=0$ 处连续(如图 $1-18$(d)).

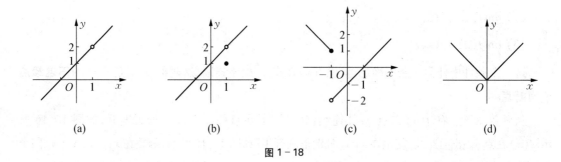

图 $1-18$

设 x_0 是函数 $f(x)$ 的间断点,如果 $x\to x_0$ 时 $f(x)$ 的左、右极限都存在,则称 x_0 是 $f(x)$ 的**第一类间断点**. 这时又有两种情形:

(1) 左、右极限相等,即 $\lim_{x\to x_0}f(x)$ 存在,这时又称 x_0 为**可去间断点**(如图 $1-18$(a)、(b)中的 $x=1$);

(2) 左、右极限不相等,这时又称 x_0 为**跳跃间断点**(如图 $1-18$(c)中的 $x=-1$).

如果 $x\to x_0$ 时 $f(x)$ 的左、右极限至少有一个不存在,则称 x_0 是 $f(x)$ 的**第二类间断点**(如图 $1-17$ 中的 x_1).

如果 $\lim_{x\to x_0^-}f(x)=f(x_0)$,则称函数 $f(x)$ 在点 x_0 处**左连续**;

如果 $\lim_{x\to x_0^+}f(x)=f(x_0)$,则称函数 $f(x)$ 在点 x_0 处**右连续**.

如图 $1-17$ 所示,函数在点 x_2 处右连续;如图 $1-18$(c)所示,函数在 $x=-1$ 处左连续.

容易知道:函数 $f(x)$ 在点 x_0 处连续的充分必要条件是 $f(x)$ 在 x_0 处既左连续又右连续.

2. 初等函数的连续性

在某个区间上有定义的函数,如果区间是半开区间或闭区间,在有定义的端点处说函数连续,指的是左连续或右连续.

如果函数 $f(x)$ 在某个区间上的每一点处都连续,那么就说 $f(x)$ 在该**区间上连续**,并称 $f(x)$ 是该区间上的**连续函数**.

在某个区间上连续的函数,在该区间上,函数的图形是一条连续无间断的曲线.

可以知道,基本初等函数在其定义域内都是连续的,还可以知道:

> 初等函数在其定义区间内都是连续的.

当 x_0 是 $f(x)$ 的连续点时,求 $\lim\limits_{x \to x_0} f(x)$ 只需计算函数值 $f(x_0)$ 就可以了.

例2　设函数 $f(x) = \dfrac{\sqrt[3]{\ln(x+1)}}{x-1}$,讨论 $f(x)$ 的连续性并求 $\lim\limits_{x \to 0} f(x)$.

解　$f(x)$ 是初等函数,它的定义域是 $(-1, 1) \cup (1, +\infty)$,所以 $f(x)$ 分别在区间 $(-1, 1)$ 和 $(1, +\infty)$ 内连续,在 $x = 1$ 处间断. 又 $0 \in (-1, 1)$,所以

$$\lim_{x \to 0} f(x) = \lim_{x \to 0} \frac{\sqrt[3]{\ln(x+1)}}{x-1} = \frac{\sqrt[3]{\ln(0+1)}}{0-1} = 0.$$

下面给出一个求某些复合函数极限的方法.

> **定理1**　设函数 $y = f(u)$,$u = \varphi(x)$,$\lim\limits_{x \to x_0} \varphi(x) = b$,$f(u)$ 在 $u = b$ 处连续,那么
>
> $$\lim_{x \to x_0} f[\varphi(x)] = f[\lim_{x \to x_0} \varphi(x)] = f(b).$$

例3　求 $\lim\limits_{x \to 0} \dfrac{\ln(1+x)}{x}$.

解　$y = \dfrac{\ln(1+x)}{x} = \ln(1+x)^{\frac{1}{x}}$ 可以看成是由 $y = \ln u$,$u = (1+x)^{\frac{1}{x}}$ 复合而成的,且 $\lim\limits_{x \to 0} (1+x)^{\frac{1}{x}} = e$,$y = \ln u$ 在 $u = e$ 处连续,所以

$$\lim_{x \to 0} \frac{\ln(1+x)}{x} = \lim_{x \to 0} \ln(1+x)^{\frac{1}{x}} = \ln[\lim_{x \to 0}(1+x)^{\frac{1}{x}}] = \ln e = 1.$$

二、连续函数的性质

1. 最大值、最小值性质

设函数 $f(x)$ 在 D 上有定义, $c \in D$, 对任意的 $x \in D$:

如果 $f(c) \geqslant f(x)$, 那么称 $f(c)$ 是 $f(x)$ 在 D 上的最大值;

如果 $f(c) \leqslant f(x)$, 那么称 $f(c)$ 是 $f(x)$ 在 D 上的最小值.

> **定理 2**　闭区间 $[a, b]$ 上的连续函数一定有最大值和最小值.

如图 1-19 所示, $f(x)$ 在 $[a, b]$ 上连续, 在 $x = c_1$ 处有最小值 $f(c_1)$, 在 $x = c_2$ 处有最大值 $f(c_2)$.

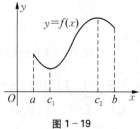

图 1-19

2. 介值性质

> **定理 3(介值性质)**　如果函数 $f(x)$ 在闭区间 $[a, b]$ 上连续, $f(a) \neq f(b)$, μ 是介于 $f(a)$ 与 $f(b)$ 之间的任一数, 那么在 (a, b) 内至少有一点 c, 使得 $f(c) = \mu$.
>
> 特别地, 如果 $f(a) \cdot f(b) < 0$, 那么在 (a, b) 内至少有一点 c, 使得 $f(c) = 0$.

从图形上看, 介值性质的意义是: 如果水平直线 $y = \mu$ 介于两条平行线 $y = f(a)$ 和 $y = f(b)$ 之间, 那么连续曲线 $y = f(x)$ 与直线 $y = \mu$ 至少相交一次(如图 1-20(a) 所示).

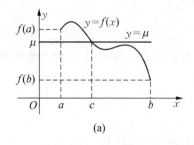

(a)

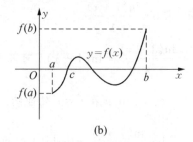

(b)

图 1-20

在 $f(a)$ 与 $f(b)$ 符号相反的情形下,则曲线 $y = f(x)$ 与直线 $y = 0$(即 x 轴)至少有一个公共点 $(c, 0)$(如图 1-20(b) 所示). 由 $f(c) = 0$ 可知,$x = c$ 是方程 $f(x) = 0$ 的一个实数根.

例 4 证明方程 $x^4 - 5x^3 + 3 = 0$ 在 $(0, 1)$ 内有实数根.

证 设 $f(x) = x^4 - 5x^3 + 3$,$f(x)$ 是初等函数,定义域为 $(-\infty, +\infty)$,所以 $f(x)$ 在闭区间 $[0, 1]$ 上连续,又 $f(0) = 3 > 0$,$f(1) = -1 < 0$,由介值性质,在 $(0, 1)$ 内至少有一个实数 c,使得 $f(c) = 0$,即

$$c^4 - 5c^3 + 3 = 0.$$

所以方程 $x^4 - 5x^3 + 3 = 0$ 在 $(0, 1)$ 内至少有一个实数根 $x = c$.

习题 1-4

A 组

1. 函数 $y = f(x)$ 的图形如图所示. 看图说出函数在哪些点处不连续,并说出在这些点处是否左连续或右连续以及各间断点是什么类型的间断点.

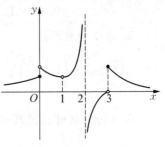

第 1 题图

2. 说出下列函数在指定的点处是否连续:

(1) $f(x) = \dfrac{1}{\sqrt[3]{x - 1}}$,$x = 1$;

(2) $f(x) = \dfrac{x^2 - 3x}{x + 2}$,$x = -2$、$x = 0$;

(3) $f(x) = \begin{cases} x^2 - 1, & x < 0, \\ x + 1, & x \geq 0, \end{cases}$ $x = 0$; 　(4) $f(x) = \begin{cases} (1 + x)^{\frac{1}{x}}, & x \neq 0, \\ e, & x = 0, \end{cases}$ $x = 0$.

3. 下列函数是否有间断点? 若有,请指出来,并说出是什么类型的间断点:

(1) $f(x) = \dfrac{1}{(x - 1)^2}$;

(2) $f(x) = \dfrac{x^2 + x}{x + 1}$;

(3) $f(x) = \dfrac{x^2 + 3x + 2}{x^2 + x - 2}$;

(4) $f(x) = \dfrac{1}{\ln(x + 1)}$;

(5) $f(x) = \begin{cases} x - 2, & x < 1, \\ 1 - x, & x \geq 1; \end{cases}$

(6) $f(x) = \begin{cases} \dfrac{\sin x}{x}, & x \neq 0, \\ 1, & x = 0. \end{cases}$

4. 说出下列函数在哪些区间上连续:

(1) $f(x) = 2x^3 + 5x - 1$; 　(2) $f(x) = \ln(x + 2)$; 　(3) $f(x) = \dfrac{x - 3}{x + 3}$;

(4) $f(x) = \dfrac{1}{\sqrt{x^2 - 9}}$;   (5) $f(x) = 2\tan x$;   (6) $f(x) = \dfrac{x^2 + 9x}{x^2 - 1}$.

5. 求下列极限：

(1) $\lim\limits_{x \to \frac{\pi}{4}} \ln \sin 2x$;   (2) $\lim\limits_{x \to 1} e^{\sqrt{x^2 - 1}}$;   (3) $\lim\limits_{x \to 2} \sqrt{x^2 + 3x - 1}$;

(4) $\lim\limits_{x \to 3} \dfrac{\sqrt{2x + 3}}{\sqrt{x^2 - 3x + 4}}$;   (5) $\lim\limits_{x \to 0} \arctan \dfrac{x^2 + x}{x}$;   (6) $\lim\limits_{x \to 0} \dfrac{\ln(1 - x)}{x}$.

6. 证明下列方程在指定区间内有实数根：

(1) $2x^3 + x - 7 = 0$, $(1, 2)$;   (2) $x^2 = 1 - \sin x$, $\left(0, \dfrac{\pi}{2}\right)$.

B 组

1. 函数 $f(x) = \dfrac{e^{\frac{1}{x}} - 1}{e^{\frac{1}{x}} + 1}$ 是否有间断点？若有，请指出，并说明是什么类型的间断点.

2. 求下列极限：

(1) $\lim\limits_{x \to \infty} x^2 \ln\left(1 + \dfrac{2}{x^2}\right)$;   (2) $\lim\limits_{x \to 0} \dfrac{e^x - 1}{x}$.

3. a 为何值时函数 $f(x) = \begin{cases} ax + 1, & x < 2, \\ ax^2 - 1, & x \geqslant 2 \end{cases}$ 在 $(-\infty, +\infty)$ 上连续？

4. 运用介值性质证明：在半径不大于 $10\ \mathrm{cm}$ 的圆中至少有一个面积为 $200\ \mathrm{cm}^2$ 的圆.

阅读与拓展

复习题一

A 组

1. 判断正误：

(1) 如果 $\lim\limits_{x \to x_0} f(x)$ 存在，那么 $\lim\limits_{x \to x_0} f(x) = f(x_0)$.

(2) 如果 $\lim\limits_{x \to -\infty} f(x)$ 与 $\lim\limits_{x \to +\infty} f(x)$ 都存在，那么 $\lim\limits_{x \to \infty} f(x)$ 存在.

(3) 如果函数 $f(x)$ 在点 x_0 处有定义，且 $\lim\limits_{x \to x_0} f(x)$ 存在，那么 $f(x)$ 在点 x_0 处连续.

(4) 如果函数 $f(x)$ 在点 x_0 处连续，那么 $\lim\limits_{x \to x_0} f(x) = f(x_0)$.

(5) 如果 $f(x)$ 为初等函数，且在 (a, b) 内有定义，$c \in (a, b)$，那么 $\lim\limits_{x \to c} f(x) = f(c)$.

(6) 因为当 $x \to -\infty$ 时,$f(x) = 2x + 1 \to -\infty$,即函数 $f(x)$ 的值无限变小,所以 $f(x)$ 是当 $x \to -\infty$ 时的无穷小量.

(7) 函数图形最多可以有两条水平渐近线.

(8) 函数图形可以有无穷多条铅直渐近线.

2. 选择题:

(1) 如果 $\lim\limits_{x \to x_0^-} f(x) = \lim\limits_{x \to x_0^+} f(x) = L$,那么(　　　).

(A) $f(x_0) = L$ 　　　　　　　　(B) $\lim\limits_{x \to x_0} f(x) = L$

(C) $f(x)$ 在点 x_0 处连续 　　　　(D) 以上三种说法都不对

(2) 在 $\lim\limits_{t \to 0} \dfrac{\sin t}{t}$,$\lim\limits_{x \to 1} \dfrac{\sin(x - 1)}{x - 1}$,$\lim\limits_{x \to \infty} x^3 \sin \dfrac{1}{x^3}$ 和 $\lim\limits_{x \to 1} \dfrac{\sin x}{x}$ 中,值为 1 的有(　　　).

(A) 1 个 　　　　(B) 2 个 　　　　(C) 3 个 　　　　(D) 4 个

(3) 如果 $\lim\limits_{x \to x_0} f(x) = 0$,$\lim\limits_{x \to x_0} g(x) = 0$,用 P 表示 $\lim\limits_{x \to x_0} \dfrac{f(x)}{g(x)}$,那么(　　　).

(A) $P = 0$ 　　　　　　　　　　(B) $P = \infty$

(C) P 为非零常数 　　　　　　　(D) P 可能存在也可能不存在

(4) $x = 3$ 是函数 $f(x) = \dfrac{x - 3}{x^2 - 2x - 3}$ 的(　　　).

(A) 连续点 　　　(B) 可去间断点 　　　(C) 跳跃间断点 　　　(D) 第二类间断点

(5) 当 $x \to 0$ 时,$y = x \sin \dfrac{1}{x}$(　　　).

(A) 极限不存在 　　　(B) 极限是 1 　　　(C) 是无穷小 　　　(D) 是无穷大

3. 填空题:

(1) 设 $f(x) = \dfrac{1}{\sqrt{1 - x^2}}$,$\varphi(x) = \sin x$,那么 $f[\varphi(x)] = $ _____,$f[\varphi(\pi)] = $ _____.

(2) 函数 $y = \mathrm{e}^{\arctan \sqrt{x}}$ 的定义域是 _____,它可以看成是由简单函数 _____,_____ 和 _____ 复合而成的.

(3) 设函数 $f(x) = \dfrac{1}{1 + x^2}$,当 $x \to$ _____ 时 $f(x)$ 是无穷小;曲线 $y = f(x)$ 有水平渐近线 _____.

(4) 设函数 $f(x) = \dfrac{x - 10}{2x - 3}$,当 $x \to$ _____ 时 $f(x)$ 是无穷小,当 $x \to$ _____ 时 $f(x)$ 是无穷大;曲线 $y = f(x)$ 有水平渐近线 _____,有铅直渐近线 _____.

(5) 曲线 $y = \dfrac{3x^2 + 5}{1 - x^2}$ 的水平渐近线是 _____,铅直渐近线是 _____.

(6) 设函数 $f(x) = \dfrac{x+1}{x-2}$, $f(x)$ 的间断点是 _____ , $f(x)$ 分别在区间 _____ 和 _____ 上连续.

(7) 函数 $f(x) = \dfrac{1}{x}\ln\sqrt{4-x^2}$ 分别在区间 _____ 和 _____ 上连续.

4. 求下列极限:

(1) $\lim\limits_{x \to 1} \dfrac{4x^3 - 3x}{3x^3 - 1}$;

(2) $\lim\limits_{x \to \pi} \log_2 \sin\dfrac{x}{2}$;

(3) $\lim\limits_{x \to -1} \dfrac{x^2 + 3x + 2}{x+1}$;

(4) $\lim\limits_{x \to 3} \dfrac{x^2 - 2x - 3}{x^2 + x - 12}$;

(5) $\lim\limits_{x \to \infty} \dfrac{4x^3 - 3x}{3x^3 - 1}$;

(6) $\lim\limits_{x \to \infty} \dfrac{3x^2 + 5x}{4x^3 - 3x + 1}$;

(7) $\lim\limits_{x \to 0} \dfrac{x}{\sin 3x}$;

(8) $\lim\limits_{x \to \infty} x \sin\dfrac{1}{2x}$;

(9) $\lim\limits_{x \to \infty} \left(1 - \dfrac{1}{x}\right)^{6x}$.

5. 一个种群的数量 P 与时间 t 的关系为 $P = \dfrac{900}{1 + 8e^{-0.078t}}$.

(1) 求 $\lim\limits_{t \to +\infty} P$;

(2) 试说明上面求出的极限在这个问题中的实际意义.

6. 当物体静止时,如果量得它的长度是 L_0,那么当物体速度为 v 时,长度将是 $L = L_0\sqrt{1 - \dfrac{v^2}{c^2}}$,其中 c 是光在真空中的速度,约为 3×10^8 m/s. 当 $v \to c^-$ 时,将会出现什么情形?

B 组

1. 求下列极限(可以利用 MATLAB 软件求解):

(1) $\lim\limits_{n \to \infty} \sqrt{\dfrac{n^2 + 100}{n^2 + 2n - 1}}$;

(2) $\lim\limits_{x \to 0} \dfrac{\tan 3x}{\sin 2x}$;

(3) $\lim\limits_{x \to 0} (1 + 2\tan^2 x)^{-\cot^2 x}$;

(4) $\lim\limits_{x \to 0} \dfrac{\sqrt{1+x} - 1}{\sin x}$.

2. 设函数 $f(x)$ 的定义域关于原点对称,证明:

(1) $F(x) = \dfrac{1}{2}[f(x) + f(-x)]$ 是偶函数;

(2) $G(x) = \dfrac{1}{2}[f(x) - f(-x)]$ 是奇函数;

(3) $f(x)$ 能表示成一个偶函数与一个奇函数之和.

3. 设 $\lim\limits_{x \to 1}\varphi(x)$ 存在, $\lim\limits_{x \to 1} \dfrac{3 + \varphi(x)}{x - 1} = 2$,求 $\lim\limits_{x \to 1}\varphi(x)$.

第二章　导数与微分

　　导数是微积分的核心概念之一. 在第一章中,我们曾经讨论过作变速直线运动物体的瞬时速度问题,并将物体在某一时刻的速度定义为一种极限. 事实上,在科学技术的众多领域中,许多互不相同的实际问题,例如,放射性物质的衰减速度、种群数量变化的速度、在一定条件下一个热物体冷却的速度、非恒定电流的电流强度、瞬时功率、质量分布不均匀的细杆在某一点处的密度等等,在数学中对这些问题的描述与变速直线运动的速度是相同的,都是用同一种类型的极限——导数来描述的. 微分是微积分中另一个基本、重要的概念.

　　本章中将学习导数的概念与求法、微分及其应用等基本知识与方法.

第一节　导数的概念

> ⊙ 切线　⊙ 变速直线运动的速度　⊙ 导数定义　⊙ 导数的几何意义
> ⊙ 常值函数、幂函数、正弦函数、余弦函数、对数函数的求导公式　⊙ 可导与连续的关系

一、切线与速度

1. 曲线的切线

　　如图 2-1 所示,$P(x_0, f(x_0))$ 是曲线 $y = f(x)$ 上的一个定点,$M(x_0 + \Delta x, f(x_0 + \Delta x))$ 是曲线上的动点,则割线 PM 的斜率为

$$\frac{\Delta y}{\Delta x} = \frac{f(x_0 + \Delta x) - f(x_0)}{\Delta x}.$$

　　当 $\Delta x \to 0$ 时,M 就沿着曲线趋向于点 P,如果割线 PM 的斜率有极限 k,即

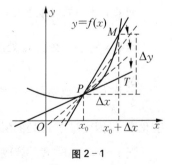

图 2-1

$$\lim_{\Delta x \to 0} \frac{\Delta y}{\Delta x} = \lim_{\Delta x \to 0} \frac{f(x_0 + \Delta x) - f(x_0)}{\Delta x} = k, \qquad ①$$

那么就把过点 P 以 k 为斜率的直线 PT 定义为曲线 $y = f(x)$ 在点 P 处的切线. 即切线 PT 就是割线 PM 当 M 沿曲线趋向于 P 时的极限位置.

2. 变速直线运动的速度

设物体沿直线运动,位置函数为 $s = s(t)$. 在第一章第二节中已经知道,如果

$$\lim_{t \to t_0} \frac{\Delta s}{\Delta t} = \lim_{t \to t_0} \frac{s(t) - s(t_0)}{t - t_0}$$

存在,则该极限就是物体在 t_0 这一时刻的速度,即瞬时速度.

记 $t - t_0 = \Delta t$,即 $t = t_0 + \Delta t$,这一极限又写成

$$\lim_{\Delta t \to 0} \frac{\Delta s}{\Delta t} = \lim_{\Delta t \to 0} \frac{s(t_0 + \Delta t) - s(t_0)}{\Delta t}. \qquad ②$$

可以看出,式①与式②是同一种形式的极限,即当自变量增量趋向于零时,函数增量与自变量增量之比的极限. 科学技术中的许多问题都需要用这种极限来说明,这种极限就叫做导数.

二、导数的定义

定义 设函数 $y = f(x)$ 在点 x_0 的某邻域内有定义,如果

$$\lim_{\Delta x \to 0} \frac{\Delta y}{\Delta x} = \lim_{\Delta x \to 0} \frac{f(x_0 + \Delta x) - f(x_0)}{\Delta x}$$

存在,则称函数 $f(x)$ 在点 x_0 处**可导**,这个极限值叫做 $f(x)$ 在点 x_0 处的**导数**,记作 $f'(x)(x_0)$,即

$$f'(x_0) = \lim_{\Delta x \to 0} \frac{f(x_0 + \Delta x) - f(x_0)}{\Delta x}. \qquad ③$$

如果上述中的极限不存在,则称函数 $f(x)$ 在点 x_0 处**不可导**.

函数 $y = f(x)$ 在点 x_0 处的导数记号还常用 $y' \Big|_{x=x_0}$,$\dfrac{dy}{dx} \Big|_{x=x_0}$,$\dfrac{d}{dx} f(x) \Big|_{x=x_0}$ 等.

$\dfrac{\Delta y}{\Delta x}$ 称为差商或函数的平均变化率,导数 $f'(x_0)$ 也叫做函数 $f(x)$ 在点 x_0 处相对于自变量 x 的**变化率**,即因变量在 x_0 处的瞬时变化率.

记 $x = x_0 + \Delta x$,式③就成为

$$f'(x_0) = \lim_{x \to x_0} \frac{f(x) - f(x_0)}{x - x_0}. \qquad ④$$

导数的这种定义式,就是第一章中讨论救灾物品下落速度时曾使用过的形式.

如果函数 $f(x)$ 在区间 (a, b) 内的每一点都可导,就说 $f(x)$ 在 (a, b) 内可导. 这时,对 (a, b) 内的每一个 x 值,都有唯一确定的导数值和它对应,因此,按照这种对应就确定了一个定义在 (a, b) 内的新函数,称为函数 $f(x)$ 的**导函数**,记作 $f'(x)$,由导数定义,可知

$$f'(x) = \lim_{\Delta x \to 0} \frac{f(x + \Delta x) - f(x)}{\Delta x}. \qquad ⑤$$

由导函数的意义,函数 $f(x)$ 在某一点 x_0 处的导数 $f'(x_0)$ 就是导函数 $f'(x)$ 当 $x = x_0$ 时的函数值,即

$$f'(x_0) = f'(x) \Big|_{x = x_0}.$$

$f(x)$ 的导函数通常简称为 $f(x)$ 的导数. 函数 $y = f(x)$ 的导函数记号除 $f'(x)$ 外,还常用 y',$\dfrac{\mathrm{d}y}{\mathrm{d}x}$,$\dfrac{\mathrm{d}}{\mathrm{d}x}f(x)$ 等.

由以上讨论可知,若物体沿直线运动,位置函数为 $s = s(t)$,则 s 关于时间 t 的导数 $s'(t)$ 就是速度函数 $v(t)$,即 $v(t) = s'(t)$.

按照导数定义求函数 $y = f(x)$ 的导数,步骤如下:

(1) 计算增量:$\Delta y = f(x + \Delta x) - f(x)$;

(2) 计算差商:$\dfrac{\Delta y}{\Delta x} = \dfrac{f(x + \Delta x) - f(x)}{\Delta x}$;

(3) 计算极限:$\lim\limits_{\Delta x \to 0} \dfrac{f(x + \Delta x) - f(x)}{\Delta x}$.

例 1 求常值函数 $y = f(x) = C$(C 为常数) 的导数.

解 $\Delta y = f(x + \Delta x) - f(x) = C - C = 0$,$\dfrac{\Delta y}{\Delta x} = 0$,于是 $y' = \lim\limits_{\Delta x \to 0} \dfrac{\Delta y}{\Delta x} = 0$,即

$$(C)' = 0 \ (C \text{ 为常数}).$$

例 2 求函数 $y = x^n (n \in \mathbf{N}_+)$ 的导数.

解 $\Delta y = (x + \Delta x)^n - x^n = n x^{n-1} \Delta x + \mathrm{C}_n^2 x^{n-2} (\Delta x)^2 + \cdots + (\Delta x)^n$,

$$\frac{\Delta y}{\Delta x} = n x^{n-1} + \mathrm{C}_n^2 x^{n-2} \Delta x + \cdots + (\Delta x)^{n-1},$$

$$y' = \lim_{\Delta x \to 0} \frac{\Delta y}{\Delta x} = \lim_{\Delta x \to 0} [nx^{n-1} + C_n^2 x^{n-2} \Delta x + \cdots + (\Delta x)^{n-1}] = nx^{n-1}.$$

即

$$(x^n)' = nx^{n-1}, \quad n \in \mathbf{N}_+.$$

事实上,当 n 是任意的实常数时,上式都成立,即幂函数的求导公式为

$$(x^\alpha)' = \alpha x^{\alpha-1}, \quad \alpha \text{ 为实常数}.$$

例如,按此公式得 $(x)' = 1$, $(x^2)' = 2x$, $(x^3)' = 3x^2$, $\cdots$.

又如, $(\sqrt{x})' = (x^{\frac{1}{2}})' = \frac{1}{2} x^{\frac{1}{2}-1} = \frac{1}{2\sqrt{x}}$; $\left(\frac{1}{x}\right)' = (x^{-1})' = -x^{-1-1} = -x^{-2} = -\frac{1}{x^2}$ 等.

例3　求正弦函数 $y = \sin x$ 的导数.

解　$y' = \lim_{\Delta x \to 0} \frac{\Delta y}{\Delta x} = \lim_{\Delta x \to 0} \frac{\sin(x + \Delta x) - \sin x}{\Delta x} = \lim_{\Delta x \to 0} \frac{2\cos\left(x + \frac{\Delta x}{2}\right)\sin\frac{\Delta x}{2}}{\Delta x}$

$$= \lim_{\Delta x \to 0} \cos\left(x + \frac{\Delta x}{2}\right) \cdot \lim_{\Delta x \to 0} \frac{\sin\frac{\Delta x}{2}}{\frac{\Delta x}{2}} = \cos x \cdot 1 = \cos x.$$

即

$$(\sin x)' = \cos x.$$

类似地,可得

$$(\cos x)' = -\sin x.$$

*例4　求对数函数 $y = \log_a x$ 的导数.

解　$y' = \lim_{\Delta x \to 0} \frac{\Delta y}{\Delta x} = \lim_{\Delta x \to 0} \frac{\log_a(x + \Delta x) - \log_a x}{\Delta x} = \lim_{\Delta x \to 0} \frac{\frac{x}{\Delta x} \cdot \log_a\left(1 + \frac{\Delta x}{x}\right)}{x}$

$$= \lim_{\Delta x \to 0} \frac{1}{x} \log_a\left(1 + \frac{\Delta x}{x}\right)^{\frac{x}{\Delta x}} = \frac{1}{x} \log_a\left[\lim_{\Delta x \to 0}\left(1 + \frac{\Delta x}{x}\right)^{\frac{x}{\Delta x}}\right] = \frac{1}{x} \log_a e = \frac{1}{x \ln a}.$$

即

$$(\log_a x)' = \frac{1}{x \ln a}.$$

把 $a = e$ 代入上式,就得到自然对数函数的求导公式:

$$(\ln x)' = \frac{1}{x}.$$

三、几个常见问题中的导数

导数概念应用广泛,下面仅说明几个常见问题中导数的具体意义.

1. 速度、加速度 设物体沿直线运动,在时刻 t 的位移为 $s(t)$,速度为 $v(t)$,加速度为 $a(t)$.在前面已经知道 $s'(t) = v(t)$,而加速度是速度相对于时间的变化率,所以,物体在时刻 t 的加速度就是 $v'(t)$,即 $v'(t) = a(t)$.

2. 非恒定电流的电流强度 设非恒定电流从 0 到 t 这段时间内通过导线横截面的电量为 $Q(t)$,在时刻 t 的电流强度为 $i(t)$,那么 $Q'(t) = i(t)$.

3. 瞬时功率 在电学中,功 $w = w(t)$ 在时刻 t 的瞬时变化率 $w'(t)$ 就是瞬时功率 $P(t)$,即 $w'(t) = P(t)$.

4. 非均匀杆的线密度 若细杆的质量分布是非均匀的,其质量分布函数为 $m = m(x)$,则称 $m'(x)$ 为细杆在点 x 处的线密度.

5. 放射性物质的衰变速度 放射性物质的质量随时间 t 增加而衰变.若某种放射性物质的质量 $m = m(t)$,则 $m'(t)$ 的意义是在时刻 t 这种物质衰变的速度.

导数 $y' = f'(x)$ 的单位就是 $\dfrac{\Delta y}{\Delta x}$ 的单位,利用这一点,有助于理解具体问题中导数的实际意义.例如,对于直线运动中的位移 $s = s(t)$,若位移 s 和时间 t 的单位分别为 m 和 s,则 $s'(t)$ 的单位就是 m/s,这正是速度的单位.

四、导数的几何意义

在不同的问题中,导数有不同的具体实际意义,但在几何上导数的意义都是相同的.根据前面对切线的讨论和导数的定义,即知道导数的几何意义.

导数的几何意义 设函数 $y = f(x)$,导数 $f'(x_0)$ 就是曲线 $y = f(x)$ 在点 $(x_0, f(x_0))$ 处切线的斜率.

如图 2-2 所示,根据导数的几何意义可知,$f'(a) > f'(b) > 0$,$f'(c) = 0$,$f'(d) < 0$,$f'(h) < 0$,而 $|f'(h)| > |f'(d)|$.$|f'(a)|$,$|f'(h)|$ 相对较大,意味着在 $x = a$,$x = h$ 附近曲线较陡,说明函数值变化较快;$|f'(b)|$,$|f'(d)|$ 相对较小,意味着在 $x = b$,$x = d$ 附近曲线较平缓,说明函数值变化较慢.

如果函数 $y = f(x)$ 在 x_0 处可导,根据导数的几何意义,可知曲线 $y = f(x)$ 在点 $(x_0, f(x_0))$ 处的切线方程为

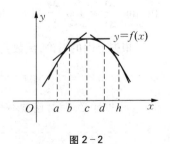

图 2-2

$$y - f(x_0) = f'(x_0)(x - x_0);$$

在 $f'(x_0) \neq 0$ 时,法线方程为

$$y - f(x_0) = -\frac{1}{f'(x_0)}(x - x_0).$$

例 5　求曲线 $y = \sqrt{x}$ 在点 $(1,1)$ 处的切线 l 的方程.

解　$y' = \dfrac{1}{2\sqrt{x}}$,$l$ 的斜率 $k = y'\Big|_{x=1} = \dfrac{1}{2}$,所以 l 的方程为

$$y - 1 = \frac{1}{2}(x - 1),即 x - 2y + 1 = 0.$$

五、可导与连续的关系

若函数 $f(x)$ 在点 x_0 处可导,则有

$$\lim_{x \to x_0}[f(x) - f(x_0)] = \lim_{x \to x_0}\frac{f(x) - f(x_0)}{x - x_0}(x - x_0) = f'(x_0) \cdot 0 = 0,$$

即

$$\lim_{x \to x_0} f(x) = f(x_0).$$

这就证明了若 $f(x)$ 在点 x_0 处可导,则必在 x_0 处连续.

在第一章第四节例 1(4)中,已经证明了函数 $y = |x|$ 在点 $x = 0$ 处连续,如图 2-3 所示.下面来证明 $y = |x|$ 在 $x = 0$ 处不可导.因为 $\Delta y = |0 + \Delta x| - |0| = |\Delta x|$,所以

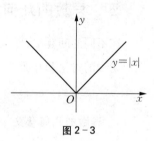

图 2-3

当 $\Delta x > 0$ 时,$\dfrac{\Delta y}{\Delta x} = \dfrac{|\Delta x|}{\Delta x} = 1$,于是 $\lim\limits_{\Delta x \to 0^+} \dfrac{\Delta y}{\Delta x} = 1$;

当 $\Delta x < 0$ 时,$\dfrac{\Delta y}{\Delta x} = \dfrac{|\Delta x|}{\Delta x} = -1$,于是 $\lim\limits_{\Delta x \to 0^-} \dfrac{\Delta y}{\Delta x} = -1$.

由 $\lim\limits_{\Delta x \to 0^+} \dfrac{\Delta y}{\Delta x} \neq \lim\limits_{\Delta x \to 0^-} \dfrac{\Delta y}{\Delta x}$ 可知,$\lim\limits_{\Delta x \to 0} \dfrac{\Delta y}{\Delta x}$ 不存在,即 $y = |x|$ 在 $x = 0$ 处不可导.

根据上面的讨论,函数 $f(x)$ 在某点处可导与连续的关系可简述为

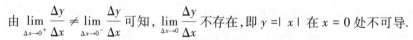

可导必连续,连续不一定可导.

习题 2−1

A 组

1. 一架直升机旋停在离地面 100 m 高的空中,从飞机上丢下一重物,在时刻 t(单位:s)重物的高度为 $h = 100 - 4.9t^2$(单位:m). 求:

(1) 在 t 到 $t+\Delta t$ 这段时间内重物下落的平均速度;

(2) 在 t s 末这一时刻重物下落的速度;

(3) 在 4 s 末这一时刻重物下落的速度和高度.

2. 如图所示,已知函数 $y = f(x)$ 的图形和当 $x = x_1$、x_2、x_3、x_4、x_5 时图形上的点,那么,在 x_1、x_2、x_3、x_4、x_5 中,此函数在点 _____ 处导数大于零,在点 _____ 处导数等于零,在点 _____ 处导数小于零. $f'(x_1)$、$f'(x_2)$、$f'(x_3)$、$f'(x_4)$、$f'(x_5)$ 从大到小的顺序为: _____.

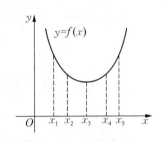

第 2 题图

3. 设函数 $f(x) = \dfrac{1}{x + 1}$,按导数定义求 $f'(x)$ 并计算 $f'(1)$.

4. 运用幂函数的求导公式求下列函数的导数:

(1) $y = x^6$;　　　　　　(2) $y = x^{-3}$;　　　　　　(3) $y = \sqrt[4]{x^3}$;

(4) $y = \sqrt{x} \cdot \sqrt[5]{x}$;　　　　(5) $y = \dfrac{1}{\sqrt[3]{x}}$;　　　　(6) $y = \dfrac{\sqrt[3]{x^2}}{\sqrt[5]{x^3}}$.

5. 求曲线在指定点处的切线方程:

(1) $y = \ln x$, $(1, 0)$;　　　　　　(2) $y = \sqrt[3]{x}$, $x = 8$ 对应的点;

(3) $y = \sin x$, $(0, 0)$.

6. 已知曲线 $y = \ln x$ 上点 M 处的法线平行于直线 $x + 3y = 0$,求点 M 的坐标.

7. 设 $f(x) = \cos x$, $x \in (0, \pi)$, $f'(a) = -\dfrac{1}{2}$,求 a 的值.

8. 已知一质点沿 s 轴运动,运动方程为 $s = t^3$, t 的单位是 s, s 的单位是 m. 求该质点在 $t = 5$ s 时的速度.

9. 一物体沿直线运动,在时刻 t 的速度为 $\cos t$,求在时刻 t 的加速度.

10. m_0 克的碳−14, t 年后的剩余量为 $Q(t) = m_0 \mathrm{e}^{-1.21 \times 10^{-4} t}$ 克. 试说出 $Q'(t)$ 的单位,以及 $Q'(1000)$ 的具体意义.

B 组

1. 利用导数的几何意义回答：

(1) 若 $y = f(x)$ 是偶函数,且 $f'(a) = 1$,那么 $f'(-a)$ 的值是 _____;

(2) 若 $y = f(x)$ 是奇函数,且 $f'(a) = 1$,那么 $f'(-a)$ 的值是 _____.

2. 设 $f'(a)$ 存在,求下列极限：

(1) $\lim\limits_{\Delta x \to 0} \dfrac{f(a - \Delta x) - f(a)}{\Delta x}$;

(2) $\lim\limits_{\Delta x \to 0} \dfrac{f(a + \Delta x) - f(a - \Delta x)}{\Delta x}$.

3. 已知 $\lim\limits_{h \to 0} \dfrac{(3 + h)^3 - 27}{h} = f'(a)$,求 a 和 $f(x)$.

第二节　导数的四则运算法则和复合函数求导法则

⊙ 函数和、差、积、商的求导法则　⊙ 三角函数的求导公式

⊙ 复合函数的求导法则

一、导数的四则运算法则

设函数 $u = u(x)$ 和 $v = v(x)$ 都在点 x 处可导,则由它们的和、差、积、商构成的函数也在点 x 处可导,且有

(1) $(u \pm v)' = u' \pm v'$;

(2) $(u \cdot v)' = u'v + uv'$,

　　特别地,$(Cu)' = Cu'$ (C 为常数);

(3) $\left(\dfrac{u}{v}\right)' = \dfrac{u'v - uv'}{v^2}$ ($v \neq 0$),

　　特别地,$\left(\dfrac{C}{v}\right)' = -\dfrac{Cv'}{v^2}$ (C 为常数).

例 1　设函数 $y = \sqrt{x} + 2\sin x - 5$,求 y'.

解　$y' = (\sqrt{x})' + (2\sin x)' - (5)' = \dfrac{1}{2\sqrt{x}} + 2\cos x$.

例 2　设函数 $y = x^2 \cos x$,求 y'.

解　$y' = (x^2)' \cos x + x^2 (\cos x)' = 2x \cos x - x^2 \sin x$.

例 3　求 $(\tan x)'$.

解　$(\tan x)' = \left(\dfrac{\sin x}{\cos x} \right)' = \dfrac{(\sin x)' \cos x - \sin x (\cos x)'}{\cos^2 x}$

$$= \frac{\cos^2 x + \sin^2 x}{\cos^2 x} = \frac{1}{\cos^2 x}.$$

例 4　求曲线 $y = \dfrac{x - 4x\sqrt{x} - 3x^2}{x^2}$ 在 $x = 1$ 对应点处的切线方程.

解　当 $x = 1$ 时,$y = -6$. 将曲线的方程化简为

$$y = x^{-1} - 4x^{-\frac{1}{2}} - 3,$$

再求导,得

$$y' = -x^{-2} + 2x^{-\frac{3}{2}} = -\frac{1}{x^2} + \frac{2}{\sqrt{x^3}}.$$

于是,切线的斜率为

$$k = y' |_{x=1} = 1,$$

切线方程为 $y + 6 = x - 1$,即

$$x - y - 7 = 0.$$

二、复合函数求导法则

函数 $y = \sin 2x$ 可以看成由 $y = \sin u$ 和 $u = 2x$ 复合而成. 下面来看 $\dfrac{\mathrm{d}y}{\mathrm{d}x}$ 与 $\dfrac{\mathrm{d}y}{\mathrm{d}u} \cdot \dfrac{\mathrm{d}u}{\mathrm{d}x}$ 之间的关系.

$$\frac{\mathrm{d}y}{\mathrm{d}x} = (\sin 2x)' = 2(\sin x \cos x)' = 2 [(\sin x)' \cos x + \sin x (\cos x)']$$

$$= 2(\cos^2 x - \sin^2 x) = 2 \cos 2x;$$

$$\frac{\mathrm{d}y}{\mathrm{d}u} = (\sin u)' = \cos u = \cos 2x, \quad \frac{\mathrm{d}u}{\mathrm{d}x} = (2x)' = 2.$$

这就得到

$$\frac{dy}{du} \cdot \frac{du}{dx} = 2\cos 2x = \frac{dy}{dx}.$$

这种关系具有一般性,下面给出复合函数的求导法则.

复合函数求导法则　如果 $u = \varphi(x)$ 在点 x 处可导,$y = f(u)$ 在对应点 u 处可导,那么复合函数 $y = f[\varphi(x)]$ 在点 x 处可导,且有

$$\frac{dy}{dx} = \frac{dy}{du} \cdot \frac{du}{dx},$$也常写成 $y'_x = y'_u \cdot u'_x.$

即 y 对 x 的导数等于 y 对中间变量 u 的导数再乘以中间变量 u 对 x 的导数. 这一法则也称为**链式法则**.

例5　求函数 $y = (1 - 3x^2)^{30}$ 的导数.

解　$y = (1 - 3x^2)^{30}$ 可以看成由 $y = u^{30}$ 和 $u = 1 - 3x^2$ 复合而成,所以

$$\frac{dy}{dx} = \frac{dy}{du} \cdot \frac{du}{dx} = 30u^{29} \cdot (-6x) = -180x(1 - 3x^2)^{29}.$$

当复合函数由两个以上函数复合而成时,例如,$y = f(u)$,$u = g(v)$,$v = \varphi(x)$ 复合成 $y = f\{g[\varphi(x)]\}$,运用两次链式法则就得到

$$\frac{dy}{dx} = \frac{dy}{du} \cdot \frac{du}{dx} = \frac{dy}{du} \cdot \left(\frac{du}{dv} \cdot \frac{dv}{dx}\right) = \frac{dy}{du} \cdot \frac{du}{dv} \cdot \frac{dv}{dx}.$$

例6　求函数 $y = \sqrt{\ln(1 + x^2)}$ 的导数.

解　函数 $y = \sqrt{\ln(1 + x^2)}$ 可以看成由 $y = \sqrt{u}$,$u = \ln v$,$v = 1 + x^2$ 复合而成. 因为

$$\frac{dy}{du} = \frac{1}{2\sqrt{u}}, \quad \frac{du}{dv} = \frac{1}{v}, \quad \frac{dv}{dx} = 2x,$$

所以 $\dfrac{dy}{dx} = \dfrac{dy}{du} \cdot \dfrac{du}{dv} \cdot \dfrac{dv}{dx} = \dfrac{1}{2\sqrt{u}} \cdot \dfrac{1}{v} \cdot 2x = \dfrac{x}{(1 + x^2)\sqrt{\ln(1 + x^2)}}.$

在对复合函数分解熟练的基础上,求导时中间变量可以不写出来,只需默记在心里,直接按照链式法则逐步求导即可. 例如,上面例5、例6两个例子的运算过程可以写成:

$$[(1 - 3x^2)^{30}]' = 30(1 - 3x^2)^{29}(1 - 3x^2)' = -180x(1 - 3x^2)^{29};$$

$$\left(\sqrt{\ln(1 + x^2)}\right)' = \frac{1}{2\sqrt{\ln(1 + x^2)}} \cdot \left[\ln(1 + x^2)\right]'$$

$$= \frac{1}{2\sqrt{\ln(1 + x^2)}} \cdot \frac{1}{1 + x^2} \cdot (1 + x^2)'$$

$$= \frac{x}{(1 + x^2)\sqrt{\ln(1 + x^2)}}.$$

例 7 求函数 $y = \tan^2(\ln x)$ 的导数.

解 $y' = \left[\tan^2(\ln x)\right]' = 2\tan(\ln x) \cdot \left[\tan(\ln x)\right]'$

$$= 2\tan(\ln x) \cdot \frac{1}{\cos^2(\ln x)} \cdot (\ln x)' = \frac{2\tan(\ln x)}{x\cos^2(\ln x)}.$$

习题 2-2

A 组

1. 求下列函数的导数:

(1) $y = \dfrac{1}{3}x^3 - 2\sqrt{x} + \pi^2$; (2) $y = 3x^4 - 5\cos x - \dfrac{1}{x}$; (3) $y = 2x\ln x$;

(4) $y = (1 - x^2)\tan x$; (5) $y = \dfrac{\cos x}{\sin^2 x}$; (6) $y = \dfrac{2x + 3\sqrt{x} - 1}{\sqrt{x}}$;

(7) $y = \dfrac{1}{1 + \sin x}$; (8) $y = \dfrac{x}{1 + x^2}$; (9) $y = \dfrac{1 + \ln x}{x}$;

(10) $y = \dfrac{1 + \cos x}{1 - \cos x}$; (11) $y = \dfrac{x\sin x}{1 + \cos x}$.

2. 求下列函数的导数:

(1) $y = \sin^2 x$; (2) $y = \cos x^2$; (3) $y = (x + 5)^3$;

(4) $y = (2 - 7x)^5$; (5) $y = \sqrt{2x + 3}$; (6) $y = \sqrt[3]{1 + x^2}$;

(7) $y = \tan(2x + 1)$; (8) $y = \sqrt{\sin x}$; (9) $y = \ln(x^2 - 1)$;

(10) $y = \ln(\sin 2x)$; (11) $y = \ln[\ln(\ln x)]$; (12) $\cos^2\sqrt{x}$;

(13) $y = \sin^2(\ln x)$; (14) $y = \sin 3x \cdot \cos 2x$.

3. 求曲线在指定点处的切线方程:

(1) $y = 1 - \dfrac{1}{1 + x^2}$, $\left(-1, \dfrac{1}{2}\right)$; (2) $y = x\cos x$, $(\pi, -\pi)$;

(3) $y = (1 + 2x)^6$, $x = 0$ 对应的点; (4) $y = \ln(2x - 1)$, $x = 1$ 对应的点.

4. 一质点沿 x 轴运动,在 t s 时的位置为 $x = -\dfrac{1}{3}t^3 + 6t^2 + 10(\text{m})$.

(1) 求在 t s 时质点的速度和加速度;

(2) 求质点速度为零时的加速度 $(t > 0)$.

5. 一小球沿直线作上下振动,在时刻 t(单位:s)的位移 s(单位:cm)为 $s = 15 + 3\sin(10\pi t)$. 求:

(1) 小球在时刻 t s 时的速度;

(2) 小球在 $t = 0.5$ s 时的速度.

6. 在时刻 t(单位:s)通过导线某指定截面的电量(单位:C)为 $Q = t^3 - 3t^2 + 9t + 1$. 求 $t = 2$ s 时导线内的电流强度.

7. 一球状物,其半径 r 随时间 t 而变,如果 $r = \sqrt{t}$,试求当 $t = 4$ 时该球状物体积相对于时间的变化率.

8. 某人患病发烧,其体温 θ(单位:℃)与时间 t(单位:h)的关系近似为 $\theta = \dfrac{12t}{t^2 + 4} + 37$.

(1) 求体温相对于时间的变化率;

(2) 计算 $t = 1$ h 和 $t = 4$ h 时体温的变化率;

(3) 解释(2)中结果的具体实际意义.

B 组

1. 求下列函数的导数:

(1) $y = \sqrt{x + \sqrt{x}}$;   (2) $y = \cos\left[\cos(\cos x)\right]$;   (3) $y = \ln\sqrt{\dfrac{1 + \sin x}{1 - \sin x}}$.

2. 已知曲线 $y = ax^2 + bx + 1$ 上点 $(1, 2)$ 处的切线方程为 $y = 4x - 2$,求常数 a、b.

3. (1) 设三个函数 $u = u(x)$、$v = v(x)$ 和 $w = w(x)$ 均在点 x 处可导,运用本节中的乘积求导法则证明 $(uvw)' = u'vw + uv'w + uvw'$.

(2) 利用(1)的结果求函数 $y = \sqrt{x} \cdot \tan x \cdot \ln x$ 的导数.

4. 设函数 $y = \dfrac{1}{\varphi(x)}$,$\varphi(x)$ 在点 x 处可导,利用链式法则证明 $\dfrac{dy}{dx} = -\dfrac{\varphi'(x)}{[\varphi(x)]^2}$,并运用该公式求下列函数的导数:

(1) $y = \dfrac{1}{a^2 + x^2}$(a 为常数);   (2) $y = \dfrac{1}{\ln(x + 1)}$.

5. 证明:(1)奇函数的导数是偶函数;(2)偶函数的导数是奇函数.

第三节　隐函数的求导

⊙ 隐函数及其求导　⊙ 指数函数、反三角函数求导公式
⊙ 对数求导法

一、隐函数的求导

在此前求导中的函数,因变量 y 都是用关于自变量 x 的表达式来表示的,如 $y = (1 - 3x^2)^{30}$, $y = \sqrt{\ln(1 + x^2)}$ 等,这样表示的函数也称为显函数. 在实际中,还常会遇到由一个方程确定的函数,例如方程 $x^2 + y^2 = 16$ 就确定了一个以 x 为自变量的函数 $y = f(x)$(这是一个多值函数),或以 y 为自变量的函数 $x = \varphi(y)$(也是一个多值函数). 又如方程 $y - x - \varepsilon\sin y = 0$($\varepsilon$ 为常数)也确定了一个函数 $y = f(x)$.

一般地,如果因变量 y 未用关于自变量 x 的表达式来表示,y 与 x 之间的对应关系由一个方程 $F(x, y) = 0$ 确定,这样表示的函数称为**隐函数**.

有些隐函数可以化为显函数. 例如,由方程 $x^2 + y^2 = 16$ 容易解出 y,得到两个单值显函数

$$y = \sqrt{16 - x^2} \text{ 和 } y = -\sqrt{16 - x^2}.$$

而许多方程是很难或不能够把因变量解出来的. 例如方程 $y - x - \varepsilon\sin y = 0$,就不能解出 y. 因此需要讨论怎样直接由方程 $F(x, y) = 0$ 来求导数. 下面通过例子来说明.

例1 求由下列方程确定的隐函数的导数 y':

(1) $x^2 + y^2 = 16$;　　(2) $y - x - \varepsilon\sin y = 0$($\varepsilon$ 为常数).

解 (1) 求 y',这时 x 是自变量,y 是 x 的函数. 在方程两边对 x 求导,得

$$2x + 2y \cdot y' = 0,$$

解出 y',得

$$y' = -\frac{x}{y}.$$

(2) 在方程两边对 x 求导,得

$$y' - 1 - \varepsilon\cos y \cdot y' = 0,$$

解出 y',得

$$y' = \frac{1}{1 - \varepsilon \cos y}.$$

一般地，求隐函数的导数，比如求 y 对 x 的导数 y'，这时 x 是自变量，可以直接在方程两边对 x 求导，但要记住 y 是 x 的函数。当遇到 y 的函数 $\varphi(y)$ 时，例如上面例1(1)中的 y^2 和(2)中的 $\sin y$，应将它们看成是以 x 为自变量 y 为中间变量的复合函数，运用链式法则去求 $\varphi(y)$ 对 x 的导数，即

$$\frac{\mathrm{d}}{\mathrm{d}x}\varphi(y) = \frac{\mathrm{d}}{\mathrm{d}y}\varphi(y) \cdot \frac{\mathrm{d}y}{\mathrm{d}x} = \varphi'(y) \cdot y'.$$

例2 求叶形线 $x^3 + y^3 - 9xy = 0$ 在点 $(2,4)$ 处的切线方程（如图2-4所示）。

解 在方程两边对 x 求导，得

$$3x^2 + 3y^2 \cdot y' - 9(y + xy') = 0,$$

解出 y'，得

$$y' = \frac{3y - x^2}{y^2 - 3x}.$$

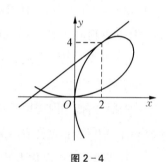

图2-4

切线的斜率 $k = y'\Big|_{\substack{x=2\\y=4}} = \frac{3y - x^2}{y^2 - 3x}\Big|_{\substack{x=2\\y=4}} = \frac{4}{5}$，

所以切线方程为

$$y - 4 = \frac{4}{5}(x - 2), \text{即} 4x - 5y + 12 = 0.$$

二、指数函数、反三角函数求导公式

下面来求指数函数和反三角函数的导数。

例3 求指数函数 $y = a^x$ 的导数。

解 把指数式 $y = a^x$ 写成对数式：$\log_a y = x$。

在上式两边对 x 求导，得

$$\frac{1}{y \ln a}y' = 1, \quad y' = y \ln a = a^x \ln a.$$

这就得到指数函数 $y = a^x$ 的求导公式：

$$(a^x)' = a^x \ln a.$$

把 $a = e$ 代入上式,即得自然指数函数的求导公式:

$$(e^x)' = e^x.$$

例 4 求反正弦函数 $y = \arcsin x$ 的导数.

解 由 $y = \arcsin x \ (-1 < x < 1)$ 得

$$\sin y = x \left(-\frac{\pi}{2} < y < \frac{\pi}{2}\right).$$

在上式两边对 x 求导,得

$$(\cos y) \cdot y' = 1, \ y' = \frac{1}{\cos y}.$$

因为当 $-\frac{\pi}{2} < y < \frac{\pi}{2}$ 时,$\cos y > 0$,所以 $\cos y = \sqrt{1 - \sin^2 y} = \sqrt{1 - x^2}$,于是

$$y' = \frac{1}{\cos y} = \frac{1}{\sqrt{1 - x^2}}, \ 即 \ (\arcsin x)' = \frac{1}{\sqrt{1 - x^2}}.$$

类似地,可以得出反余弦函数、反正切函数的导数:

$$(\arccos x)' = -\frac{1}{\sqrt{1 - x^2}}; \ (\arctan x)' = \frac{1}{1 + x^2}.$$

到目前,已经得到了 12 个基本初等函数的求导公式,它们是求导运算的基本公式,现汇总于表 2-1 中,以便于记忆、掌握.

表 2-1

1	$(C)' = 0$(C 为常数)	2	$(x^\alpha)' = \alpha x^{\alpha-1}$
3	$(\log_a x)' = \dfrac{1}{x \ln a}$	4	$(\ln x)' = \dfrac{1}{x}$
5	$(a^x)' = a^x \ln a$	6	$(e^x)' = e^x$
7	$(\sin x)' = \cos x$	8	$(\cos x)' = -\sin x$
9	$(\tan x)' = \dfrac{1}{\cos^2 x}$	10	$(\arcsin x)' = \dfrac{1}{\sqrt{1 - x^2}}$
11	$(\arccos x)' = -\dfrac{1}{\sqrt{1 - x^2}}$	12	$(\arctan x)' = \dfrac{1}{1 + x^2}$

例5 求下列函数的导数:

(1) $y = (\arcsin x)^2$;   (2) $y = e^{\sqrt{\arctan x}}$.

解 (1) $y' = [(\arcsin x)^2]' = 2\arcsin x(\arcsin x)' = \dfrac{2\arcsin x}{\sqrt{1-x^2}}$.

(2) $y' = (e^{\sqrt{\arctan x}})' = e^{\sqrt{\arctan x}} \cdot (\sqrt{\arctan x})'$

$$= e^{\sqrt{\arctan x}} \cdot \frac{1}{2\sqrt{\arctan x}} \cdot (\arctan x)' = \frac{e^{\sqrt{\arctan x}}}{2(1+x^2)\sqrt{\arctan x}}.$$

三、对数求导法

形如 $y = u(x)^{v(x)}$ 的函数通常称为**幂指函数**,这种函数的求导,可以如下进行,即首先在等式两边取自然对数,化为隐式

$$\ln y = v(x)\ln u(x),$$

然后按照隐函数的求导法求出 y'. 这种方法称为**对数求导法**. 对数求导法也适用于函数表达式由较繁杂的乘、除、乘方、开方关系构成的情形.

例6 求函数 $y = x^{\sin x}(x > 0)$ 的导数.

解 等式两边取自然对数,得

$$\ln y = \sin x \cdot \ln x,$$

两边对 x 求导,得

$$\frac{1}{y}y' = \cos x \cdot \ln x + \frac{\sin x}{x},$$

所以

$$y' = y\left(\cos x \cdot \ln x + \frac{\sin x}{x}\right) = x^{\sin x}\left(\cos x \cdot \ln x + \frac{\sin x}{x}\right).$$

对于复杂的求导问题,可以用前面介绍的求导方法来求,也可以利用数学软件 MATLAB 来求.

例7 求函数 $y = \dfrac{(x-1)^6 \cdot \sqrt{x^2+1}}{\sqrt[5]{(2x+3)^3}}$ 的导数 y'.

解法1 $\ln y = 6\ln(x-1) + \dfrac{1}{2}\ln(x^2+1) - \dfrac{3}{5}\ln(2x+3)$,

两边对 x 求导,得

$$\frac{1}{y}y' = \frac{6}{x-1} + \frac{x}{x^2+1} - \frac{6}{5(2x+3)},$$

所以

$$y' = y\left[\frac{6}{x-1} + \frac{x}{x^2+1} - \frac{6}{5(2x+3)}\right] = \frac{(x-1)^6 \cdot \sqrt{x^2+1}}{\sqrt[5]{(2x+3)^3}}\left[\frac{6}{x-1} + \frac{x}{x^2+1} - \frac{6}{5(2x+3)}\right].$$

解法2　利用 MATLAB 软件求解,在 MATLAB 的命令窗口中输入下面语句:

```
>>syms x
>>diff((x-1)^6 * sqrt(x^2+1)/(2 * x+3)^(3/5),x)
```

运行结果为

```
ans =
6 * (x-1)^5 * (x^2+1)^(1/2)/(2 * x+3)^(3/5)+(x-1)^6/(x^2+1)^(1/2)/
(2 * x+3)^(3/5) * x-6/5 * (x-1)^6 * (x^2+1)^(1/2)/(2 * x+3)^(8/5)
```

化简后即可得

$$y' = \frac{(x-1)^6 \cdot \sqrt{x^2+1}}{\sqrt[5]{(2x+3)^3}}\left[\frac{6}{x-1} + \frac{x}{x^2+1} - \frac{6}{5(2x+3)}\right].$$

课堂测试
2-3

习题 2-3

A 组

1. 求下列函数的导数:

(1) $y = 10^x - 2\arcsin x + 3e^x$;

(2) $y = e^{2x}\arctan x$;

(3) $y = e^{-x} - \arccos\sqrt{x}$;

(4) $y = \dfrac{\arctan x}{1+x^2}$;

(5) $y = \arctan(\ln x)$;

(6) $y = e^{\arcsin x} + 2^{\sin x}$;

(7) $y = x^2\arctan\dfrac{1}{x}$;

(8) $y = \ln(\arcsin 2x)$;

(9) $y = \arctan e^{-2x}$.

2. 求由下列方程确定的隐函数的导数 $\dfrac{dy}{dx}$:

(1) $x^2 + y^2 = 1$;

(2) $y^2 = 8 - 2x$;

(3) $\cos y - \sin x = 0$;

(4) $y^3 = x^2$;

(5) $x^3 + y^3 - 4xy = 0$;

(6) $\sin y = \sqrt{x}$;

(7) $x^3 - y^3 = \cos xy$;

(8) $y = x - \arctan y$;

(9) $y = \ln(x^2 + y^2)$;

(10) $x - \sqrt{y} = 1$;

(11) $\sqrt{x} + \sqrt{y} = 1$;

(12) $e^y - xy = 0$.

3. 求曲线在指定点处的切线方程:

(1) $y^2 = 9x$,点$(1, 3)$;

(2) $y - xe^y = 1$,点$(0, 1)$;

(3) $x^2 + xy + y^2 - 4 = 0$,点$(-2, 2)$.

4. 用对数求导法求导数:

(1) $y = x^{\sqrt{x}}$;

(2) $y = x^{\ln x}$;

(3) $y = (\sin x)^x$;

(4) $y = \dfrac{(x+2)^3}{\sqrt[5]{x-2}}$.

5. 点M是弹簧上一定点,弹簧振动时,点M的运动方程为$s(t) = 3e^{-1.2t}\sin 2\pi t$,其中时间$t$的单位是 s,位移$s$的单位是 cm. 求在时刻$t$(点$M$)的速度.

6. 在一个$R\text{-}C$电路中,电量$Q(t) = 10(1 - e^{-6t})$,求在时刻t的电流强度$i(t)$.

B 组

1. 如图所示,曲线段AB是架在两根线杆之间的一段电缆,其方程是$y = 15(e^{\frac{x}{30}} + e^{-\frac{x}{30}}) - 20$. 求电缆和线杆间的夹角$\theta$(即$B$点处的切线与线杆间的夹角).

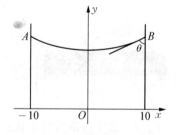

第 1 题图

2. 按照相对论,当物体以接近光速运动时,它的质量将由静止时的m_0变得更大,且质量m与运动速度v的关系为$m = \dfrac{m_0}{\sqrt{1 - \dfrac{v^2}{c^2}}}$,其中$c$是常数,即光速.

(1) 求质量m相对于速度v的变化率;

(2) 考察当$v \to c^-$时质量将发生怎样的变化.

3. 利用 MATLAB 软件求下列函数的导数:

(1) $y = \sqrt[3]{\dfrac{x^5(x-3)}{1+x^2}}$;

(2) $y = \sqrt[5]{\dfrac{(x-1)(x-2)}{(x-3)(x-4)}}$.

第四节　参数方程表示的函数的求导、高阶导数

⊙ 参数方程所表示函数的求导公式　　⊙ 高阶导数

一、参数方程表示的函数的求导

设函数 $y = f(x)$ 由参数方程

$$\begin{cases} x = \varphi(t), \\ y = \psi(t) \end{cases} \qquad ①$$

确定,且 $x = \varphi(t)$, $y = \psi(t)$ 都在 t 处可导, $y = f(x)$ 在 x 处可导. 下面来求 $\dfrac{\mathrm{d}y}{\mathrm{d}x}$.

$y = \psi(t)$ 可以看成是由 $y = f(x)$ 和 $x = \varphi(t)$ 复合而成的函数 $y = f[\varphi(t)]$, x 是中间变量. 由链式法则,得

$$\frac{\mathrm{d}y}{\mathrm{d}t} = \frac{\mathrm{d}y}{\mathrm{d}x} \cdot \frac{\mathrm{d}x}{\mathrm{d}t},$$

当 $\dfrac{\mathrm{d}x}{\mathrm{d}t} \neq 0$ 时, 在上式两边都除以 $\dfrac{\mathrm{d}x}{\mathrm{d}t}$, 就得到由参数方程①求 $\dfrac{\mathrm{d}y}{\mathrm{d}x}$ 的公式:

$$\frac{\mathrm{d}y}{\mathrm{d}x} = \frac{\dfrac{\mathrm{d}y}{\mathrm{d}t}}{\dfrac{\mathrm{d}x}{\mathrm{d}t}} = \frac{\psi'(t)}{\varphi'(t)}. \qquad ②$$

例 1　求参数方程 $\begin{cases} x = \mathrm{e}^t - t, \\ y = 8\mathrm{e}^{\frac{t}{2}} \end{cases}$ 表示的函数的导数 $\dfrac{\mathrm{d}y}{\mathrm{d}x}$.

解　$\dfrac{\mathrm{d}y}{\mathrm{d}x} = \dfrac{(8\mathrm{e}^{\frac{t}{2}})'}{(\mathrm{e}^t - t)'} = \dfrac{4\mathrm{e}^{\frac{t}{2}}}{\mathrm{e}^t - 1}$.

例 2　求摆线 $\begin{cases} x = 2(\theta - \sin\theta), \\ y = 2(1 - \cos\theta) \end{cases}$ 在 $\theta = \dfrac{\pi}{2}$ 对应点处的切线方程.

解　$\theta = \dfrac{\pi}{2}$ 时，$x = \pi - 2$，$y = 2$.

$$\frac{\mathrm{d}y}{\mathrm{d}x} = \frac{[2(1 - \cos\theta)]'}{[2(\theta - \sin\theta)]'} = \frac{\sin\theta}{1 - \cos\theta}.$$

$\theta = \dfrac{\pi}{2}$ 对应点 $(\pi - 2, 2)$ 处的切线斜率为

$$k = \frac{\mathrm{d}y}{\mathrm{d}x}\bigg|_{\theta = \frac{\pi}{2}} = \frac{\sin\theta}{1 - \cos\theta}\bigg|_{\theta = \frac{\pi}{2}} = 1.$$

所以切线方程为

$$y - 2 = x - (\pi - 2),\ \text{即}\ x - y + 4 - \pi = 0.$$

二、高阶导数

设一物体沿直线运动，在时刻 t 的位移、速度和加速度分别为 $s(t)$、$v(t)$ 和 $a(t)$，在前面的讨论中已经知道

$$s'(t) = v(t),\ v'(t) = a(t),$$

这表明加速度 $a(t)$ 是位移 $s(t)$ 的导数的导数，即 $a(t) = [s'(t)]'$，记作 $a(t) = s''(t)$，称 $a(t)$ 是 $s(t)$ 的二阶导数.

一般地，设函数 $y = f(x)$，如果它的导数 $y' = f'(x)$ 仍可导，则把 y' 的导数叫做 $y = f(x)$ 的**二阶导数**，记作

$$y'',\ f''(x),\ \frac{\mathrm{d}^2 y}{\mathrm{d}x^2}\ \text{或}\ \frac{\mathrm{d}^2 f(x)}{\mathrm{d}x^2}.$$

同理，$y = f(x)$ 的二阶导数的导数叫做 $y = f(x)$ 的三阶导数，$y = f(x)$ 的三阶导数的导数叫做 $y = f(x)$ 的四阶导数，$\cdots$，$y = f(x)$ 的 $n - 1$ 阶导数的导数叫做 $y = f(x)$ 的 n 阶导数. $y = f(x)$ 的三阶导数，四阶导数，$\cdots$，n 阶导数分别记作

$$y''',\ f'''(x),\ \frac{\mathrm{d}^3 y}{\mathrm{d}x^3}\ \text{或}\ \frac{\mathrm{d}^3 f(x)}{\mathrm{d}x^3};\ y^{(4)},\ f^{(4)}(x),\ \frac{\mathrm{d}^4 y}{\mathrm{d}x^4}\ \text{或}\ \frac{\mathrm{d}^4 f(x)}{\mathrm{d}x^4};$$

$$\cdots\cdots\ y^{(n)},\ f^{(n)}(x),\ \frac{\mathrm{d}^n y}{\mathrm{d}x^n}\ \text{或}\ \frac{\mathrm{d}^n f(x)}{\mathrm{d}x^n}.$$

二阶及二阶以上的导数称为**高阶导数**，需要时，也称 $y' = f'(x)$ 为 $y = f(x)$ 的一阶导数.

例3　一质点沿 s 轴运动，在时刻 t 的位置为 $s(t) = \sin\dfrac{\pi}{6}t + \cos\dfrac{\pi}{6}t$. 求质点在时刻 t 的速

度 $v(t)$ 和加速度 $a(t)$.

解
$$v(t) = s'(t) = \frac{\pi}{6}\cos\frac{\pi}{6}t - \frac{\pi}{6}\sin\frac{\pi}{6}t = \frac{\pi}{6}\left(\cos\frac{\pi}{6}t - \sin\frac{\pi}{6}t\right);$$

$$a(t) = s''(t) = \frac{\pi}{6}\left(\cos\frac{\pi}{6}t - \sin\frac{\pi}{6}t\right)' = -\frac{\pi^2}{36}\left(\sin\frac{\pi}{6}t + \cos\frac{\pi}{6}t\right).$$

例 4　设 n 次多项式 $P_n(x) = a_n x^n + a_{n-1}x^{n-1} + \cdots + a_1 x + a_0 (n \in \mathbf{N}_+)$，求 $P_n^{(n)}(x)$.

解　$P'_n(x) = na_n x^{n-1} + (n-1)a_{n-1}x^{n-2} + \cdots + 2a_2 x + a_1,$

$P''_n(x) = n(n-1)a_n x^{n-2} + (n-1)(n-2)a_{n-1}x^{n-3} + \cdots + 3 \cdot 2a_3 x + 2a_2,$

……

$P_n^{(n)}(x) = n(n-1)(n-2)\cdot\cdots\cdot 3 \cdot 2 \cdot 1 \cdot a_n = n!\ a_n.$

例 5　求 $y = \ln(1+x)$ 的 n 阶导数.

解　$y' = \dfrac{1}{1+x} = (1+x)^{-1},$

$y'' = (-1)^1(1+x)^{-2},$

$y''' = (-1)(-2)(1+x)^{-3} = (-1)^2 2!\ (1+x)^{-3},$

$y^{(4)} = (-1)^2(-3)2!\ (1+x)^{-4} = (-1)^3 3!\ (1+x)^{-4},$

……

$y^{(n)} = (-1)^{n-1}(n-1)!\ (1+x)^{-n}.$

例 6　设 $y = x^2 e^{5x}$，利用 MATLAB 软件求 y' 和 y'''.

解　在 MATLAB 的命令窗口输入下面语句：

```
>>syms x
>>y1=diff(x^2*exp(5*x),x)          % 求一阶导数 y′存入变量 y1
>>y3=diff(x^2*exp(5*x),x,3)        % 求三阶导数 y‴存入变量 y3
```

运行结果为

　　y1=2*x*exp(5*x)+5*x^2*exp(5*x)

　　y3=30*exp(5*x)+150*x*exp(5*x)+125*x^2*exp(5*x)

即

$$y' = (2x + 5x^2)e^{5x},\ y''' = (30 + 150x + 125x^2)e^{5x}.$$

习题 2-4

A 组

1. 求参数方程表示的函数的导数 $\dfrac{dy}{dx}$:

(1) $\begin{cases} x = t^2 - 1, \\ y = 3 - 2t; \end{cases}$ (2) $\begin{cases} x = 2\sin\theta, \\ y = \cos 2\theta; \end{cases}$

(3) $\begin{cases} x = \dfrac{t}{1+t^2}, \\ y = \dfrac{t^2}{1+t^2}; \end{cases}$ (4) $\begin{cases} x = t + \dfrac{1}{t}, \\ y = t - \dfrac{1}{t}. \end{cases}$

2. 求曲线在指定 t 值所对应点处的切线方程:

(1) $\begin{cases} x = t^2 + 2t, \\ y = t - 1, \end{cases}$ $t = 1$;   (2) $\begin{cases} x = \ln t, \\ y = \sqrt{t}, \end{cases}$ $t = 4$;

(3) $\begin{cases} x = e^t \cos t, \\ y = e^t \sin t, \end{cases}$ $t = \dfrac{\pi}{2}$.

3. 求函数在指定点处的二阶导数:

(1) $y = (1 - 2x)^5$, $x = 1$;   (2) $y = \arctan x$, $x = -2$.

4. 求下列函数的 n 阶导数:

(1) $y = a^x$ $(a > 0, a \neq 1)$;   (2) $y = xe^x$;

(3) $y = \dfrac{1}{x}$;   (4) $y = \cos x$.

5. 质点沿 x 轴运动,位置函数为 $x = \sqrt{1 + 2t}$,t 的单位是 s,x 的单位是 m. 求质点在 $t = 4$ s 时的速度和加速度.

6. 已知物体沿直线运动,在时刻 t(单位:s)的位移 s(单位:m)为 $s(t) = t^3 - 6t^2 + 9t + 1$ $(t \geq 0)$. 求:

(1) 在时刻 t 物体运动的加速度 $a(t)$;

(2) 物体在速度等于零时的加速度.

B 组

1. 密度大的流星进入大气层时,它的速度 v 与它距地心距离 r 的关系为 $v = \dfrac{k}{\sqrt{r}}$(k 是常数). 试求加速度 $a(r)$.

2. 设二次函数 $f(x)$ 满足 $f(1) = 1$，$f'(1) = 3$，$f''(1) = 4$，求 $f(x)$.

3. 验证函数 $y = -\dfrac{2}{5}\cos x - \dfrac{4}{5}\sin x$ 满足等式 $y'' + 2y' - 3y = 4\sin x$.

第五节 微分及其应用

⊙ 微分定义及其几何意义　⊙ 微分运算公式与法则　⊙ 近似计算函数的增量
⊙ 线性近似式

一、微分概念

设函数 $y = f(x)$ 在点 x_0 处可导，那么 $\lim\limits_{\Delta x \to 0}\dfrac{\Delta y}{\Delta x} = f'(x_0)$. 因此，当 $|\Delta x|$ 很小时，有 $\dfrac{\Delta y}{\Delta x} \approx f'(x_0)$，即

$$\Delta y \approx f'(x_0)\Delta x. \tag{①}$$

如图 2-5 所示，上式左端的 Δy 是当 x 从 x_0 变到 $x_0 + \Delta x$ 时，曲线 $y = f(x)$ 上点的纵坐标的增量；而右端 $f'(x_0)\Delta x = \tan\alpha \cdot \Delta x = |QT|$，这是当 x 从 x_0 变到 $x_0 + \Delta x$ 时，曲线在点 $P(x_0, f(x_0))$ 处切线 PT 的纵坐标的增量. 因此近似式①表明，在微小的局部范围内可用切线近似代替曲线，即"以直代曲". 曲线段截得越短，就越接近直线段，这是很明显的，如图 2-6 所示.

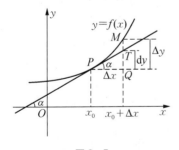

图 2-5

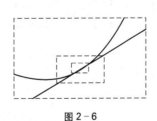

图 2-6

定义 设函数 $y = f(x)$ 在点 x_0 处可导，Δx 是 x 的任一增量，则 $f'(x_0)\Delta x$ 叫做函数 $y = f(x)$ 在点 x_0 处的**微分**，记作 $\mathrm{d}y$，即

$$\mathrm{d}y = f'(x_0)\Delta x. \tag{②}$$

例如,设 $y = x^2$,当 $x = 3$, $\Delta x = 0.01$ 时,

$$\mathrm{d}y = (x^2)' \Delta x \bigg|_{\substack{x=3 \\ \Delta x = 0.01}} = 2x\Delta x \bigg|_{\substack{x=3 \\ \Delta x = 0.01}} = 2 \times 3 \times 0.01 = 0.06;$$

$$\Delta y = (3.01)^2 - 3^2 = 0.0601,$$

两者相差很小.

规定自变量 x 的增量 Δx 为自变量 x 的微分,记作 $\mathrm{d}x$,即 $\mathrm{d}x = \Delta x$. 因此,式②又写成

$$\mathrm{d}y = f'(x_0)\mathrm{d}x. \qquad\qquad ③$$

通常把 $y = f(x)$ 在其可导的任意点 x 处的微分

$$\mathrm{d}y = f'(x)\mathrm{d}x$$

称为函数 $y = f(x)$ 的微分. 上式两边同除以 $\mathrm{d}x$,得

$$\frac{\mathrm{d}y}{\mathrm{d}x} = f'(x).$$

由此可知,此前仅是导数记号的 $\dfrac{\mathrm{d}y}{\mathrm{d}x}$,现在有了新的意义——微分之商,即函数 $y = f(x)$ 的导数就是自变量 x 的微分 $\mathrm{d}x$ 除函数 y 的微分 $\mathrm{d}y$ 所得的商. 因此,导数也称为微商. 利用微分求导数有时比较方便.

例 1   设曲线方程为 $\begin{cases} x = \cos 2t, \\ y = \sin 2t, \end{cases}$ 求 $\dfrac{\mathrm{d}y}{\mathrm{d}x}\bigg|_{t=\frac{\pi}{4}}$.

解 $\dfrac{\mathrm{d}y}{\mathrm{d}x} = \dfrac{\mathrm{d}(\sin 2t)}{\mathrm{d}(\cos 2t)} = \dfrac{2\cos 2t\,\mathrm{d}t}{-2\sin 2t\,\mathrm{d}t} = -\dfrac{\cos 2t}{\sin 2t}$,

所以

$$\frac{\mathrm{d}y}{\mathrm{d}x}\bigg|_{t=\frac{\pi}{4}} = -\frac{\cos 2t}{\sin 2t}\bigg|_{t=\frac{\pi}{4}} = 0.$$

在上面的讨论中已经知道了 $f'(x_0)\Delta x$ 的意义,再根据微分定义,即可知道微分的几何意义.

微分的几何意义   函数 $y = f(x)$ 在点 x_0 处的微分就是曲线 $y = f(x)$ 在点 $(x_0, f(x_0))$ 处切线的纵坐标增量(如图 2-5 所示).

二、微分运算

因为 $dy = f'(x)dx$，所以利用导数公式和求导法则就可以得出微分公式和微分法则.

基本初等函数的微分公式：

(1) $d(C) = 0$(C 为常数)；

(2) $d(x^\alpha) = \alpha x^{\alpha-1} dx$；

(3) $d(a^x) = a^x \ln a\, dx$；

(4) $d(e^x) = e^x dx$；

(5) $d(\log_a x) = \dfrac{1}{x\ln a} dx$；

(6) $d(\ln x) = \dfrac{1}{x} dx$；

(7) $d(\sin x) = \cos x\, dx$；

(8) $d(\cos x) = -\sin x\, dx$；

(9) $d(\tan x) = \dfrac{1}{\cos^2 x} dx$；

(10) $d(\arcsin x) = \dfrac{1}{\sqrt{1-x^2}} dx$；

(11) $d(\arccos x) = -\dfrac{1}{\sqrt{1-x^2}} dx$；

(12) $d(\arctan x) = \dfrac{1}{1+x^2} dx$.

微分的四则运算法则：

(1) $d(u \pm v) = du \pm dv$；

(2) $d(u \cdot v) = v\,du + u\,dv$，$d(Cu) = C\,du$($C$ 为常数)；

(3) $d\left(\dfrac{u}{v}\right) = \dfrac{v\,du - u\,dv}{v^2}$.

下面再来看一下复合函数的微分.

如果 $y = f(u)$ 可导，u 是自变量，根据微分定义，

$$dy = f'(u)\,du. \tag{④}$$

如果 $y = f(u)$ 和 $u = \varphi(x)$ 均可导，那么复合函数 $y = f[\varphi(x)]$ 的微分为

$$dy = y'_x dx = f'(u)\varphi'(x)dx,$$

因为 $du = \varphi'(x)dx$，所以又得

$$dy = f'(u)\,du.$$

这个式子与式④在形式上相同.上面的讨论说明,对于函数 $y = f(u)$,不论 u 是自变量还是中间变量,式④总是成立的.这一特性称为微分形式的不变性.复合函数的微分可以直接按定义计算,也可以利用微分形式的不变性计算.

例 2 设函数 $y = x^2 \sin x - 3\cos x$，求 dy.

解 $dy = d(x^2 \sin x - 3\cos x) = d(x^2 \sin x) - d(3\cos x)$

$\quad\quad = \sin x\, d(x^2) + x^2 d(\sin x) - 3d(\cos x)$

$$= 2x\sin x\mathrm{d}x + x^2\cos x\mathrm{d}x + 3\sin x\mathrm{d}x$$

$$= (2x\sin x + x^2\cos x + 3\sin x)\mathrm{d}x.$$

例3 设函数 $y = \ln(\arctan\sqrt{x})$，求 $\mathrm{d}y$.

解 利用微分形式的不变性，得

$$\mathrm{d}y = \mathrm{d}[\ln(\arctan\sqrt{x})] = \frac{1}{\arctan\sqrt{x}}\ \mathrm{d}(\arctan\sqrt{x})$$

$$= \frac{1}{(1+x)\arctan\sqrt{x}}\ \mathrm{d}(\sqrt{x}) = \frac{1}{2\sqrt{x}(1+x)\arctan\sqrt{x}}\ \mathrm{d}x.$$

三、微分的应用

1. 计算函数增量的近似值

由式①和式②知道

$$\Delta y \approx \mathrm{d}y \quad (|\Delta x| \text{ 很小}). \qquad\qquad ⑤$$

计算函数的增量常常比较麻烦、困难，而函数的微分是自变量增量的线性函数，计算起来通常相对比较简便. 因此，当 $|\Delta x|$ 相对很小时，常用微分 $\mathrm{d}y$ 的值作为增量 Δy 的近似值.

例4 球壳的外径 20 cm，厚度 0.2 cm. 求这个球壳体积的近似值.

解 半径为 r 的球的体积为 $V = \dfrac{4}{3}\pi r^3$，所以球壳的体积为

$$|\Delta V| = |V(9.8) - V(10)| \quad (\mathrm{cm}^3).$$

球壳的厚度 $|\Delta r| = 0.2$ cm，相对于半径 $r = 10$ cm 来说很小，因而可以用 $|\mathrm{d}V|$ 近似代替 $|\Delta V|$. $|\mathrm{d}V| = |4\pi r^2 \cdot \Delta r|$，把 $r = 10$，$\Delta r = -0.2$ 代入，得球壳体积

$$|\Delta V| \approx |\mathrm{d}V| = |4\pi \cdot 10^2 \cdot (-0.2)| \approx 251.3\,(\mathrm{cm}^3).$$

2. 线性近似

设函数 $y = f(x)$，当 x 从 x_0 变到 $x_0 + \Delta x(|\Delta x|$ 很小) 时，按式⑤，有

$$f(x_0 + \Delta x) - f(x_0) \approx f'(x_0)\Delta x,$$

即

$$f(x_0 + \Delta x) \approx f(x_0) + f'(x_0) \Delta x.$$

记 $x = x_0 + \Delta x$，上式即为

$$f(x) \approx f(x_0) + f'(x_0)(x - x_0), \quad | x - x_0 | \text{ 很小}. \qquad ⑥$$

这个式子称为函数 $f(x)$ 在点 x_0 附近的**线性近似式**. 特别地，令 $x_0 = 0$，就得到 $f(x)$ 在 $x = 0$ 附近的线性近似式：

$$f(x) \approx f(0) + f'(0)x, \quad | x | \text{ 很小}. \qquad ⑦$$

例 5 证明：当 $|x|$ 很小时，$\sqrt[n]{1 + x} \approx 1 + \dfrac{1}{n}x$，并计算 $\sqrt[5]{1.01}$ 的近似值.

证 设 $f(x) = \sqrt[n]{1 + x}$，则 $f'(x) = \dfrac{1}{n}(1 + x)^{\frac{1}{n} - 1}$，$f'(0) = \dfrac{1}{n}$，$f(0) = 1$，由式 ⑦ 得

$$\sqrt[n]{1+x} \approx 1 + \frac{1}{n}x \quad (|x| \text{ 很小}).$$

由上式得 $\sqrt[5]{1.01} = (1 + 0.01)^{\frac{1}{5}} \approx 1 + \dfrac{1}{5} \times 0.01 = 1.002.$

习题 2-5

课堂测试

2-5

A 组

1. 按给定的 Δx，求函数在指定点处的微分：

(1) $y = 2x^3 - 5x$，$x = 2$，$\Delta x = 0.1$；

(2) $y = e^{\frac{1}{2}x}$，$x = 0$，$\Delta x = -0.02$.

2. 求下列函数的微分：

(1) $y = x^3 \ln(1 + x)$；

(2) $y = \dfrac{1 - x^2}{1 + x^2}$；

(3) $y = e^{-\sin 2x}$.

3. 利用微分求 $\dfrac{\mathrm{d}y}{\mathrm{d}x}$：

(1) $\begin{cases} x = t, \\ y = 4\sqrt{t}; \end{cases}$

(2) $\begin{cases} x = t\cos t, \\ y = t\sin t; \end{cases}$

(3) $\begin{cases} x = \ln(1 + t^2), \\ y = t - \arctan t. \end{cases}$

4. 当立方体的边长 x 由 a 变到 $a + \Delta x$ 时，体积约改变了多少？

5. 当球的半径 r 由 a 变到 $a + \Delta r$ 时，球的表面积约改变了多少？

6. 单摆运动的周期 $T = 2\pi\sqrt{\dfrac{l}{g}}$，其中 g 为重力加速度. 取 $g = 980\,\text{cm/s}^2$，当摆长 l 从 $20\,\text{cm}$ 缩短到 $19.9\,\text{cm}$ 时，周期约改变了多少?（小数点后保留三位）

7. 证明当 $|x|$ 很小时，下列近似式成立：

(1) $\sin x \approx x$；   (2) $\cos x \approx 1$；   (3) $e^x \approx 1 + x$；

(4) $\ln(1 + x) \approx x$；   (5) $(1 + x)^{\alpha} \approx 1 + \alpha x$（$\alpha$ 为实常数）.

B 组

1. 已知摆线方程为 $\begin{cases} x = r(\theta - \sin\theta), \\ y = r(1 - \cos\theta), \end{cases} \theta \geq 0$，求 $\dfrac{d^2 y}{dx^2}\bigg|_{\theta = \frac{\pi}{2}}$.

2. 求下列函数在 $x = 0$ 附近的线性近似式：

(1) $f(x) = e^{-3x}$；   (2) $g(x) = \ln(1 - 4x)$；   (3) $\varphi(x) = \arctan x$.

3. 在狭义相对论中，以速度 v 运动的物体的动能为 $E = m_0 c^2\left(\dfrac{1}{\sqrt{1 - \dfrac{v^2}{c^2}}} - 1\right)$，其中 m_0 是物体静止时的质量，c 是光速. 试证明：当 v 与 c 相比很小时，$E \approx \dfrac{1}{2} m_0 v^2$.

阅读与拓展

复习题二

A 组

1. 判断正误：

(1) 设 $f(x) = x^8 + 8^x$，则 $f'(x) = 8x^7 + x8^{x-1}$.

(2) $\left(\sin\dfrac{\pi}{4}\right)' = \cos\dfrac{\pi}{4}$.

(3) $(\ln|x|)' = \dfrac{1}{x}$ $(x \neq 0)$.

(4) 对于线性函数 $y = kx + b$（k、b 为常数）总有 $dy = \Delta y$.

(5) 设函数 $y = e^{\arcsin\frac{1}{x}}$，则 $y' = e^{\arcsin\frac{1}{x}} \cdot \left(\arcsin\dfrac{1}{x}\right)' \cdot \left(\dfrac{1}{x}\right)'$.

(6) 如果 $\lim\limits_{x \to 1} \dfrac{f(x) - f(1)}{1 - x} = 1$,那么 $f'(1) = -1$.

(7) 如果 $f'(a) = 0$,那么曲线 $y = f(x)$ 在点 $(a, f(a))$ 处有水平切线 $y = f(a)$.

(8) 设曲线 $y = f(x)$ 在点 $(a, f(a))$ 处有切线,切线的倾斜角为 α:

① 如果 $f'(a)$ 存在,且 $f'(a) > 0$,那么 α 是锐角;

② 如果 $f'(a)$ 存在,且 $f'(a) < 0$,那么 α 是钝角;

③ 如果 $\alpha = \dfrac{\pi}{2}$,那么 $f'(a)$ 不存在.

2. 一杯牛奶在微波炉中加热后拿出放在桌上,t 分钟后牛奶的温度为 $Q(t) = 75\mathrm{e}^{-0.02t} + 20$(单位:℃). (1) $Q'(t)$ 的单位是什么? (2) 求出 $Q'(20)$(保留整数),并说明这一数值的具体实际意义.

3. 在火星表面附近,自由落体的运动方程是 $s = 1.86t^2$,s 的单位是 m,t 的单位是 s. 设一石块从距离火星表面 100 m 高的悬崖上自由落下:

(1) 石块下落速度达到 18.6 m/s 用了多长时间?

(2) 在下落过程中石块的加速度是多少?

4. 站在月球上竖直上抛一小石块,设在时刻 t(单位:s)石块的高度(单位:m)为 $h = 1.5 + 20t - 0.8t^2$,求石块能达到的最大高度.

5. 求下列函数的导数 $\dfrac{\mathrm{d}y}{\mathrm{d}x}$:

(1) $y = 8\left(x^{\frac{1}{4}} + x^{-\frac{1}{4}}\right)$;　　(2) $y = \sqrt{x}(x + 2\ln x)$;　　(3) $y = \dfrac{\sqrt{x} - 1}{\sqrt{x} + 1}$;

(4) $y = \mathrm{e}^{\cos\frac{x}{2}}$;　　(5) $y = \sin^5 x + \cos x^5$;　　(6) $y = x^2 \mathrm{e}^{-\frac{1}{x}}$;

(7) $y = \ln(\arcsin \mathrm{e}^x)$;　　(8) $y = \sqrt{\tan\sqrt{x}}$.

6. 求下列隐函数的导数 $\dfrac{\mathrm{d}y}{\mathrm{d}x}$:

(1) $x^2 - y^2 = 8$;　　(2) $y^2 + \ln y = x^4$;　　(3) $\sin(xy) = x^2 - y$.

7. 求下列曲线在指定的 t 值所对应点处的切线方程:

(1) $\begin{cases} x = \dfrac{1}{1 + t^2}, \\ y = 1 - \dfrac{4}{t}, \end{cases} t = 1$;　　(2) $\begin{cases} x = \mathrm{e}^{-t}, \\ y = t\mathrm{e}^{2t}, \end{cases} t = 0$.

8. 求下列指定的高阶导数:

(1) $y = x^3 + \mathrm{e}^{3x}$,$y'''$;　　(2) $y = \dfrac{1}{1 + x^2}$,y'';　　(3) $y = \dfrac{1}{2x - 1}$,$y^{(n)}$.

9. 求与曲线 $y = e^{2x-1}$ 相切且与直线 $2x - y + 1 = 0$ 平行的直线方程.

10. 曲线 $y = 2 + \ln(1 - 3x)$ 上哪一点处的切线与直线 $x - 3y + 3 = 0$ 垂直.

11. 小树的横截面的周长从 $30\,cm$ 增加到 $32\,cm$,小树的截面积约增加了多少(小数点后保留一位).

12. 某球形气球的半径 r 与时间 t 的关系为 $r = e^{-t}$. 当 t 从 a 变到 $a + \Delta t$ 时,气球的体积 V 约改变了多少?

B 组

1. 等式 $\lim\limits_{x \to 32} \dfrac{\sqrt[5]{x} - 2}{x - 32} = \dfrac{1}{80}$ 是否成立?

2. 设函数 $y = f\left(\dfrac{1}{x^2}\right)$,若 $\dfrac{dy}{dx} = \dfrac{1}{x}$,求 $f'\left(\dfrac{1}{2}\right)$.

3. 设函数 $y = f(e^x)$,若 $\dfrac{dy}{dx} = (x + 2)e^x$,求 $f'(1)$.

4. 抛物线 $y = x^2 - 1$ 上两个点 P_1、P_2 处的切线与 x 轴围成的三角形是等腰直角三角形,求这两条切线的方程.

5. 设质点沿 x 轴运动,t 表示时间. 如果 $\dfrac{dx}{dt} = f(x)$,试证明质点运动的加速度 $a(t) = f(x)f'(x)$.

6. 求 $f(x) = e^{2(x-1)}$ 在 $x = 1$ 附近的线性近似式,并利用近似式计算 $f(1.05)$ 和 $f(0.98)$ 的近似值.

第三章　导数的应用

　　函数的图形千姿百态,有时上升,有时下降,有时上凸,有时下凹,怎样才能把握反映函数变化特点和规律的这些重要性态呢? 运用导数等知识就可以搞清楚曲线变化的来龙去脉. 还有,我们要制作一件容器,在一定的条件下,如何设计容器的尺寸能够使所用材料最省? 容积最大? 在生产、建设、生活、管理等诸多方面许多要解决的问题都与这一问题的性质相同,希望花费最小、用时最少、效益最高等等. 这类问题常常归结为数学中求函数的最大值、最小值问题. 求函数的最大值、最小值是导数的重要应用之一. 在本章中,我们将利用导数的知识来研究函数的一些特性和实际应用.

第一节　拉格朗日中值定理与洛必达法则

⊙ 拉格朗日中值定理　　⊙ 原函数的概念　　⊙ 洛必达法则

一、拉格朗日中值定理

1. 拉格朗日中值定理及推论

> **定理 1(拉格朗日中值定理)**　如果函数 $f(x)$ 在闭区间 $[a, b]$ 上连续,且在开区间 (a, b) 内可导,那么在 (a, b) 内至少有一点 ξ,使得 $f'(\xi) = \dfrac{f(b) - f(a)}{b - a}$.

　　对于这个定理,我们只从几何直观上加以说明. 定理的条件保证了曲线 $y=f(x)$ 在 $[a, b]$ 上连续且在 (a, b) 内任意点均存在不垂直于 x 轴的切线,从几何直观上看(如图 3-1 所示),连接 A、B 两点的直线 AB 的斜率是 $k_{AB} = \dfrac{f(b) - f(a)}{b - a}$. 将 AB 平移,那么在曲线上至少能找到一点 $C(\xi, f(\xi))$,使得过点 C 的切线与直线 AB 平行,从而

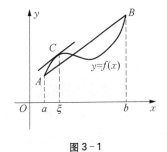

图 3-1

曲线 $y = f(x)$ 在点 $C(\xi, f(\xi))$ 处的切线的斜率 $f'(\xi)$ 与直线 AB 的斜率相等,即

$$f'(\xi) = \frac{f(b) - f(a)}{b - a}.$$

拉格朗日中值定理精确地给出了函数在一个区间上的增量、自变量增量和函数在这个区间上某点 $x = \xi$ 处的导数之间的关系.

由拉格朗日中值定理可以得出以下两个重要推论.

推论 1 如果函数 $f(x)$ 在区间 (a, b) 内恒有 $f'(x) = 0$,那么 $f(x)$ 在 (a, b) 内是一个常数,即 $f(x) = C(C$ 为常数).

证明 设 x_1、x_2 是区间 (a, b) 内任意两点,且 $x_1 < x_2$,则 $f(x)$ 在区间 $[x_1, x_2]$ 上满足拉格朗日中值定理的条件,于是,存在一点 $\xi \in (x_1, x_2)$,使得

$$f'(\xi) = \frac{f(x_2) - f(x_1)}{x_2 - x_1}, 即 f(x_2) - f(x_1) = f'(\xi)(x_2 - x_1).$$

因为在 (a, b) 内恒有 $f'(x) = 0$,所以 $f'(\xi) = 0$,从而 $f(x_2) - f(x_1) = 0$,即

$$f(x_2) = f(x_1).$$

由点 x_1、x_2 的任意性可知,函数 $f(x)$ 在 (a, b) 内所有点的函数值相等,即 $f(x) = C(C$ 为常数).

推论 2 对于函数 $f(x)$ 和 $g(x)$,如果在区间 (a, b) 内恒有 $f'(x) = g'(x)$,那么 $f(x)$ 和 $g(x)$ 在 (a, b) 内只相差一个常数,即 $f(x) = g(x) + C(C$ 为常数).

证明 设 $F(x) = f(x) - g(x)$,则由条件可知,在区间 (a, b) 内恒有

$$F'(x) = f'(x) - g'(x) = 0.$$

由推论 1 可知,在区间 (a, b) 内,$F(x) = C(C$ 为常数),也就是

$$f(x) - g(x) = C(C 为常数),$$

即

$$f(x) = g(x) + C(C 为常数).$$

2. 原函数的概念

前面学过的导数与微分主要是解决给定函数的导数(或微分)问题,但在许多实际问题中,恰恰相反:需要从一个函数的导数(或微分),求出这个函数来. 例如,已知沿直线运动物体的速度

$v = v(t)$，要求出物体运动的位置函数 $s = s(t)$．这就是已知 $\dfrac{\mathrm{d}s}{\mathrm{d}t} = v(t)$，而要求出函数 $s = s(t)$ 的问题，我们把函数 $s(t)$ 叫做 $v(t)$ 的原函数．下面给出原函数的定义．

> **定义**　设函数 $F(x)$ 与 $f(x)$ 是定义在同一区间 I 上的函数，如果对于 I 上的任一点 x，都有
> $$F'(x) = f(x) \text{ 或 } \mathrm{d}F(x) = f(x)\mathrm{d}x,$$
> 则称函数 $F(x)$ 是函数 $f(x)$ 在区间 I 上的一个**原函数**．

例 1　求函数 $f(x) = \sin x$，$x \in (-\infty, +\infty)$ 的一个原函数．

解　因为 $(-\cos x)' = \sin x$，$x \in (-\infty, +\infty)$，所以 $F(x) = -\cos x$ 是 $f(x) = \sin x$ 的一个原函数．

显然，$-\cos x + 1$、$-\cos x - \sqrt{2}$、$-\cos x + C$（C 为任意常数）都是 $\sin x$ 的原函数．

由前面的讨论和推论 2，易知：

> **定理 2**　如果在区间 I 上函数 $f(x)$ 有一个原函数 $F(x)$，那么
> （1）$f(x)$ 在 I 上有无限多个原函数；
> （2）$f(x)$ 的任意一个原函数都可以表示成 $F(x) + C$（C 为常数）的形式．

定理 2 表明，当 C 为任意常数时，$F(x) + C$ 就表示了 $f(x)$ 的全部原函数，因此，称 $F(x) + C$（C 为任意常数）为函数 $f(x)$ 在 I 上的**原函数的一般表达式**．这也表明 $f(x)$ 的任意两个原函数的差仅是一个常数．

例 2　求函数 $f(x) = 4x^3$ 的原函数的一般表达式．

解　因为 $(x^4)' = 4x^3$，所以函数 $f(x) = 4x^3$ 的原函数的一般表达式为
$$F(x) = x^4 + C.$$

例 3　已知质点沿直线运动，加速度为 $a(t) = 2 \text{ cm/s}^2$，初速度为 $v(0) = 1 \text{ cm/s}$，初始位置为 $s(0) = 3 \text{ cm}$．求质点的位置函数 $s(t)$．

解　因为 $v'(t) = a(t) = 2$，所以 $v(t) = 2t + C_1$．由 $v(0) = 1$，得 $C_1 = 1$，即 $v(t) = 2t + 1$．

又因为 $s'(t) = v(t)$，即 $s(t)$ 是 $v(t)$ 的原函数，所以，求 $v(t) = 2t + 1$ 的原函数，得

$$s(t) = t^2 + t + C_2,$$

由 $s(0) = 3$，得 $C_2 = 3$，因此，质点的位置函数为

$$s(t) = t^2 + t + 3.$$

二、洛必达法则

洛必达法则是导数的一种应用，它提供了一种简便、有效的求 $\dfrac{0}{0}$ 型和 $\dfrac{\infty}{\infty}$ 型未定式极限的方法．

1. 关于 $\dfrac{0}{0}$ 型未定式的洛必达法则

定理 3（洛必达法则 1）　若函数 $f(x)$ 与 $g(x)$ 满足条件：

（1）$\lim\limits_{x \to a} f(x) = 0$，$\lim\limits_{x \to a} g(x) = 0$；

（2）$f(x)$ 与 $g(x)$ 在点 a 附近（点 a 可以除外）可导，且 $g'(x) \neq 0$；

（3）$\lim\limits_{x \to a} \dfrac{f'(x)}{g'(x)} = A$（或 ∞），

则

$$\lim\limits_{x \to a} \frac{f(x)}{g(x)} = \lim\limits_{x \to a} \frac{f'(x)}{g'(x)} = A（或 \infty）.$$

上面的结论也适用于 $x \to \infty$ 时的 $\dfrac{0}{0}$ 型未定式极限．

例 4　求 $\lim\limits_{x \to 0} \dfrac{e^x - 1}{x^2 - x}$.

解　$\lim\limits_{x \to 0} \dfrac{e^x - 1}{x^2 - x} = \lim\limits_{x \to 0} \dfrac{(e^x - 1)'}{(x^2 - x)'} = \lim\limits_{x \to 0} \dfrac{e^x}{2x - 1} = -1.$

如果 $\lim\limits_{x \to a} \dfrac{f'(x)}{g'(x)}$ 仍是 $\dfrac{0}{0}$ 型未定式，且 $f'(x)$ 与 $g'(x)$ 满足洛必达法则 1 条件，那么可以继续使用洛必达法则 1，依此类推．

例 5　求 $\lim\limits_{x \to 0} \dfrac{x - \sin x}{x^3}$.

解　$\lim\limits_{x \to 0} \dfrac{x - \sin x}{x^3} = \lim\limits_{x \to 0} \dfrac{1 - \cos x}{3x^2} = \lim\limits_{x \to 0} \dfrac{\sin x}{6x} = \dfrac{1}{6} \lim\limits_{x \to 0} \dfrac{\sin x}{x} = \dfrac{1}{6}.$

2. 关于 $\dfrac{\infty}{\infty}$ 型未定式的洛必达法则

> **定理 4（洛必达法则 2）** 若函数 $f(x)$ 与 $g(x)$ 满足条件：
>
> (1) $\lim\limits_{x \to a} f(x) = \infty$，$\lim\limits_{x \to a} g(x) = \infty$；
>
> (2) $f(x)$ 与 $g(x)$ 在点 a 附近（点 a 可以除外）可导，且 $g'(x) \neq 0$；
>
> (3) $\lim\limits_{x \to a} \dfrac{f'(x)}{g'(x)} = A$（或 ∞）；
>
> 则 $\lim\limits_{x \to a} \dfrac{f(x)}{g(x)} = \lim\limits_{x \to a} \dfrac{f'(x)}{g'(x)} = A$（或 ∞）.

这一结论同样适用于 $x \to \infty$ 时的 $\dfrac{\infty}{\infty}$ 型未定式.

例 6 $\lim\limits_{x \to 0^+} \dfrac{\ln x}{\dfrac{1}{x}}$.

解 $\lim\limits_{x \to 0^+} \dfrac{\ln x}{\dfrac{1}{x}} = \lim\limits_{x \to 0^+} \dfrac{\dfrac{1}{x}}{-\dfrac{1}{x^2}} = \lim\limits_{x \to 0^+} (-x) = 0$.

例 7 求 $\lim\limits_{x \to +\infty} \dfrac{e^x}{x^3}$.

解 $\lim\limits_{x \to +\infty} \dfrac{e^x}{x^3} = \lim\limits_{x \to +\infty} \dfrac{e^x}{3x^2} = \lim\limits_{x \to +\infty} \dfrac{e^x}{6x} = \lim\limits_{x \to +\infty} \dfrac{e^x}{6} = +\infty$.

说明:（1）有些 $\dfrac{0}{0}$ 型和 $\dfrac{\infty}{\infty}$ 型未定式极限,不满足洛必达法则的条件,无法用洛必达法则来求时,可以考虑用其他方法.

例如,对于 $\dfrac{\infty}{\infty}$ 型未定式极限: $\lim\limits_{x \to \infty} \dfrac{x - \sin x}{x}$,因为 $\lim\limits_{x \to \infty} \dfrac{(x - \sin x)'}{(x)'} = \lim\limits_{x \to \infty} \dfrac{1 - \cos x}{1}$ 不满足洛必达法则 2 的条件（3）,不能用洛必达法则来求. 但是,将这个极限进行恒等变形、利用无穷小的性质可得

$$\lim\limits_{x \to \infty} \dfrac{x - \sin x}{x} = \lim\limits_{x \to \infty} \left(1 - \dfrac{\sin x}{x}\right) = 1.$$

（2）对于 $0 \cdot \infty$, $\infty - \infty$, 0^0, ∞^0, 1^∞ 等类型的未定式极限,可以经过适当的恒等变形后,再用洛必达法则来求,也可以使用 MATLAB 数学软件来求解.

例8 求 $\lim\limits_{x \to 0}\left(\dfrac{1}{x} - \dfrac{1}{e^x - 1}\right)$.

解法 1 这是一个 $\infty - \infty$ 型未定式极限, 可将它变为 $\dfrac{0}{0}$ 型用洛必达法则来求.

$$\lim_{x \to 0}\left(\frac{1}{x} - \frac{1}{e^x - 1}\right) = \lim_{x \to 0}\frac{e^x - 1 - x}{x(e^x - 1)} = \lim_{x \to 0}\frac{e^x - 1}{(x+1)e^x - 1}$$

$$= \lim_{x \to 0}\frac{e^x}{(x+2)e^x} = \lim_{x \to 0}\frac{1}{x+2} = \frac{1}{2}.$$

解法 2 用 MATLAB 软件来求, 在 MATLAB 的命令窗口输入下面语句:

```
>>syms x
>>limit(1/x-1/(exp(x)-1),x,0)
```

运行结果为

```
ans=1/2
```

即

$$\lim_{x \to 0}\left(\frac{1}{x} - \frac{1}{e^x - 1}\right) = \frac{1}{2}.$$

例9 利用 MATLAB 软件求极限: $\lim\limits_{x \to 1^+}\ln x \cdot \ln(x - 1)$.

解 这是一个 $0 \cdot \infty$ 型未定式极限, 用洛必达法则求比较复杂, 可以直接用 MATLAB 软件来求. 在 MATLAB 的命令窗口输入下面语句:

```
>>syms x
>>limit(log(x)*log(x-1),x,1,'right')
```

运行结果为

```
ans=0
```

即

$$\lim_{x \to 1^+}\ln x \cdot \ln(x - 1) = 0.$$

习题 3-1

课堂测试
3-1

A 组

1. 求下列函数的原函数的一般表达式:

(1) $f(x) = x^{\frac{1}{2}}$;　　　　　　　　　　　　　(2) $f(x) = e^x$;

(3) $f(x) = \cos x$;　　　　　　　　　　　　　(4) $f(x) = k$(k 为常数).

2. 判断下列各组中的函数是否为同一函数的原函数：

（1）$y = \ln(2x)$，$y = \ln(3x)$，$y = \ln x - 2$；

（2）$y = (e^x + e^{-x})^2$，$y = (e^x - e^{-x})^2$.

3. 求经过点$(1, 3)$，且在任意点(x, y)处的切线的斜率为$2x$的曲线方程.

4. 一物体作直线运动，加速度函数为$a(t) = 12t$，速度函数为$v(t)$，位置函数为$s(t)$，已知$v(0) = -3$，$s(0) = 6$，求位置函数$s(t)$.

5. 利用洛必达法则求下列极限：

（1）$\lim\limits_{x \to \pi} \dfrac{\sin 3x}{\sin 5x}$；　　　（2）$\lim\limits_{x \to 0} \dfrac{\tan 2x}{\sin 3x}$；　　　（3）$\lim\limits_{x \to 1} \dfrac{\ln x}{x - 1}$；

（4）$\lim\limits_{x \to +\infty} \dfrac{e^x}{\ln x}$；　　　（5）$\lim\limits_{x \to +\infty} \dfrac{x^4}{e^x}$；　　　（6）$\lim\limits_{x \to 5} \dfrac{x^3 - 125}{x^2 - 25}$.

B 组

1. 验证函数$f(x) = x + x^2$在区间$[-2, 2]$上满足拉格朗日中值定理的条件，并求ξ值.

2. 设一条曲线$y = f(x)$满足：$(1) f''(x) = 6x$；(2)曲线经过点$(0, -1)$且在该点有水平的切线. 求这条曲线的方程.

3. 利用洛必达法则（或 MATLAB）求下列极限：

（1）$\lim\limits_{x \to 0} \dfrac{1}{x} \cdot \arcsin x$；　　　　　　　（2）$\lim\limits_{x \to 0^+} \dfrac{\ln \sin x}{\ln \sin 3x}$；

（3）$\lim\limits_{x \to +\infty} x\left(\dfrac{\pi}{2} - \arctan x\right)$；　　　　（4）$\lim\limits_{x \to 0} (\cos x)^{\frac{1}{x}}$.

第二节　函数单调性的判定与极值

> ⊙ 函数单调性的判定　　⊙ 驻点、临界点　　⊙ 函数极值的概念　　⊙ 函数极值的两个判定方法

一、函数单调性的判定

如图 3-2 所示，函数$y = f(x)$在区间$[a, b]$上单调增加，它的图形是一条逐渐上升的曲线，曲线上各点切线的倾斜角都是锐角，因此切线的斜率大于零，也就是说$f(x)$在相应点处的导数大于零，即$f'(x) > 0$；相反，如图 3-3 所示，函数$y = f(x)$在区间$[a, b]$上单调减少，它的图形是一条逐渐下降的曲线，曲线上各点切线的倾斜角都是钝角，因此切线的斜率小于零，也就是说$f(x)$在相应点处的导数小于零，即$f'(x) < 0$. 事实上，由拉格朗日中值定理可以得到下面函数单调性

的判定定理.

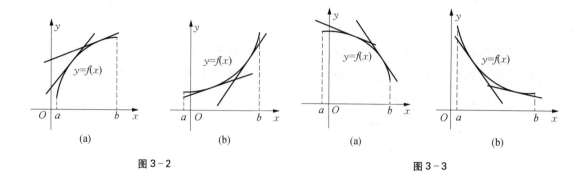

图 3－2　　　　　　　　　　图 3－3

> **定理 1**　设函数 $y = f(x)$ 在 $[a, b]$ 上连续,在 (a, b) 内可导:
> (1) 如果在 (a, b) 内 $f'(x) > 0$,那么函数 $y = f(x)$ 在 $[a, b]$ 上单调增加;
> (2) 如果在 (a, b) 内 $f'(x) < 0$,那么函数 $y = f(x)$ 在 $[a, b]$ 上单调减少.

** **证明**　设 x_1、x_2 是 $[a, b]$ 上的任意两点,且 $x_1 < x_2$,则在区间 $[x_1, x_2]$ 上函数 $f(x)$ 满足拉格朗日中值定理的条件,因此有

$$f(x_2) - f(x_1) = f'(\xi)(x_2 - x_1),\text{其中 } x_1 < \xi < x_2.$$

如果在 (a, b) 内 $f'(x) > 0$,则 $f'(\xi) > 0$,又因为 $x_2 - x_1 > 0$,所以 $f(x_2) - f(x_1) > 0$,即 $f(x_2) > f(x_1)$,因此函数 $y = f(x)$ 在区间 $[a, b]$ 上是单调增加的.

如果 $f'(x) < 0$,类似地可以证明函数 $y = f(x)$ 在 $[a, b]$ 上单调减少.

如果函数 $f(x)$ 在 $[a, b]$ 上单调增加(减少),则称 $[a, b]$ 为 $f(x)$ 的单调增加(减少)区间. 我们把 $f(x)$ 的单调增加区间与单调减少区间统称为 $f(x)$ 的单调区间.

例 1　确定函数 $f(x) = x^3 - 3x$ 的单调区间.

解　函数 $f(x) = x^3 - 3x$ 的定义域为 $(-\infty, +\infty)$,$f'(x) = 3x^2 - 3 = 3(x - 1)(x + 1)$.

令 $f'(x) = 0$,可得 $x = -1$ 或 $x = 1$. 根据定理 1 列表判断,如表 3－1 所示.

表 3－1

x	$(-\infty, -1)$	-1	$(-1, 1)$	1	$(1, +\infty)$
$f'(x)$	+	0	−	0	+
$f(x)$	↗		↘		↗

(注:表中记号"↗"表示函数单调增加,"↘"表示函数单调减少)

由表 3-1 可以看出,区间 $(-\infty, -1)$ 和 $(1, +\infty)$ 是函数 $f(x)$ 的两个单调增加区间;区间 $(-1, 1)$ 是函数 $f(x)$ 的单调减少区间.

例 2 讨论函数 $f(x) = \sqrt[3]{(x-1)^2}$ 的单调性.

解 函数 $f(x) = \sqrt[3]{(x-1)^2}$ 的定义域为 $(-\infty, +\infty)$,$f'(x) = \dfrac{2}{3 \cdot \sqrt[3]{x-1}}$.

当 $x = 1$ 时,函数 $f(x)$ 的导数不存在,即 $f'(1)$ 不存在. 根据定理 1,列表(表 3-2)判断.

表 3-2

x	$(-\infty, 1)$	1	$(1, +\infty)$
$f'(x)$	$-$	不存在	$+$
$f(x)$	$\searrow$		$\nearrow$

由表 3-2 可以看出,$f(x)$ 在区间 $(-\infty, 1)$ 内单调减少,在区间 $(1, +\infty)$ 内单调增加.

满足 $f'(a) = 0$ 的点 $x = a$ 叫做函数 $f(x)$ 的**驻点**.

从例 1、例 2 看出,驻点和导数不存在的点都有可能成为函数增减区间性的分界点. 在例 1 中的驻点 $x = -1$ 和 $x = 1$ 都是函数 $f(x) = x^3 - 3x$ 的增减区间的分界点;在例 2 中,导数不存在的点 $x = 1$ 是函数 $f(x) = \sqrt[3]{(x-1)^2}$ 的增减区间的分界点.

函数 $f(x)$ 的驻点和 $f(x)$ 有定义但导数不存在的点统称为 $f(x)$ 的**临界点**.

二、函数的极值

如图 3-4 所示,函数 $y = f(x)$ 在点 x_1、x_3、x_6 处的函数值 $f(x_1)$、$f(x_3)$、$f(x_6)$ 比它们左右近旁各点的函数值都大;而在点 x_2、x_4 处的函数值 $f(x_2)$、$f(x_4)$ 比它们左右近旁各点的函数值都小. 对于这种性质的点和函数值,有如下定义:

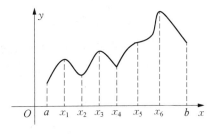

图 3-4

> **定义** 设函数 $f(x)$ 在区间 (a, b) 内有定义,$x_0 \in (a, b)$. 如果对于点 x_0 左右近旁的任意点 $x(x \neq x_0)$,均有 $f(x) < f(x_0)$,则称 $f(x_0)$ 是函数 $f(x)$ 的一个**极大值**,点 x_0 称为 $f(x)$ 的一个**极大值点**;如果对于点 x_0 左右近旁的任意点 $x(x \neq x_0)$,均有 $f(x) > f(x_0)$,则称 $f(x_0)$ 是函数 $f(x)$ 的一个**极小值**,点 x_0 称为 $f(x)$ 的一个**极小值点**.
>
> 函数的极大值和极小值统称为**极值**,极大值点和极小值点统称为**极值点**.

如图 3-4 所示,$f(x_1)$、$f(x_3)$ 和 $f(x_6)$ 是函数 $f(x)$ 的极大值,点 x_1、x_3 和 x_6 是 $f(x)$ 的极大值点;$f(x_2)$、$f(x_4)$ 是函数 $f(x)$ 的极小值,点 x_2、x_4 是 $f(x)$ 的极小值点;$f(x_5)$ 既不是函数 $f(x)$ 的极小值也不是极大值,点 x_5 不是 $f(x)$ 的极值点.

函数的极值是一个局部概念,是函数在局部上的最大值(或最小值),并不一定是函数在整个定义域内的最大值(或最小值);极大值与极小值之间没有必然的大小关系,极大值可能小于极小值.

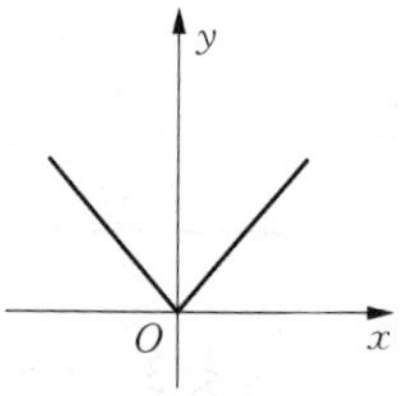

函数 $f(x)$ 在极值点的导数可能等于零(如图 3-4 所示),也可能不存在,如点 x_4. 又例如,函数 $f(x) = |x|$ 在 $x = 0$ 处有极小值,但导数不存在(如图 3-5 所示).

一般地,如果连续函数 $f(x)$ 有极值,那么极值点只能出现在临界点中,但临界点不一定是极值点,如图 3-4 中的点 x_5.

下面给出判断极值点和极值的一个充分条件.

图 3-5

> **定理2** 设函数 $f(x)$ 在点 x_0 的左右近旁可导,在点 x_0 处有定义,且 $f'(x_0) = 0$ 或 $f'(x_0)$ 不存在.
>
> (1) 如果当 $x < x_0$ 时 $f'(x) > 0$,当 $x > x_0$ 时 $f'(x) < 0$,则 x_0 是 $f(x)$ 的极大值点,$f(x_0)$ 是 $f(x)$ 的极大值;
>
> (2) 如果当 $x < x_0$ 时 $f'(x) < 0$,当 $x > x_0$ 时 $f'(x) > 0$,则 x_0 是 $f(x)$ 的极小值点,$f(x_0)$ 是 $f(x)$ 的极小值;
>
> (3) 如果在 x_0 左右 $f'(x)$ 的符号相同,则 x_0 不是极值点.

求函数 $f(x)$ 的极值的一般步骤如下:

(1) 确定 $f(x)$ 的定义域;

(2) 求导数 $f'(x)$;

(3) 求 $f(x)$ 在定义域内的临界点;

(4) 列表判断:用临界点把函数的定义域划分成若干个部分区间,考察每个部分区间内

$f'(x)$ 的符号,按照定理 2 确定函数的极值点和极值.

例 3 求函数 $f(x) = (x^2 - 1)^3$ 的极值.

解 (1) $f(x)$ 的定义域为 $(-\infty, +\infty)$;

(2) $f'(x) = 6x(x^2 - 1)^2 = 6x(x - 1)^2(x + 1)^2$;

(3) 令 $f'(x) = 0$,解得驻点 $x_1 = -1$, $x_2 = 0$, $x_3 = 1$;

(4) 列表判断,如表 3-3 所示.

表 3-3

x	$(-\infty, -1)$	-1	$(-1, 0)$	0	$(0, 1)$	1	$(1, +\infty)$
$f'(x)$	$-$	不存在	$-$	0	$+$	0	$+$
$f(x)$	↘		↘	极小值-1	↗		↗

由表 3-3 可知,函数 $f(x)$ 有极小值 $f(0) = -1$.

例 4 求函数 $f(x) = x^{\frac{2}{3}} - \frac{1}{3}x$ 的极值.

解 (1) $f(x)$ 的定义域为 $(-\infty, +\infty)$;

(2) $f'(x) = \frac{2}{3}x^{-\frac{1}{3}} - \frac{1}{3} = \frac{2 - \sqrt[3]{x}}{3 \cdot \sqrt[3]{x}}$;

(3) 令 $f'(x) = 0$,解得驻点 $x = 8$;当 $x = 0$ 时,$f'(x)$ 不存在;

(4) 列表判断,如表 3-4 所示.

表 3-4

x	$(-\infty, 0)$	0	$(0, 8)$	8	$(8, +\infty)$
$f'(x)$	$-$	0	$+$	0	$-$
$f(x)$	↘	极小值 0	↗	极大值 $\frac{4}{3}$	↘

由表 3-4 可知,函数 $f(x)$ 有极小值 $f(0) = 0$,极大值 $f(8) = \frac{4}{3}$.

当函数没有一阶导数不存在的点、只有驻点,并且在驻点处的二阶导数存在且不为零时,有如下判定定理.

定理 3 设函数 $f(x)$ 在点 x_0 处具有二阶导数,且 $f'(x_0) = 0$, $f''(x_0) \neq 0$.

(1) 如果 $f''(x_0) < 0$,那么函数 $f(x)$ 在 x_0 处取得极大值;

(2) 如果 $f''(x_0) > 0$,那么函数 $f(x)$ 在 x_0 处取得极小值.

例5 求函数 $f(x) = \dfrac{1}{3}x^3 - x + 4$ 的极值.

解 $f'(x) = x^2 - 1 = (x+1)(x-1)$, $f''(x) = 2x$.

令 $f'(x) = 0$, 得驻点 $x_1 = -1$, $x_2 = 1$.

因为 $f''(-1) = -2 < 0$, 所以 $f(x)$ 在 $x = -1$ 处取得极大值 $f(-1) = \dfrac{14}{3}$;

因为 $f''(1) = 2 > 0$, 所以 $f(x)$ 在 $x = 1$ 处取得极小值 $f(1) = \dfrac{10}{3}$.

课堂测试
3-2

习题 3-2

A 组

1. 确定下列函数的单调区间:

(1) $y = x^2 - 2x - 3$;　(2) $y = x^2 + 3x$;　　(3) $y = x^3 - 1$;

(4) $y = x^2(x-3)$;　　(5) $y = x^3 - x^2 - x$;　(6) $f(x) = e^x - x - 1$.

2. 求下列函数的极值:

(1) $f(x) = -x^2 + x + 2$;　　　　　　　(2) $f(x) = 2x^2 - x^4$;

(3) $f(x) = \dfrac{1}{3}x^3 - 9x + 4$;　　　　　　(4) $f(x) = x - e^x$.

B 组

1. 确定下列函数的单调区间:

(1) $y = x - \ln(1+x)$;　　(2) $f(x) = \ln(2x-1)$;　　(3) $y = \dfrac{x^2}{1+x}$.

2. 求下列函数的极值:

(1) $f(x) = x^2 \ln x$;　　(2) $f(x) = \dfrac{x}{x^2 + 3}$;　　(3) $f(x) = 1 - \sqrt{x^2 + 1}$.

3. 已知质点沿 Ox 轴运动, 位置函数为 $x = \dfrac{1}{3}t^3 - 3t^2 + 8t$, $0 \leqslant t \leqslant 10$, 其中 t 的单位为 s, x 的单位为 m. 问:

(1) 质点何时是向轴的正方向运动的?

(2) 何时是向轴的负方向运动的?

(提示:当 $v(t) > 0$ 时, 质点向正的方向运动;当 $v(t) < 0$ 时, 质点向负的方向运动).

第三节　函数的最值与应用

⊙ 闭区间上连续函数的最值　⊙ 开区间上连续函数的最值　⊙ 最值应用举例

一、函数的最值

1. 闭区间上连续函数的最值

由闭区间上连续函数的性质知道,在闭区间$[a,b]$上连续的函数$f(x)$一定有最大值和最小值. 根据连续函数的特点可以断定,最大值和最小值只能在极值点或端点处取得. 由于极值点必是临界点,因此,只要求出$f(x)$的所有临界点和端点处的函数值,比较它们的大小,其中最大的数就是$f(x)$在$[a,b]$上的最大值,最小的数就是$f(x)$在$[a,b]$上的最小值.

例1　求函数$f(x) = x^4 - 8x^2 + 6$在$[-1,3]$上的最大值和最小值.

解　(1) $f(x)$在$[-1,3]$上连续,$f'(x) = 4x^3 - 16x = 4x(x+2)(x-2)$;

(2) 令$f'(x) = 0$,解得$x_1 = -2$(不属于$[-1,3]$,舍去),$x_2 = 0$,$x_3 = 2$;

(3) 计算临界点与端点的函数值,得

$$f(0) = 6, \quad f(2) = -10, \quad f(-1) = -1, \quad f(3) = 15;$$

(4) 比较大小可知,函数$f(x)$在区间$[-1,3]$上的最大值是$f(3) = 15$,最小值是$f(2) = -10$.

2. 开区间上连续函数的最值

对于开区间上连续函数,其最值可能存在,也可能不存在,在此仅给出如图$3-6$所示的特殊情形下,最值的判定与求法.

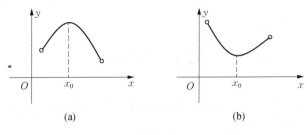

(a)　　　　　　　　　　(b)

图 3-6

设函数$f(x)$在开区间(a,b)(可以是无限区间)内可导,并且有唯一的极值点x_0. 如果$f(x_0)$

是极大值,那么$f(x_0)$就是$f(x)$在(a, b)上的最大值;如果$f(x_0)$是极小值,那么$f(x_0)$就是$f(x)$在(a, b)上的最小值.

例2 求函数$f(x) = (2x-1)^4$在区间$(-\infty, +\infty)$上的最小值.

解 (1) $f'(x) = 8(2x-1)^3$;

(2) 令$f'(x) = 0$,解得唯一驻点$x = \dfrac{1}{2}$;

因为当$x < \dfrac{1}{2}$时,$f'(x) < 0$;当$x > \dfrac{1}{2}$时,$f'(x) > 0$,所以$x = \dfrac{1}{2}$是函数$f(x)$的极小值点. 由于函数$f(x)$在$(-\infty, +\infty)$上有唯一的极值点,所以极小值$f\left(\dfrac{1}{2}\right) = 0$就是$f(x)$在$(-\infty, +\infty)$上的最小值.

二、最值应用举例

求函数的最值在实际中有着重要意义,下面通过例子说明如何应用.

例3 在新农村建设中,为解决农民的吃水问题,某村要修建一座容积为785 m³的带盖圆柱形蓄水池,为节约成本,如何设计所用材料最少?

解 设圆柱形容器的容积为V,底面半径为r,高为h,表面积为S,所用材料最少,即表面积S最小. 由圆柱的表面积公式,得

$$S = 2\pi r^2 + 2\pi rh.$$

由$785 = \pi r^2 h$,解得$h = \dfrac{785}{\pi r^2}$,把此式代入上式,得

$$S = 2\pi r^2 + \frac{1570}{r}.$$

S对r求导,得

$$S' = 4\pi r - \frac{1570}{r^2}.$$

令$S' = 0$,即$4\pi r - \dfrac{1570}{r^2} = 0$,取$\pi$为3.14,解得唯一驻点$r = 5$. 又当$r < 5$时,$S' < 0$,当$r > 5$时,$S' > 0$,所以$r = 5$是函数$S = 2\pi r^2 + \dfrac{1570}{r}$在$(0, +\infty)$内唯一的极小值点,因此,当$r = 5$米时,表面积$S$最小,这时$h = 10$米. 即设计底面半径为5米,高为10米时,所用材料最少.

例4　如图 3-7 所示,在西气东输过程中,要将天然气从河岸边的 A 处输送到河对岸距 B 为 10 公里的 C 处,需要铺设一条天然气管道.已知河宽 2 公里,在河中铺设管道的费用为每公里 50 万元,在岸上铺设管道的费用为每公里 30 万元.管道的登陆点 P 选在距离 B 多远处,铺设管道的费用最低?

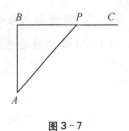

图 3-7

解　设管道登陆点 P 选在距 B 为 x 公里处,铺设管道的费用为 y 万元,则根据题意,有

$$y = 50\sqrt{2^2 + x^2} + 30(10 - x), \quad (0 \leqslant x \leqslant 10).$$

求导,可得

$$y' = \frac{50x}{\sqrt{4 + x^2}} - 30.$$

令 $y' = 0$,得 $x = \pm 1.5$.因为 $0 \leqslant x \leqslant 100$,所以取 $x = 1.5$.计算函数在 $x = 0$, $x = 1.5$ 和 $x = 10$ 处的函数值,得

$$y|_{x=0} = 400(万元), \quad y|_{x=1.5} = 380(万元), \quad y|_{x=10} = 509.9(万元).$$

比较可知,$y|_{x=1.5}$ 最小,即当管道的登陆点 P 选在距离 B 1.5 公里处,铺设管道的费用最低,最低费用为 380 万元.

习题 3-3

课堂测试

3-3

A 组

1. 求下列函数在给定区间的最大值和最小值:

(1) $y = -2x^3 + 6x^2 + 7, [-1, 2]$;　　　(2) $f(x) = x^4 - 2x^2 + 5, [-2, 2]$;

(3) $f(x) = 2x^3 - 3x^2, [-1, 4]$;　　　(4) $f(x) = \sin 2x - x, \left[-\dfrac{\pi}{2}, \dfrac{\pi}{2}\right]$.

2. 生产某种设备 x 台的总利润为 $P = -x^2 + 40x - 200$(万元).问:生产这种设备多少台获得的利润最大,最大利润是多少?

3. 有一块宽为 $2a$ 的长方形铁片,将它的两个边缘向上折起,成一开口水槽,其截面为矩形(如图所示),问高 x 取何值时,水槽中水的流量最大?

第 3 题图

4. 一块边长为 48 cm 的正方形铁皮,在它的四角各截去一个大小相同的小正方形,然后将四边折起做成一个无盖的铁盒.问截去的小正方形的边长是多少时,做成的铁盒容积最大?最大容积是多少?

5. 甲轮船以每小时 10 海里的速度向东行驶,乙轮船在甲轮船正北方向 60 海里处以每小时 20 海里的速度向南行驶,问经过多少时间两船相距最近?

B 组

1. 求下列函数在给定区间的最大值或最小值:

(1) $y = x + \sqrt{1 - x}$,$[-5, 1]$;

(2) $f(x) = \dfrac{x}{x^2 + 1}$,$[0, +\infty)$;

(3) $f(x) = \sqrt{2x + 1}$,$[0, +\infty)$.

2. 某农场修建一底面为正方形的长方体形蓄水池,容积为 400 立方米,池底和盖的单位造价是池壁单位造价的 2 倍,水池的底宽和高各为多少米时,水池的造价最低?

第四节 曲线的凹凸性与拐点

⊙ 曲线的凹凸性与拐点 ⊙ 凹凸性的判定方法 ⊙ 利用 MATLAB 软件作函数图形

在某区间内,如果曲线弧位于其上任意一点切线的上方,则称此曲线弧在该区间内是**凹**的;如果曲线弧位于其上任意一点切线的下方,则称此曲线弧在该区间内是**凸**的.

如图 3-8(a)所示,曲线弧是凹的;如图 3-8(b)所示,曲线弧是凸的.

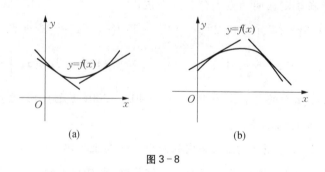

图 3-8

由图 3-8 可以看出,如果曲线弧是凹的,其切线的斜率随着 x 的增大而增大,即 $f'(x)$ 是单调增加函数;如果曲线弧是凸的,其切线的斜率随着 x 的增大而减小,即 $f'(x)$ 是单调减少函数. 一般地,可得下面曲线凹凸性的判定方法:

定理 设函数 $f(x)$ 在区间 (a,b) 内具有二阶导数 $f''(x)$，则

(1) 如果在 (a,b) 内 $f''(x) > 0$，那么曲线 $y = f(x)$ 在 (a,b) 内是凹的；

(2) 如果在 (a,b) 内 $f''(x) < 0$，那么曲线 $y = f(x)$ 在 (a,b) 内是凸的.

例 1 讨论曲线 $y = \dfrac{1}{3}x^3 + 2$ 的凹凸性.

解 函数的定义域为 $(-\infty, +\infty)$，

$$y' = x^2,\ y'' = 2x.$$

因为当 $x > 0$ 时，$y'' > 0$；当 $x < 0$ 时，$y'' < 0$，所以曲线在区间 $(0, +\infty)$ 内是凹的，在区间 $(-\infty, 0)$ 内是凸的. 如图 3-9 所示.

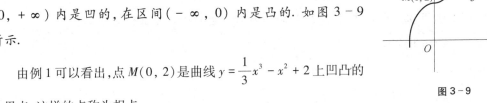

图 3-9

由例 1 可以看出，点 $M(0, 2)$ 是曲线 $y = \dfrac{1}{3}x^3 - x^2 + 2$ 上凹凸的分界点，这样的点称为拐点.

连续的曲线弧上，凹的曲线弧与凸的曲线弧的分界点叫做曲线的**拐点**.

一般地，可以按照下列步骤求曲线 $y = f(x)$ 的拐点：

(1) 确定函数的定义域；

(2) 求 $f''(x)$；

(3) 求出在定义域内的所有使 $f''(x) = 0$ 的点和 $f''(x)$ 不存在的点；

(4) 列表判定：对 (3) 中求出的每一个点 x_0，考察 x_0 左右近旁 $f''(x)$ 的符号，若符号相反，则可确定 $(x_0, f(x_0))$ 是曲线的拐点；若符号相同，则可确定 $(x_0, f(x_0))$ 不是曲线的拐点.

例 2 求曲线 $y = x^4 - 2x^3 + 1$ 的凹凸区间和拐点.

解 (1) 函数的定义域为 $(-\infty, +\infty)$；

(2) $y' = 4x^3 - 6x^2,\ y'' = 12x(x - 1)$；

(3) 令 $y'' = 0$，解得 $x_1 = 0,\ x_2 = 1$；

(4) 列表考察 y'' 在 $x_1 = 0,\ x_2 = 1$ 左右两旁的符号并判定，如表 3-5 所示.

表 3-5

x	$(-\infty, 0)$	0	$(0, 1)$	1	$(1, +\infty)$
y''	+	0	−	0	+
y	∪	拐点$(0, 1)$	∩	拐点$(1, 0)$	∪

(注:表中记号"∪"表示曲线是凹的,"∩"表示曲线是凸的).

由表 3-5 可知,曲线在区间$(-\infty, 0)$和$(1, +\infty)$内是凹的,在区间$(0, 1)$内是凸的,点$(0, 1)$和$(1, 0)$是曲线的两个拐点.

研究函数的性质有助于相对准确地手绘函数图形,但随着计算机技术和数学软件的发展,利用数学软件可以方便快捷地绘出函数图形.下面通过例子说明利用 MATLAB 软件作函数图形.

 例 3 作函数 $y = x^3 - 3x$ 在区间$[-20, 20]$上的图形.

解 (1)利用 plot 函数作图形,在 MATLAB 命令窗口输入下面语句:

```
>>x=-20:0.1:20;
>>y=x.^3-3*x;
>>plot(x,y,'-ko')
```

运行后,描绘出函数 $y = x^3 - 3x$ 的图形如图 3-10(a)所示.

(2)利用 fplot 函数作图形,在 MATLAB 命令窗口输入下面语句:

```
>>fplot(@(x)x^3-3*x,[-20,20],'-ko')
```

运行后,描绘出函数 $y = x^3 - 3x$ 的图形如图 3-10(b)所示.

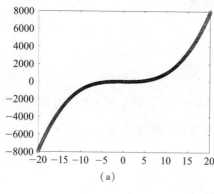
(a)

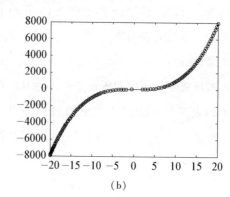
(b)

图 3-10

 例 4 作函数 $f(x) = \dfrac{3(x-5)}{x^3} - 2$, $x \in [-5, 0) \cup (0, 5]$ 的图形.

解 在 MATLAB 命令窗口输入下面语句:

```
>>x1=-5:0.01:-0.1;                    % x1 在区间[-5,0)上取点
```

```
>>y1=3.*(x1-5)./x1.^3-2;        % 计算x1对应的函数值
>>x2=0.1:0.01:5;                % x2在区间(0,5]上取点
>>y2=3.*(x2-5)./x2.^3-2;        % 计算x2对应的函数值
>>plot(x1,y1,'-k*',x2,y2,'-k*') % 作出[-5,0)和(0,5]上的图形
```

运行后,描绘出函数 $f(x) = \dfrac{3(x-5)}{x^3} - 2$ 的图形如图 3-11 所示.

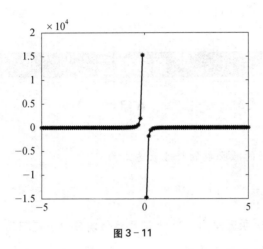

图 3-11

习题 3-4

A 组

1. 求下列曲线的凹凸区间和拐点:

(1) $y = 4x + x^2$;

(2) $y = x^3 - x^2 - x + 1$;

(3) $f(x) = 2x^3 - 3x^2$;

(4) $y = -2x^3 + 6x^2 + 7$;

(5) $y = \ln(x^2 - 1)$;

(6) $y = xe^{-x}$.

2. 已知曲线 $y = x^3 + ax^2 - 9x + 4$ 在 $x = 1$ 对应的点处有拐点,试确定 a 的值,并求出曲线的凹凸区间和拐点.

B 组

1. 求下列曲线的凹凸区间和拐点:

(1) $y = 1 + \sqrt[3]{x}$;

(2) $y = \dfrac{x}{1 + x^2}$;

(3) $y = x - \arcsin x,\ x \in (-1, 1)$.

2. 已知曲线 $y = ax^3 + bx^2 + cx + d$ 有拐点 $(-1, 4)$，且在 $x = 0$ 处有极小值 2，求 a、b、c、d 的值.

3. 已知曲线 $y = ax^3 + bx^2 + cx$ 有一拐点 $(1, 2)$，且在该点处的切线斜率为 -1，求 a、b、c 的值.

复习题三

A 组

1. 填空题：

(1) 函数 $f(x) = e^{-x}$ 的原函数的一般表达式为 _____.

(2) $\lim\limits_{x \to 0} \dfrac{2x - \sin 2x}{x} = $ _____.

(3) 函数 $f(x) = \ln x$ 在区间 $[1, 2]$ 上满足拉格朗日中值定理的 $\xi = $ _____.

(4) 函数 $y = x^2 + 6x + 5$ 在区间 _____ 上是增函数，在区间 _____ 上是减函数.

(5) 函数 $f(x) = x^2 \ln x$ 在区间 $[1, e]$ 上的最大值为 _____，最小值为 _____.

(6) 曲线 $y = \arcsin x$ 在区间 _____ 上是凸的，在区间 _____ 上是凹的，拐点坐标为 _____.

(7) 曲线 $y = \arctan x$ 在区间 _____ 上是凸的，在区间 _____ 上是凹的，拐点坐标为 _____.

(8) 已知点 $(1, 4)$ 是曲线 $y = ax^3 - bx^2$ 的拐点，则 a、b 的值分别为 _____.

2. 选择题：

(1) 已知函数 $f(x)$ 满足 $f(-x) = -f(x)$，且在 $(0, +\infty)$ 内 $f'(x) > 0$，$f''(x) > 0$，那么 $y = f(x)$ 在 $(-\infty, 0)$ 内是（ ）.

(A) 单调增加且是凹的   (B) 单调增加且是凸的

(C) 单调减少且是凹的   (D) 单调减少且是凸的

(2) 函数 $f(x) = x^3 + 12x + 1$ 在定义域内（ ）.

(A) 单调增加   (B) 单调减少   (C) 图形是凹的   (D) 图形是凸的

(3) 若函数 $y = f(x)$ 在点 $x = x_0$ 处取得极大值，则必有（ ）.

(A) $f'(x_0) = 0$ (B) $f'(x_0) < 0$

(C) $f'(x_0) = 0$ 且 $f''(x_0) < 0$ (D) $f'(x_0) = 0$ 或 $f'(x_0)$ 不存在

（4）若函数 $f(x) = x^3 - ax^2 + 1$ 在 $(0, 2)$ 内单调减少，则实数 a 的取值是（　　　）.

(A) $a \geqslant 3$ 　　　　(B) $a \leqslant 3$ 　　　　(C) $a = 3$ 　　　　(D) $0 < a < 3$

3. 求下列函数的极值：

（1）$f(x) = (1 + x^2)^4$；　　　　　　　　（2）$f(x) = 1 + 3(x - 1)^{\frac{2}{3}}$.

4. 求函数 $f(x) = 2e^{-x^2}$ 在 $(-\infty, +\infty)$ 上的最大值.

5. 生产某种产品 q 个单位时成本函数 $C(q) = 2000 + 0.05q^2$，平均成本最低时，q 是多少？

B 组

1. 求下列函数 $f(x) = \arctan x - \dfrac{1}{2}\ln(1 + x^2)$ 的极值，并利用 MATLAB 作出其图形.

2. 一个直角三角形斜边长为 $3\sqrt{3}$ m，绕着它的一条直角边旋转形成一个圆锥，要使圆锥的体积最大，圆锥的高和底面半径应分别为多少？

3. 一张纸制印刷品的中间印刷面积为 432 cm²，两边各留 4 cm，上下各留 3 cm 的为花边. 问选取纸张的宽和高各为多少时，使得用纸最省（总面积最小）？

4. 已知电源的电动势为 E，内电阻为 r，在如图所示的电路中，问外电阻 R 等于多少时，输出功率最大？$\left(\text{提示：输出功率为 } P = I^2R = \dfrac{E^2R}{(R + r)^2}\right)$

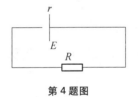

第 4 题图

第四章　积分及其应用

积分学起源于求图形的面积和体积等实际问题. 例如, 我国的刘徽曾经用"割圆术"计算过圆的面积和一些几何体的体积; 古希腊的阿基米德在研究解决球和球冠面积、螺线下面积以及旋转双曲体的体积问题中, 也隐含着近代积分学的思想. 到了十七世纪, 在物理、天文、工程、地质研究中, 许多新问题不断被提出和研究. 例如, 求曲线的弧长、曲面围成的体积、一个体积相当大的物体作用于另一个物体上的引力等等. 英国大数学家牛顿和德国数学家莱布尼茨在前人工作的基础上, 创造性地发明了微积分的重要分支之一——积分学. 积分学的创立, 使得许多初等数学无法解决的问题迎刃而解, 显示了非凡的威力, 极大地推动了天文学、力学、物理学、工程学、经济学及应用科学各个分支的发展.

本章将要学习的内容有: 定积分的概念及性质; 牛顿-莱布尼茨公式; 不定积分的概念、性质及基本积分公式; 换元积分法和分部积分法; 无穷区间上的广义积分以及定积分在几何与物理上的简单应用等.

第一节　定积分的概念

⊙ 曲边梯形的面积　⊙ 变速直线运动的路程　⊙ 定积分的定义　⊙ 定积分的几何意义

一、两个实例

1. 曲边梯形的面积

如图 4-1(a)所示, 由一条曲线段 AB 和三条直线段所围成的平面图形称为曲边梯形, 其中 $AC \perp CD, BD \perp CD, AB$ 称为曲边. 图 4-1(b)、4-1(c) 所示图形为曲边梯形的特殊情况.

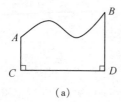
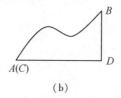
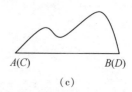

(a)　　　　　　　(b)　　　　　　　(c)

图 4-1

如图 4-2 所示,曲边梯形是由连续曲线 $y = f(x)\,(f(x) \geqslant 0)$,直线 $x = a$, $x = b$ 及 x 轴所围成,下面来研究该曲边梯形面积 A 的求法.

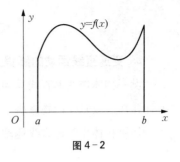

图 4-2

由于曲边梯形的曲边 $y = f(x)$ 在区间 $[a, b]$ 上连续变化,因此在微小区间上它变化很小,近似于不变. 于是,用垂直于 x 轴的竖线把曲边梯形分成若干个小曲边梯形,把这些小曲边梯形近似看成矩形,则所有小矩形面积的和就是曲边梯形面积的近似值. 从直观上可以看出,分割得越细,小矩形面积的和就越接近曲边梯形的面积. 因此,当分割无限细密时,所有小矩形面积和的极限就定义为曲边梯形的面积. 具体实施步骤如下:

(1) 分割:在区间 $[a, b]$ 内从小到大任取分点 x_1, x_2, $\cdots$, x_{n-1},这些分点将区间 $[a, b]$ 分成 n 个小区间

$$[x_0, x_1], [x_1, x_2], \cdots, [x_{i-1}, x_i], \cdots, [x_{n-1}, x_n],$$

其中 $x_0 = a$, $x_n = b$. 小区间的长度记为 Δx_i,即 $\Delta x_i = x_i - x_{i-1}\,(i = 1, 2, \cdots, n)$. 过各分点作 x 轴的垂线,把曲边梯形分成 n 个小曲边梯形(如图 4-3(a) 所示),这些小曲边梯形的面积依次记为 ΔA_1, ΔA_2, $\cdots$, ΔA_i, $\cdots$, ΔA_n.

(2) 近似代替:在每个区间 $[x_{i-1}, x_i]$ 上任取一点 $\xi_i\,(x_{i-1} \leqslant \xi_i \leqslant x_i)$,以 $f(\xi_i)$ 为长,Δx_i 为宽作小矩形(如图 4-3(b) 所示),用小矩形的面积 $f(\xi_i)\Delta x_i$ 近似代替小曲边梯形的面积 ΔA_i,即

$$\Delta A_i \approx f(\xi_i)\Delta x_i\,(i = 1, 2, \cdots, n).$$

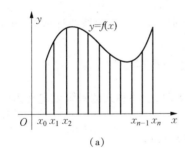
(a)

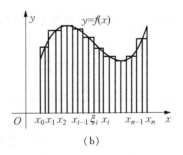
(b)

图 4-3

(3) 求和:将 n 个小矩形的面积加起来,就得到所求曲边梯形面积 A 的近似值,即

$$A = \sum_{i=1}^{n} \Delta A_i \approx \sum_{i=1}^{n} f(\xi_i)\Delta x_i.$$

(4) 取极限:记 $\lambda = \max\limits_{1 \leqslant i \leqslant n}\{\Delta x_i\}$,即 λ 表示 n 个小区间中区间长度的最大值. 当分割无限细密,即 $\lambda \to 0$ 时,和式 $\sum\limits_{i=1}^{n} f(\xi_i)\Delta x_i$ 的极限就定义为所求曲边梯形的面积 A,即

$$A = \lim_{\lambda \to 0} \sum_{i=1}^{n} f(\xi_i) \Delta x_i. \qquad ①$$

2. 变速直线运动的路程

设一物体作变速直线运动,已知速度 $v = v(t)$ 是时间 t 在区间 $[a, b]$ 上的连续函数,且 $v(t) \geqslant 0$,计算在这段时间内物体所经过的路程 s.

如果物体作匀速直线运动,用公式

$$路程 = 速度 \times 时间 \qquad ②$$

可以求出它在时间段 $[a, b]$ 上所经过的路程 $s = v(b-a)$. 而现在速度 $v(t)$ 随时间 t 而变化,因此所求路程 s 就不能简单地用式②计算了. 但是,如果把时间区间 $[a, b]$ 分割成若干个小区间,在每个小时间区间上近似看成匀速运动,计算出小区间上路程的近似值,然后,把所有小区间上路程的近似值加起来,就得到在时间段 $[a, b]$ 内路程的近似值. 当分割无限细密时,近似值的极限就定义为该物体在时间段 $[a, b]$ 内所经过的路程. 具体步骤如下:

在时间区间 $[a, b]$ 内从小到大任取分点 $t_1, t_2, \cdots, t_{n-1}$,这些分点将 $[a, b]$ 分成 n 个小区间

$$[t_0, t_1], [t_1, t_2], \cdots, [t_{i-1}, t_i], \cdots, [t_{n-1}, t_n],$$

其中 $t_0 = a$,$t_n = b$. 小区间的长度记为 Δt_i,即 $\Delta t_i = t_i - t_{i-1}(i = 1, 2, \cdots, n)$. 各小区间上经过的路程依次记为 $\Delta s_1, \Delta s_2, \cdots, \Delta s_n$.

在每个小区间 $[t_{i-1}, t_i]$ 上任取一点 $\xi_i(t_{i-1} \leqslant \xi_i \leqslant t_i)$,在 $[t_{i-1}, t_i]$ 上看成速度为 $v(\xi_i)$ 的匀速运动,则得物体在小时间区间 $[t_{i-1}, t_i]$ 内所经过的路程 Δs_i 的近似值

$$\Delta s_i \approx v(\xi_i) \Delta t_i \quad (i = 1, 2, \cdots, n).$$

把 n 个小区间上 Δs_i 的近似值加起来,就得到时间段 $[a, b]$ 上所经过路程 s 的近似值,即

$$s = \sum_{i=1}^{n} \Delta s_i \approx \sum_{i=1}^{n} v(\xi_i) \Delta t_i.$$

记 $\lambda = \max_{1 \leqslant i \leqslant n} \{\Delta t_i\}$,则当分割无限细密,即 $\lambda \to 0$ 时,上述和式的极限就定义为所求的路程,即

$$s = \lim_{\lambda \to 0} \sum_{i=1}^{n} v(\xi_i) \Delta t_i.$$

二、定积分的定义

从上面两个例子可以看到,所要求的量(曲边梯形的面积 A 与变速直线运动的路程 s)的实际意义虽然不同,但计算所用的方法完全相同,并且都归结为结构相同的一种和式的极限.

事实上,在实际问题中还有很多量需要采用类似的思想方法来计算,例如旋转体的体积、连续曲线段的长度、变力沿直线作的功等等,而且这些量最终都归结成计算形如式①的极限. 于是,就有了定积分的概念.

定义 设 $f(x)$ 是定义在区间 $[a, b]$ 上的有界函数. 在区间 $[a, b]$ 内从小到大任取分点 $x_1, x_2, \cdots, x_{n-1}$, 把区间 $[a, b]$ 分成 n 个小区间 $[x_0, x_1]$, $[x_1, x_2]$, $\cdots$, $[x_{i-1}, x_i]$, $\cdots$, $[x_{n-1}, x_n]$ (其中 $x_0 = a$, $x_n = b$), 小区间的长度为 $\Delta x_i = x_i - x_{i-1}$ $(i = 1, 2, \cdots, n)$, 并记 $\lambda = \max\limits_{1 \leqslant i \leqslant n} |\Delta x_i|$. 在每个小区间 $[x_{i-1}, x_i]$ 上任取一点 ξ_i $(x_{i-1} \leqslant \xi_i \leqslant x_i)$, 作乘积 $f(\xi_i)\Delta x_i$ 的和式

$$\sum_{i=1}^{n} f(\xi_i)\Delta x_i. \qquad\qquad ③$$

如果不论区间 $[a, b]$ 如何分割, ξ_i 如何选取, 当 $\lambda \to 0$ 时, 和式 ③ 的极限总存在且相等, 那么就称函数 $f(x)$ 在区间 $[a, b]$ 上**可积**, 并称这个极限值为函数 $f(x)$ **在区间 $[a, b]$ 上的定积分**, 记为 $\int_a^b f(x)\,\mathrm{d}x$, 即

$$\int_a^b f(x)\,\mathrm{d}x = \lim_{\lambda \to 0} \sum_{i=1}^{n} f(\xi_i)\Delta x_i. \qquad\qquad ④$$

式 ④ 中 $f(x)$ 叫做**被积函数**, $f(x)\,\mathrm{d}x$ 叫做**被积表达式**, x 叫做**积分变量**, a 叫做**积分下限**, b 叫做**积分上限**, $[a, b]$ 叫做**积分区间**.

根据定积分的定义和两个实例可知:

由曲线 $y = f(x)$ $(f(x) \geqslant 0)$, 直线 $x = a$, $x = b$ 及 x 轴围成的曲边梯形的面积 A 用定积分可表示为 $A = \int_a^b f(x)\,\mathrm{d}x$;

物体以速度 $v = v(t)$ $(v(t) \geqslant 0)$ 作直线运动, 从时刻 $t = a$ 到时刻 $t = b$ 所经过的路程 s 用定积分可表示为 $s = \int_a^b v(t)\,\mathrm{d}t$.

说明几点: (1) 当函数 $f(x)$ 在区间 $[a, b]$ 上可积时, 定积分 $\int_a^b f(x)\,\mathrm{d}x$ 是一个数值, 它由被积函数 $f(x)$ 和积分区间 $[a, b]$ 唯一确定, 而与积分变量用什么字母表示无关, 即

$$\int_a^b f(x)\,\mathrm{d}x = \int_a^b f(u)\,\mathrm{d}u = \int_a^b f(t)\,\mathrm{d}t.$$

(2) 在定积分的定义中, 积分下限 a 是小于积分上限 b 的, 为了以后计算和应用方便, 作如下补充规定:

当 $a > b$ 时, $\int_a^b f(x)\,\mathrm{d}x = -\int_b^a f(x)\,\mathrm{d}x$; 当 $a = b$ 时, $\int_a^a f(x)\,\mathrm{d}x = 0$.

(3) 定积分的存在性:若 $f(x)$ 在区间 $[a, b]$ 上连续或至多有有限个第一类间断点,则 $f(x)$ 在 $[a, b]$ 上可积.

由定积分的存在性可知,初等函数在定义区间内都是可积的.

三、定积分的几何意义

从前面的讨论可知,当 $f(x)$ 在区间 $[a, b]$ 上连续,且 $f(x) \geqslant 0$ 时,定积分 $\int_a^b f(x)\mathrm{d}x$ 在几何上表示的是由曲线 $y = f(x)$,直线 $x = a$, $x = b$ 及 x 轴围成的曲边梯形(如图 4-2 所示)的面积 A,即 $\int_a^b f(x)\mathrm{d}x = A$.

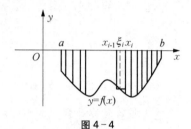

图 4-4

当 $f(x) \leqslant 0$ 时,如图 4-4 所示. 每个小区间上对应小矩形的长为 $| f(\xi_i) | = -f(\xi_i)$,曲边梯形的面积为

$$A = \lim_{\lambda \to 0} \sum_{i=1}^n \left[-f(\xi_i) \right] \Delta x_i = -\lim_{\lambda \to 0} \sum_{i=1}^n f(\xi_i) \Delta x_i = -\int_a^b f(x)\mathrm{d}x,$$

即

$$\int_a^b f(x)\mathrm{d}x = -A.$$

因此,当 $f(x) \leqslant 0$ 时,$\int_a^b f(x)\mathrm{d}x$ 在几何上表示相应曲边梯形面积的相反数.

当 $f(x)$ 在区间 $[a, b]$ 上有时为正有时为负时,$\int_a^b f(x)\mathrm{d}x$ 在几何上表示 x 轴上方图形的面积减去 x 轴下方图形的面积. 例如,在图 4-5 所示的情形下,有

$$\int_a^b f(x)\mathrm{d}x = A_1 + A_3 - (A_2 + A_4).$$

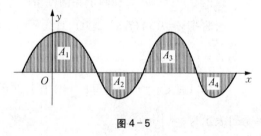

图 4-5

例 1　利用定积分的几何意义求下列定积分:

(1) $\int_a^b k\mathrm{d}x(k$ 为正常数,$a < b)$;　　　　　　(2) $\int_1^2 x\mathrm{d}x$;

(3) $\int_0^r \sqrt{r^2 - x^2}\mathrm{d}x(r > 0)$;　　　　　　(4) $\int_{-\pi}^{\pi} \sin x\mathrm{d}x$.

解　(1) 如图 4-6(a) 所示,由直线 $y = k$, $x = a$, $x = b$ 及 x 轴所围成的矩形的面积 $A = k(b - a)$. 由定积分的几何意义可知,$\int_a^b k\mathrm{d}x = k(b - a)$.

一般地,对任何常数 k、a 和 b,都有

$$\int_a^b k\mathrm{d}x = k(b-a)(k \text{ 为常数}).$$

（2）如图 4-6(b) 所示，由直线 $y=x$，$x=1$，$x=2$ 及 x 轴所围成的梯形的面积为 $A=\dfrac{1}{2}\times$

$(1+2)\times(2-1)=\dfrac{3}{2}$. 由定积分的几何意义可知，

$$\int_1^2 x\mathrm{d}x = A = \frac{3}{2}.$$

（3）如图 4-6(c) 所示，由曲线 $y=\sqrt{r^2-x^2}\,(r>0)$，$x=0$，$x=r$ 及 x 轴所围成图形的

面积是半径为 r 的圆面积的 $\dfrac{1}{4}$，即 $A=\dfrac{1}{4}\pi\cdot r^2$，由定积分的几何意义可知，

$$\int_0^r \sqrt{r^2-x^2}\,\mathrm{d}x = A = \frac{1}{4}\pi r^2.$$

（4）由曲线 $y=\sin x$，$x=-\pi$，$x=\pi$ 及 x 轴所围成图形如图 4-6(d) 所示，根据正弦函

数的图形性质，$A_1=A_2$. 于是，由定积分的几何意义，得

$$\int_{-\pi}^{\pi} \sin x\mathrm{d}x = A_1 - A_2 = 0.$$

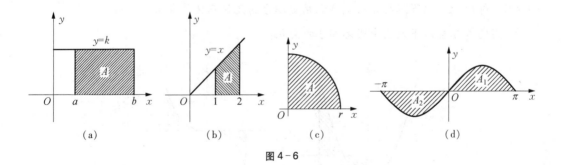

|（a）|（b）|（c）|（d）|

图 4-6

例 2 用定积分表示图 4-7 中阴影部分的面积 A.

解 由图 4-7 可以看出，阴影部分的面积为 $A = A_1 + A_2$.

由定积分的几何意义，可知

$$A_1 = \int_{-1}^0 (x^2-2x)\mathrm{d}x,\quad A_2 = -\int_0^2 (x^2-2x)\mathrm{d}x.$$

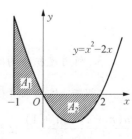

图 4-7

从而 $A = \displaystyle\int_{-1}^0 (x^2-2x)\mathrm{d}x - \int_0^2 (x^2-2x)\mathrm{d}x.$

习题 4-1

A 组

1. 填空题：

(1) $\left[\int_0^\pi (x + \sin x)\mathrm{d}x\right]' = $ _____ ;

(2) $\int_3^1 x\mathrm{e}^x\mathrm{d}x = $ _____ $\int_1^3 x\mathrm{e}^x\mathrm{d}x$;

(3) $\int_3^3 \dfrac{\ln x}{x}\mathrm{d}x = $ _____ ;

(4) $\int_{-1}^3 5\mathrm{d}x = $ _____ ;

(5) $\int_0^2 \sqrt{4 - x^2}\,\mathrm{d}x = $ _____ .

2. 利用定积分的几何意义计算下列定积分：

(1) $\int_0^1 (2x + 1)\mathrm{d}x$;

(2) $\int_0^2 (x - 2)\mathrm{d}x$;

(3) $\int_{-1}^1 |x|\,\mathrm{d}x$;

(4) $\int_{-4}^4 \sqrt{16 - x^2}\,\mathrm{d}x$.

3. 用定积分表示由曲线 $y = x^2$，直线 $x = 0$、$x = 2$ 及 x 轴所围成的平面图形面积.

4. 用定积分表示由曲线 $y = \mathrm{e}^x$，直线 $x = 0$、$x = 1$ 及 x 轴所围成的平面图形面积.

B 组

1. 一物体从距地面 40 m 的高空自由落下,速度为 $v = 9.8t(\mathrm{m/s})$. 试用定积分表示物体从 $t = 0\,\mathrm{s}$ 到 $t = 1\,\mathrm{s}$ 间下落的距离 s,并利用定积分的几何意义计算 s.

2. 用定积分表示下列图中阴影部分的面积：

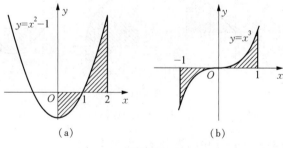

第 2 题图

3. 利用定积分的定义计算 $\int_0^1 x^2\mathrm{d}x$.

(提示:将区间 $[0, 1]$ 等分成 n 个小区间;求和后,用公式 $1^2 + 2^2 + \cdots + n^2 = \dfrac{n(n + 1)(2n + 1)}{6}$ 化简,再求极限)

第二节 定积分的性质与微积分基本公式

⊙ 定积分的性质 ⊙ 牛顿-莱布尼茨公式

一、定积分的性质

利用定积分的定义可以证明定积分具有下面性质(假定下面性质中出现的定积分都存在).

性质 1 $\int_a^b kf(x)\,\mathrm{d}x = k\int_a^b f(x)\,\mathrm{d}x\,(k$ 为常数$)$.

性质 2 $\int_a^b [f(x) \pm g(x)]\,\mathrm{d}x = \int_a^b f(x)\,\mathrm{d}x \pm \int_a^b g(x)\,\mathrm{d}x$.

性质 2 可以推广到有限多个可积函数和(或差)的情形.

例 1 计算 $\int_0^2 (5 - 2\sqrt{4 - x^2})\,\mathrm{d}x$.

解 根据性质 1、性质 2 及上节例 1 的结果,得

$$\int_0^2 (5 - 2\sqrt{4 - x^2})\,\mathrm{d}x = \int_0^2 5\mathrm{d}x - 2\int_0^2 \sqrt{4 - x^2}\,\mathrm{d}x$$

$$= 5 \cdot (2 - 0) - 2 \cdot \frac{1}{4}\pi \cdot 2^2 = 10 - 2\pi.$$

性质 3(区间可加性) $\int_a^b f(x)\,\mathrm{d}x = \int_a^c f(x)\,\mathrm{d}x + \int_c^b f(x)\,\mathrm{d}x.\,(c$ 为任意实数$)$

当 $f(x) \geq 0$,$a < c < b$ 时,由定积分的几何意义,从图 4-8 中容易看出

$$\int_a^b f(x)\,\mathrm{d}x = A_1 + A_2 = \int_a^c f(x)\,\mathrm{d}x + \int_c^b f(x)\,\mathrm{d}x.$$

例2 设 $f(x) = \begin{cases} 2x, & x \geq 1, \\ 3, & x < 1, \end{cases}$ 求 $\int_0^2 f(x)\,\mathrm{d}x$.

解 由性质1、性质3及上节例1的结果,得

$$\int_0^2 f(x)\,\mathrm{d}x = \int_0^1 f(x)\,\mathrm{d}x + \int_1^2 f(x)\,\mathrm{d}x = \int_0^1 3\mathrm{d}x + \int_1^2 2x\mathrm{d}x$$

$$= 3 \times 1 + 2\int_1^2 x\mathrm{d}x = 3 + 2 \times \frac{3}{2} = 6.$$

由图4-9和定积分的几何意义,容易看出下面的性质4成立.

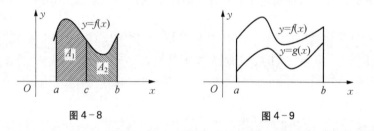

图4-8　　　　　　　　图4-9

性质4(比较性质) 如果在区间 $[a, b]$ 上 $f(x) \geq g(x)$,则

$$\int_a^b f(x)\,\mathrm{d}x \geq \int_a^b g(x)\,\mathrm{d}x.$$

特别地,当 $f(x) \geq 0$ 时, $\int_a^b f(x)\,\mathrm{d}x \geq 0$,其中 $b > a$.

性质5(奇、偶函数在对称区间上的积分性质)

(1) 如果函数 $f(x)$ 在区间 $[-a, a]$ 上连续,且为奇函数,则 $\int_{-a}^a f(x)\,\mathrm{d}x = 0$.

(2) 如果函数 $f(x)$ 在区间 $[-a, a]$ 上连续,且为偶函数,则 $\int_{-a}^a f(x)\,\mathrm{d}x = 2\int_0^a f(x)\,\mathrm{d}x$.

如图4-10所示,根据定积分的几何意义及图形的对称性,容易看出性质5成立.

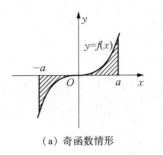

(a) 奇函数情形

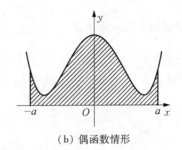

(b) 偶函数情形

图 4 - 10

例 3 计算下列定积分:

$(1)\displaystyle\int_{-2}^{2}\frac{x}{1+x^2}\mathrm{d}x;$ $(2)\displaystyle\int_{-1}^{1}\sqrt{1-x^2}\,\mathrm{d}x.$

解 (1) 因为函数 $f(x)=\dfrac{x}{1+x^2}$ 在对称区间 $[-2,2]$ 上连续且为奇函数,根据性质 5,得

$$\int_{-2}^{2}\frac{x}{1+x^2}\mathrm{d}x=0.$$

(2) 因为函数 $f(x)=\sqrt{1-x^2}$ 在对称区间 $[-1,1]$ 上连续且为偶函数,根据性质 5 及上节例 1 的结果,得

$$\int_{-1}^{1}\sqrt{1-x^2}\,\mathrm{d}x=2\int_{0}^{1}\sqrt{1-x^2}\,\mathrm{d}x=2\times\frac{1}{4}\pi=\frac{1}{2}\pi.$$

二、牛顿-莱布尼茨公式

定积分作为一种特定和式的极限,直接用定义来计算难度较大. 事实上,除少数特殊情形外,按定义来求是行不通的,所以必须寻找计算定积分的新途径和简便方法. 下面来看一下作变速直线运动物体的路程计算.

设作变速直线运动的物体在 t 时刻的速度和路程分别为 $v(t)$ 和 $s(t)$(其中 $v(t)\geqslant0$),现在来求它在时间段 $[a,b]$ 内经过的路程 s. 一方面,由上一节的讨论可知,$s=\displaystyle\int_{a}^{b}v(t)\mathrm{d}t$;另一方面,由路程函数 $s(t)$,可得 $s=s(b)-s(a)$. 因此,有

$$s=\int_{a}^{b}v(t)\mathrm{d}t=s(b)-s(a). \qquad ①$$

因为 $s'(t)=v(t)$,所以 $s(t)$ 是 $v(t)$ 的原函数,式 ① 又可叙述为:速度 $v(t)$ 在 $[a,b]$ 上的定积分 $\displaystyle\int_{a}^{b}v(t)\mathrm{d}t$ 等于它的原函数 $s(t)$ 在积分上限处的函数值 $s(b)$ 与积分下限处的函数值

$s(a)$之差.

一般地,可以证明下面定理 1 成立.

> **定理 1** 设函数 $f(x)$ 在区间 $[a, b]$ 上连续,$F(x)$ 是 $f(x)$ 在 $[a, b]$ 上的一个原函数,则
>
> $$\int_a^b f(x)\mathrm{d}x = F(b) - F(a).$$ ②

式②称为**牛顿-莱布尼茨公式**. 这个公式揭示了定积分与被积函数的原函数之间的联系,它给出了一种计算连续函数定积分的有效而简便的方法,通常也把公式②叫做**微积分基本公式**.

为了简便,式②还常写成下面形式:

$$\int_a^b f(x)\mathrm{d}x = \big[F(x)\big]_a^b \ \text{或} \int_a^b f(x)\mathrm{d}x = F(x)\bigg|_a^b.$$

例 4 计算下列定积分:

(1) $\displaystyle\int_0^{\frac{\pi}{2}} \cos x\,\mathrm{d}x$;   (2) $\displaystyle\int_1^4 \frac{1}{\sqrt{x}}\,\mathrm{d}x$.

解 (1) 由 $(\sin x)' = \cos x$ 可知,$\sin x$ 是 $\cos x$ 的一个原函数. 于是

$$\int_0^{\frac{\pi}{2}} \cos x\,\mathrm{d}x = \big[\sin x\big]_0^{\frac{\pi}{2}} = \sin\frac{\pi}{2} - \sin 0 = 1.$$

(2) 由 $(2\sqrt{x})' = \dfrac{1}{\sqrt{x}}$ 可知,$2\sqrt{x}$ 是 $\dfrac{1}{\sqrt{x}}$ 的一个原函数. 于是

$$\int_1^4 \frac{1}{\sqrt{x}}\,\mathrm{d}x = \big[2\sqrt{x}\big]_1^4 = 2\sqrt{4} - 2\sqrt{1} = 2.$$

例 5 已知水从储藏箱的底部以速度 $r(t) = 300 - 5t$(单位:L/s) 流出,其中 $0 \leqslant t \leqslant 60$. 求前 20 秒流出水的总量.

解 设前 t 秒流出水的总量为 $Q(t)$,由题意可知,

$$Q'(t) = r(t) = 300 - 5t, \ t \in [0, 60],$$

所以,前 20 秒流出水的总量为

$$Q = Q(20) - Q(0) = \int_0^{20} (300 - 5t)\,\mathrm{d}t,$$

又因为 $\left(300t - \dfrac{5}{2}t^2\right)' = 300 - 5t$,所以

$$Q = \int_0^{20}(300 - 5t)\,\mathrm{d}t = \left[300t - \dfrac{5}{2}t^2\right]_0^{20} = 5000\,(\mathrm{L}).$$

习题 4-2

A 组

1. 填空:

(1) $\displaystyle\int_{-\pi}^{\pi}\dfrac{\sin x}{1 + x^2}\,\mathrm{d}x =$ _____;

(2) $\displaystyle\int_{-1}^{1}\dfrac{\cos x}{1 + x^2}\,\mathrm{d}x =$ _____$\displaystyle\int_0^1\dfrac{\cos x}{1 + x^2}\,\mathrm{d}x$;

(3) 比较大小:$\displaystyle\int_0^{\frac{\pi}{4}}\sin x\,\mathrm{d}x$ _____ $\displaystyle\int_0^{\frac{\pi}{4}}\cos x\,\mathrm{d}x$.

2. 用牛顿-莱布尼茨公式计算下列各定积分:

(1) $\displaystyle\int_0^1 x^5\,\mathrm{d}x$;　　　　(2) $\displaystyle\int_1^2 4x^3\,\mathrm{d}x$;　　　　(3) $\displaystyle\int_0^4 \sqrt{x}\,\mathrm{d}x$;

(4) $\displaystyle\int_1^e \dfrac{1}{x}\,\mathrm{d}x$;　　　　(5) $\displaystyle\int_0^1 \mathrm{e}^x\,\mathrm{d}x$;　　　　(6) $\displaystyle\int_0^{\frac{\pi}{2}}\sin x\,\mathrm{d}x$;

(7) $\displaystyle\int_0^1 \dfrac{1}{1 + x^2}\,\mathrm{d}x$;　　　　(8) $\displaystyle\int_0^{\frac{1}{2}}\dfrac{1}{\sqrt{1 - x^2}}\,\mathrm{d}x$;　　　　(9) $\displaystyle\int_0^2 (1 - 3t^2)\,\mathrm{d}t$.

3. 计算下列定积分(利用定积分的性质及牛顿-莱布尼茨公式):

(1) $\displaystyle\int_{-2}^2 |x|\,\mathrm{d}x$;　　　　　　　(2) $\displaystyle\int_0^1 (3x^2 + 4x - 3)\,\mathrm{d}x$;

(3) $\displaystyle\int_{-2}^2 (2\sin x + 3)\,\mathrm{d}x$;　　　　(4) $\displaystyle\int_{-1}^1 (x - 2\sin 3x)\,\mathrm{d}x$;

(5) $\displaystyle\int_{-\frac{\pi}{2}}^{\frac{\pi}{2}} (x^3 - 3\sin x + \cos x)\,\mathrm{d}x$;　　　　(6) $\displaystyle\int_{-1}^2 |x - 1|\,\mathrm{d}x$.

4. 已知作变速直线运动的物体在 t 时刻的速度为 $v = 32t\,(\mathrm{m/s})$,试求该物体从 $t = 1\,\mathrm{s}$ 到 $t = 3\,\mathrm{s}$ 经过的路程.

B 组

1. 不求值,比较下列各对积分值的大小:

(1) $\displaystyle\int_0^1 x^4\,\mathrm{d}x$ 与 $\displaystyle\int_0^1 x^2\,\mathrm{d}x$;　　　　(2) $\displaystyle\int_0^1 \mathrm{e}^x\,\mathrm{d}x$ 与 $\displaystyle\int_0^1 \mathrm{e}^{2x}\,\mathrm{d}x$.

2. 设 $f(x) = \begin{cases} 1, & x < 1, \\ 1 + 4x, & x \geqslant 1, \end{cases}$ 求 $\displaystyle\int_{-2}^2 f(x)\,\mathrm{d}x$.

3. 一种客机起飞时速度为 320 km/h. 如果它要在 20 s 内将速度从 0 加速到 320 km/h, 且已知在这段时间内它的速度为 $v = at$ (单位: m/s, a 为常数). 问跑道至少应有多长?

第三节　不定积分的概念与基本积分公式

⊙ 不定积分的定义　⊙ 基本积分公式　⊙ 不定积分的性质

根据牛顿-莱布尼茨公式计算定积分, 关键是求出被积函数的原函数. 由第三章关于原函数的讨论知道, 如果一个函数 $f(x)$ 有一个原函数 $F(x)$, 那么它一定有无穷多个原函数, 并且原函数的一般表达式为 $F(x) + C$ (C 为任意常数).

一、不定积分的定义

定义　如果函数 $f(x)$ 有原函数 $F(x)$, 则称它的原函数的一般表达式 $F(x) + C$ (C 为任意常数) 为 $f(x)$ 的**不定积分**, 记为 $\int f(x)\mathrm{d}x$, 即

$$\int f(x)\mathrm{d}x = F(x) + C.$$

其中 "$\int$" 叫做**积分号**, $f(x)$ 叫做**被积函数**, $f(x)\mathrm{d}x$ 叫做**被积表达式**, x 叫做**积分变量**, C 叫做**积分常数**.

例1　求下列不定积分:

(1) $\int \sin x\mathrm{d}x$;　　　　　　　　　(2) $\int 3x^2\mathrm{d}x$;

解　(1) 因 $(-\cos x)' = \sin x$, 即 $-\cos x$ 是 $\sin x$ 的一个原函数, 所以

$$\int \sin x\mathrm{d}x = -\cos x + C.$$

(2) 因 $(x^3)' = 3x^2$, 即 x^3 是 $3x^2$ 的一个原函数, 所以

$$\int 3x^2\mathrm{d}x = x^3 + C.$$

由例 1 的结果可以看出:

$$\left(\int \sin x \mathrm{d}x\right)' = (-\cos x + C)' = \sin x,$$

$$\int (x^3)' \mathrm{d}x = \int 3x^2 \mathrm{d}x = x^3 + C.$$

一般地,有

$$\left[\int f(x)\mathrm{d}x\right]' = f(x) \text{ 或 } \mathrm{d}\left[\int f(x)\mathrm{d}x\right] = f(x)\mathrm{d}x; \qquad ③$$

$$\int F'(x)\mathrm{d}x = F(x) + C \text{ 或} \int \mathrm{d}F(x) = F(x) + C. \qquad ④$$

上式③与④中的等式说明,如果不考虑相差的常数,导数(或微分)符号与积分符号可以相互抵消,这表明求不定积分和求导数(或微分)是互逆运算.

二、基本积分公式

求不定积分运算是求导数运算的逆运算,因此,可以从求导数的基本公式中得出相应的基本积分公式,表4-1列出了比较常用的基本积分公式.

表4-1

	导数公式	基本积分公式
1	$(kx)' = k$	$\int k\mathrm{d}x = kx + C(k \text{ 为常数})$
2	$\left(\dfrac{1}{\alpha + 1}x^{\alpha+1}\right)' = x^\alpha$	$\int x^\alpha \mathrm{d}x = \dfrac{1}{\alpha + 1}x^{\alpha+1} + C(\alpha \neq -1)$
3	$(\ln|x|)' = \dfrac{1}{x}$	$\int \dfrac{1}{x}\mathrm{d}x = \ln|x| + C$
4	$\left(\dfrac{a^x}{\ln a}\right)' = a^x$	$\int a^x \mathrm{d}x = \dfrac{a^x}{\ln a} + C$
5	$(\mathrm{e}^x)' = \mathrm{e}^x$	$\int \mathrm{e}^x \mathrm{d}x = \mathrm{e}^x + C$
6	$(\sin x)' = \cos x$	$\int \cos x \mathrm{d}x = \sin x + C$
7	$(-\cos x)' = \sin x$	$\int \sin x \mathrm{d}x = -\cos x + C$
8	$(\tan x)' = \dfrac{1}{\cos^2 x}$	$\int \dfrac{1}{\cos^2 x}\mathrm{d}x = \tan x + C$

	导数公式	基本积分公式
9	$(\arcsin x)' = \dfrac{1}{\sqrt{1-x^2}}$	$\displaystyle\int \dfrac{1}{\sqrt{1-x^2}}\,\mathrm{d}x = \arcsin x + C$
10	$(\arctan x)' = \dfrac{1}{1+x^2}$	$\displaystyle\int \dfrac{1}{1+x^2}\,\mathrm{d}x = \arctan x + C$

例2 求下列不定积分:

(1) $\displaystyle\int \dfrac{1}{x^3}\,\mathrm{d}x$;　　　　　　　　　　(2) $\displaystyle\int 2^x \cdot 3^x\,\mathrm{d}x$.

解 (1) $\displaystyle\int \dfrac{1}{x^3}\,\mathrm{d}x = \int x^{-3}\,\mathrm{d}x = \dfrac{1}{-3+1}x^{-3+1} + C = -\dfrac{1}{2x^2} + C$.

(2) $\displaystyle\int 2^x \cdot 3^x\,\mathrm{d}x = \int 6^x\,\mathrm{d}x = \dfrac{6^x}{\ln 6} + C$.

三、不定积分的运算性质

性质 1 $\displaystyle\int kf(x)\,\mathrm{d}x = k\int f(x)\,\mathrm{d}x$ 　(k 是不为零的常数).

性质 2 $\displaystyle\int [f(x) \pm g(x)]\,\mathrm{d}x = \int f(x)\,\mathrm{d}x \pm \int g(x)\,\mathrm{d}x$.

性质 2 可以推广到有限多个函数的和(或差)的情形.

例3 求下列不定积分:

(1) $\displaystyle\int \left(2\mathrm{e}^x + 3x^2 - \dfrac{2}{x}\right)\mathrm{d}x$;　(2) $\displaystyle\int x^2(\sqrt{x}-1)^2\,\mathrm{d}x$;　(3) $\displaystyle\int \dfrac{x^2}{1+x^2}\,\mathrm{d}x$;　(4) $\displaystyle\int \dfrac{\cos^2 x - \sin^2 x}{\cos x + \sin x}\,\mathrm{d}x$.

解 (1) $\displaystyle\int \left(2\mathrm{e}^x + 3x^2 - \dfrac{2}{x}\right)\mathrm{d}x = 2\int \mathrm{e}^x\,\mathrm{d}x + 3\int x^2\,\mathrm{d}x - 2\int \dfrac{1}{x}\,\mathrm{d}x$

$$= 2\mathrm{e}^x + x^3 - 2\ln|x| + C.$$

(2) $\displaystyle\int x^2(\sqrt{x}-1)^2\,\mathrm{d}x = \int (x^3 - 2x^2\sqrt{x} + x^2)\,\mathrm{d}x = \int x^3\,\mathrm{d}x - 2\int x^{\frac{5}{2}}\,\mathrm{d}x + \int x^2\,\mathrm{d}x$

$$= \frac{1}{4}x^4 - \frac{4}{7}x^{\frac{7}{2}} + \frac{1}{3}x^3 + C.$$

$$(3) \int \frac{x^2}{1+x^2}dx = \int \frac{1+x^2-1}{1+x^2}dx = \int \left(1 - \frac{1}{1+x^2}\right)dx$$

$$= \int dx - \int \frac{1}{1+x^2}dx = x - \arctan x + C.$$

$$(4) \int \frac{\cos^2 x - \sin^2 x}{\cos x - \sin x}dx = \int (\cos x + \sin x)dx = \int \cos x dx + \int \sin x dx$$

$$= \sin x - \cos x + C.$$

例4 求下列定积分:

$$(1) \int_0^1 (4e^x + 2x - 5)dx; \qquad (2) \int_1^2 \frac{2x^3 + x^2 - x}{x^2}dx; \qquad (3) \int_0^3 |x-2|dx.$$

解 $(1) \int_0^1 (4e^x + 2x - 5)dx = 4\int_0^1 e^x dx + 2\int_0^1 x dx - \int_0^1 5 dx$

$$= 4[e^x]_0^1 + [x^2]_0^1 - [5x]_0^1 = 4e - 8.$$

$$(2) \int_1^2 \frac{2x^3 + x^2 - x}{x^2}dx = \int_1^2 \left(2x + 1 - \frac{1}{x}\right)dx = [x^2 + x - \ln|x|]_1^2$$

$$= (6 - \ln 2) - (2 - \ln 1) = 4 - \ln 2.$$

$$(3) \int_0^3 |x-2|dx = \int_0^2 (2-x)dx + \int_2^3 (x-2)dx$$

$$= \left[2x - \frac{1}{2}x^2\right]_0^2 + \left[\frac{1}{2}x^2 - 2x\right]_2^3 = 2 + \left(\frac{9}{2} - 6\right) - (2 - 4) = \frac{5}{2}.$$

例5 一物体由静止开始作直线运动,t 时刻的速度为 $v(t) = t^2 + 3\sqrt{t}(\text{m/s})$,求物体从 $t = 1\,\text{s}$ 到 $t = 4\,\text{s}$ 间所经过的路程.

解 设 t 时刻物体的位置函数为 $s(t)$. 由题意可知,

$$s'(t) = v(t) = t^2 + 3\sqrt{t}.$$

于是,物体从 $t = 1\,\text{s}$ 到 $t = 4\,\text{s}$ 间所经过的路程为

$$s = s(4) - s(1) = \int_1^4 v(t)dt = \int_1^4 (t^2 + 3\sqrt{t})dt$$

$$= \left[\frac{1}{3}t^3 + 2t^{\frac{3}{2}}\right]_1^4 = 35(\text{m}).$$

课堂测试
4-3

习题 4-3

A 组

1. 填空题:

(1) $\int (x\tan x)'\,dx = $ _____ ;

(2) $\left[\int (\sin x + \cos x)\,dx\right]' = $ _____ ;

(3) $d\int \dfrac{1}{\sqrt{x}}\,dx = $ _____ ;

(4) $\int d(\cos x) = $ _____ ;

(5) 若 $\int f(x)\,dx = 2^x + \sin x + C$,则 $f(x) = $ _____ ;

(6) 若 $f(x) = \sin x$,则 $\int f'(x)\,dx = $ _____ ;

(7) 若 $f(x)$ 的一个原函数是 $\cos x$,则 $\int f'(x)\,dx = $ _____ .

2. 验证下列不定积分是否正确:

(1) $\int \dfrac{1}{x^2}\,dx = -\dfrac{1}{x} + C$;

(2) $\int \cos(2x + 3)\,dx = \sin(2x + 3) + C$;

(3) $\int e^{2x}\,dx = e^{2x} + C$;

(4) $\int \dfrac{x}{\sqrt{1 + x^2}}\,dx = \sqrt{1 + x^2} + C$.

3. 求下列不定积分:

(1) $\int x^2\sqrt{x}\,dx$;

(2) $\int \dfrac{3}{\sqrt{1 - x^2}}\,dx$;

(3) $\int \left(\sqrt{x} + 5e^x - \dfrac{2}{x}\right)dx$;

(4) $\int \dfrac{\sin 2x}{\sin x}\,dx$;

(5) $\int \dfrac{1 - x^2}{x\sqrt{x}}\,dx$;

(6) $\int \dfrac{2x^2 + 3}{x^3}\,dx$;

(7) $\int \dfrac{1 + x^2 + 2\sqrt{x}}{\sqrt{x}}\,dx$;

(8) $\int \dfrac{1 + x^2 + x}{x(1 + x^2)}\,dx$;

(9) $\int \left(\sin \dfrac{t}{2} + \cos \dfrac{t}{2}\right)^2 dt$.

4. 求下列定积分:

(1) $\int_1^2 \left(x^2 + \dfrac{1}{x^4}\right)dx$;

(2) $\int_0^1 (2e^x - 3x^2 + 1)\,dx$;

(3) $\int_{\frac{\sqrt{3}}{3}}^{\sqrt{3}} \dfrac{1}{1 + x^2}\,dx$;

(4) $\int_0^{\frac{\pi}{4}} (\sin t + \cos t)\,dt$;

(5) $\int_1^4 \dfrac{2x^2 + x + 1}{x}\,dx$;

(6) $\int_1^2 \left(x + \dfrac{1}{x}\right)^2 dx$;

(7) $\int_1^4 \sqrt{x}(\sqrt{x} + 3)\,dx$;

(8) $\int_0^\pi \cos^2 \dfrac{x}{2}\,dx$.

5. 设 $f(x) = \begin{cases} \sqrt{x}, & 0 \leqslant x < 1, \\ e^x, & x \geqslant 1, \end{cases}$ 求 $\int_0^3 f(x)\,dx$.

B 组

1. 求下列不定积分:

(1) $\displaystyle\int \frac{1 - e^{2x}}{1 + e^x}\,dx$; $\qquad$ (2) $\displaystyle\int \frac{x^4}{1 + x^2}\,dx$; $\qquad$ (3) $\displaystyle\int \frac{1}{x^2(x^2 + 1)}\,dx$.

2. 求下列定积分:

(1) $\displaystyle\int_0^{2\pi} |\sin x|\,dx$; $\qquad\qquad$ (2) $\displaystyle\int_{-2}^1 (x - 1)|x|\,dx$.

3. 假定某地区人口的变化率为 $r(t) = 100 + 10\sqrt{t} - 5t$,其中时间 t 的单位为年. 如果 $t = 0$ 时初始人口为 $Q = 1\,000\,000$(人),试求 t 年后的人口数 $Q(t)$.

第四节　换元积分法

> ⊙ 不定积分的第一类换元法　⊙ 不定积分的第二类换元法
> ⊙ 定积分的换元积分法

一、不定积分的换元积分法

1. 不定积分的第一类换元法

先看一个例子:求 $\displaystyle\int 2x e^{x^2}\,dx$.

$$\int 2x e^{x^2}\,dx = \int e^{x^2} \cdot (x^2)'\,dx = \int e^{x^2}\,d(x^2),$$

令 $u = x^2$,得

$$\int e^{x^2}\,d(x^2) = \int e^u\,du = e^u + C,$$

再用 $u = x^2$ 回代,得

$$\int 2x e^{x^2}\,dx = \int e^{x^2}\,d(x^2) = e^{x^2} + C.$$

由 $(e^{x^2})' = 2x e^{x^2}$,可知上面的计算结果是正确的.

一般地,在求 $\displaystyle\int g(x)\,dx$ 时,如果被积表达式能写成 $f[\varphi(x)]\varphi'(x)\,dx$ 的形式,且 $\displaystyle\int f(u)\,du =$

$F(u) + C$,那么可以按下面的方法求$\int g(x)\mathrm{d}x$.

$$\int g(x)\mathrm{d}x = \int f[\varphi(x)]\varphi'(x)\mathrm{d}x = \int f[\varphi(x)]\mathrm{d}\varphi(x) \xlongequal{\varphi(x)=u} \int f(u)\mathrm{d}u$$

$$= F(u) + C \xlongequal{u=\varphi(x)} F[\varphi(x)] + C.$$

上述积分方法称为求**不定积分的第一类换元法**,也称为**凑微分法**.

> **例 1**　求下列不定积分:

$(1)\ \int(2x + 3)^{10}\mathrm{d}x;$　　　　　　　$(2)\ \int\sin^2 x \cdot \cos x\mathrm{d}x.$

解　$(1)\ \int(2x + 3)^{10}\mathrm{d}x = \int(2x + 3)^{10} \cdot \dfrac{1}{2} \cdot (2x + 3)'\mathrm{d}x = \dfrac{1}{2}\int(2x + 3)^{10}\mathrm{d}(2x + 3)$

$$\xlongequal{2x+3=u} \dfrac{1}{2}\int u^{10}\mathrm{d}u = \dfrac{1}{22}u^{11} + C \xlongequal{u=2x+3} \dfrac{1}{22}(2x + 3)^{11} + C.$$

$(2)\ \int\sin^2 x\cos x\mathrm{d}x = \int\sin^2 x(\sin x)'\mathrm{d}x = \int\sin^2 x\mathrm{d}(\sin x)$

$$\xlongequal{\sin x=u} \int u^2\mathrm{d}u = \dfrac{1}{3}u^3 + C \xlongequal{u=\sin x} \dfrac{1}{3}\sin^3 x + C.$$

当方法熟悉之后,可以略去中间换元步骤,凑微分后直接积分即可.

例如,例 1 的过程可简化为:

$$\int(2x + 3)^{10}\mathrm{d}x = \dfrac{1}{2}\int(2x + 3)^{10}\mathrm{d}(2x + 3) = \dfrac{1}{22}(2x + 3)^{11} + C.$$

$$\int\sin^2 x\cos x\mathrm{d}x = \int\sin^2 x\mathrm{d}(\sin x) = \dfrac{1}{3}\sin^3 x + C.$$

> **例 2**　求下列不定积分:

$(1)\ \int\dfrac{1}{x\ln x}\mathrm{d}x;$　　　　　　　$(2)\ \int\dfrac{(\arctan x)^4}{1 + x^2}\mathrm{d}x.$

解　$(1)\ \int\dfrac{1}{x\ln x}\mathrm{d}x = \int\dfrac{1}{\ln x}\mathrm{d}(\ln x) = \ln|\ln x| + C.$

$(2)\ \int\dfrac{(\arctan x)^4}{1 + x^2}\mathrm{d}x = \int(\arctan x)^4\mathrm{d}(\arctan x) = \dfrac{1}{5}(\arctan x)^5 + C.$

从上面的例题可以看出,用第一类换元积分法积分,关键的一步是"凑微分".下面列出一些常用的"凑微分"公式.

$$\mathrm{d}x = \frac{1}{a}\mathrm{d}(ax + b); \qquad x\mathrm{d}x = \frac{1}{2}\mathrm{d}(x^2); \qquad e^x = \mathrm{d}(e^x);$$

$$\frac{1}{x}\mathrm{d}x = \mathrm{d}(\ln x)(x > 0); \qquad \frac{1}{x^2}\mathrm{d}x = -\mathrm{d}\left(\frac{1}{x}\right); \qquad \sin x\mathrm{d}x = -\mathrm{d}(\cos x);$$

$$\cos x\mathrm{d}x = \mathrm{d}(\sin x); \qquad \frac{1}{1 + x^2}\mathrm{d}x = \mathrm{d}(\arctan x); \qquad \frac{1}{\sqrt{1 - x^2}}\mathrm{d}x = \mathrm{d}(\arcsin x).$$

例3 求下列不定积分:

$$(1) \int \tan x\mathrm{d}x; \qquad\qquad (2) \int \cos^2 x\mathrm{d}x; \qquad\qquad (3) \int \frac{1}{x^2 - 1}\mathrm{d}x.$$

解 (1) $\int \tan x\mathrm{d}x = \int \frac{\sin x}{\cos x}\mathrm{d}x = -\int \frac{1}{\cos x}\mathrm{d}(\cos x) = -\ln|\cos x| + C.$

$(2) \int \cos^2 x\mathrm{d}x = \int \frac{1 + \cos 2x}{2}\mathrm{d}x = \frac{1}{2}\left(\int \mathrm{d}x + \int \cos 2x\mathrm{d}x\right)$

$$= \frac{1}{2}\int \mathrm{d}x + \frac{1}{4}\int \cos 2x\mathrm{d}(2x) = \frac{x}{2} + \frac{1}{4}\sin 2x + C.$$

(3) 因 $\frac{1}{x^2 - 1} = \frac{1}{2}\left(\frac{1}{x - 1} - \frac{1}{x + 1}\right)$，所以

$$\int \frac{1}{x^2 - 1}\mathrm{d}x = \frac{1}{2}\int\left(\frac{1}{x - 1} - \frac{1}{x + 1}\right)\mathrm{d}x = \frac{1}{2}\int \frac{1}{x - 1}\mathrm{d}x - \frac{1}{2}\int \frac{1}{x + 1}\mathrm{d}x$$

$$= \frac{1}{2}\int \frac{1}{x - 1}\mathrm{d}(x - 1) - \frac{1}{2}\int \frac{1}{x + 1}\mathrm{d}(x + 1)$$

$$= \frac{1}{2}\ln|x - 1| - \frac{1}{2}\ln|x + 1| + C = \frac{1}{2}\ln\left|\frac{x - 1}{x + 1}\right| + C.$$

2. 不定积分的第二类换元法

首先来看下面的例子.

例4 求 $\int \frac{1}{2 + \sqrt{x - 1}}\mathrm{d}x.$

解 为了消去根式，令 $t = \sqrt{x - 1}$，则 $x = 1 + t^2$，$\mathrm{d}x = \mathrm{d}(1 + t^2) = 2t\mathrm{d}t.$ 于是

$$\int \frac{1}{2 + \sqrt{x - 1}}\mathrm{d}x \underline{\underline{\sqrt{x - 1} = t}} \int \frac{1}{2 + t} \cdot 2t\mathrm{d}t = 2\int \frac{t + 2 - 2}{2 + t}\mathrm{d}t$$

$$= 2\int \mathrm{d}t - 4\int \frac{1}{2 + t}\mathrm{d}t = 2t - 4\ln|2 + t| + C$$

$$\underline{t = \sqrt{x-1}} \ 2\sqrt{x-1} - 4\ln(2+\sqrt{x-1}) + C.$$

可以验证,上面结果是正确的.

一般地,对于一些不定积分,可令 $x = \varphi(t)$,将 $\int f(x)\mathrm{d}x$ 化为 $\int f[\varphi(t)]\varphi'(t)\mathrm{d}t$ 进而求出结果. 具体步骤如下:

$$\int f(x)\mathrm{d}x \xrightarrow{\ x = \varphi(t)\ } \int f[\varphi(t)]\mathrm{d}\varphi(t) = \int f[\varphi(t)]\varphi'(t)\mathrm{d}t$$

$$= F(t) + C \xrightarrow{\ t = \varphi^{-1}(x)\ } F[\varphi^{-1}(x)] + C.$$

这种积分方法称为求**不定积分的第二类换元法**,其中 $x = \varphi(t)$ 应是单调、可导的函数,且导数 $\varphi'(t)$ 连续,$\varphi'(t) \neq 0$.

例5 求 $\int \sqrt{9-x^2}\,\mathrm{d}x$.

解 令 $x = 3\sin t\left(-\dfrac{\pi}{2} \leqslant t \leqslant \dfrac{\pi}{2}\right)$,则有 $\sqrt{9-x^2} = 3\cos t$, $\mathrm{d}x = 3\cos t\mathrm{d}t$.

于是
$$\int \sqrt{9-x^2}\,\mathrm{d}x = \int 3\cos t \cdot 3\cos t\mathrm{d}t = 9\int \cos^2 t\mathrm{d}t = 9\int \frac{1+\cos 2t}{2}\mathrm{d}t$$

$$= \frac{9}{2}\left(\int \mathrm{d}t + \int \cos 2t\mathrm{d}t\right) = \frac{9}{2}t + \frac{9}{4}\sin 2t + C$$

$$= \frac{9}{2}t + \frac{9}{2}\sin t\cos t + C.$$

根据 $x = 3\sin t$,作如图 $4-11$ 所示的辅助三角形. 可以看出,

$$\cos t = \frac{\sqrt{9-x^2}}{3}, \ \sin t = \frac{x}{3} \ \text{及} \ t = \arcsin \frac{x}{3}.$$

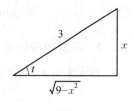

图 $4-11$

所以

$$\int \sqrt{9-x^2}\,\mathrm{d}x = \frac{9}{2}\arcsin \frac{x}{3} + \frac{1}{2}x\sqrt{9-x^2} + C.$$

第二类换元积分法适用于某些被积函数中含有根式的情形,常见的类型及变量替换如下:

(1) 当被积函数中含有 $\sqrt[n]{ax+b}\,(a \neq 0)$ 时,可以用 $x = \dfrac{t^n - b}{a}$ 作变量代换;

(2) 当被积函数中含有 $\sqrt{a^2 - x^2}$ 时,可以作三角代换:$x = a\sin t$.

说明:(1) 用第二类换元法求积分时,作三角代换后,为了直观,"回代"时,可以用例 5 的方法借用辅助三角形;

(2) 当被积函数中含有 $\sqrt{a^2 + x^2}$ 或 $\sqrt{x^2 - a^2}$ 时,也可以用第二类换元法,但往往运算较复杂,下面用 MATLAB 来求解这些类型.

例6 利用 MATLAB 软件求下列不定积分:

(1) $\displaystyle\int \frac{\sin(\sqrt{x} + 1)}{\sqrt{x}}\mathrm{d}x$; 　　　　(2) $\displaystyle\int \frac{1}{x^2 \sqrt{x^2 + 1}}\mathrm{d}x$.

解 在数学软件 MATLAB 中,求不定积分和定积分的函数是 int( ),详细的使用方法见第 10 章,下面利用这个函数来求不定积分.

(1) 在 MATLAB 的命令窗口输入下面语句:

```
>>syms x
>>int(sin(sqrt(x)+1)/sqrt(x),x)
```

运行后输出结果为

```
ans=  -2*cos(x^(1/2)+1)
```

即 $\displaystyle\int \frac{\sin(\sqrt{x} + 1)}{\sqrt{x}}\mathrm{d}x = -2\cos(\sqrt{x} + 1) + C$.

注:MATLAB 求出的不定积分结果,不带积分常数 C ,写成数学上的积分结果时要加 C .

(2) 在 MATLAB 的命令窗口输入下面语句:

```
>>syms x
>>int(1/(x^2*sqrt(x^2+1)),x)
```

运行后输出结果为

```
ans=  -1/x*(x^2+1)^(1/2)
```

即 $\displaystyle\int \frac{1}{x^2 \sqrt{x^2 + 1}}\mathrm{d}x = -\frac{\sqrt{x^2 + 1}}{x} + C$.

二、定积分的换元法

先看下面的例子.

例7 求 $\displaystyle\int_0^4 \frac{\sqrt{x}}{1 + \sqrt{x}}\mathrm{d}x$.

解 令 $t = \sqrt{x}$,即 $x = t^2 (t \geq 0)$,则当 $x = 0$ 时, $t = 0$;当 $x = 4$ 时, $t = 2$. 于是,

$$\int_0^4 \frac{\sqrt{x}}{1+\sqrt{x}}dx = \int_0^2 \frac{t}{1+t}d(t^2) = 2\int_0^2 \frac{t^2}{1+t}dt = 2\int_0^2 \frac{(t^2-1)+1}{1+t}dt$$

$$= 2\int_0^2 (t-1)dt + 2\int_0^2 \frac{1}{1+t}dt = [t^2-2t]_0^2 + 2[\ln|t+1|]_0^2 = 2\ln 3.$$

一般地，定积分的换元法则如下：

如果函数 $f(x)$ 在区间 $[a,b]$ 上连续，且 $x=\varphi(t)$ 满足下列条件：

(1) $x=\varphi(t)$ 在 $[\alpha,\beta]$（或 $[\beta,\alpha]$）上有连续的导数；

(2) 当 $t\in[\alpha,\beta]$（或 $[\beta,\alpha]$）时，$x=\varphi(t)$ 在 $[a,b]$ 上取值，且 $\varphi(\alpha)=a$，$\varphi(\beta)=b$，那么

$$\int_a^b f(x)dx = \int_\alpha^\beta f[\varphi(t)]\varphi'(t)dt.$$

例8 求 $\int_0^3 x\sqrt{9-x^2}dx$.

解法1 令 $x=3\sin t\left(-\dfrac{\pi}{2}\leqslant t\leqslant \dfrac{\pi}{2}\right)$，则有 $\sqrt{9-x^2}=3\cos t$，$dx=3\cos tdt$.

当 $x=0$ 时，$t=0$；当 $x=3$ 时，$t=\dfrac{\pi}{2}$.

于是

$$\int_0^3 x\sqrt{9-x^2}dx = \int_0^{\frac{\pi}{2}} 3\sin t\cdot 3\cos t\cdot 3\cos tdt = 27\int_0^{\frac{\pi}{2}} \cos^2 t\cdot \sin tdt$$

$$= -27\int_0^{\frac{\pi}{2}} \cos^2 td(\cos t) = -9[\cos^3 t]_0^{\frac{\pi}{2}} = 9.$$

解法2 $\int_0^3 x\sqrt{9-x^2}dx = \dfrac{1}{2}\int_0^3 \sqrt{9-x^2}d(x^2) = -\dfrac{1}{2}\int_0^3 \sqrt{9-x^2}d(9-x^2)$

$$= -\dfrac{1}{3}\left[(9-x^2)^{\frac{3}{2}}\right]_0^3 = 9.$$

从例8可以看出，有些积分既可以用第一类换元法，也可以用第二类换元法. 一般地，第一类换元法比第二类换元法计算过程要简捷，因此，通常能用第一类换元法就不用第二类换元法，而且，要始终牢记**"换元必换上、下限"**，不换元则不用换上、下限.

例9 利用 MATLAB 软件求定积分：$\int_2^{2\sqrt{3}} \dfrac{1}{\sqrt{x^2+4}}dx$.

解 在 MATLAB 的命令窗口输入下面语句：

```
>>syms x
>>int(1/sqrt(x^2+4),x,2,2*sqrt(3))
```

运行后输出结果为

```
ans= -log(2-3^(1/2))-log(1+2^(1/2))
```

即

$$\int_{2}^{2\sqrt{3}} \frac{1}{\sqrt{x^2 + 4}} dx = -\ln(2 - \sqrt{3}) - \ln(1 + \sqrt{2}) = \ln(2 + \sqrt{3}) - \ln(1 + \sqrt{2}).$$

习题 4-4

A 组

1. 利用第一类换元法求下列不定积分：

(1) $\int \sin 3x dx$；

(2) $\int (x + 3)^{10} dx$；

(3) $\int e^{-2x} dx$；

(4) $\int \frac{1}{1 + x} dx$；

(5) $\int \frac{1}{\sqrt{2 - 3x}} dx$；

(6) $\int \frac{\sin x}{\cos^3 x} dx$；

(7) $\int \frac{\cos x}{\sin^2 x} dx$；

(8) $\int x \cos x^2 dx$；

(9) $\int x \cdot e^{x^2} dx$；

(10) $\int \frac{x}{1 + x^2} dx$；

(11) $\int e^x (e^x + 1)^2 dx$；

(12) $\int e^x \sin e^x dx$；

(13) $\int \frac{e^x}{e^x + 1} dx$；

(14) $\int \frac{e^x}{\sqrt{1 + e^x}} dx$；

(15) $\int \frac{\ln x}{x} dx$；

(16) $\int \sin^2 x dx$；

(17) $\int \frac{x}{1 + x^4} dx$；

(18) $\int \frac{\arctan x}{1 + x^2} dx$.

2. 利用第二类换元法求下列不定积分：

(1) $\int \frac{1}{1 + \sqrt{x}} dx$；

(2) $\int \frac{1}{1 + \sqrt{x + 1}} dx$；

(3) $\int \frac{1}{1 + \sqrt[3]{x}} dx$；

(4) $\int \frac{x + 1}{\sqrt[3]{3x + 1}} dx$；

(5) $\int \frac{1}{1 + \sqrt{x - 2}} dx$；

(6) $\int \sqrt{4 - x^2} dx$.

3. 求下列定积分：

(1) $\int_{0}^{1} \sqrt{2x + 1} dx$；

(2) $\int_{0}^{1} (3 - 5x)^2 dx$；

(3) $\int_{\frac{\pi}{3}}^{\pi} \sin\left(x + \frac{\pi}{3}\right) dx$；

(4) $\int_{1}^{e} \frac{1 + \ln x}{x} dx$；

(5) $\int_{1}^{e^2} \frac{(\ln x)^2}{x} dx$；

(6) $\int_{\frac{1}{\pi}}^{\frac{2}{\pi}} \frac{1}{x^2} \sin \frac{1}{x} dx$；

$(7)\displaystyle\int_0^{\frac{\pi}{2}}\cos^3 x\mathrm{d}x;$　　　　$(8)\displaystyle\int_2^5\frac{1}{2+\sqrt{x-1}}\mathrm{d}x$　　　　$(9)\displaystyle\int_0^3\frac{x}{1+\sqrt{1+x}}\mathrm{d}x;$

$(10)\displaystyle\int_4^9\frac{\sqrt{x}}{\sqrt{x}+1}\mathrm{d}x;$　　　　$(11)\displaystyle\int_4^{12}\frac{1}{x\sqrt{x-3}}\mathrm{d}x;$　　　　$(12)\displaystyle\int_1^{\sqrt{2}}\frac{1}{\sqrt{4-x^2}}\mathrm{d}x.$

4. 求椭圆 $\dfrac{x^2}{a^2}+\dfrac{y^2}{b^2}=1(a>b>0)$ 所围平面图形的面积 A.

B组

1. 求下列不定积分或定积分(可以利用 MATLAB 软件来求):

$(1)\displaystyle\int\frac{1}{x^2}\cdot\tan\frac{1}{x}\mathrm{d}x;$　　　　$(2)\displaystyle\int\frac{1}{\sqrt{x}+\sqrt[4]{x}}\mathrm{d}x;$　　　　$(3)\displaystyle\int\frac{1}{e^x+e^{-x}}\mathrm{d}x;$

$(4)\displaystyle\int\frac{1}{x^2-4}\mathrm{d}x;$　　　　$(5)\displaystyle\int\sin^2 x\cos^3 x\mathrm{d}x;$　　　　$(6)\displaystyle\int\frac{x}{\sqrt{x^2+4}}\mathrm{d}x;$

$(7)\displaystyle\int_1^{e^2}\frac{1}{x\sqrt{1+\ln x}}\mathrm{d}x;$　　　　$(8)\displaystyle\int_0^{\pi}\sqrt{1+\cos 2x}\mathrm{d}x;$　　　　$(9)\displaystyle\int_0^{\ln 2}\sqrt{e^x-1}\mathrm{d}x.$

2. 世界石油消费总量的增长率连续上升,据估算从 1990 年初到 1995 年初这段时间内石油消费总量的增长率为 $r(t)=320\cdot e^{0.05t}$(亿桶／年),t 表示从 1990 年($t=0$) 开始的年数. 试求 1990 年初到 1995 年初这段时间内石油消费总量.

第五节　分 部 积 分 法

⊙ 不定积分的分部积分法　⊙ 定积分的分部积分法

设 $u=u(x)$,$v=v(x)$ 在区间 $[a,b]$ 上都具有连续的导数,则

$$[u(x)v(x)]'=u'(x)v(x)+u(x)v'(x).$$

对上式两边求不定积分,得

$$\int[u(x)v(x)]'\mathrm{d}x=\int u'(x)v(x)\mathrm{d}x+\int u(x)v'(x)\mathrm{d}x,$$

移项,得

$$\int u(x)v'(x)\mathrm{d}x=\int[u(x)v(x)]'\mathrm{d}x-\int u'(x)v(x)\mathrm{d}x,$$

即

$$\int u(x)\,\mathrm{d}v(x) = u(x)v(x) - \int v(x)\,\mathrm{d}u(x).$$

这就是**不定积分的分部积分公式**,简记为

$$\int u\mathrm{d}v = uv - \int v\mathrm{d}u. \qquad ①$$

如果 $\int u\mathrm{d}v$ 不易求出,而 $\int v\mathrm{d}u$ 比较容易求出,那么使用公式 ① 就可以化难为易,从而求出结果,这种积分方法称为**分部积分法**.

例1 求 $\int x\mathrm{e}^x\mathrm{d}x$.

解 取 $u = x$,$\mathrm{d}v = \mathrm{e}^x\mathrm{d}x = \mathrm{d}(\mathrm{e}^x)$,即 $v = \mathrm{e}^x$. 由公式 ①,得

$$\int x\mathrm{e}^x\mathrm{d}x = \int x\mathrm{d}(\mathrm{e}^x) = x\mathrm{e}^x - \int \mathrm{e}^x\mathrm{d}x = x\mathrm{e}^x - \mathrm{e}^x + C.$$

在例 1 中,如果取 $u = \mathrm{e}^x$,$\mathrm{d}v = x\mathrm{d}x = \mathrm{d}\left(\dfrac{1}{2}x^2\right)$,即 $v = \dfrac{1}{2}x^2$,由公式 ①,得

$$\int x\mathrm{e}^x\mathrm{d}x = \int \mathrm{e}^x\mathrm{d}\left(\frac{1}{2}x^2\right) = \frac{1}{2}x^2\mathrm{e}^x - \int \frac{1}{2}x^2\mathrm{d}(\mathrm{e}^x) = \frac{1}{2}x^2\mathrm{e}^x - \frac{1}{2}\int x^2\mathrm{e}^x\mathrm{d}x.$$

而 $\int x^2\mathrm{e}^x\mathrm{d}x$ 比 $\int x\mathrm{e}^x\mathrm{d}x$ 更不易求出,达不到化难为易的目的,因此,这样取 u 和 v 是不合适的. 由此可见,用分部积分法求积分的关键是选恰当的 u 和 v,一般原则是:

(1) v 比较容易看出;(2) $\int v\mathrm{d}u$ 比 $\int u\mathrm{d}v$ 容易求出.

一般地,

(1) $\int x^n\mathrm{e}^{\alpha x}\mathrm{d}x$,$\int x^n\sin \alpha x\mathrm{d}x$,$\int x^n\cos \alpha x\mathrm{d}x$ $(n \in \mathbf{N}_+)$ 类型的积分,常用分部积分法来求,并且取 $u = x^n$.

(2) $\int x^n\ln \alpha x\mathrm{d}x$,$\int x^n\arctan \alpha x\mathrm{d}x$,$\int x^n\arcsin \alpha x\mathrm{d}x$ $(n \in \mathbf{N})$ 等类型的积分,常用分部积分法来求,并且 u 分别取 $\ln \alpha x$,$\arctan \alpha x$,$\arcsin \alpha x$ 等.

例2 求 $\int x\ln x\,\mathrm{d}x$.

解 取 $u = \ln x$，$\mathrm{d}v = x\mathrm{d}x = \mathrm{d}\left(\dfrac{1}{2}x^2\right)$，即 $v = \dfrac{1}{2}x^2$，由公式 ①，得

$$\int x\ln x\,\mathrm{d}x = \int \ln x\,\mathrm{d}\left(\frac{1}{2}x^2\right) = \frac{1}{2}x^2\ln x - \int \frac{1}{2}x^2\,\mathrm{d}(\ln x)$$

$$= \frac{1}{2}x^2\ln x - \int \frac{1}{2}x\,\mathrm{d}x = \frac{1}{2}x^2\ln x - \frac{1}{4}x^2 + C.$$

当分部积分法熟悉之后，u、v 不必写出.

例3 求 $\int x^2\cos x\,\mathrm{d}x$.

解 $\displaystyle\int x^2\cos x\,\mathrm{d}x = \int x^2\,\mathrm{d}(\sin x) = x^2\sin x - \int \sin x\,\mathrm{d}(x^2) = x^2\sin x - 2\int x\sin x\,\mathrm{d}x$

$$= x^2\sin x + 2\int x\,\mathrm{d}(\cos x) = x^2\sin x + 2x\cos x - 2\int \cos x\,\mathrm{d}x$$

$$= x^2\sin x + 2x\cos x - 2\sin x + C.$$

例4 求 $\int x\arctan x\,\mathrm{d}x$.

解 $\displaystyle\int x\arctan x\,\mathrm{d}x = \int \arctan x\,\mathrm{d}\left(\frac{1}{2}x^2\right) = \frac{1}{2}x^2\arctan x - \int \frac{1}{2}x^2\,\mathrm{d}(\arctan x)$

$$= \frac{1}{2}x^2\arctan x - \frac{1}{2}\int \frac{x^2}{1+x^2}\,\mathrm{d}x = \frac{1}{2}x^2\arctan x - \frac{1}{2}\left(\int \mathrm{d}x - \int \frac{1}{1+x^2}\,\mathrm{d}x\right)$$

$$= \frac{1}{2}x^2\arctan x - \frac{1}{2}x + \frac{1}{2}\arctan x + C.$$

二、定积分的分部积分法

由牛顿-莱布尼茨公式，容易得出定积分的分部积分公式为

$$\int_a^b u\mathrm{d}v = \left[\,uv\,\right]_a^b - \int_a^b v\mathrm{d}u. \qquad\qquad ②$$

定积分适合用分部积分法的类型及 u、v 的选择与相应不定积分相同.

例5 求 $\int_0^{\frac{\pi}{2}} x\sin x\mathrm{d}x$.

解 $\int_0^{\frac{\pi}{2}} x\sin x\mathrm{d}x = -\int_0^{\frac{\pi}{2}} x\mathrm{d}(\cos x) = -[x\cos x]_0^{\frac{\pi}{2}} + \int_0^{\frac{\pi}{2}} \cos x\mathrm{d}x = [\sin x]_0^{\frac{\pi}{2}} = 1.$

例6 求 $\int_1^e \ln x\mathrm{d}x$.

解 $\int_1^e \ln x\mathrm{d}x = [x\ln x]_1^e - \int_1^e x\mathrm{d}(\ln x) = e - \int_1^e 1\mathrm{d}x = 1.$

除了上面提到的类型外,还有一些积分可用分部积分法来求,这里不再一一举例,需要时可以利用 MATLAB 来求.

例7 利用 MATLAB 软件求下列不定积分或定积分:

(1) $\int e^x\sin x\mathrm{d}x$; (2) $\int_0^{\frac{\pi}{2}}\sin^6 x\mathrm{d}x$.

解 (1) 在 MATLAB 的命令窗口输入下面语句:

```
>>syms x
>>int(exp(x)*sin(x),x)
```

运行后输出结果为

```
ans= -1/2*exp(x)*cos(x)+1/2*exp(x)*sin(x)
```

即

$$\int e^x\sin x\mathrm{d}x = \frac{1}{2}e^x(\sin x - \cos x) + C.$$

(2) 在 MATLAB 的命令窗口输入下面语句:

```
>>syms x
>>int(sin(x)^6,x,0,pi/2)
```

运行后输出结果为

```
ans= 5/32*pi
```

即

$$\int_0^{\frac{\pi}{2}}\sin^6 x\mathrm{d}x = \frac{5}{32}\pi.$$

说明:求不定积分(或定积分)往往比较复杂,而且技巧性较强,实际应用中,人们越来越多地利用数学软件(如:MATLAB 等)来进行积分运算.另外,一些初等函数的原函数虽然存在,但不能用初等函数来表达,习惯上称"积不出来". 例如,$\int e^{-x^2}dx$,$\int \dfrac{\sin x}{x}dx$ 等. 这时也就不能用牛顿-莱布尼茨公式来计算相应的定积分. 在实际问题中,可用数值积分法来求定积分的近似值.

习题 4-5

课堂测试

4-5

A 组

1. 求下列不定积分:

(1) $\int x\cos x\,dx$;

(2) $\int x^2 e^x\,dx$;

(3) $\int x^2\sin x\,dx$;

(4) $\int 3x^2\ln x\,dx$;

(5) $\int x\cdot e^{4x}\,dx$;

(6) $\int x\sin 3x\,dx$;

(7) $\int \ln x\,dx$;

(8) $\int (x+1)e^x\,dx$;

(9) $\int (x^2+1)\sin x\,dx$.

2. 求下列定积分:

(1) $\int_0^1 x\cdot e^x\,dx$;

(2) $\int_0^{\frac{\pi}{2}} x\cos 2x\,dx$;

(3) $\int_0^{\frac{\pi}{2}} x^2\sin x\,dx$;

(4) $\int_1^e x^3\ln x\,dx$;

(5) $\int_0^1 \arctan x\,dx$;

(6) $\int_0^{\pi} (x+1)\cos x\,dx$.

B 组

1. 设 $I_n=\int_0^{\frac{\pi}{2}} \sin^n x\,dx$,利用分部积分法证明:$I_n=\dfrac{n-1}{n}I_{n-2}$,且

(1) 当 n 为偶数时,$I_n=\dfrac{n-1}{n}\cdot\dfrac{n-3}{n-2}\cdot\cdots\cdot\dfrac{3}{4}\cdot\dfrac{1}{2}\cdot\dfrac{\pi}{2}$;

(2) 当 n 为奇数时,$I_n=\dfrac{n-1}{n}\cdot\dfrac{n-3}{n-2}\cdot\cdots\cdot\dfrac{4}{5}\cdot\dfrac{2}{3}\cdot 1$.

2. 利用 MATLAB 软件求下列不定积分或定积分:

(1) $\int e^{2x}\sin x\,dx$;

(2) $\int e^{\sqrt{x}}\,dx$;

(3) $\int_{\frac{1}{e}}^{e} |\ln x|\,dx$;

(4) $\int_0^1 e^{\pi x}\cos \pi x\,dx$.

3. 在电量需求的高峰期间,电量的消耗速度为 $r(t)=t\cdot e^{-kt}$(k 为常数),其中时间 t 的单位为小时,试求在前 T 小时内消耗的总电量 Q.

第六节　无限区间上的广义积分

⊙ 广义积分：$\int_{a}^{+\infty} f(x)\,\mathrm{d}x$、$\int_{-\infty}^{b} f(x)\,\mathrm{d}x$ 及 $\int_{-\infty}^{+\infty} f(x)\,\mathrm{d}x$

前面所定义和计算的定积分,积分区间都是有限区间 $[a,b]$. 但在实际问题中,还会遇到区间无限的情形. 看下面的例子.

例1　考察曲线 $y=\dfrac{1}{x^2}$ 之下,x 轴之上和直线 $x=1$ 右侧的无限区域(如图 4-12(a) 所示)的面积 A.

解　从图中可以看出,对于所讨论的无限区域,x 的取值区间是 $[1,+\infty)$,这是一个无限区间. 首先,在无限区间 $(1,+\infty)$ 内任取正数 b,作直线 $x=b$,得到一个曲边梯形(如图 4-12(b)所示). 由定积分的几何意义,可知曲边梯形的面积为

$$S_b = \int_1^b \frac{1}{x^2}\,\mathrm{d}x = \left[-\frac{1}{x}\right]_1^b = 1 - \frac{1}{b}.$$

可以看出,随着 b 的增大,$S_b = 1 - \dfrac{1}{b}$ 的值越来越接近于 1,取极限得

$$\lim_{b \to +\infty} S_b = \lim_{b \to +\infty} \int_1^b \frac{1}{x^2}\,\mathrm{d}x = \lim_{b \to +\infty} \left(1 - \frac{1}{b}\right) = 1.$$

于是,就把这个极限值定义为所要求的无限区域的面积,并记作 $\int_1^{+\infty} \dfrac{1}{x^2}\,\mathrm{d}x$,即

$$S = \int_1^{+\infty} \frac{1}{x^2}\,\mathrm{d}x = \lim_{b \to +\infty} \int_1^b \frac{1}{x_2}\,\mathrm{d}x = 1.$$

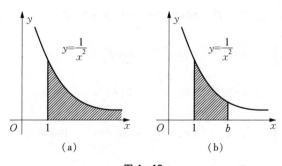

图 4-12

定义 设函数 $f(x)$ 在区间 $[a, +\infty)$ 上连续,$b>a$,记

$$\int_a^{+\infty} f(x)\,\mathrm{d}x = \lim_{b \to +\infty} \int_a^b f(x)\,\mathrm{d}x. \qquad ①$$

称 $\int_a^{+\infty} f(x)\,\mathrm{d}x$ 为 $f(x)$ 在 $[a, +\infty)$ 上的**广义积分**,如果式①右侧的极限存在,则称**广义积分** $\int_a^{+\infty} f(x)\,\mathrm{d}x$ **收敛**,否则称**广义积分** $\int_a^{+\infty} f(x)\,\mathrm{d}x$ **发散**.

类似地,定义 $f(x)$ 在区间 $(-\infty, b]$ 上的广义积分为

$$\int_{-\infty}^b f(x)\,\mathrm{d}x = \lim_{a \to -\infty} \int_a^b f(x)\,\mathrm{d}x. \qquad ②$$

定义 $f(x)$ 在区间 $(-\infty, +\infty)$ 上的广义积分为

$$\int_{-\infty}^{+\infty} f(x)\,\mathrm{d}x = \int_{-\infty}^c f(x)\,\mathrm{d}x + \int_c^{+\infty} f(x)\,\mathrm{d}x, \ c\ \text{是任意实常数}. \qquad ③$$

当式②右侧的极限存在时,称广义积分 $\int_{-\infty}^b f(x)\,\mathrm{d}x$ 收敛,否则称它发散;当式③右侧的两个广义积分都收敛时,称广义积分 $\int_{-\infty}^{+\infty} f(x)\,\mathrm{d}x$ 收敛,否则称它发散.

例2 求 $\int_{-\infty}^0 \mathrm{e}^x\,\mathrm{d}x$.

解 $\int_{-\infty}^0 \mathrm{e}^x\,\mathrm{d}x = \lim_{a \to -\infty} \int_a^0 \mathrm{e}^x\,\mathrm{d}x = \lim_{a \to -\infty} \left[\mathrm{e}^x\right]_a^0 = \lim_{a \to -\infty}(1 - \mathrm{e}^a) = 1.$

为了书写简便,广义积分的计算过程可仿照牛顿-莱布尼茨公式简记为

$$\int_a^{+\infty} f(x)\,\mathrm{d}x = \left[F(x)\right]_a^{+\infty} = \lim_{x \to +\infty} F(x) - F(a);$$

$$\int_{-\infty}^b f(x)\,\mathrm{d}x = \left[F(x)\right]_{-\infty}^b = F(b) - \lim_{x \to -\infty} F(x);$$

$$\int_{-\infty}^{+\infty} f(x)\,\mathrm{d}x = \left[F(x)\right]_{-\infty}^{+\infty} = \lim_{x \to +\infty} F(x) - \lim_{x \to -\infty} F(x).$$

其中 $F(x)$ 是 $f(x)$ 的一个原函数.

按照这种简便书写格式,例 2 的计算过程可写为

$$\int_{-\infty}^{0} e^x dx = [e^x]_{-\infty}^{0} = 1 - \lim_{x \to -\infty} e^x = 1.$$

例 3 求 $\int_{-\infty}^{+\infty} \dfrac{1}{1+x^2} dx$.

解 $\int_{-\infty}^{+\infty} \dfrac{1}{1+x^2} dx = [\arctan x]_{-\infty}^{+\infty} = \lim_{x \to +\infty} \arctan x - \lim_{x \to -\infty} \arctan x$

$$= \frac{\pi}{2} - \left(-\frac{\pi}{2}\right) = \pi.$$

例 4 讨论广义积分 $\int_{1}^{+\infty} \dfrac{1}{x^p} dx$ 何时收敛? 何时发散?

解 当 $p = 1$ 时, $\int_{1}^{+\infty} \dfrac{1}{x^p} dx = \int_{1}^{+\infty} \dfrac{1}{x} dx = [\ln|x|]_{1}^{+\infty} = +\infty$.

当 $p \neq 1$ 时, $\int_{1}^{+\infty} \dfrac{1}{x^p} dx = \left[\dfrac{1}{1-p} x^{1-p}\right]_{1}^{+\infty} = \begin{cases} +\infty, & p < 1, \\ \dfrac{1}{p-1}, & p > 1. \end{cases}$

因此,广义积分 $\int_{1}^{+\infty} \dfrac{1}{x^p} dx$ 当 $p > 1$ 时收敛;当 $p \leqslant 1$ 时发散.

例 5 在某一地区某种传染病流行期间,人们被传染患病的速度近似为 $v(t) = 100te^{-0.5t}$(人／天),其中 t 为传染病开始流行的天数 $(t \geqslant 0)$. 试求总共有多少人患病.

解 设前 t 天的患病人数为 $P(t)$,由题意可知

$$P'(t) = v(t) = 100te^{-0.5t}, \ t \geqslant 0.$$

于是,总患病人数为

$$P = \int_{0}^{+\infty} 100te^{-0.5t} dt.$$

在 MATLAB 的命令窗口输入下列语句:

```
>>syms t
>>P=int(100 * t * exp(-0.5 * t),t,0,+inf)
```

运行后,输出结果为

```
P= 400
```

即总患病人数为

$$P = \int_0^{+\infty} 100te^{-0.5t}dt = 400.$$

习题 4-6

课堂测试

4-6

A 组

1. 判断下列广义积分的敛散性,若收敛,求出其值:

(1) $\int_1^{+\infty} \dfrac{1}{x^3}dx$;   (2) $\int_1^{+\infty} \dfrac{1}{\sqrt{x}}dx$;   (3) $\int_1^{+\infty} \dfrac{x}{\sqrt[3]{x}}dx$

(4) $\int_1^{+\infty} \dfrac{1}{x\sqrt{x}}dx$;   (5) $\int_0^{+\infty} e^{-5x}dx$;   (6) $\int_{-\infty}^0 x \cdot e^{-x^2}dx$.

2. 填空:(k 为常数)

(1) 若 $\int_0^{+\infty} \dfrac{k}{1+x^2}dx = 1$,则 $k = $ _____;   (2) 若 $\int_0^{+\infty} e^{-kx}dx = 2$,则 $k = $ _____.

3. 求由曲线 $y = e^{-x}$、x 轴正向及 y 轴所围成的开口曲边梯形的面积.

B 组

1. 判断下列广义积分的敛散性,若收敛,求出其值:

(1) $\int_2^{+\infty} \dfrac{1}{x\ln x}dx$;   (2) $\int_0^{+\infty} \dfrac{x}{x^2+1}dx$;   (3) $\int_{-\infty}^0 xe^x dx$.

2. 某飞机制造商在生产了一批某种型号的飞机就停产了. 这种飞机使用一种特殊的润滑油,该公司承诺将为客户终身供应这种润滑油. 已知一年后这批飞机的用油率为 $r(t) = 300t^{-\frac{3}{2}}(L/a)$,其中 t 表示飞机服役的年数 $(t \geq 1)$,该公司要一次性生产这批飞机 1 年后所需的润滑油,试求共需生产多少这种润滑油?

第七节　定积分的应用

⊙ 微元法　⊙ 平面图形的面积　⊙ 旋转体的体积　⊙ 平面曲线的弧长
⊙ 功　⊙ 函数的平均值

前面讨论了定积分的计算及简单应用,下面将在微元法的基础上进一步讨论定积分在几何和物理方面的应用.

一、微元法

根据本章第一节的实例知道:由曲线 $y=f(x)(f(x) \geqslant 0)$,直线 $x=a$, $x=b$ 以及 x 轴所围成的曲边梯形的面积为

$$A = \int_a^b f(x) \, dx. \qquad ①$$

注意到,在推导出这一结果的四个步骤中,最关键的一步是"近似代替".如图 4-13 所示,由区间 $[x_{i-1}, x_i]$ 的任意性及 ξ_i 选取的任意性,不妨忽略下标 i 把小区间写成 $[x, x+dx]$,ξ_i 就取为小区间的左端点 x,则以 $f(x)$ 为长,宽为 dx 的小矩形的面积为 $f(x)dx$,从而得到小曲边梯形面积 ΔA 的近似值为 $f(x)dx$,即

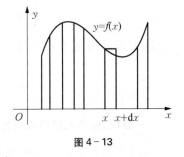

图 4-13

$$\Delta A \approx f(x) \, dx.$$

可以看出,上式右端的表达式 $f(x)dx$ 正是式①中 $\int_a^b f(x) \, dx$ 的被积表达式,习惯上,称 $f(x)dx$ 为 **面积微元**,记为 dA,即 $dA = f(x)dx$.

由以上讨论可知,只要求出 $dA = f(x)dx$,就可得到 A 的定积分表达式 $A = \int_a^b f(x) \, dx$.

一般地,求某一量 U 的定积分表达式的步骤如下:

(1) 根据所求量 U 的具体意义,选取一个合适的变量(假定为 x)作为积分变量,并且确定它的变化区间,即积分区间 $[a, b]$;

(2) 在区间 $[a, b]$ 上任取小区间 $[x, x+dx]$,求出相应于这个小区间上的部分量 ΔU 的近似值 $f(x)dx$,它就是所求量 U 的 **微元**,记为 dU,即

$$dU = f(x) \, dx.$$

(3) 以 $dU = f(x)dx$ 为被积表达式,在区间 $[a, b]$ 上定积分,就得到所求量 U 的定积分表达式,即 $U = \int_a^b f(x) \, dx$.

这种方法就称为 **微元法**. 下面用微元法来求几何、物理方面中的一些量.

二、平面图形的面积

1. 直角坐标系下平面图形的面积

例 1 求由抛物线 $y=x^2$,直线 $y=x$ 所围成的平面图形的面积 A.

解 作出由抛物线 $y=x^2$,直线 $y=x$ 所围成的平面图形,如图 4-14 所示.解方程组

$$\begin{cases} y = x^2, \\ y = x, \end{cases}$$

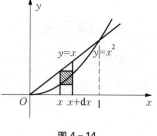

图 4 - 14

得抛物线 $y = x^2$ 与直线 $y = x$ 的交点为 $(0, 0)$ 和 $(1, 1)$.

取 x 为积分变量, x 的变化区间, 即积分区间为 $[0, 1]$. 在区间 $[0, 1]$ 上任取小区间 $[x, x+\mathrm{d}x]$, 作如图 4-14 所示的小矩形, 小矩形的面积为 $(x - x^2)\mathrm{d}x$, 这就是面积微元 $\mathrm{d}A$, 即

$$\mathrm{d}A = (x - x^2)\mathrm{d}x.$$

于是, 所求平面图形的面积为

$$A = \int_0^1 (x - x^2)\,\mathrm{d}x = \left[\frac{1}{2}x^2 - \frac{1}{3}x^3\right]_0^1 = \frac{1}{6}.$$

一般地, 由微元法可以得出:

由曲线 $y=f(x)$、$y=g(x)$ $(f(x) \geqslant g(x))$ 及直线 $x=a$、$x=b$ 所围成的平面图形(如图 4-15(a) 所示)的面积为

$$A = \int_a^b [f(x) - g(x)]\,\mathrm{d}x. \qquad ②$$

由曲线 $x=\varphi(y)$、$x=\psi(y)$ $(\varphi(y) \geqslant \psi(y))$ 及直线 $y=c$、$y=d$ 所围成的平面图形(如图 4-15(b) 所示) 的面积为

$$A = \int_c^d [\varphi(y) - \psi(y)]\,\mathrm{d}y. \qquad ③$$

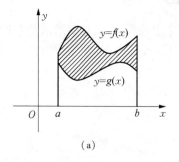
(a)

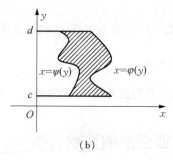
(b)

图 4 - 15

对上述两种情形及相应的面积公式②、③理解之后,可将计算过程简化如下:

(1) 作出平面图形,解方程组求出交点坐标;

(2) 根据图形,选取合适的积分变量,并写出积分区间;

（3）根据公式②或③,将所求图形的面积表示成定积分,计算出结果.

例2 求抛物线 $y^2 = x$ 与直线 $y = x - 2$ 所围成的平面图形的面积 A.

解 如图 4 - 16 所示. 解方程组

$$\begin{cases} y^2 = x, \\ y = x - 2, \end{cases}$$

得抛物线 $y^2 = x$ 与直线 $y = x - 2$ 的交点 $(1, -1)$ 和 $(4, 2)$.

取 y 为积分变量,积分区间为 $[-1, 2]$. 把抛物线 $y^2 = x$ 和直线 $y = x - 2$ 的方程分别改为 $x = y^2$, $x = y + 2$. 根据公式③,所求图形的面积为

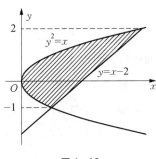

图 4 - 16

$$A = \int_{-1}^{2} \left[(y + 2) - y^2 \right] \mathrm{d}y = \left[\frac{1}{2} y^2 + 2y - \frac{1}{3} y^3 \right]_{-1}^{2} = \frac{9}{2}.$$

例3 求椭圆 $\begin{cases} x = a\cos t \\ y = b\sin t \end{cases}$ $(a > 0, b > 0, 0 \leqslant t \leqslant 2\pi)$ 所围成的平面图形的面积 A.

解 如图 4 - 17 所示,由椭圆的对称性和微元法,得

$$A = 4 \int_{0}^{a} y \mathrm{d}x = 4 \int_{\frac{\pi}{2}}^{0} b\sin t \mathrm{d}(a\cos t)$$

$$= 4ab \int_{0}^{\frac{\pi}{2}} \sin^2 t \mathrm{d}t = 2ab \int_{0}^{\frac{\pi}{2}} (1 - \cos 2t) \mathrm{d}t$$

$$= 2ab \left[t - \frac{1}{2} \sin 2t \right]_{0}^{\frac{\pi}{2}} = \pi ab.$$

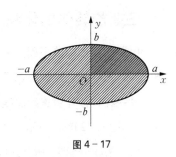

图 4 - 17

*2. 极坐标系下平面图形的面积

如图 4 - 18 所示,由极坐标方程给出的曲线 $r = r(\theta)$ 与两射线 $\theta = \alpha$, $\theta = \beta$ 所围成的图形称为**曲边扇形**. 下面讨论它的面积 A 的求法. 取极角 θ 为积分变量,积分区间为 $[\alpha, \beta]$. 用从原点出发的射线把曲边扇形分割成小曲边扇形,对应于小区间 $[\theta, \theta + \mathrm{d}\theta]$ 的小曲边扇形面积用以 $r(\theta)$ 为半径、$\mathrm{d}\theta$ 为圆心角的扇形面积 $\frac{1}{2} [r(\theta)]^2 \mathrm{d}\theta$ 作为近似值,得面积微元为

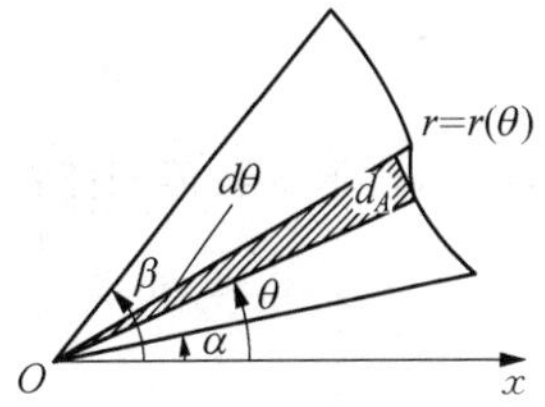

图 4 - 18

$$\mathrm{d}A = \frac{1}{2} [r(\theta)]^2 \mathrm{d}\theta,$$

于是

$$A = \int_\alpha^\beta dA = \frac{1}{2}\int_\alpha^\beta \left[\, r(\theta)\,\right]^2 d\theta.$$

例4 求心形线 $r = a(1 + \cos\theta)$（如图 4−19 所示）所围成的平面图形的面积 A.

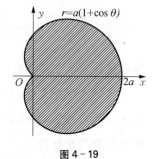

图 4−19

解 由对称性，所求平面图形的面积 A 等于极轴上方图形面积的 2 倍. 对于极轴上方的图形来说，取 θ 为积分变量，积分区间为 $[0, \pi]$. 于是

$$A = 2\int_0^\pi \frac{1}{2}a^2(1 + \cos\theta)^2 d\theta = a^2\int_0^\pi (1 + 2\cos\theta + \cos^2\theta) d\theta$$

$$= a^2\int_0^\pi \left(\frac{3}{2} + 2\cos\theta + \frac{1}{2}\cos 2\theta\right) d\theta$$

$$= a^2\left[\frac{3}{2}\theta + 2\sin\theta + \frac{1}{4}\sin 2\theta\right]_0^\pi = \frac{3}{2}\pi a^2.$$

三、旋转体的体积

由平面图形绕该平面内一定直线旋转一周所成的几何体称为**旋转体**，这条定直线称为**旋转轴**. 例如，圆柱、圆锥、球等都是旋转体.

设一旋转体是由连续曲线 $y = f(x)$，直线 $x = a$，$x = b$ 及 x 轴围成的曲边梯形绕 x 轴旋转一周而成（如图 4−20(a) 所示）. 下面利用微元法来求这个旋转体的体积 V.

取 x 为积分变量，积分区间为 $[a, b]$. 在区间 $[a, b]$ 上任取小区间 $[x, x + dx]$，分别过小区间两端点作垂直于 x 轴的截面，则截面均为圆面. 两截面间薄片的体积可用底面半径为 $|f(x)|$，高为 dx 的小圆柱的体积来近似代替，即体积微元为

$$dV = \pi\left[f(x)\right]^2 dx.$$

所以，所求旋转体的体积为

$$V = \pi\int_a^b \left[f(x)\right]^2 dx. \qquad ④$$

类似地，由曲线 $x = \varphi(y)$，直线 $y = c$，$y = d$ 及 y 轴围成的曲边梯形绕 y 轴旋转一周所成的旋转体（如图 4−20(b) 所示）的体积 V 为

$$V = \pi \int_c^d [\varphi(y)]^2 dy. \qquad\qquad ⑤$$

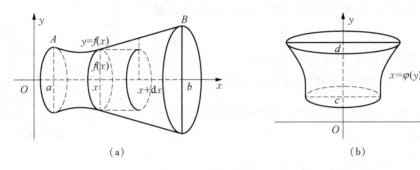

图 4 - 20

为了简便,对公式④、⑤理解之后,可以只画出旋转前的平面图形,利用公式计算旋转体的体积.

例5 求下列旋转体的体积:

(1) 由曲线 $y = \sqrt{x}$、直线 $x = 1$ 及 x 轴所围成的平面图形绕 x 轴旋转一周而成的旋转体;

(2) 由曲线 $y = \sqrt{x}$、直线 $y = 1$ 及 y 轴所围成的平面图形绕 y 轴旋转一周而成的旋转体.

解 (1) 如图 4 - 21(a)所示.取 x 为积分变量,积分区间为 $[0, 1]$,根据公式④,得

$$V = \pi \int_0^1 (\sqrt{x})^2 dx = \pi \int_0^1 x dx = \pi \left[\frac{1}{2} x^2 \right]_0^1 = \frac{\pi}{2}.$$

(2) 如图 4 - 21(b)所示.由于绕 y 轴旋转,所以把曲线的方程 $y = \sqrt{x}$ 改为 $x = y^2$.取 y 为积分变量,积分区间为 $[0, 1]$,根据公式⑤,得

$$V = \pi \int_0^1 (y^2)^2 dy = \pi \int_0^1 y^4 dy = \pi \left[\frac{1}{5} y^5 \right]_0^1 = \frac{\pi}{5}.$$

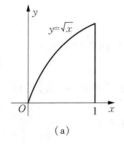 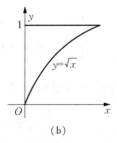

图 4 - 21

四、平面曲线的弧长

下面用微元法来求曲线 $y = f(x)$（$f(x)$ 具有连续的导数）从 $x = a$ 到 $x = b$ 上的一段弧（如图 4-22 所示）的长度（简称**弧长**）s.

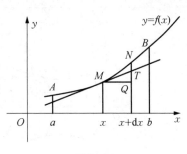

图 4-22

(1) 取 x 为积分变量, 积分区间为 $[a, b]$;

(2) 在 $[a, b]$ 上任取小区间 $[x, x + \mathrm{d}x]$, 在这个小区间上相应弧 $\overset{\frown}{MN}$ 的长度, 用点 M 处的切线上线段 MT 的长度近似代替, 得出弧微元

$$\mathrm{d}s = \sqrt{(\mathrm{d}x)^2 + (\mathrm{d}y)^2} = \sqrt{1 + y'^2}\,\mathrm{d}x.$$

(3) 在区间 $[a, b]$ 上的弧长为

$$s = \int_a^b \sqrt{1 + y'^2}\,\mathrm{d}x. \qquad ⑥$$

如果曲线由参数方程

$$\begin{cases} x = \varphi(t), \\ y = \psi(t) \end{cases} (\alpha \leqslant t \leqslant \beta)$$

给出, 这时步骤(2)中所得的弧长微元为

$$\mathrm{d}s = \sqrt{(\mathrm{d}x)^2 + (\mathrm{d}y)^2} = \sqrt{x'^2 + y'^2}\,\mathrm{d}t = \sqrt{[\varphi'(t)]^2 + [\psi'(t)]^2}\,\mathrm{d}t.$$

于是, 所求弧长为

$$S = \int_\alpha^\beta \sqrt{[\varphi'(t)]^2 + [\psi'(t)]^2}\,\mathrm{d}t. \qquad ⑦$$

例 6 求抛物线 $y = \dfrac{2}{3}x^{\frac{3}{2}}$ 上从 $x = 0$ 到 $x = 3$ 一段弧的弧长.

解 取 x 为积分变量, 积分区间为 $[0, 3]$. 因为 $y' = x^{\frac{1}{2}} = \sqrt{x}$, 所以

$$\sqrt{1 + y'^2} = \sqrt{1 + x}.$$

于是, 由公式⑥得所求弧长为

$$s = \int_0^3 \sqrt{1+x}\, dx = \int_0^3 \sqrt{1+x}\, d(x+1) = \left[\frac{2}{3}(x+1)^{\frac{3}{2}} \right]_0^3 = \frac{14}{3}.$$

*例7 求摆线 $\begin{cases} x = a(t - \sin t), \\ y = a(1 - \cos t) \end{cases}$ $(a > 0)$ 在 $0 \leqslant t \leqslant 2\pi$ 上的一段弧(如图 4-23 所示)的

长度.

解 取 t 为积分变量,积分区间为 $[0, 2\pi]$. 由摆线的参数方程,得

$$x' = a(1 - \cos t),\ y' = a \sin t,$$

$$\sqrt{x'^2 + y'^2} = \sqrt{a^2(1 - \cos t)^2 + a^2 \sin^2 t}$$

$$= a\sqrt{2(1 - \cos t)} = 2a \left| \sin \frac{t}{2} \right|.$$

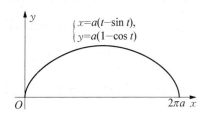

图 4-23

于是,由公式⑦,在 $0 \leqslant t \leqslant 2\pi$ 上的一段弧的弧长为

$$s = \int_0^{2\pi} 2a \left| \sin \frac{t}{2} \right| dt = \int_0^{2\pi} 2a \sin \frac{t}{2}\, dt = 4a \left[-\cos \frac{t}{2} \right]_0^{2\pi} = 8a.$$

五、功

1. 变力沿直线做功

由初等物理学知识知道,如果物体在与运动方向一致的常力 F(大小)作用下沿直线运动了一段路程 s,那么力 F 对物体所做的功为

$$W = F \cdot s.$$

如果物体沿直线从 $x = a$ 运动到 $x = b$ 时,所受到的力不是常力 F 而是连续变化的力 $F(x)$,此时不能直接用上述公式计算变力 $F(x)$ 所做的功,下面利用微元法来求解这个问题.

如图 4-24 所示,取 x 为积分变量,x 的变化范围 $[a, b]$ 为积分区间.

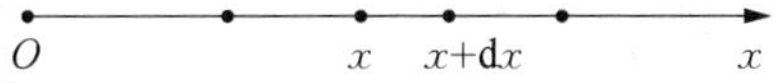

图 4-24

在区间 $[a, b]$ 上任取小区间 $[x, x + dx]$,由于力 $F(x)$ 是连续变化的,所以在这个小区间上力可以近似地看成常力 $F(x)$(点 x 处的力),根据常力作功公式,可得在这个小区间上变力做功的近似值,即功微元为

$$dW = F(x)\, dx.$$

因此,当物体从 $x = a$ 移动到 $x = b$ 时,变力 $F(x)$ 所做的功为

$$W = \int_a^b F(x)\,\mathrm{d}x. \qquad\qquad ⑧$$

例8 设 40 N 的力使一弹簧从原长 10 cm 拉长到 15 cm. 现要把弹簧由 15 cm 拉长到 20 cm(假设仍在弹性限度内),需作多少功?

解 根据胡克定律:在弹性限度内,当把弹簧拉长(或压缩)x m 时,所需的力为

$$F(x) = kx \quad (k\ 为弹性系数,是常数).$$

如图 4 - 25 所示,当把弹簧由原长 10 cm 拉长到 15 cm 时,拉伸了 0.05 m,把 $x = 0.05$,$F(0.05) = 40$ 代入上式,得

$$40 = 0.05k, \ k = 800.$$

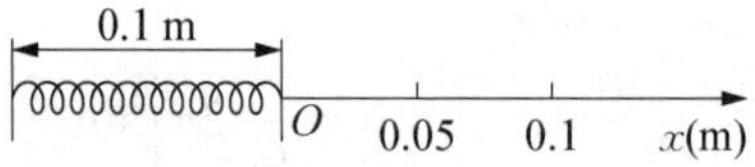

于是

$$F(x) = 800x.$$

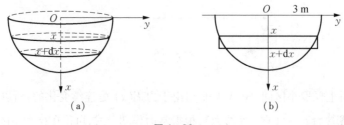

图 4 - 25

根据公式⑧,当把弹簧由 15 cm 拉长到 20 cm,即 x 从 $x = 0.05$ 变到 $x = 0.1$ 时,所需做的功为

$$W = \int_{0.05}^{0.1} 800x\,\mathrm{d}x = \left[400x^2 \right]_{0.05}^{0.1} = 3(\text{J}).$$

*2. 克服重力做功

例9 半径为 3 m 的半球形水池中盛满水,如图 4 - 26(a)所示. 若要把其中的水全部抽完,需要作多少功?(水的密度 $\rho = 1 \times 10^3$ kg/m^3,重力加速度 $g = 9.8$ m/s^2)

图 4 - 26

解 在过球心的竖直截面上建立如图 4 - 26(b)所示的坐标系,可得半圆曲线的方程为

$y = \sqrt{3^2 - x^2}$. 取水深 x 为积分变量,它的变化范围,即积分区间为 $[0, 3]$.

在区间 $[0, 3]$ 上任取小区间 $[x, x + dx]$,相应于这小区间上的一层薄水柱(如图 $4-25(a)$ 所示)可以近似地看作以过 x 点的水平截面为底,高为 dx 的小圆柱. 这层薄水柱重量的近似值为 $\rho g \pi y^2 dx = \rho g \pi (9 - x^2) dx$,距水池上表面的距离近似看作 x. 于是,把这层薄水柱抽出去所做功的近似值,即功微元为

$$dW = \rho g \pi \cdot (9 - x^2) \cdot x dx.$$

把水池中的水全部抽完所做的功为

$$W = \int_0^3 \rho g \pi (9 - x^2) \cdot x dx = \rho g \pi \int_0^3 (9x - x^3) dx$$

$$= \rho g \pi \left[\frac{9}{2} x^2 - \frac{1}{4} x^4 \right]_0^3 = \frac{81}{4} \rho g \pi \approx 6.23 \times 10^5 (\mathrm{J}).$$

六、函数的平均值

在实际问题中,常常用一组数据的平均值来描述这组数据的概貌. 例如,用一个篮球队里各队员身高的平均值来描述这支篮球队的身高情况. 在初等数学中,我们讨论过有限个数的平均值的求法. 如果是连续变化的无限个数,如何求平均值呢? 例如,一物体在时间区间 $[a, b]$ 上沿直线运动,速度为 $v = v(t)$,如何求它在这段时间内的平均速度 $\bar{v}$ 呢?

设这一物体在时间区间 $[a, b]$ 上经过的路程为 s,则平均速度 $\bar{v} = \dfrac{s}{b - a}$. 由本章的学习又知道,$s = \int_a^b v(t) dt$. 所以,

$$\bar{v} = \frac{\int_a^b v(t) dt}{b - a} = \frac{1}{b - a} \int_a^b v(t) dt.$$

一般地,有

定义 设函数 $y = f(x)$ 在区间 $[a, b]$ 上连续,则称

$$\frac{1}{b - a} \int_a^b f(x) dx$$

为函数 $f(x)$ 在区间 $[a, b]$ 上的平均值,记为 $\bar{y}$,即

$$\bar{y} = \frac{1}{b - a} \int_a^b f(x) dx.$$

⑨

例10 一根金属棒从1000℃的高温开始冷却到室温20℃.冷却开始后t分钟,棒的温度H(单位:℃)可以表示为$H = 20 + 980e^{-0.1t}$,试求冷却开始后的前30分钟内棒的平均温度.

解 由式⑨,得

$$\overline{H} = \frac{\int_0^{30}(20 + 980e^{-0.1t})dt}{30} = \frac{\int_0^{30}20dt + 980\int_0^{30}e^{-0.1t}dt}{30}$$

$$= 20 - \frac{980}{3}\int_0^{30}e^{-0.1t}d(-0.1t) = 20 - \frac{980}{3}\left[e^{-0.1t}\right]_0^{30}$$

$$\approx 330.4(℃)$$

习题 4-7

课堂测试 4-7

A 组

1. 求下列各曲线所围成的平面图形的面积:

(1) $y = x^2$ 与 $y = 2x$;

(2) $y^2 = 2x$ 与 $y = x - 4$;

(3) $y = \sqrt{x}$ 与 $y = x$;

(4) $y = x^2$ 与 $y^2 = x$;

(5) $y = 3 - x^2$ 与 $y = 2x$;

(6) $y = x^2$ 与 $y = 2x + 3$;

(7) $y = e^x$、$y = e^{-x}$ 与直线 $x = 1$;

(8) $y = \dfrac{1}{x}$、$y = x$ 与 $x = 2$.

2. 求下列旋转体的体积:

(1) 由曲线 $y = e^x$、直线 $x = 1$、$x = 2$ 及 x 轴围成的平面图形绕 x 轴旋转一周而成;

(2) 由曲线 $y = x^3$、直线 $y = 1$ 及 y 轴围成的平面图形绕 y 轴旋转一周而成;

(3) 由曲线 $y = \dfrac{1}{x}$、直线 $y = 1$、$y = 2$ 及 y 轴围成的平面图形绕 y 轴旋转一周而成;

(4) 由曲线 $y = x^2$ 及 $y^2 = x$ 围成的平面图形绕 x 轴旋转一周而成;

(5) 由椭圆 $\dfrac{x^2}{a^2} + \dfrac{y^2}{b^2} = 1$ $(a > b > 0)$ 围成的平面图形分别绕 x 轴、y 轴旋转一周而成;

(6) 由曲线 $y = x^2$、直线 $x = 0$、$x = 1$ 及 x 轴围成的平面图形分别绕 x 轴、y 轴旋转而成.

3. 求曲线 $y = \dfrac{x^2}{4} - \dfrac{1}{2}\ln x$ 在 $1 \leqslant x \leqslant 2$ 上的一段弧的弧长.

4. 求星形线 $\begin{cases} x = a\cos^3 t, \\ y = a\sin^3 t \end{cases}$ $(a > 0)$（如图所示）的全长.

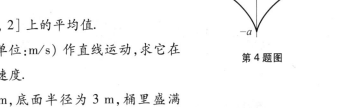

第 4 题图

5. 已知 10 N 的力可使一弹簧拉长 0.04 m, 要把弹簧拉长 0.06 m, 需做多少功?

6. 求函数 $y = x^2 - 1$ 在区间 $[1, 2]$ 上的平均值.

7. 一物体以速度 $v = 3t^2 + 2t$ (单位:m/s) 作直线运动, 求它在 $t = 0$ s 到 $t = 2$ s 这段时间内的平均速度.

8. 一圆柱形的贮水罐高为 5 m, 底面半径为 3 m, 桶里盛满水. 问:要把桶内的水全部抽完, 需做多少功? (水的密度 $\rho = 10^3$ kg/m³, 重力加速度 $g = 9.8$ m/s²)

B 组

1. 设通过电阻 R 的交变电流 $i(t) = I_m \sin \omega t$, 其中 I_m 是电流的最大值, 试求一个周期 $T = \dfrac{2\pi}{\omega}$ 内电阻 R 的平均功率 P.

2. 求曲线 $\begin{cases} x = \arctan t, \\ y = \dfrac{1}{2}\ln(1 + t^2) \end{cases}$ 在 $0 \leqslant t \leqslant 1$ 上的一段弧的弧长.

3. 一颗人造地球卫星的质量为 173 kg, 卫星的轨道距离地面 630 km. 问:把这颗卫星送入轨道需要克服地球引力做多少功? 已知引力常数 $G = 6.67 \times 10^{-11}$ m³/s²·kg, 地球的质量 $M = 5.98 \times 10^{24}$ kg, 地球半径 $R = 6370$ km.

阅读与拓展

复习题四

A 组

1. 填空(在各横线上填上运算结果):

(1) $\left[\displaystyle\int_1^2 \dfrac{x\sin^2 x}{1 + x^2}\,\mathrm{d}x \right]' = $ _____ ;

(2) $\displaystyle\int_1^2 \mathrm{d}(x\mathrm{e}^{x^3}) = $ _____ ;

(3) $\displaystyle\int \left(\dfrac{x + \cos x}{1 + x^2} \right)' \mathrm{d}x = $ _____ ;

(4) $\displaystyle\int_{-1}^1 \dfrac{x\cos^2 x}{2 - \cos x}\,\mathrm{d}x = $ _____ ;

(5) $\int \cos x \mathrm{d}(\cos x) =$ _____ ;   (6) $\int_1^{+\infty} \dfrac{1}{x^5} \mathrm{d}x =$ _____ ;

(7) $\int_0^1 x^2 \cdot \sqrt{1-x^2} \mathrm{d}x$ 用 $x = \sin t$ 作变量代换后,积分区间是 _____ ,被积函数是

_____ ;

(8) 椭圆 $\begin{cases} x = 3\cos t \\ y = 4\sin t \end{cases}$ 在 $0 \leqslant t \leqslant \dfrac{\pi}{2}$ 上的一段弧长为 _____ .(用定积分表示,不求

值).

2. 选择题:

(1) 已知 $\int f(x)\mathrm{d}x = x\mathrm{e}^x - \mathrm{e}^x + C$,则 $f(x) = ($ $)$.

(A) $x\mathrm{e}^x$ (B) $x\mathrm{e}^x - \mathrm{e}^x$

(C) $x\mathrm{e}^x + \mathrm{e}^x$ (D) $x\mathrm{e}^x - 2\mathrm{e}^x$

(2) $\int_0^{+\infty} \mathrm{e}^{-3x}\mathrm{d}x$ (   ).

(A) 发散   (B) 收敛于 $\dfrac{1}{3}$ (C) 收敛于 $-\dfrac{1}{3}$ (D) 收敛于 0

(3) 下列各式中正确的是(   ).

(A) $\int \arcsin x \mathrm{d}x = \dfrac{1}{\sqrt{1-x^2}} + C$ (B) $\int \dfrac{1}{\sqrt{1-x^2}} \mathrm{d}x = \arcsin x$

(C) $\int \arcsin x \mathrm{d}x = -\dfrac{1}{\sqrt{1-x^2}} + C$ (D) $\int \dfrac{1}{\sqrt{1-x^2}} \mathrm{d}x = \arcsin x + C$

(4) 在下列各式中与 $\int \sin 2x \mathrm{d}x$ 不相等的是(   ).

(A) $\sin^2 x + C$ (B) $-\cos 2x + C$

(C) $-\dfrac{1}{2}\cos 2x + C$ (D) $-\cos^2 x + C$

3. 求下列不定积分:

(1) $\int \dfrac{1+2x^2}{x^2(1+x^2)} \mathrm{d}x$;   (2) $\int \dfrac{(\ln x)^3}{x} \mathrm{d}x$;   (3) $\int x(x^2-1)^{99} \mathrm{d}x$;

(4) $\int \cos x \cdot \cos(\sin x) \mathrm{d}x$;   (5) $\int \dfrac{(1+\sqrt{x})^3}{\sqrt{x}} \mathrm{d}x$;   (6) $\int \dfrac{x}{\sqrt{1-x}} \mathrm{d}x$;

(7) $\int x\sin 2x \mathrm{d}x$;   (8) $\int (\ln x)^2 \mathrm{d}x$;   (9) $\int t^2 \mathrm{e}^{5t} \mathrm{d}t$.

4. 求下列定积分：

(1) $\int_1^4 \dfrac{1}{x^2}\left(1 + \dfrac{1}{x}\right)\mathrm{d}x$；　　　(2) $\int_0^{\frac{\pi}{2}} \mathrm{e}^{\cos x}\sin x\,\mathrm{d}x$；　　　(3) $\int_0^{\frac{\sqrt{2}}{2}} \dfrac{\arcsin x}{\sqrt{1-x^2}}\,\mathrm{d}x$；

(4) $\int_0^{13} \dfrac{1}{\sqrt{1+2x}}\,\mathrm{d}x$；　　　(5) $\int_0^4 \dfrac{x+2}{\sqrt{2x+1}}\,\mathrm{d}x$；　　　(6) $\int_0^1 (2x+1)\mathrm{e}^x\,\mathrm{d}x$.

5. 已知水流入水箱的速度为 $r(t) = 20\mathrm{e}^{0.02t}$ L/min，假定在开始时水箱内已有水 3000 L. 求：

(1) t min 时水箱内的水量 $Q(t)$；　　　(2) 5 min 时水箱内水的总量.

6. 求下列各曲线所围成的平面图形的面积：

(1) $y = 2x^2$，$y = x^2$ 与 $y = 1$；　　　(2) $x^2 + y^2 = 2$ 与 $y = x^2$.

7. 求下列旋转体的体积：

(1) 由曲线 $y = \sin x$，直线 $x = 0$，$x = \pi$ 及 x 轴围成的平面图形绕 x 轴旋转一周而成；

(2) 由曲线 $y = x^2$ 与 $y = x$ 围成的平面图形绕 y 轴旋转一周而成.

8. 一质点在距离原点 x（单位：m）处时受到的力为 $F = \sin\dfrac{\pi x}{3}$（单位：N），求质点从 $x = 0$ m 移动到 $x = 1$ m 时力 F 所做的功.

9. 把一弹簧拉长 10 cm 需用 50 N 的力，要把弹簧拉长 15 cm，需作多少功？

10. 一个底面半径为 4 m，高为 8 m 的倒立圆锥形容器内装满水，要把容器内的水抽完，需要作多少功？

11. 某市的日光照射小时数 H，作为日期的函数可表示为 $H = 12 + 2.4\sin(0.0172t + 80)$，其中 t 是从一年开始时算起的天数（假定一年有 365 天），试求该市 1 年内日光照射小时数的平均值.

B 组

1. 选择题：

(1) 设 $f'(x)$ 连续，则（　　）.

(A) $\int f'(3x)\,\mathrm{d}x = \dfrac{1}{3}f(3x) + C$　　　　　(B) $\int f'(3x)\,\mathrm{d}x = f(3x) + C$

(C) $\int f'(3x)\,\mathrm{d}x = f(x) + C$　　　　　(D) $\left[\int f(3x)\,\mathrm{d}x\right]' = 3f(3x)$

(2) 已知 $\dfrac{\ln x}{x}$ 为 $f(x)$ 的一个原函数，则 $\int xf'(x)\,\mathrm{d}x = ($　　$)$.

(A) $\dfrac{\ln x}{x} + C$　　　　　(B) $\dfrac{\ln x + 1}{x^2} + C$

(C) $\dfrac{1}{x} + C$ (D) $\dfrac{1}{x} - \dfrac{2\ln x}{x} + C$

(3) $\displaystyle\int_0^1 f'(2x)\,\mathrm{d}x = ($ $)$.

(A) $\dfrac{1}{2}[f(2) - f(0)]$ (B) $\dfrac{1}{2}[f(0) - f(2)]$

(C) $f(2) - f(0)$ (D) $f(0) - f(2)$

2. 求下列不定积分或定积分(可以利用 MATLAB 数学软件):

(1) $\displaystyle\int \dfrac{\cos 2x}{\sin^2 x \cos^2 x}\,\mathrm{d}x$; (2) $\displaystyle\int \dfrac{x+3}{(x^2+6x)^2}\,\mathrm{d}x$; (3) $\displaystyle\int \dfrac{1+\cos x}{x+\sin x}\,\mathrm{d}x$

(4) $\displaystyle\int \dfrac{2x-1}{\sqrt{1-x^2}}\,\mathrm{d}x$; (5) $\displaystyle\int \dfrac{\ln x}{\sqrt{x}}\,\mathrm{d}x$; (6) $\displaystyle\int x^3 \mathrm{e}^{x^2}\,\mathrm{d}x$;

(7) $\displaystyle\int_1^{\sqrt{2}} \dfrac{\sqrt{x^2-1}}{x}\,\mathrm{d}x$; (8) $\displaystyle\int_{\frac{1}{2}}^1 \mathrm{e}^{\sqrt{2x-1}}\,\mathrm{d}x$; (9) $\displaystyle\int_{\frac{\pi}{4}}^{\frac{\pi}{3}} \dfrac{x}{\sin^2 x}\,\mathrm{d}x$.

3. 求由抛物线 $y = -x^2 + 4x - 3$ 及其在点$(0, -3)$ 和$(3, 0)$ 处的切线所围成的平面图形的面积.

4. 一口新开采的天然气油井,根据初步的研究和已往的经验,预计天然气的生产速度为 $r(t) = 0.0849t \cdot \mathrm{e}^{-0.02t}$,单位是百万立方米/月. 试求前 24 个月天然气的总产量.

5. 求曲线 $y = \ln\cos x$ 在 $0 \leqslant x \leqslant \dfrac{\pi}{4}$ 上一段弧的弧长.

6. 有一圆台形的水桶,高 5 m,上底半径为 10 m,下底半径为 5 m,桶内盛满水. 要把桶内的水抽完,需作多少功?

7. 求星形线 $x = a\cos^3 t$, $y = a\sin^3 t (a > 0)$ 所围成的平面图形 (如图所示) 的面积.

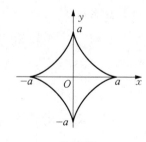

第 7 题图

第五章　微　分　方　程

一个函数表达式是对一种现象的描述,利用它可以对这种现象的规律进行研究. 因此,得出函数表达式有重要意义. 但在许多情况下,函数表达式并不能够直接得到,仅是能够建立起变量与它们的导数或微分之间的关系式,即微分方程,进而通过求解微分方程得到函数表达式.

本章将介绍微分方程的一些基本概念,学习几种常用的微分方程的解法及其应用.

第一节　微分方程的基本概念

⊙ 微分方程　⊙ 微分方程的阶　⊙ 微分方程的解、通解、初始条件、特解
⊙ 两个函数的线性相关与线性无关

先来看两个例子.

例 1　大气压强 P 随海拔高度 h 而改变,且 P 相对于 h 的变化率与 P 成正比. 设在海平面处 $P = 101.3$ 千帕,在 $h = 2\,000$ m 处 $P = 75.0$ 千帕,求函数式 $P = P(h)$.

解　根据题意,有

$$\frac{\mathrm{d}P}{\mathrm{d}h} = -kP, \qquad （k \text{ 是正常数}） \hspace{2cm} ①$$

并且满足条件 $P(0) = 101.3$. 因为 P 随 h 增大而减小,所以式①右端加了负号. 将式①改写成

$$\frac{\mathrm{d}P}{P} = -k\mathrm{d}h,$$

两边积分

$$\int \frac{\mathrm{d}P}{P} = -\int k\mathrm{d}h,$$

求积分,得

$$\ln P = -kh + C_1, \qquad （\text{注意到 } P > 0）$$

$$P = e^{-kh+C_1} = e^{C_1}e^{-kh},$$

记 $e^{C_1} = C$,得到

$$P = Ce^{-kh}. \qquad ②$$

将 $h = 0$, $P = 101.3$ 代入式②,得 $C = 101.3$,所以

$$P = 101.3e^{-kh}.$$

将 $h = 2\,000$, $P = 75.0$ 代入上式,可得 $k = 1.50 \times 10^{-4}$,再代入上式,就得到

$$P = 101.3e^{-1.50 \times 10^{-4}h}. \qquad ③$$

例 2　一种客机起飞所需速度为 90 m/s,它在跑道上行驶中的加速度是 3 m/s^2. 飞机跑道至少要多长才能满足这种客机的起飞需求?

解　设飞机在跑道上行驶 t 秒后的速度为每秒 v 米,行驶距离为 s 米. 按题意可得

$$\frac{\mathrm{d}^2 s}{\mathrm{d}t^2} = 3, \qquad ④$$

并且满足条件 $s(0) = 0$, $v(0) = s'(0) = 0$. 对式④积分,得

$$v = \frac{\mathrm{d}s}{\mathrm{d}t} = 3t + C_1, \qquad ⑤$$

再对式⑤积分,得

$$s = \frac{3}{2}t^2 + C_1 t + C_2. \qquad ⑥$$

将条件 $t = 0$, $v = 0$ 和 $t = 0$, $s = 0$ 分别代入式⑤与式⑥,求得 $C_1 = 0$, $C_2 = 0$. 这就得到

$$v = 3t, \ s = \frac{3}{2}t^2.$$

将 $v = 90$ 代入 $v = 3t$ 中,得 $t = 30(\mathrm{s})$,再把 $t = 30$ 代入 $s = \frac{3}{2}t^2$ 中,得 $s = 1\,350(\mathrm{m})$. 即跑道至少要有 1 350 米长才能满足起飞需求.

上面例子中的等式①与④都是微分方程,它们都含有未知函数的导数.

一般地,把联系着自变量、未知函数和未知函数的导数(或微分)的等式叫做**微分方程**.

下面说明几个其他基本概念.

1. 微分方程的阶

微分方程中出现的未知函数的导数的最高阶数称为**微分方程的阶**. 例如,上面方程①的阶是 1,它是一个一阶微分方程;方程④的阶是 2,它是一个二阶微分方程.

2. 微分方程的解

微分方程的解是这样的函数,把它代入微分方程后,能使方程成为恒等式.

例如, $P = 101.3\mathrm{e}^{-kh}$ 和 $P = C\mathrm{e}^{-kh}$ (C 是任意常数)都是微分方程①的解. 微分方程的解可以是显函数,也可以是隐函数.

3. 通解、初始条件、特解

含有任意常数,且独立的任意常数的个数等于微分方程的阶的解,叫做**通解**. 例如, $P = C\mathrm{e}^{-kh}$ (C 是任意常数) 是微分方程 ① 的通解; $s = \dfrac{3}{2}t^2 + C_1 t + C_2$ (C_1 、 C_2 都是任意常数)是微分方程④的通解.

n 阶微分方程的初始条件是指下面的 n 个条件:

$$y\big|_{x=x_0} = y_0,\ y'\big|_{x=x_0} = y_1,\ \cdots,\ y^{(n-1)}\big|_{x=x_0} = y_{n-1}.$$

例如,上面例 1 中的条件 $P(0) = 101.3$,例 2 中的条件 $s(0) = 0$, $s'(0) = 0$ 都是初始条件.

满足初始条件的解称为微分方程的**特解**. 例如, $P = 101.3\mathrm{e}^{-kh}$ 是方程①满足初始条件 $P(0) = 101.3$ 的特解; $s = \dfrac{3}{2}t^2$ 是方程④满足初始条件 $s(0) = 0$, $s'(0) = 0$ 的特解.

满足初始条件的微分方程求解问题,称为**初值问题**. 上面的例 1 和例 2 都是初值问题.

4. 两个函数的线性相关与线性无关

设 y_1 、 y_2 是两个函数,如果 y_1 与 y_2 之比为常数,则称 y_1 与 y_2 **线性相关**;如果 y_1 与 y_2 之比不为常数,则称 y_1 与 y_2 **线性无关**. 例如, $y = \sin 2x$ 与 $y = 3\sin 2x$ 线性相关; $y = \mathrm{e}^{rx}$ 与 $y = x\mathrm{e}^{rx}$ 线性无关.

当函数 y_1 与 y_2 线性无关时,函数 $y = C_1 y_1 + C_2 y_2$ (C_1 , C_2 为任意常数)中的 C_1 、 C_2 就是独立的.

例 3　函数 $y = C_1 \mathrm{e}^x + C_2 \mathrm{e}^{-3x}$ (C_1 、 C_2 是任意常数) 是否为二阶微分方程 $y'' + 2y' - 3y = 0$ 的通解?

解　把 $y = C_1 \mathrm{e}^x + C_2 \mathrm{e}^{-3x}$ 代入所给方程,得

左端 $= C_1 \mathrm{e}^x + 9C_2 \mathrm{e}^{-3x} + 2(C_1 \mathrm{e}^x - 3C_2 \mathrm{e}^{-3x}) - 3(C_1 \mathrm{e}^x + C_2 \mathrm{e}^{-3x}) = 0 = $ 右端.

所以函数 $y = C_1 \mathrm{e}^x + C_2 \mathrm{e}^{-3x}$ 是方程 $y'' + 2y' - 3y = 0$ 的解. 又 $\dfrac{\mathrm{e}^x}{\mathrm{e}^{-3x}} = \mathrm{e}^{4x} \neq$ 常数,因此 e^x 与 e^{-3x} 线性无关,从而 C_1 、 C_2 是两个独立的任意常数,所以 $y = C_1 \mathrm{e}^x + C_2 \mathrm{e}^{-3x}$ 是二阶微分方程 $y'' + 2y' - 3y = 0$ 的通解.

课堂测试

5-1

习题 5-1

A 组

1. 说出下列微分方程的阶:

(1) $y' + 2y = 6x^2$;

(2) $(y')^2 + 3y = x^3$;

(3) $\dfrac{d^2 y}{dx^2} - 5\dfrac{dy}{dx} + 3xy = 0$;

(4) $y'' - y^3 = \sin x$;

(5) $2xdy - 3y^2 dx = 0$;

(6) $y^{(4)} = (x + 1)^5$.

2. 说出下列函数是否为方程 $\dfrac{d^2 y}{dx^2} + \omega^2 y = 0$ 的解,并指出是否为通解,其中 C_1、C_2、A、B

均为任意常数:

(1) $y = \sin \omega x$;   (2) $y = \cos \omega x$;   (3) $y = C_1 \sin \omega x$;

(4) $y = C_2 \cos \omega x$;   (5) $y = C_1 \sin \omega x + C_2 \cos \omega x$;   (6) $y = A\sin(\omega x + B)$.

3. 已知微分方程 $\dfrac{dy}{dx} = 4e^{2x} + 1$,求:

(1) 方程的通解;

(2) 过点 $(0, 3)$ 的特解.

4. 下列各对中的两个函数是线性相关还是线性无关?

(1) $2x$ 与 1;

(2) $\sin 2x$ 与 $3\sin x\cos x$;

(3) e^{2x} 与 e^x;

(4) e^{3x+1} 与 e^{3x}.

B 组

1. 函数 $x^2 - y^3 = C$(C 是任意常数)是否为微分方程 $2xdx - 3y^2 dy = 0$ 的解? 是否为通解?

2. 设曲线 $y = f(x)$ 满足 $y' = 2x$,求:

(1) 过点 $(0, -3)$ 的曲线的方程;

(2) 与直线 $y = 3x$ 相切的曲线的方程;

(3) 满足 $\displaystyle\int_0^1 ydx = 1$ 的曲线的方程.

第二节　一阶微分方程

⊙ 可分离变量的微分方程　⊙ 一阶线性齐次微分方程
⊙ 一阶线性非齐次微分方程及其通解公式

一、可分离变量的微分方程

可以写成形如

$$g(y)\,\mathrm{d}y = f(x)\,\mathrm{d}x \qquad\qquad ①$$

的一阶微分方程,称为**可分离变量的微分方程**,其中 $g(y)$、$f(x)$ 分别是 x、y 的连续函数. 对式 ① 两边积分,得

$$\int g(y)\,\mathrm{d}y = \int f(x)\,\mathrm{d}x.$$

如果 $G(y)$、$F(x)$ 分别是 $g(y)$、$f(x)$ 的一个原函数,那么方程的通解为

$$G(y) = F(x) + C.$$

例 1 解微分方程 $\dfrac{\mathrm{d}y}{\mathrm{d}x} = -\dfrac{x}{y}$.

解 分离变量,得 $y\mathrm{d}y = -x\mathrm{d}x$,两边积分,得

$$\frac{y^2}{2} = -\frac{x^2}{2} + \frac{C}{2},$$

方程的通解为

$$x^2 + y^2 = C.$$

例 2 求方程 $\mathrm{d}y + y^2\sin x\mathrm{d}x = 0$ 满足初始条件 $y\big|_{x=0} = \dfrac{1}{2}$ 的特解.

解 分离变量,得 $-\dfrac{1}{y^2}\mathrm{d}y = \sin x\mathrm{d}x$,两边积分,得通解

$$\frac{1}{y} = -\cos x + C, \text{或写成} y = \frac{1}{C - \cos x}.$$

将 $x = 0$,$y = \dfrac{1}{2}$ 代入通解,求得 $C = 3$,因而所求特解为

$$y = \frac{1}{3 - \cos x}.$$

例 3 求方程 $\dfrac{\mathrm{d}y}{\mathrm{d}x} + 3x^2y = 0$ 的通解.

解　分离变量,得 $\dfrac{\mathrm{d}y}{y} = -3x^2\mathrm{d}x$,两边积分,得

$$\ln|y| = -x^3 + C_1, \qquad (C_1\text{ 是任意常数})$$

$$|y| = \mathrm{e}^{-x^3+C_1} = \mathrm{e}^{C_1}\cdot\mathrm{e}^{-x^3},\ \text{即 } y = \pm\mathrm{e}^{C_1}\cdot\mathrm{e}^{-x^3}.$$

令 $\pm\mathrm{e}^{C_1} = C$,则方程的通解就表示为

$$y = C\mathrm{e}^{-x^3}. \qquad (C\text{ 是任意常数})$$

上面例 3 中的方程是形如

$$\dfrac{\mathrm{d}y}{\mathrm{d}x} + P(x)y = 0 \qquad\qquad ②$$

的可分离变量的微分方程,其中 $P(x)$ 是 x 的连续函数. 与例 3 的解法相同,可以得出方程②的通解为

$$y = C\mathrm{e}^{-\int P(x)\mathrm{d}x}, \qquad\qquad ③$$

其中 $\int P(x)\mathrm{d}x$ 仅表示 $P(x)$ 的一个原函数,这是一个约定.

二、一阶线性微分方程

一阶线性微分方程是指可以写成形如

$$\dfrac{\mathrm{d}y}{\mathrm{d}x} + P(x)y = Q(x) \qquad\qquad ④$$

的方程,其中 $P(x)$、$Q(x)$ 是 x 的连续函数. 式④称为一阶线性微分方程的标准形式. 当 $Q(x)$ 恒为零时,方程④即为方程②,方程②称为**一阶线性齐次微分方程**. 若 $Q(x)$ 不恒为零,方程④称为**一阶线性非齐次微分方程**.

下面讨论线性非齐次方程④的通解. 齐次方程②是非齐次方程④的特殊情形,它们的解应有一定的联系而又有所不同. 如果非齐次方程④的通解也具有形式③,那么 C 不是常数,否则③就一定不会满足非齐次方程④. 因此设想 C 是 x 的函数 $C(x)$ 来尝试,即假设非齐次方程④的通解为

$$y = C(x)\mathrm{e}^{-\int P(x)\mathrm{d}x}, \qquad\qquad ⑤$$

其中 $C(x)$ 是待定函数. 下面来求 $C(x)$.

将式⑤对 x 求导,得

$$\frac{\mathrm{d}y}{\mathrm{d}x} = C'(x)\mathrm{e}^{-\int P(x)\mathrm{d}x} - P(x)C(x)\mathrm{e}^{-\int P(x)\mathrm{d}x},$$

将此式及式⑤代入④,得

$$C'(x)\mathrm{e}^{-\int P(x)\mathrm{d}x} - P(x)C(x)\mathrm{e}^{-\int P(x)\mathrm{d}x} + P(x)C(x)\mathrm{e}^{-\int P(x)\mathrm{d}x} = Q(x),$$

整理,得

$$C'(x) = Q(x)\mathrm{e}^{\int P(x)\mathrm{d}x},$$

两边积分,得

$$C(x) = \int Q(x)\mathrm{e}^{\int P(x)\mathrm{d}x}\mathrm{d}x + C, \qquad (C\text{ 为任意常数})$$

代入式⑤,得

$$y = \mathrm{e}^{-\int P(x)\mathrm{d}x}\left(\int Q(x)\mathrm{e}^{\int P(x)\mathrm{d}x}\mathrm{d}x + C\right). \qquad ⑥$$

　　这就是一阶线性非齐次微分方程④的通解公式. 与前面约定 $\int P(x)\mathrm{d}x$ 只表示 $P(x)$ 的一个原函数一样,这里约定 $\int Q(x)\mathrm{e}^{\int P(x)\mathrm{d}x}\mathrm{d}x$ 只表示 $Q(x)\mathrm{e}^{\int P(x)\mathrm{d}x}$ 的一个原函数,因此积分常数 C 明确写了出来.

　　上面将常数 C 变易为待定函数 $C(x)$ 从而求出线性非齐次方程通解的方法,称为**常数变易法**.

　　例 4　求方程 $xy' = y + x\ln x$ 的通解.

　　解　方程整理为 $y' - \dfrac{1}{x}y = \ln x$, 因此所给方程是一阶线性非齐次微分方程. 按照④,这里 $P(x) = -\dfrac{1}{x}$, $Q(x) = \ln x$, 代入公式⑥,得

$$y = \mathrm{e}^{\int \frac{1}{x}\mathrm{d}x}\left(\int \ln x \cdot \mathrm{e}^{-\int \frac{1}{x}\mathrm{d}x}\mathrm{d}x + C\right) = \mathrm{e}^{\ln x}\left(\int \mathrm{e}^{-\ln x}\ln x\mathrm{d}x + C\right)$$

$$= x\left(\int \frac{\ln x}{x}\mathrm{d}x + C\right) = x\left(\frac{1}{2}\ln^2 x + C\right).$$

即方程的通解为

$$y = x\left(\frac{1}{2}\ln^2 x + C\right).$$

三、一阶微分方程的应用

一阶微分方程的应用非常广泛,下面来看几个应用例子.

例5 （**冷却问题**）　按照牛顿冷却定律,在物体和周围环境温差不是很大的条件下,物体冷却的速度与温差成正比.如果牛奶从微波炉中取出时温度为95℃,室温为20℃,20分钟后牛奶的温度降为70℃.求:(1)牛奶温度的变化规律;(2)30分钟后牛奶的温度.

解　(1) 设 t 分钟后牛奶的温度为 $T = T(t)$（℃）,则牛奶冷却的速度为 $\dfrac{\mathrm{d}T}{\mathrm{d}t}$,又已知室温为20℃,由牛顿冷却定律,得

$$\frac{\mathrm{d}T}{\mathrm{d}t} = -k(T - 20), \qquad （k \text{ 为正常数}）$$

初始条件为 $T\big|_{t=0} = 95$.将上面的方程分离变量,得

$$\frac{\mathrm{d}T}{T - 20} = -k\mathrm{d}t,$$

注意到 $T - 20 > 0$,两边积分,并把积分常数写成 $\ln C$,得

$$\ln(T - 20) = -kt + \ln C, \quad T = Ce^{-kt} + 20.$$

分别将 $t = 0$, $T = 95$ 和 $t = 20$, $T = 70$ 代入上式,可求出 $C = 75$, $k \approx 0.02$,即牛奶温度的变化规律为

$$T = 75e^{-0.02t} + 20.$$

(2) 30分钟后牛奶的温度为

$$T = 75e^{-0.02 \times 30} + 20 \approx 61.2（℃）.$$

例6 （**充电电压**）　如图5-1所示,在开关 K 合上前,电容 C 上没有电荷,电容两端的电压为零.开关 K 合上后,电源就对电容充电,电容 C 两端的电压 U_c 逐渐升高.设电源电压为 E, R、C、E 都是常数.求 U_c 随时间 t 变化的规律.

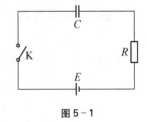

图5-1

解　设 $t = 0$ 时开关合上,在时刻 t 电路中的电流为 $I = I(t)$,由回路电压定律,得

$$U_c + RI = E.$$

又设在时刻 t 电容上的电量为 $Q = Q(t)$,由 $Q = CU_c$,得 $I = \dfrac{\mathrm{d}Q}{\mathrm{d}t} = C\dfrac{\mathrm{d}U_c}{\mathrm{d}t}$,把此式代入上式,

得微分方程

$$RC \frac{\mathrm{d}U_C}{\mathrm{d}t} + U_C = E,$$

初始条件为 $U_C \Big|_{t=0} = 0$. 将方程分离变量,得

$$\frac{\mathrm{d}U_C}{E - U_C} = \frac{\mathrm{d}t}{RC},$$

两边积分,并把积分常数写成 $-\ln A$,得

$$-\ln(E - U_C) = \frac{1}{RC}t - \ln A, \quad U_C = E - A\mathrm{e}^{-\frac{1}{RC}t}.$$

把 $t = 0$, $U_C = 0$ 代入,求得 $A = E$,所以

$$U_C = E(1 - \mathrm{e}^{-\frac{1}{RC}t}).$$

这就是在充电过程中电容 C 两端电压的变化规律,可以看出,当 $t \to +\infty$ 时,$U_C \to E$(如图 5-2 所示).

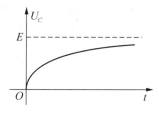

图 5-2

课堂测试

5-2

习题 5-2

A 组

1. 求下列微分方程的通解:

(1) $y' = 2x\mathrm{e}^{-y}$;

(2) $y' = 3x^2\sqrt{y}$;

(3) $x^2\mathrm{d}y + y^2\mathrm{d}x = 0$;

(4) $\sqrt{1 - x^2}\,\mathrm{d}y - y\mathrm{d}x = 0$;

(5) $\dfrac{\mathrm{d}y}{\mathrm{d}x} = \dfrac{1 + y^2}{1 + x^2}$;

(6) $\dfrac{\mathrm{d}y}{\mathrm{d}x} = \mathrm{e}^{2x-y}$.

2. 求下列微分方程满足所给初始条件的特解:

(1) $y\mathrm{d}x + (x + 1)\mathrm{d}y = 0$, $y|_{x=0} = 3$;

(2) $(1 + y)\mathrm{d}y - \mathrm{d}x = 0$, $y|_{x=1} = 2$;

(3) $y' + 2xy = 0$, $y|_{x=0} = 3$.

3. 求下列微分方程的通解:

(1) $\dfrac{\mathrm{d}y}{\mathrm{d}x} - 2y = 1$;

(2) $\dfrac{\mathrm{d}y}{\mathrm{d}x} + \dfrac{1}{x}y = x^2$;

(3) $y' - \dfrac{2}{x}y = x^2\cos x$;

(4) $y' - 4y = \mathrm{e}^{3x}$;

(5) $(x^2 + 1)y' + 2xy = 3x^2$;

(6) $xy' + 2y = x\ln x$.

4. 求下列微分方程满足所给初始条件的特解:

(1) $y' + 2xy = 2x\mathrm{e}^{-x^2}$, $y|_{x=0} = 1$;

(2) $xy' = y + x\ln x$, $y|_{x=1} = \dfrac{1}{2}$.

5. 放射性物质的质量随时间增加而衰减,衰减的速度与剩余质量成正比. 某种放射性物质的初始质量为 m_0,求经过时间 t 后其剩余质量 m 的表达式 $m(t)$.

6. 一只小船停止划桨后在水面上滑行,受到的阻力与小船速度成正比. 已知小船在停止划桨时的速度是 $2\ \mathrm{m/s}$, $5\ \mathrm{s}$ 后速度降为 $1\ \mathrm{m/s}$,求停止划桨后小船在时刻 t 的速度 $v = v(t)$.

7. 将一杯 $25℃$ 的饮料放入 $5℃$ 的冰箱中,15 分钟后饮料温度降为 $20℃$. 求 30 分钟后饮料的温度. (小数点后保留 1 位)

8. 如图所示,电容 C 两端的初始电压为 E,将开关 K 合上,电容就开始放电,R、C 都是常数. 求在放电过程中电容 C 两端的电压 U_C 随时间 t 变化的规律.

9. 如图所示,设 $R = 4\ \Omega$, $C = 0.025\ \mathrm{F}$, $E = 20\ \mathrm{V}$,当开关 K 合上时,就开始对电容充电. 如果电容上的初始电量 $Q(0) = 0$,求电容上的电量 Q 随时间 t 变化的规律 $Q(t)$ 和 $\lim\limits_{t\to+\infty}Q(t)$.

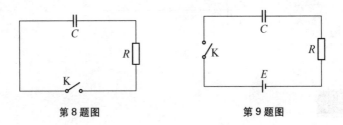

第 8 题图   第 9 题图

B 组

1. 求微分方程 $\dfrac{\mathrm{d}y}{\mathrm{d}x} = \dfrac{y}{x + y^3}$ 的通解.

2. 雨滴在下落过程中体积不断增大,在时刻 t 雨滴质量增加的速度与该时刻的质量 $m = m(t)$ 成正比,如果比例常数为 k,且关系式 $\dfrac{\mathrm{d}(mv)}{\mathrm{d}t} = mg$ 成立,其中 $v = v(t)$ 是雨滴下落的速度,g 是重力加速度. 求 $v(t)$ 和雨滴的终极速度 $\lim\limits_{t\to+\infty}v(t)$.

3. (**R‑L 电路中的电流**) 如图所示,R‑L 电路中,设电阻为 8 Ω,电感系数为 4H,电源电压 $E = 16\sin 30t$, $t = 0$ 时开关 K 合上,电流 $I(0) = 0$. 求电流的变化规律 $I = I(t)$.

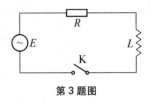

第 3 题图

第三节 二阶常系数线性微分方程

⊙ 二阶常系数齐次线性微分方程的通解公式 ⊙ 二阶常系数非齐次线性微分方程的通解结构 ⊙ 自由项的三种情形下,求二阶常系数非齐次线性微分方程一个解的方法

二阶常系数线性微分方程是指可以表示为

$$y'' + py' + qy = f(x) \qquad ①$$

这种形式的方程,其中 p、q 是常数,$f(x)$ 是 x 的已知函数. 当 $f(x)$ 恒为零时,方程为

$$y'' + py' + qy = 0, \qquad ②$$

称它为**二阶常系数齐次线性微分方程**. 当 $f(x)$ 不恒为零时,称方程①为**二阶常系数非齐次线性微分方程**,$f(x)$ 称为自由项.

一、二阶常系数齐次线性微分方程的解法

定理 1 如果函数 y_1、y_2 是方程②的两个解,C_1、C_2 是任意常数,则

(1) $y = C_1 y_1 + C_2 y_2$ 也是方程②的解;

(2) 若 y_1 与 y_2 线性无关,$y = C_1 y_1 + C_2 y_2$ 就是方程②的通解.

在定理的条件下,很容易得出 $y = C_1 y_1 + C_2 y_2$ 是方程②的解. 又若 y_1 与 y_2 线性无关,则 C_1、C_2 是两个独立的任意常数,因此 $y = C_1 y_1 + C_2 y_2$ 是方程②的通解.

按照定理 1,只要找到方程②的两个线性无关的解,即可得出通解,下面来讨论这一问题.

方程②左边的三项加起来等于零,这表明 y、y'、y'' 是同一类型的函数,指数函数 $y = e^{rx}$(r 为常数)具有这一特点,因而推测方程②具有形如 $y = e^{rx}$ 这样的解.

设 $y = e^{rx}$ 是方程②的解,把 $y = e^{rx}$、$y' = re^{rx}$、$y'' = r^2 e^{rx}$ 代入方程并整理,得

$$e^{rx}(r^2 + pr + q) = 0.$$

因为 $e^{rx} \neq 0$, 所以

$$r^2 + pr + q = 0. \qquad \qquad ③$$

这是一个关于 r 的一元二次方程. 以上讨论表明只要 r 是方程③的解,函数 $y = e^{rx}$ 就是微分方程②的解. 方程③称为方程②的**特征方程**,它的根称为**特征根**. 下面按特征根的三种情形来讨论方程②的通解.

(1) 特征根是两个不相等的实数根 r_1 和 r_2.

这时可以得到方程②的两个解 $y_1 = e^{r_1 x}$ 和 $y_2 = e^{r_2 x}$,又 $\dfrac{y_1}{y_2} = e^{(r_1 - r_2)x} \neq$ 常数(因为 $r_1 \neq r_2$),即 y_1 与 y_2 线性无关,所以方程②的通解为

$$y = C_1 e^{r_1 x} + C_2 e^{r_2 x}.$$

(2) 特征根是两个相等的实数根 $r_1 = r_2$.

记 $r_1 = r_2 = r$,这时 $y_1 = e^{rx}$ 是方程②的一个解,但可以验证 $y_2 = xe^{rx}$ 也是方程②的解. 事实上,$r = -\dfrac{p}{2}$,所以 $2r + p = 0$,又 $r^2 + pr + q = 0$,把 $y_2 = xe^{rx}$、$y_2' = e^{rx} + rxe^{rx}$、$y_2'' = r^2 xe^{rx} + 2re^{rx}$ 代入②左端,得

$$左端 = e^{rx}(2r + p) + xe^{rx}(r^2 + pr + q) = e^{rx} \cdot 0 + xe^{rx} \cdot 0 = 0 = 右端.$$

因此 $y_2 = xe^{rx}$ 是方程②的解,又 $\dfrac{y_1}{y_2} = \dfrac{e^{rx}}{xe^{rx}} = \dfrac{1}{x} \neq$ 常数,所以方程②的通解为

$$y = C_1 e^{rx} + C_2 xe^{rx},\ 即\ y = (C_1 + C_2 x)e^{rx}.$$

(3) 特征根是一对共轭复根 $r_{1,2} = \alpha \pm \beta i \ (\beta \neq 0)$.

这时 $y_1 = e^{(\alpha + \beta i)x}$ 和 $y_2 = e^{(\alpha - \beta i)x}$ 是方程②的两个复数形式的解. 为得出实数形式的通解,使用欧拉公式

$$e^{i\theta} = \cos \theta + i\sin \theta,$$

得 $y_1 = e^{\alpha x}(\cos \beta x + i\sin \beta x)$,$y_2 = e^{\alpha x}(\cos \beta x - i\sin \beta x)$.

由本节定理 1,可知 $\dfrac{1}{2}y_1 + \dfrac{1}{2}y_2 = e^{\alpha x}\cos \beta x$ 和 $\dfrac{1}{2i}y_1 - \dfrac{1}{2i}y_2 = e^{\alpha x}\sin \beta x$ 都是方程②的解,又 $e^{\alpha x}\cos \beta x$ 和 $e^{\alpha x}\sin \beta x$ 线性无关,所以方程②的通解为

$$y = e^{\alpha x}(C_1 \cos \beta x + C_2 \sin \beta x).$$

现将以上讨论的结果列在表 5-1 中.

表 5 - 1

特征方程 $r^2 + pr + q = 0$ 的根	方程 $y'' + py' + qy = 0$ 的通解
两个实根 r_1 与 r_2 不相等	$y = C_1 e^{r_1 x} + C_2 e^{r_2 x}$
两个实根 $r_1 = r_2 = r$	$y = (C_1 + C_2 x) e^{rx}$
一对共轭复根 $r_{1,2} = \alpha \pm \beta i$	$y = e^{\alpha x}(C_1 \cos \beta x + C_2 \sin \beta x)$

例 1 求下列微分方程的通解:

(1) $y'' - 2y' - 3y = 0$;　　　　　　　　　(2) $y'' - 6y' + 11y = 0$.

解 (1) 特征方程为 $r^2 - 2r - 3 = 0$, 其根为 $r_1 = -1$, $r_2 = 3$, 由表 5 - 1, 方程的通解为

$$y = C_1 e^{-x} + C_2 e^{3x}.$$

(2) 特征方程为 $r^2 - 6r + 11 = 0$, 两个复根 $r_{1,2} = 3 \pm \sqrt{2} i$, 由表 5 - 1, 方程的通解为

$$y = e^{3x}(C_1 \cos \sqrt{2} x + C_2 \sin \sqrt{2} x).$$

例 2 求解初值问题: $4y'' - 4y' + y = 0$, $y \big|_{x=0} = 3$, $y' \big|_{x=0} = \dfrac{5}{2}$.

解 把方程化为 $y'' - y' + \dfrac{1}{4} y = 0$, 其特征方程为 $r^2 - r + \dfrac{1}{4} = 0$, 特征根为两个相等实根,

$r = \dfrac{1}{2}$, 由表 5 - 1, 方程的通解为

$$y = (C_1 + C_2 x) e^{\frac{1}{2} x},$$

求导得

$$y' = C_2 e^{\frac{1}{2} x} + \frac{1}{2} e^{\frac{1}{2} x}(C_1 + C_2 x).$$

将 $y \big|_{x=0} = 3$, $y' \big|_{x=0} = \dfrac{5}{2}$ 分别代入以上两式, 得 $C_1 = 3$, $C_2 = 1$. 所给初值问

题的解为

$$y = (3 + x) e^{\frac{1}{2} x}.$$

课堂测试
5 - 3 - 1

二、二阶常系数非齐次线性微分方程

关于二阶常系数非齐次线性微分方程的通解结构, 有如下定理:

定理 2　如果 $\bar{y}$ 是非齐次线性微分方程 $y'' + py' + qy = f(x)$ 的一个解, Y 是这个方程所对应的齐次线性微分方程 $y'' + py' + qy = 0$ 的通解, 那么

$$y = Y + \bar{y}$$

是非齐次线性微分方程 $y'' + py' + qy = f(x)$ 的通解.

　　求齐次方程 $y'' + py' + qy = 0$ 的通解问题已经解决, 只要能找到非齐次方程 $y'' + py' + qy = f(x)$ 的任意一个解 $\bar{y}$, 按照定理 2, 就可得出它的通解, 但这是一个复杂的问题. 下面仅就自由项的三种常见形式来寻求非齐次方程①的一个解 $\bar{y}$.

1. 自由项 $f(x) = P_m(x)$

$P_m(x)$ 是一个 m 次多项式, 这时方程①成为

$$y'' + py' + qy = P_m(x).$$

当 y 是多项式时, $y'' + py' + qy$ 一定是多项式, 因此假设方程有多项式解 $\bar{y}$. 因为方程右边是一个 m 次多项式, 所以当 $q \neq 0$ 时, 左边多项式的次数就是 $\bar{y}$ 的次数, 故 $\bar{y}$ 是 m 次多项式; 当 $q = 0$, $p \neq 0$ 时, 左边多项式的次数是 $\bar{y}'$ 的次数, 故 $\bar{y}'$ 是 m 次多项式, 从而 $\bar{y}$ 是 $m + 1$ 次多项式. 综上, 设 $Q_m(x)$ 是待定 m 次多项式, 可按表 5－2 确定 $\bar{y}$ 的形式.

表 5－2

自由项 $f(x)$	条　件	解 $\bar{y}$ 的形式
$f(x) = P_m(x)$	$q \neq 0$	$\bar{y} = Q_m(x)$
	$q = 0, p \neq 0$	$\bar{y} = x Q_m(x)$

例 3　求微分方程 $y'' - 3y = x^2 + 1$ 的一个特解.

解　这里 $P_m(x) = x^2 + 1$, 它是一个二次多项式, $q = -3 \neq 0$, 故设 $\bar{y} = Ax^2 + Bx + C$, 代入方程, 得

$$-3Ax^2 - 3Bx + 2A - 3C = x^2 + 1,$$

比较两边同次幂的系数, 得

$$-3A = 1, \ -3B = 0, \ 2A - 3C = 1,$$

解得 $A = -\dfrac{1}{3}$, $B = 0$, $C = -\dfrac{5}{9}$, 所以求得的一个特解为

$$\overline{y} = -\frac{1}{3}x^2 - \frac{5}{9}.$$

例 4 求微分方程 $y'' + 2y' = 4x$ 的通解.

解 此方程所对应的齐次方程为 $y'' + 2y' = 0$,特征方程为 $r^2 + 2r = 0$,解得 $r_1 = 0$,$r_2 = -2$,所以方程 $y'' + 2y' = 0$ 的通解为 $Y = C_1 + C_2 e^{-2x}$.

因为 $P_m(x) = 4x$ 是一个一次多项式,且 $q = 0$,$p = 2 \neq 0$,所以设 $\overline{y} = x(Ax + B) = Ax^2 + Bx$,代入原方程,得

$$4Ax + 2A + 2B = 4x,$$

比较两边同次幂的系数,求得 $A = 1$,$B = -1$,所以 $\overline{y} = x^2 - x$. 由定理2,方程 $y'' + 2y' = 4x$ 的通解为

$$y = C_1 + C_2 e^{-2x} + x^2 - x.$$

2. 自由项 $f(x) = P_m(x) e^{\lambda x}(\lambda \neq 0)$

这里 $P_m(x)$ 仍是一个 m 次多项式,此时方程①成为

$$y'' + py' + qy = P_m(x) e^{\lambda x}. \qquad ④$$

$P_m(x) e^{\lambda x}$ 这种形式的函数,其各阶导数都是多项式与 $e^{\lambda x}$ 乘积的代数和,故推测方程可能具有这种形式函数的解 $\overline{y}$. 假设

$$\overline{y} = Q(x) e^{\lambda x}, \qquad ⑤$$

其中 $Q(x)$ 是一个待定多项式. 将⑤代入方程④,整理后得到

$$Q''(x) + (2\lambda + p)Q'(x) + (\lambda^2 + p\lambda + q)Q(x) = P_m(x). \qquad ⑥$$

当 $Q(x)$ 的系数 $\lambda^2 + p\lambda + q \neq 0$,即 λ 不是方程④所对应齐次方程的特征方程的根时,$Q(x)$ 应是 m 次多项式,记为 $Q_m(x)$;当 $\lambda^2 + p\lambda + q = 0$,$2\lambda + p \neq 0$ 时,λ 是特征方程的单根,这时 $Q'(x)$ 应是 m 次多项式,因此 $Q(x)$ 是 $m + 1$ 次多项式,记为 $xQ_m(x)$;当 $\lambda^2 + p\lambda + q = 0$ 且 $2\lambda + p = 0$ 时,λ 是特征方程的重根,这时 $Q''(x)$ 应是 m 次多项式,因此 $Q(x)$ 是 $m + 2$ 次多项式,记为 $x^2 Q_m(x)$.

综合以上讨论,可以假设

$$\overline{y} = Q(x) e^{\lambda x} = x^k Q_m(x) e^{\lambda x},$$

其中 $Q_m(x)$ 是待定 m 次多项式,k 的值为 0、1 或 2. 一般可按表 5–3 确定 $\bar{y}$ 的形式.

表 5–3

自由项 $f(x)$	三种情形	特解 $\bar{y}$ 的形式
$f(x) = P_m(x)\mathrm{e}^{\lambda x}$	λ 不是特征方程的根,$k = 0$	$\bar{y} = Q_m(x)\mathrm{e}^{\lambda x}$
	λ 是特征方程的单根,$k = 1$	$\bar{y} = x\,Q_m(x)\mathrm{e}^{\lambda x}$
	λ 是特征方程的重根,$k = 2$	$\bar{y} = x^2 Q_m(x)\mathrm{e}^{\lambda x}$

$Q(x)$ 的次数确定后,可以将 $\bar{y} = Q(x)\mathrm{e}^{\lambda x}$ 代入原方程或直接将 $Q(x)$ 代入式⑥,运用待定系数法求出 $Q(x)$ 各项的系数,从而得到特解 $\bar{y}$.

例 5 求方程 $y'' - 3y' = 2x\mathrm{e}^x$ 的一个特解.

解 $P_m(x) = 2x$ 是一次多项式,$\lambda = 1$ 不是特征方程 $r^2 - 3r = 0$ 的根,故 $Q(x) = Q_m(x)$ 是一次多项式. 按表 5–3,设 $\bar{y} = (Ax + B)\mathrm{e}^x$,代入方程,整理得

$$-2Ax - A - 2B = 2x,$$

比较两边同次幂的系数,得

$$-2A = 2, \quad -A - 2B = 0,$$

求出 $A = -1$,$B = \dfrac{1}{2}$. 所以方程的一个特解为 $\bar{y} = \left(\dfrac{1}{2} - x\right)\mathrm{e}^x$.

例 6 求方程 $y'' + 6y' + 9y = \mathrm{e}^{-3x}$ 的一个特解.

解 这个方程所对应的齐次方程的特征方程为 $r^2 + 6r + 9 = 0$,根为 $r_1 = r_2 = -3$. $\lambda = -3$ 是特征方程的重根,又 $P_m(x) = 1$,是一个零次多项式,故按表 5–3,设 $\bar{y} = Ax^2\mathrm{e}^{-3x}$,这里 $Q(x) = Ax^2$,代入式⑥,得

$$2A = 1, \quad A = \dfrac{1}{2}.$$

所以方程的一个特解为 $\bar{y} = \dfrac{1}{2}x^2\mathrm{e}^{-3x}$.

*3. 自由项 $f(x) = a\cos \omega x + b\sin \omega x$

这里 a、b、ω 都是常数,且 $\omega > 0$. 此时方程①成为

$$y'' + py' + qy = a\cos \omega x + b\sin \omega x. \tag{⑦}$$

可以得出方程⑦具有形如

$$\overline{y} = x^k(A\cos \omega x + B\sin \omega x)$$

的特解,其中 A、B 是待定常数,k 是 0 或 1. 具体情形见表 5-4.

表 5-4

自由项 $f(x)$	两种情形	特解 $\overline{y}$ 的形式
$f(x) = a\cos \omega x + b\sin \omega x$	$\pm \omega i$ 不是特征根,$k = 0$	$\overline{y} = A\cos \omega x + B\sin \omega x$
	$\pm \omega i$ 是特征根,$k = 1$	$\overline{y} = x(A\cos \omega x + B\sin \omega x)$

例 7 求方程 $y'' - 3y' = 3\cos x$ 的通解.

解法 1 方程所对应的齐次方程 $y'' - 3y' = 0$,其特征方程为 $r^2 - 3r = 0$,特征根 $r_1 = 3$,$r_2 = 0$,所以齐次方程的通解为

$$Y = C_1 e^{3x} + C_2.$$

因为 $\omega = 1$,$\pm \omega i = \pm i$ 不是特征方程 $r^2 - 3r = 0$ 的根,因此根据表 5-4,设 $\overline{y} = A\cos x + B\sin x$,代入方程,得

$$(-A - 3B)\cos x + (3A - B)\sin x = 3\cos x.$$

比较上式两边同类项的系数,得

$$-A - 3B = 3, \quad 3A - B = 0,$$

求出 $A = -\dfrac{3}{10}$,$B = -\dfrac{9}{10}$. 所以方程的一个特解为

$$\overline{y} = -\frac{3}{10}\cos x - \frac{9}{10}\sin x.$$

由定理 2,原方程的通解为

$$y = C_1 e^{3x} + C_2 - \frac{3}{10}\cos x - \frac{9}{10}\sin x. \tag{①}$$

解法 2 利用 MATLAB 软件求解,在 MATLAB 的命令窗口输入下面语句:

```
>>y=dsolve('D2y-3*Dy=3*cos(x)','x')
```

运行结果为

```
y=-9/10*sin(x)-3/10*cos(x)+1/3*exp(3*x)*C1+C2
```

即所求微分方程的通解为

$$y = \frac{1}{3} C_1 e^{3x} + C_2 - \frac{3}{10} \cos x - \frac{9}{10} \sin x. \qquad ②$$

说明:利用 MATLAB 求出的通解形式可能和手算出的通解不同,但本质是一样的.例如,例 7 两种方法求出的通解①和通解②不同,但根据常数 C_1 的任意性,通解②中的 $\frac{1}{3} C_1 e^{3x}$ 可以改写成通解①中 $C_1 e^{3x}$,两者本质上是一致的.

如果自由项是上述几种类型函数之和,理论求解比较复杂,也可以直接利用 MATLAB 求解.

*三、应用举例

例 8 （**简谐振动**） 弹簧上端固定,下端挂一质量为 m 的物体,静止时物体的位置称为平衡位置,取这一位置为原点 O. 将物体从原点拉至 x_0 处,然后放开,物体就在原点附近上下振动,如图 5-3 所示.不考虑外界阻力,并忽略弹簧本身的质量,求在时刻 t 物体的位置 $x = x(t)$ 所满足的微分方程.

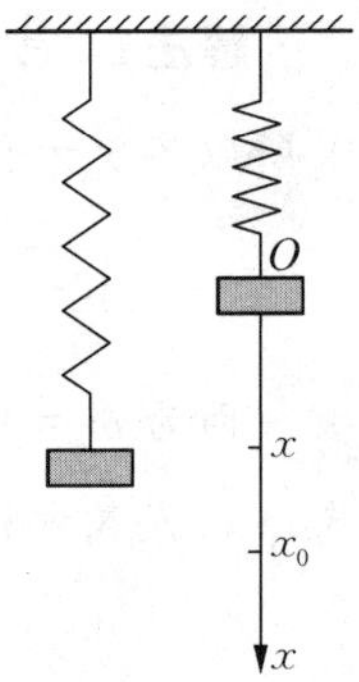

解 由于不考虑外界阻力,因而在运动中物体只受到弹性恢复力 f 的作用.因 f 的方向总是指向平衡位置,因而 $f = -kx$,其中常数 $k > 0$,表示弹性系数.根据牛顿第二定律,得

$$m \frac{d^2 x}{dt^2} = -kx, \text{即 } x'' + \frac{k}{m} x = 0,$$

图 5-3

这就是 x 所满足的微分方程,是一个二阶常系数齐次线性方程,满足初始条件 $x(0) = x_0$, $x'(0) = 0$.

例 9 （**电路问题**） 如图 5-4 所示,电阻 R、电感 L 和电容 C 均是常数,电源 $E = E(t)$ 和电容器上的电量 $Q = Q(t)$ 都是时间 t 的函数.求开关 K 合上后电流 $I = I(t)$ 应满足的微分方程.

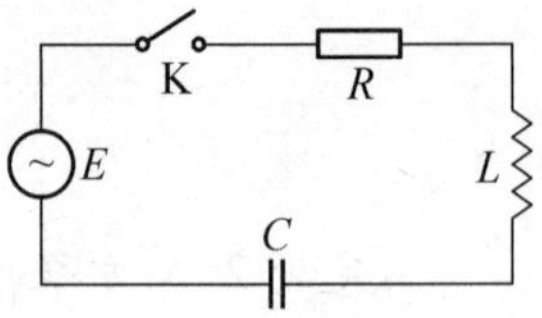

解 经电阻、电感和电容上的电压降分别为 RI、$L\dfrac{dI}{dt}$ 和 $\dfrac{Q}{C}$,由回路电压定律,得

图 5-4

$$L \frac{dI}{dt} + RI + \frac{Q}{C} = E(t).$$

在上式两边对 t 求导 $\left(\text{其中} \dfrac{dQ}{dt} = I\right)$,得

$$L\frac{\mathrm{d}^2 I}{\mathrm{d}t^2} + R\frac{\mathrm{d}I}{\mathrm{d}t} + \frac{1}{C}I = E'(t),$$

即

$$\frac{\mathrm{d}^2 I}{\mathrm{d}t^2} + \frac{R}{L} \cdot \frac{\mathrm{d}I}{\mathrm{d}t} + \frac{1}{LC}I = \frac{1}{L}E'(t).$$

这就是电流 I 应满足的微分方程,是一个二阶常系数非齐次线性方程. 如果电源 E 为常数,则方程成为二阶常系数齐次线性方程:

$$\frac{\mathrm{d}^2 I}{\mathrm{d}t^2} + \frac{R}{L} \cdot \frac{\mathrm{d}I}{\mathrm{d}t} + \frac{1}{LC}I = 0.$$

课堂测试
5-3-2

习题 5-3

A 组

1. 求下列微分方程的通解:

(1) $y'' + y' - 2y = 0$;　　　　(2) $y'' + 3y' = 0$;　　　　(3) $y'' + 9y = 0$;

(4) $y'' - 9y = 0$;　　　　　　(5) $y'' - 4y' + 4y = 0$;　　(6) $2y'' - 3y' + y = 0$;

(7) $y'' + 2y' + 3y = 0$;　　　(8) $y'' + 5y' - 6y = 0$;　　(9) $3y'' - y' = 0$.

2. 求下列微分方程满足所给初始条件的特解:

(1) $y'' - 8y' + 16y = 0$, $y\big|_{x=0} = 1$, $y'\big|_{x=0} = 5$;

(2) $y'' - 4y = 0$, $y\big|_{x=0} = 3$, $y'\big|_{x=0} = -2$.

3. 求下列微分方程的通解:

(1) $y'' - 5y' + 6y = 3x + 2$;　　　　　(2) $y'' + 3y' = 9x$;

(3) $y'' + 4y' = 1$;　　　　　　　　　　(4) $y'' - y = 2x^2$;

(5) $y'' - 9y = (8x + 1)\mathrm{e}^x$;　　　　(6) $y'' + y' - 2y = \mathrm{e}^{-2x}$;

(7) $y'' - 4y' + 4y = 2\mathrm{e}^{2x}$;　　　　(8) $y'' + 2y' = 4\sin 2x$.

4. 求方程 $y'' + 2y' = x + 4\sin 2x$ 的一个解.

5. 求方程 $y'' + y = 2\cos x$ 满足 $y\big|_{x=0} = 2$, $y'\big|_{x=0} = 0$ 的特解.

6. 在本节例 8 中,设 $m = 0.08\,\mathrm{kg}$, $k = 8$, $x_0 = 0.05\,\mathrm{m}$,求物体的位置函数 $x(t)$.

B 组

1. 利用本节例 9 中得出的关系式: $L\dfrac{\mathrm{d}I}{\mathrm{d}t} + RI + \dfrac{Q}{C} = E(t)$,求开关合上后电量 $Q = Q(t)$ 应满足的微分方程.

2. 在本节图 5 - 4 所示的电路中,如果 $R = 10\,\Omega$, $L = 1\,\text{H}$, $C = 0.004\,\text{F}$, $E = 6\,\text{V}$, $t = 0$ 时将开关 K 合上,且 $Q(0) = 0$, $I(0) = 0$,求开关合上后的电量函数 $Q = Q(t)$.

阅读与拓展

复习题五

A 组

1. 判断正误:

(1) 方程 $y'' + 2y' - y^3 = 0$ 是三阶微分方程.

(2) 方程 $\dfrac{\mathrm{d}y}{\mathrm{d}x} + xy = \mathrm{e}^y$ 是一阶线性微分方程.

(3) 方程 $y' = 3y - 2x + 6xy - 1$ 是可分离变量的微分方程.

(4) 函数 $y = \mathrm{e}^x$ 与 $y = \mathrm{e}^{x-2}$ 线性无关.

(5) 函数 $y = \dfrac{\ln x}{x}$ 是微分方程 $x^2 y' + xy = 1$ 的解.

(6) 微分方程 $\dfrac{\mathrm{d}y}{\mathrm{d}x} = x^2 + 1$ 的所有解都是单调增加函数.

(7) 如果函数 $y_1 = \mathrm{e}^x$ 和 $y_2 = 2\mathrm{e}^x$ 都是微分方程 $y'' + py' + qy = 0$(p、q 是常数) 的解,那么函数 $y = C_1 y_1 + C_2 y_2$(C_1、C_2 是任意常数) 是这个方程的通解.

2. 已知特征根 r_1 和 r_2,试写出相应的二阶常系数齐次线性微分方程:

(1) $r_1 = 1$, $r_2 = -2$;　　　　　　　　(2) $r_1 = r_2 = -3$;

(3) $r_1 = 4\mathrm{i}$, $r_2 = -4\mathrm{i}$;　　　　　　　　(4) $r_1 = 0$, $r_2 = 4$.

3. 求下列微分方程的通解:

(1) $\dfrac{\mathrm{d}y}{\mathrm{d}x} = \dfrac{2}{y}$;　　　　　　　　　　(2) $y\dfrac{\mathrm{d}y}{\mathrm{d}x} = x\mathrm{e}^x \sqrt{1 + y^2}$;

(3) $\mathrm{d}x + x\sin t\,\mathrm{d}t = 0$;　　　　　　(4) $y' + y\cos x = \mathrm{e}^{-\sin x}$;

(5) $x^2 y' + y(1 - 2x) = 3x^2$;　　　　(6) $y'' - 6y' = 0$;

(7) $9y'' - 6y' + y = 0$;　　　　　　(8) $y'' + y = 10$;

(9) $y'' - 5y' = 2x$;　　　　　　　　(10) $y'' - 3y' + 2y = 2x\mathrm{e}^{3x}$.

4. 求解初值问题:

(1) $\tan x\dfrac{\mathrm{d}y}{\mathrm{d}x} = y\ln y$, $y\,|_{x=\frac{\pi}{2}} = \mathrm{e}$;　　(2) $y'' - y' = \mathrm{e}^x$, $y\,|_{x=0} = 2$, $y'\,|_{x=0} = 1$.

5. 曲线 $y = f(x)$ 满足 $\dfrac{\mathrm{d}y}{\mathrm{d}x} = y - x$，且过点 $(-1, \mathrm{e})$，求这条曲线的方程.

6. 放射性物质衰减的速度与剩余质量成正比. 在发掘出的古动物化石中测定出放射性碳 - 14 的含量是初始含量的 15%，已知碳 - 14 的半衰期是 5730 年，动物是在大约多少年前死亡的?

7. 物体温度升高的速度与温度差成正比. 把酸奶从冰箱中拿出时的温度是 5℃，室温为 20℃，25 分钟后酸奶温度升到 10℃.

（1）求 t 分钟后酸奶的温度 $T = T(t)$；

（2）酸奶温度升到 15℃ 约需多少分钟?（保留整数）

B 组

1. 曲线 $y = f(x)$ 满足 $y'' + y = 0$，且在点 $(0, 2)$ 处与直线 $3x + y - 2 = 0$ 相切，求这条曲线的方程.

2. 一位质量 60 kg 的滑冰者停止蹬腿时的速度是 6 m/s，此后在冰面上自然滑行，在滑行过程中仅受到阻力 f 的作用. 已知 f 与自然滑行的速度 v 成正比，即 $f = -kv$. 其中常数 $k > 0$，设本题中的 k 值为 3.9，求：

（1）在自然滑行的前 t 秒钟内滑行的距离 $s = s(t)$；　　　　（2）总滑行距离.

3. 一个质量为 m 的物体从水面由静止开始下沉，所受阻力与下沉速度成正比，设比例系数为 $k(k > 0)$. 试求物体下沉深度 h 与时间 t 的关系 $h = h(t)$.

4. 利用 MATLAB 软件求解下面微分方程：

（1）$y'' + y = 3\cos 2x$；　　　　　　　　（2）$y'' + y = 10 + 3\cos 2x$.

第六章 无 穷 级 数

想一想,把边长分别为 1 cm, $\frac{1}{2}$ cm, $\frac{1}{3}$ cm, $\cdots$, $\frac{1}{n}$ cm, $\cdots$ 的正方体由大到小依次叠放起来,会有多高呢? 也就是说

$$1 + \frac{1}{2} + \frac{1}{3} + \cdots + \frac{1}{n} + \cdots \qquad ①$$

有多大? 你的直觉可能是对的. 在本章中我们会知道

$$1 + \frac{1}{2} + \frac{1}{3} + \cdots + \frac{1}{n} + \cdots = +\infty.$$

这就是说,如果能将这些小正方体一直叠放下去,就会想要多高就有多高. 那么,再想一想,把这些小正方体平铺在地面上,它们占据的面积,即

$$1^2 + \frac{1}{2^2} + \frac{1}{3^2} + \cdots + \frac{1}{n^2} + \cdots \qquad ②$$

是否也会无限大? 这次可不能想当然了. 事实上,

$$1^2 + \frac{1}{2^2} + \frac{1}{3^2} + \cdots + \frac{1}{n^2} + \cdots = \frac{\pi^2}{6} \approx 1.645.$$

像上面①和②这样的表达式就是"无穷级数".

无穷级数是研究无限个离散量的和的数学模型,它在函数的研究、近似计算等方面有着广泛的应用. 本章介绍常数项级数的基本概念、幂级数及简单应用,最后讨论在电工学、电子学等学科中经常应用到的傅里叶级数.

第一节 数项级数的概念与性质

⊙ 级数概念 ⊙ 级数的收敛与发散 ⊙ 级数收敛的必要条件 ⊙ 级数的基本性质
⊙ 等比级数 ⊙ p -级数

一、数项级数的概念

1. 基本概念

定义 1 设给定一个无穷数列 u_1，u_2，$\cdots$，u_n，$\cdots$，则表达式

$$\sum_{n=1}^{\infty} u_n = u_1 + u_2 + \cdots + u_n + \cdots \qquad ①$$

称为**常数项无穷级数**，简称**数项级数**或**级数**，其中第 n 项 u_n 称为级数的**通项**或**一般项**.

例如，$\sum\limits_{n=1}^{\infty} \dfrac{1}{n} = 1 + \dfrac{1}{2} + \dfrac{1}{3} + \cdots + \dfrac{1}{n} + \cdots$ 是一个级数，这个级数叫做调和级数.

无限小数也可以表示成级数，如：

$$\pi = 3.141\,59\cdots = 3 + \frac{1}{10} + \frac{4}{10^2} + \frac{1}{10^3} + \frac{5}{10^4} + \frac{9}{10^5} + \cdots.$$

级数①的前 n 项之和

$$S_n = u_1 + u_2 + \cdots + u_n$$

称为级数①的**部分和**. 当 n 依次取 1，2，3，$\cdots$时，得到的数列

$$S_1 = u_1, \quad S_2 = u_1 + u_2, \quad \cdots, \quad S_n = u_1 + u_2 + \cdots + u_n, \quad \cdots,$$

称为级数①的**部分和数列**，记为 $\{S_n\}$.

定义 2 如果级数①的部分和数列 $\{S_n\}$ 有极限 S，即 $\lim\limits_{n\to\infty} S_n = S$，那么称级数①**收敛**，并称 S 为级数①的和，可记为 $\sum\limits_{n=1}^{\infty} u_n = S$；如果部分和数列 $\{S_n\}$ 的极限不存在，那么称级数①是**发散**的.

发散的级数是没有和的. 当级数收敛时，称 $S - S_n$ 为级数的**余项**，记为 r_n，即 $r_n = S - S_n = u_{n+1} + u_{n+2} + \cdots$，$|r_n|$ 就是用部分和 S_n 代替 $\sum\limits_{n=1}^{\infty} u_n$ 而产生的误差.

例 1 判别级数 $\sum\limits_{n=1}^{\infty} \ln\left(1 + \dfrac{1}{n}\right)$ 的敛散性.

解 因为 $\ln\left(1 + \dfrac{1}{n}\right) = \ln\dfrac{n+1}{n} = \ln(n+1) - \ln n$，所以

$$S_n = (\ln 2 - \ln 1) + (\ln 3 - \ln 2) + \cdots + [\ln(n + 1) - \ln n] = \ln(n + 1),$$

$$\lim_{n \to \infty} S_n = \lim_{n \to \infty} \ln(n + 1) = + \infty.$$

由定义 2 知,级数 $\sum\limits_{n=1}^{\infty} \ln\left(1 + \dfrac{1}{n}\right)$ 发散.

例 2   判别级数 $\sum\limits_{n=1}^{\infty} \dfrac{1}{n(n + 1)}$ 的敛散性.

解   因为 $\dfrac{1}{n(n + 1)} = \dfrac{1}{n} - \dfrac{1}{n + 1}$,所以

$$S_n = \left(1 - \frac{1}{2}\right) + \left(\frac{1}{2} - \frac{1}{3}\right) + \left(\frac{1}{3} - \frac{1}{4}\right) + \cdots + \left(\frac{1}{n} - \frac{1}{n + 1}\right) = 1 - \frac{1}{n + 1},$$

$$\lim_{n \to \infty} S_n = 1.$$

由定义 2 知,级数 $\sum\limits_{n=1}^{\infty} \dfrac{1}{n(n + 1)}$ 收敛,且此级数的和是 1. 即 $\sum\limits_{n=1}^{\infty} \dfrac{1}{n(n + 1)} = 1.$

例 3   讨论**等比级数(几何级数)** $\sum\limits_{n=0}^{\infty} aq^n (a \neq 0)$ 的敛散性.

解   当公比 $q = 1$ 时,$S_n = na$,$\lim\limits_{n \to \infty} S_n$ 不存在,级数 $\sum\limits_{n=0}^{\infty} aq^n$ 发散;

当公比 $q \neq 1$ 时,$S_n = a + aq + \cdots + aq^{n-1} = \dfrac{a(1 - q^n)}{1 - q}$,则

$$\lim_{n \to \infty} S_n = \lim_{n \to \infty} \frac{a(1 - q^n)}{1 - q}.$$

当 $|q| < 1$ 时,$\lim\limits_{n \to \infty} S_n = \dfrac{a}{1 - q} \lim\limits_{n \to \infty}(1 - q^n) = \dfrac{a}{1 - q}$,级数 $\sum\limits_{n=0}^{\infty} aq^n$ 收敛;当 $|q| > 1$ 时,

$\lim\limits_{n \to \infty} S_n$ 不存在,级数 $\sum\limits_{n=0}^{\infty} aq^n$ 发散;当 $q = - 1$ 时,$\lim\limits_{n \to \infty} S_n$ 不存在,级数 $\sum\limits_{n=0}^{\infty} aq^n$ 发散.

综上所述,等比级数 $\sum\limits_{n=0}^{\infty} aq^n (a \neq 0)$ 的敛散性如下:

当 $|q| < 1$ 时,$\sum\limits_{n=0}^{\infty} aq^n$ 收敛,且其和为 $\dfrac{a}{1 - q}$;当 $|q| \geqslant 1$ 时,$\sum\limits_{n=0}^{\infty} aq^n$ 发散.

例 4   证明调和级数 $\sum\limits_{n=1}^{\infty} \dfrac{1}{n}$ 发散.

证　$S_n = 1 + \dfrac{1}{2} + \dfrac{1}{3} + \cdots + \dfrac{1}{n}$，如图 6-1 所示，阴影

部分的面积为

$$1 \times 1 + \frac{1}{2} \times 1 + \frac{1}{3} \times 1 + \cdots + \frac{1}{n} \times 1 = S_n.$$

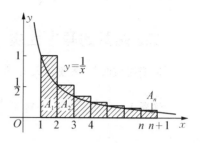

图 6-1

S_n 大于由 $y = \dfrac{1}{x}$、$x = 1$、$x = n + 1$ 和 $y = 0$ 所围成的曲

边梯形的面积，即

$$S_n > \int_1^{n+1} \frac{1}{x} \mathrm{d}x = \ln x \Big|_1^{n+1} = \ln(n + 1),$$

又 $\lim\limits_{n \to \infty} \ln(n + 1) = +\infty$，从而 $\lim\limits_{n \to \infty} S_n$ 不存在，所以调和级数 $\sum\limits_{n=1}^{\infty} \dfrac{1}{n}$ 发散.

2. 级数收敛的必要条件

设级数 $\sum\limits_{n=1}^{\infty} u_n$ 收敛，且和为 S，又 $u_n = S_n - S_{n-1}$，所以

$$\lim_{n \to \infty} u_n = \lim_{n \to \infty}(S_n - S_{n-1}) = \lim_{n \to \infty} S_n - \lim_{n \to \infty} S_{n-1} = S - S = 0.$$

这就证明了下面的定理.

定理（级数收敛的必要条件）　若级数 $\sum\limits_{n=1}^{\infty} u_n$ 收敛，则 $\lim\limits_{n \to \infty} u_n = 0$.

由级数收敛的必要条件可知，若 $\lim\limits_{n \to \infty} u_n$ 不存在，或虽 $\lim\limits_{n \to \infty} u_n$ 存在但 $\lim\limits_{n \to \infty} u_n \neq 0$，则级数 $\sum\limits_{n=1}^{\infty} u_n$ 发散. 这是一个很常用的判定级数发散的方法.

例如，由 $\lim\limits_{n \to \infty} \dfrac{n^2}{3n^2 + 5} = \dfrac{1}{3} \neq 0$ 可知，级数 $\sum\limits_{n=1}^{\infty} \dfrac{n^2}{3n^2 + 5}$ 发散.

应当注意 $\lim\limits_{n \to \infty} u_n = 0$，只是 $\sum\limits_{n=1}^{\infty} u_n$ 收敛的必要条件，而非充分条件，因此满足 $\lim\limits_{n \to \infty} u_n = 0$ 不能说明

级数 $\sum\limits_{n=1}^{\infty} u_n$ 收敛. 例如调和级数 $\sum\limits_{n=1}^{\infty} \dfrac{1}{n}$，虽有 $\lim\limits_{n \to \infty} \dfrac{1}{n} = 0$，但 $\sum\limits_{n=1}^{\infty} \dfrac{1}{n}$ 发散.

级数 $\sum\limits_{n=1}^{\infty} \dfrac{1}{n^p}$（$p$ 是常数）称为 p-级数，下面给出 p-级数的敛散性：

当 $p > 1$ 时，$\sum\limits_{n=1}^{\infty} \dfrac{1}{n^p}$ 收敛；当 $p \leqslant 1$ 时，$\sum\limits_{n=1}^{\infty} \dfrac{1}{n^p}$ 发散.

二、级数的基本性质

根据级数收敛、发散以及和的概念,可以得出级数的几个基本性质.

性质 1 级数 $\sum\limits_{n=1}^{\infty} u_n$ 与级数 $\sum\limits_{n=1}^{\infty} ku_n (k$ 是非零常数) 敛散性相同. 且如果级数 $\sum\limits_{n=1}^{\infty} u_n$ 收敛于 S, 那么级数 $\sum\limits_{n=1}^{\infty} ku_n$ 收敛于 kS.

性质 2 如果级数 $\sum\limits_{n=1}^{\infty} u_n$ 与 $\sum\limits_{n=1}^{\infty} v_n$ 均收敛, 和分别为 S 与 T, 那么级数 $\sum\limits_{n=1}^{\infty} (u_n \pm v_n)$ 也收敛, 且 $\sum\limits_{n=1}^{\infty} (u_n \pm v_n) = \sum\limits_{n=1}^{\infty} u_n \pm \sum\limits_{n=1}^{\infty} v_n = S \pm T$.

性质 3 添加、去掉或改变级数的有限项, 级数的敛散性不变.

例 5 判别级数 $\sum\limits_{n=1}^{\infty} \dfrac{2 + (-1)^n}{3^n}$ 的敛散性.

解 $\sum\limits_{n=1}^{\infty} \dfrac{2}{3^n}$ 与 $\sum\limits_{n=1}^{\infty} \dfrac{(-1)^n}{3^n}$ 都是等比级数, 容易得出 $\sum\limits_{n=1}^{\infty} \dfrac{2}{3^n}$ 与 $\sum\limits_{n=1}^{\infty} \dfrac{(-1)^n}{3^n}$ 分别收敛于 1 与 $-\dfrac{1}{4}$, 根据性质 2, 级数 $\sum\limits_{n=1}^{\infty} \dfrac{2 + (-1)^n}{3^n}$ 收敛于 $\dfrac{3}{4}$.

习题 6－1

课堂测试

6－1

A 组

1. 写出下列级数的前五项:

(1) $\sum\limits_{n=1}^{\infty} \dfrac{5}{n + n^2}$;

(2) $\sum\limits_{n=1}^{\infty} \dfrac{(-1)^n}{3 \cdot (2n - 1)}$.

2. 判别下列级数的敛散性:

(1) $\sum\limits_{n=1}^{\infty} (-1)^n$;

(2) $\sum\limits_{n=1}^{\infty} \left(-\dfrac{1}{2}\right)^n$;

(3) $\sum\limits_{n=1}^{\infty} 10^{-n}$;

(4) $\sum\limits_{n=1}^{\infty} \dfrac{3}{n^2}$;

(5) $\sum\limits_{n=1}^{\infty} \dfrac{2}{\sqrt{n}}$;

(6) $\sum\limits_{n=1}^{\infty} \dfrac{n}{n + 1}$.

3. 根据级数收敛、发散的定义,判别下列级数的敛散性,若收敛,求其和:

(1) $1 + 2 + 3 + \cdots + n + \cdots$;

(2) $\sum\limits_{n=1}^{\infty} 2 \cdot 3^{-n}$;

(3) $\dfrac{1}{1 \cdot 3} + \dfrac{1}{3 \cdot 5} + \cdots + \dfrac{1}{(2n - 1) \cdot (2n + 1)} + \cdots$;

(4) $\sum\limits_{n=1}^{\infty} \dfrac{2^n - 1}{2^n}$.

4. 判别下列级数的敛散性,若收敛求其和:

(1) $\displaystyle\sum_{n=1}^{\infty} \frac{3 + (-1)^n}{2^n}$;

(2) $\displaystyle\sum_{n=1}^{\infty} \left(\frac{4}{3^n} - \frac{1}{\pi^n} \right)$.

B 组

1. 根据级数收敛、发散的定义,判别下列级数的敛散性,若收敛,求其和:

(1) $\displaystyle\sum_{n=1}^{\infty} \frac{1}{(5n-4)(5n+1)}$;

(2) $\displaystyle\sum_{n=1}^{\infty} \frac{1}{\sqrt{n} + \sqrt{n+1}}$;

(3) $5 - \dfrac{10}{3} + \dfrac{20}{9} - \dfrac{40}{27} + \cdots$;

(4) $\displaystyle\sum_{n=1}^{\infty} \frac{(n+1)^\alpha - n^\alpha}{[n(n+1)]^\alpha} (\alpha > 0)$.

2. 判别下列级数的敛散性:

(1) $\displaystyle\sum_{n=1}^{\infty} \ln \frac{n}{2n+3}$;

(2) $\displaystyle\sum_{n=1}^{\infty} (-1)^n \frac{1}{e^n}$;

(3) $\displaystyle\sum_{n=1}^{\infty} \sqrt[n]{3}$;

(4) $\displaystyle\sum_{n=1}^{\infty} (-1)^n \cos \frac{\pi}{n}$.

3. 把循环小数 $0.\dot{2}\dot{4}$ 化为分数.

第二节　数项级数敛散性的判定

> ⊙ 比较判别法　⊙ 比值判别法　⊙ 交错级数及莱布尼茨判别法
> ⊙ 绝对收敛与条件收敛

一、正项级数敛散性的判定

如果 $u_n \geq 0 (n = 1, 2, 3, \cdots)$,那么称级数 $\displaystyle\sum_{n=1}^{\infty} u_n$ 为**正项级数**.

1. 比较判别法

> **定理 1**　正项级数 $\displaystyle\sum_{n=1}^{\infty} u_n$ 收敛的充分必要条件是它的部分和数列 $\{S_n\}$ 有界.

事实上,因为 $S_n = u_1 + u_2 + \cdots + u_n$ 且 $u_n \geq 0$,则 $S_{n+1} = S_n + u_{n+1} \geq S_n$,故 $\{S_n\}$ 是单调递增数列. 如果 $\{S_n\}$ 有界,那么 $\lim_{n \to \infty} S_n$ 存在,从而级数 $\displaystyle\sum_{n=1}^{\infty} u_n$ 收敛;如果 $\{S_n\}$ 无界,那么 $\lim_{n \to \infty} S_n$ 不存在,从而

级数 $\sum\limits_{n=1}^{\infty} u_n$ 发散.

由定理 1 容易得出下面判断正项级数敛散性的一个法则.

> **定理 2(比较判别法)** 设 $\sum\limits_{n=1}^{\infty} u_n$ 和 $\sum\limits_{n=1}^{\infty} v_n$ 是两个正项级数,且 $u_n \leqslant v_n (n = 1,$
>
> $2, \cdots)$,
>
> (1) 若级数 $\sum\limits_{n=1}^{\infty} v_n$ 收敛,则级数 $\sum\limits_{n=1}^{\infty} u_n$ 也收敛;
>
> (2) 若级数 $\sum\limits_{n=1}^{\infty} u_n$ 发散,则级数 $\sum\limits_{n=1}^{\infty} v_n$ 也发散.

例 1 判别下列级数的敛散性:

(1) $\sum\limits_{n=1}^{\infty} \dfrac{1}{(n+1)(n+3)}$;   (2) $\sum\limits_{n=1}^{\infty} \dfrac{1}{2n-1}$.

解 (1) 因为 $0 < \dfrac{1}{(n+1)(n+3)} < \dfrac{1}{n \cdot n} = \dfrac{1}{n^2}$,且级数 $\sum\limits_{n=1}^{\infty} \dfrac{1}{n^2}$ 是 $p=2$ 的 p-级数,它是

收敛的,所以级数 $\sum\limits_{n=1}^{\infty} \dfrac{1}{(n+1)(n+3)}$ 收敛.

(2) 因为 $\dfrac{1}{2n-1} > \dfrac{1}{2n} > 0$,且调和级数 $\sum\limits_{n=1}^{\infty} \dfrac{1}{n}$ 发散,从而 $\sum\limits_{n=1}^{\infty} \dfrac{1}{2n}$ 也发散,所以级数

$\sum\limits_{n=1}^{\infty} \dfrac{1}{2n-1}$ 发散.

比较判别法的思想就是将所给的级数与一个已知收敛或发散的级数进行比较. 但有时不易找到作比较的已知敛散性的级数,这就提出一个问题,能否从级数本身下手就能判别级数的敛散性? 下面介绍一种方法——比值判别法.

2. 比值判别法

> **定理 3(比值判别法)** 设 $\sum\limits_{n=1}^{\infty} u_n$ 是正项级数,且 $\lim\limits_{n \to \infty} \dfrac{u_{n+1}}{u_n} = q$,则
>
> (1) 当 $q < 1$ 时,级数收敛;
>
> (2) 当 $q > 1$ 或 $q = +\infty$ 时,级数发散;
>
> (3) 当 $q = 1$ 时,级数可能收敛,也可能发散.

例2 判别下列级数的敛散性：

$$(1) \sum_{n=1}^{\infty} \frac{n}{2^n}; \qquad\qquad (2) \sum_{n=1}^{\infty} \frac{n!}{10^n}.$$

解 （1）因为 $\lim\limits_{n\to\infty} \dfrac{u_{n+1}}{u_n} = \lim\limits_{n\to\infty} \dfrac{\dfrac{n+1}{2^{n+1}}}{\dfrac{n}{2^n}} = \lim\limits_{n\to\infty} \dfrac{2^n}{2^{n+1}} \cdot \dfrac{n+1}{n} = \dfrac{1}{2} < 1,$

所以级数 $\sum\limits_{n=1}^{\infty} \dfrac{n}{2^n}$ 收敛.

（2）因为 $\lim\limits_{n\to\infty} \dfrac{u_{n+1}}{u_n} = \lim\limits_{n\to\infty} \dfrac{\dfrac{(n+1)!}{10^{n+1}}}{\dfrac{n!}{10^n}} = \lim\limits_{n\to\infty} \dfrac{10^n}{10^{n+1}} \cdot \dfrac{(n+1)!}{n!} = \lim\limits_{n\to\infty} \dfrac{n+1}{10} = +\infty,$

所以级数 $\sum\limits_{n=1}^{\infty} \dfrac{n!}{10^n}$ 发散.

二、交错级数敛散性的判定

形如

$$\sum_{n=1}^{\infty} (-1)^{n-1} a_n = a_1 - a_2 + a_3 - a_4 + \cdots + (-1)^{n-1} a_n + \cdots$$

或

$$\sum_{n=1}^{\infty} (-1)^n a_n = -a_1 + a_2 - a_3 + \cdots + (-1)^n a_n + \cdots$$

的级数称为**交错级数**,其中 $a_n(n = 1, 2, \cdots)$ 是正数. 对于交错级数有下面的判别法.

> **定理4（莱布尼茨判别法）**   如果交错级数 $\sum\limits_{n=1}^{\infty} (-1)^{n-1} a_n$ 满足：
>
> （1） $a_n \geqslant a_{n+1}(n = 1, 2, \cdots)$;（2）$\lim\limits_{n\to\infty} a_n = 0$,那么级数 $\sum\limits_{n=1}^{\infty} (-1)^{n-1} a_n$ 收敛,且其和
>
> $S \leqslant a_1$.

例3   判别交错级数 $\sum\limits_{n=1}^{\infty} (-1)^{n-1} \dfrac{1}{n}$ 的敛散性.

解　因为 $a_n = \dfrac{1}{n} > \dfrac{1}{n+1} = a_{n+1}$ 且 $\lim\limits_{n \to \infty} a_n = \lim\limits_{n \to \infty} \dfrac{1}{n} = 0$, 所以级数 $\sum\limits_{n=1}^{\infty} (-1)^{n-1} \dfrac{1}{n}$ 收敛.

三、绝对收敛与条件收敛

各项可正、可负、也可以是零的一般级数

$$u_1 + u_2 + u_3 + \cdots + u_n + \cdots \quad (u_n \in \mathbf{R}) \tag{①}$$

也称为任意项级数.

级数①各项的绝对值组成了一个正项级数

$$|u_1| + |u_2| + |u_3| + \cdots + |u_n| + \cdots. \tag{②}$$

> **定义**　如果级数①收敛且级数②收敛,那么称级数①是**绝对收敛**;如果级数①收敛而级数②发散,那么称级数①是**条件收敛**.

例如,例 3 中的级数 $\sum\limits_{n=1}^{\infty} (-1)^{n-1} \dfrac{1}{n}$ 收敛,而 $\sum\limits_{n=1}^{\infty} \left| (-1)^n \dfrac{1}{n} \right| = \sum\limits_{n=1}^{\infty} \dfrac{1}{n}$ 是调和级数,是发散的,所以 $\sum\limits_{n=1}^{\infty} (-1)^{n-1} \dfrac{1}{n}$ 条件收敛. 易知 $\sum\limits_{n=1}^{\infty} (-1)^{n-1} \dfrac{1}{n^2}$ 是绝对收敛的.

> **定理 5**　如果级数 $\sum\limits_{n=1}^{\infty} |u_n|$ 收敛,那么级数 $\sum\limits_{n=1}^{\infty} u_n$ 收敛.

事实上,如果 $\sum\limits_{n=1}^{\infty} |u_n|$ 收敛,那么 $\sum\limits_{n=1}^{\infty} 2|u_n|$ 收敛,又 $0 \leqslant u_n + |u_n| \leqslant 2|u_n|$,由比较判别法可知,$\sum\limits_{n=1}^{\infty} (u_n + |u_n|)$ 也收敛. 而 $\sum\limits_{n=1}^{\infty} u_n = \sum\limits_{n=1}^{\infty} \left[(u_n + |u_n|) - |u_n| \right]$,由级数的基本性质 2,$\sum\limits_{n=1}^{\infty} u_n$ 收敛.

例 4　判别级数 $\sum\limits_{n=1}^{\infty} \dfrac{\sin 2n}{3^n}$ 的敛散性,若收敛,指出是绝对收敛还是条件收敛.

解　考虑级数 $\sum\limits_{n=1}^{\infty} \left| \dfrac{\sin 2n}{3^n} \right|$,因为 $0 \leqslant \left| \dfrac{\sin 2n}{3^n} \right| \leqslant \dfrac{1}{3^n}$,而级数 $\sum\limits_{n=1}^{\infty} \dfrac{1}{3^n}$ 收敛,由比较判别法可知 $\sum\limits_{n=1}^{\infty} \left| \dfrac{\sin 2n}{3^n} \right|$ 收敛. 根据定理 5 和定义,原级数 $\sum\limits_{n=1}^{\infty} \dfrac{\sin 2n}{3^n}$ 收敛且绝对收敛.

习题 6-2

A 组

1. 用比较判别法判别下列级数的敛散性:

(1) $\displaystyle\sum_{n=1}^{\infty} \frac{1}{n(n+1)}$;

(2) $\displaystyle\sum_{n=1}^{\infty} \frac{1}{3n+2}$;

(3) $\displaystyle\sum_{n=1}^{\infty} \frac{1}{\sqrt{n^3+1}}$;

(4) $\displaystyle\sum_{n=1}^{\infty} \left(\frac{1}{n} + \frac{1}{n-1}\right)$;

(5) $\displaystyle\sum_{n=1}^{\infty} \frac{1}{\sqrt{n(n+1)}}$;

(6) $\displaystyle\sum_{n=1}^{\infty} \frac{1}{2^n + \pi}$.

2. 用比值判别法判别下列级数的敛散性:

(1) $\displaystyle\sum_{n=1}^{\infty} \frac{1}{(n-1)!}$;

(2) $\displaystyle\sum_{n=1}^{\infty} \frac{3^n}{n^2 2^n}$;

(3) $\displaystyle\sum_{n=1}^{\infty} \frac{n+2}{2^n}$;

(4) $\displaystyle\sum_{n=1}^{\infty} \frac{3^n}{n^3}$;

(5) $\displaystyle\sum_{n=1}^{\infty} \frac{n!}{2^n}$;

(6) $\displaystyle\sum_{n=1}^{\infty} \frac{(n!)^2}{(2n)!}$.

3. 判别级数敛散性,若收敛,指出是绝对收敛还是条件收敛:

(1) $\displaystyle\sum_{n=1}^{\infty} (-1)^{n-1} \frac{1}{n\sqrt{n}}$;

(2) $\displaystyle\sum_{n=1}^{\infty} (-1)^{n-1} \frac{1}{\sqrt{n}}$;

(3) $\displaystyle\sum_{n=1}^{\infty} (-1)^{n-1} \left(\frac{2}{3}\right)^{n-1}$;

(4) $\displaystyle\sum_{n=1}^{\infty} (-1)^{n-1} \sqrt{n}$;

(5) $\displaystyle\sum_{n=1}^{\infty} (-1)^{n-1} \frac{n}{3+n}$;

(6) $\displaystyle\sum_{n=1}^{\infty} \frac{\cos n}{n^2}$.

B 组

1. 用比较判别法判别下列级数的敛散性:

(1) $\displaystyle\sum_{n=1}^{\infty} \frac{1}{\sqrt{n} + \sqrt{n+1}}$;

(2) $\displaystyle\sum_{n=1}^{\infty} \frac{4}{n^2 + n + 1}$;

(3) $\displaystyle\sum_{n=1}^{\infty} \frac{1+n}{1+n^2}$;

(4) $\displaystyle\sum_{n=1}^{\infty} \sin\frac{1}{n^2}$;

(5) $\displaystyle\sum_{n=1}^{\infty} \tan\frac{\pi}{3n}$;

(6) $\displaystyle\sum_{n=1}^{\infty} \left(1 - \cos\frac{\pi}{n}\right)$.

2. 用比值判别法判别下列级数的敛散性:

(1) $\displaystyle\sum_{n=1}^{\infty} \frac{n^n}{n!}$;

(2) $\displaystyle\sum_{n=1}^{\infty} \frac{4^{n-1}}{n^2 + n}$;

(3) $\displaystyle \frac{4}{2} + \frac{4\cdot 7}{2\cdot 6} + \frac{4\cdot 7\cdot 10}{2\cdot 6\cdot 10} + \cdots$.

3. 判别级数敛散性,若收敛,指出是绝对收敛还是条件收敛:

(1) $\displaystyle\sum_{n=1}^{\infty} (-1)^{n+1} \frac{1}{2n-1}$;

(2) $\displaystyle\sum_{n=1}^{\infty} (-1)^{n-1} \frac{n^3}{2^n}$;

(3) $\displaystyle\sum_{n=1}^{\infty} (-1)^{n-1} \frac{n}{(n+1)^2}$.

4. 级数 $\displaystyle\sum_{n=1}^{\infty} (-1)^{n-1} \frac{1}{n^p} (p>0)$ 当 p 取何范围内的值时绝对收敛? 当 p 取何范围内的值时条件收敛?

第三节　幂　级　数

⊙ 函数项级数及其收敛域概念　⊙ 幂级数:收敛半径与收敛区间求法;加法、减法、乘法、求导以及积分运算　⊙ 求幂级数的和函数

一、函数项级数

设 $\{u_n(x)\}$ 是定义在数集 I 上以 x 为自变量的一个函数列,则

$$\sum_{n=1}^{\infty} u_n(x) = u_1(x) + u_2(x) + \cdots + u_n(x) + \cdots \qquad ①$$

称为**函数项级数**, $u_n(x)$ 称为**通项**或**一般项**.

当 x 取定数集 I 内的某一个确定的值 x_0 时,由级数①就得到一个数项级数

$$\sum_{n=1}^{\infty} u_n(x_0) = u_1(x_0) + u_2(x_0) + \cdots + u_n(x_0) + \cdots. \qquad ②$$

如果级数②收敛,那么称点 x_0 为级数①的**收敛点**;如果级数②发散,那么称点 x_0 为级数①的**发散点**. 级数①的所有收敛点的集合称为它的**收敛域**.

对于收敛域 D 内的每一点 x, $\sum_{n=1}^{\infty} u_n(x)$ 都有唯一确定的值,即其和与它对应,因此, $\sum_{n=1}^{\infty} u_n(x)$ 的和是定义在 D 上的 x 的函数,称为 $\sum_{n=1}^{\infty} u_n(x)$ 的**和函数**,记作 $S(x)$,即

$$S(x) = \sum_{n=1}^{\infty} u_n(x), \ x \in D.$$

二、幂级数及其收敛域

幂级数是函数项级数中既简单又应用广泛的一类级数.

形如

$$\sum_{n=0}^{\infty} a_n(x - x_0)^n = a_0 + a_1(x - x_0) + a_2(x - x_0)^2 + \cdots + a_n(x - x_0)^n + \cdots \qquad ③$$

的函数项级数,称为 $x-x_0$ **的幂级数**, a_0, a_1, a_2, $\cdots$, a_n, $\cdots$ 称为幂级数的**系数**. 当 $x_0 = 0$ 时,级数③成为

$$\sum_{n=0}^{\infty} a_n x^n = a_0 + a_1 x + a_2 x^2 + \cdots + a_n x^n + \cdots. \qquad ④$$

形如④的级数,称为 x 的幂级数. 注意到只要把幂级数④中的 x 换成 $x-x_0$,就又回到幂级数③,因此下面着重讨论幂级数④.

级数④的各项符号可能不同,将它的各项取绝对值,就得到正项级数

$$\sum_{n=0}^{\infty} |a_n x^n| = |a_0| + |a_1 x| + |a_2 x^2| + \cdots + |a_n x^n| + \cdots.$$

设 $\lim\limits_{n \to \infty} \left| \dfrac{a_{n+1}}{a_n} \right| = \rho$,用比值判别法,有

$$\lim_{n \to \infty} \left| \frac{u_{n+1}}{u_n} \right| = \lim_{n \to \infty} \left| \frac{a_{n+1} x^{n+1}}{a_n x^n} \right| = \lim_{n \to \infty} \left| \frac{a_{n+1}}{a_n} \right| \cdot |x| = |x| \cdot \rho,$$

当 $|x| \cdot \rho < 1$ 时,级数④是绝对收敛的. 此时,若 $0 < \rho < +\infty$,则 $|x| < \dfrac{1}{\rho}$,称 $R = \dfrac{1}{\rho}$ 为级数④的**收敛半径**. 当 $\rho = 0$ 时,$|x| \cdot \rho = 0 < 1$,即对于任意实数 x,级数④都绝对收敛,这时规定收敛半径 $R = +\infty$. 当 $\rho = +\infty$ 时,级数④仅在 $x = 0$ 这一点处绝对收敛,这时规定收敛半径 $R = 0$.

由以上讨论知道,只要 $0 < \rho < +\infty$,就会有一个对称开区间 $(-R, R)$,在这个区间内,级数④绝对收敛. 事实上,在 $(-\infty, -R)$ 和 $(R, +\infty)$ 内,级数④是发散的;在端点 $x = \pm R$ 处,级数④可能收敛也可能发散.

由此可得收敛半径的求法,有如下定理:

定理 对幂级数 $\sum\limits_{n=0}^{\infty} a_n x^n$,设 $\lim\limits_{n \to \infty} \left| \dfrac{a_{n+1}}{a_n} \right| = \rho$,那么

(1) 当 $0 < \rho < +\infty$ 时,$R = \dfrac{1}{\rho}$;

(2) 当 $\rho = 0$ 时,$R = +\infty$;

(3) 当 $\rho = +\infty$ 时,$R = 0$.

当 $R \neq 0$ 时,称开区间 $(-R, R)$ 为幂级数④的**收敛区间**. 幂级数④在收敛区间内绝对收敛. 当 $0 < R < +\infty$ 时,将区间端点 $x = \pm R$ 代入幂级数④后,得到两个数项级数,判断这两个数项级数的敛散性后可得到幂级数的收敛域.

例 1 求下列幂级数的收敛半径、收敛区间和收敛域:

(1) $\sum\limits_{n=1}^{\infty} (-1)^{n-1} \dfrac{x^n}{n}$;　　　　(2) $\sum\limits_{n=0}^{\infty} \dfrac{x^n}{n!}$;　　　　(3) $\sum\limits_{n=1}^{\infty} n! x^n$.

解 (1) 因为 $\rho = \lim\limits_{n \to \infty} \left| \dfrac{a_{n+1}}{a_n} \right| = \lim\limits_{n \to \infty} \left| \dfrac{n}{n+1} \right| = 1$,所以收敛半径 $R = \dfrac{1}{\rho} = 1$,收敛区间为 $(-1, 1)$.

当 $x = -1$ 时,级数成为 $\sum\limits_{n=1}^{\infty} (-1) \dfrac{1}{n}$,与调和级数 $\sum\limits_{n=1}^{\infty} \dfrac{1}{n}$ 同是发散的;

当 $x = 1$ 时,级数成为交错级数 $\sum\limits_{n=1}^{\infty} (-1)^{n-1} \dfrac{1}{n}$,是收敛的.

因此,该级数的收敛域为 $(-1, 1]$.

(2) 因为 $\rho = \lim\limits_{n \to \infty} \left| \dfrac{a_{n+1}}{a_n} \right| = \lim\limits_{n \to \infty} \left| \dfrac{n!}{(n+1)!} \right| = \lim\limits_{n \to \infty} \left| \dfrac{1}{n+1} \right| = 0$,所以收敛半径 $R = +\infty$,该级数的收敛区间和收敛域都为 $(-\infty, +\infty)$.

(3) 因为 $\rho = \lim\limits_{n \to \infty} \left| \dfrac{a_{n+1}}{a_n} \right| = \lim\limits_{n \to \infty} \left| \dfrac{(n+1)!}{n!} \right| = \lim\limits_{n \to \infty} (n+1) = +\infty$,所以收敛半径 $R = 0$,没有收敛区间. 该级数只在 $x = 0$ 处收敛,收敛域为 $\{x \mid x = 0\}$.

例2 求幂级数 $\sum\limits_{n=1}^{\infty} (-1)^{n-1} \dfrac{(x-1)^n}{n}$ 的收敛区间.

解 作代换 $t = x - 1$,则 $\sum\limits_{n=1}^{\infty} (-1)^{n-1} \dfrac{(x-1)^n}{n} = \sum\limits_{n=1}^{\infty} (-1)^{n-1} \dfrac{t^n}{n}$.

由例1(1)知道,右端级数的收敛区间为 $(-1, 1)$,由 $-1 < t < 1$ 即 $-1 < x - 1 < 1$,得 $0 < x < 2$,所以原级数的收敛区间为 $(0, 2)$.

例3 求幂级数 $\sum\limits_{n=0}^{\infty} \dfrac{x^{2n+1}}{2^n}$ 的收敛半径.

解 因为在这个幂级数中缺少 x 的偶次项,不是级数④的标准形式,所以不能应用定理,这时可以直接用比值判别法求其收敛半径.

$$\lim\limits_{n \to \infty} \left| \dfrac{u_{n+1}}{u_n} \right| = \lim\limits_{n \to \infty} \left| \dfrac{2^n x^{2n+3}}{2^{n+1} x^{2n+1}} \right| = \lim\limits_{n \to \infty} \dfrac{1}{2} |x|^2 = \dfrac{1}{2} |x|^2.$$

令 $\dfrac{1}{2} |x|^2 < 1$,得 $-\sqrt{2} < x < \sqrt{2}$,所以收敛半径 $R = \sqrt{2}$.

三、幂级数的运算

在利用幂级数解决实际问题时,经常要对幂级数进行加、减、乘、求导和求积分等运算,下面介绍这些运算法则.

设幂级数 $\sum\limits_{n=0}^{\infty} a_n x^n$ 的收敛区间为 $(-R_1, R_1)$,和函数为 $S(x)$,$\sum\limits_{n=0}^{\infty} b_n x^n$ 的收敛区间为 $(-R_2, R_2)$,和函数为 $T(x)$,记 $R = \min\{R_1, R_2\}$,则加法、减法和乘法法则为

(1) $\displaystyle\sum_{n=0}^{\infty} a_n x^n \pm \sum_{n=0}^{\infty} b_n x^n = \sum_{n=0}^{\infty}(a_n \pm b_n)x^n = S(x) \pm T(x), \ x \in (-R, R).$

(2) $\displaystyle\left(\sum_{n=0}^{\infty} a_n x^n\right) \cdot \left(\sum_{n=0}^{\infty} b_n x^n\right) = a_0 b_0 + (a_0 b_1 + a_1 b_0)x + (a_0 b_2 + a_1 b_1 + a_2 b_0)x^2 + \cdots + (a_0 b_n +$
$a_1 b_{n-1} + \cdots + a_n b_0)x^n + \cdots = S(x) \cdot T(x), \ x \in (-R, R).$

设幂级数 $\displaystyle\sum_{n=0}^{\infty} a_n x^n$ 的收敛区间为 $(-R, R)$，和函数为 $S(x)$，则 $S(x)$ 在 $(-R, R)$ 内可导，且有下列逐项求导和逐项积分法则：

(3) $\displaystyle S'(x) = \sum_{n=0}^{\infty}(a_n x^n)' = \sum_{n=1}^{\infty} n a_n x^{n-1}.$

(4) $\displaystyle\int S(x)\mathrm{d}x = \sum_{n=0}^{\infty} \int a_n x^n \mathrm{d}x = C + \sum_{n=0}^{\infty} \frac{a_n}{n+1} x^{n+1}.$

例 4 已知当 $|x| < 1$ 时，$1 - x + x^2 - x^3 + \cdots + (-1)^n x^n + \cdots = \dfrac{1}{1+x}$，求幂级数 $\displaystyle\sum_{n=0}^{\infty}(-1)^n \frac{x^{n+1}}{n+1}$ 的和函数.

解 由本节例 1(1) 知级数 $\displaystyle\sum_{n=0}^{\infty}(-1)^n \frac{x^{n+1}}{n+1}$ 的收敛区间为 $(-1, 1)$. 设该级数的和函数为 $S(x)$，即 $\displaystyle S(x) = \sum_{n=0}^{\infty}(-1)^n \frac{x^{n+1}}{n+1}, \ x \in (-1, 1)$，逐项求导，得

$$S'(x) = \sum_{n=0}^{\infty}\left[(-1)^n \frac{x^{n+1}}{n+1}\right]' = \sum_{n=0}^{\infty}(-x)^n = \frac{1}{1+x}, \ x \in (-1, 1),$$

上式两端同时积分得

$$\int S'(x)\mathrm{d}x = \int \frac{1}{1+x}\mathrm{d}x, \ x \in (-1, 1), \ S(x) = \ln(1+x) + C.$$

令 $x = 0$，得 $C = S(0)$. 由于 $S(0) = 0$，于是 $C = 0$，从而

$$S(x) = \ln(1+x), \ x \in (-1, 1).$$

又当 $x = -1$ 时，$\displaystyle\sum_{n=0}^{\infty}\left(-\frac{1}{n+1}\right)$ 发散；当 $x = 1$ 时，$\displaystyle\sum_{n=0}^{\infty}(-1)^n \frac{1}{n+1}$ 收敛，所以

$\displaystyle\sum_{n=0}^{\infty}(-1)^n \frac{x^{n+1}}{n+1}$ 的和函数为 $S(x) = \ln(1+x), \ x \in (-1, 1]$.

例 5 利用 MATLAB 软件求幂级数 $\displaystyle\sum_{n=0}^{\infty} \frac{x^n}{n!} = 1 + x + \frac{x^2}{2!} + \frac{x^3}{3!} + \cdots + \frac{x^n}{n!} + \cdots$ 的和函数.

解　由例1(2)知 $\sum\limits_{n=0}^{\infty}\dfrac{x^n}{n!}$ 的收敛区间为 $(-\infty,+\infty)$. 下面利用 MATLAB 来求和函数, 在

MATLAB 命令窗口中输入下面语句:

```
>>syms n x
>>y=symsum(x^n/sym('n!'),n,0,inf)
```

运行结果为　　　　　　　　　　　　y=exp(x)

即

$$\sum_{n=0}^{\infty}\dfrac{x^n}{n!}=1+x+\dfrac{x^2}{2!}+\dfrac{x^3}{3!}+\cdots+\dfrac{x^n}{n!}+\cdots=e^x,\ x\in(-\infty,+\infty).$$

课堂测试

6-3

习题 6-3

A 组

1. 求下列幂级数的收敛半径、收敛区间:

(1) $\sum\limits_{n=1}^{\infty}x^n$;

(2) $\sum\limits_{n=1}^{\infty}nx^n$;

(3) $\sum\limits_{n=1}^{\infty}n^nx^n$;

(4) $\sum\limits_{n=0}^{\infty}\dfrac{x^n}{(2n)!}$;

(5) $\sum\limits_{n=1}^{\infty}\dfrac{x^n}{n\cdot 2^n}$;

(6) $\sum\limits_{n=1}^{\infty}\dfrac{x^n}{n^2}$.

2. 利用等比级数 $\sum\limits_{n=0}^{\infty}x^n=1+x+x^2+\cdots+x^n+\cdots=\dfrac{1}{1-x}(\,|\,x\,|\,<1)$，求出下列级数在

收敛区间上的和函数, 并写出收敛区间:

(1) $\sum\limits_{n=0}^{\infty}(-1)^nx^n$;

(2) $\sum\limits_{n=0}^{\infty}x^{2n}$;

(3) $\sum\limits_{n=0}^{\infty}(1-x)^n$.

B 组

1. 求下列幂级数的收敛区间:

(1) $\sum\limits_{n=0}^{\infty}\dfrac{x^{2n}}{2^n}$;

(2) $\sum\limits_{n=1}^{\infty}\dfrac{(3x+1)^n}{n}$;

(3) $\sum\limits_{n=1}^{\infty}\dfrac{(x+2)^n}{\sqrt{n}}$;

(4) $\sum\limits_{n=1}^{\infty}(-1)^{n-1}\dfrac{(x+1)^n}{n}$;

(5) $\sum\limits_{n=0}^{\infty}(-1)^n\dfrac{x^{2n+1}}{2n+1}$;

(6) $\sum\limits_{n=1}^{\infty}\dfrac{n!}{n^n}x^n$.

2. 利用逐项求导或逐项积分运算, 求下列幂级数的和函数:

(1) $\sum\limits_{n=1}^{\infty}nx^{n-1}$;

(2) $\sum\limits_{n=0}^{\infty}(-1)^n(n+1)x^n$;

(3) $\sum\limits_{n=0}^{\infty}(-1)^n\dfrac{1}{2n+1}x^{2n+1}$.

第四节 将函数展开成幂级数

⊙ 泰勒公式、泰勒级数、麦克劳林级数　⊙ 将函数展开成幂级数的直接法与间接法
⊙ 五个常用展开式　⊙ 利用幂级数进行近似计算

我们知道,当 $|x| < 1$ 时,有

$$1 + x + x^2 + \cdots + x^n + \cdots = \frac{1}{1-x},$$

由左边的级数得出右边的函数,是求一个幂级数的和函数问题;现在,将这个过程反过来,从右向左来进行,就是将一个函数展开成幂级数的问题了. 为什么要将一个函数展开成幂级数呢? 幂级数由多项式函数组成,而多项式函数是最简单的一类函数,在科学领域的诸多研究中经常用多项式函数来近似表达某些复杂的函数以使问题简化. 将函数展开成幂级数还在求原函数不是初等函数的不定积分、解微分方程、近似计算和误差估计等方面有着重要作用.

一、泰勒公式与泰勒级数

给定一个函数如何才能把它展开成幂级数呢? 下面,先介绍一个常用的用多项式来表达函数的公式——泰勒公式.

1. 泰勒公式

定理 1(泰勒中值定理)　如果函数 $f(x)$ 在 x_0 的某邻域内有一阶至 $n+1$ 阶导数,则对此邻域内任意点 x,$f(x)$ 的 n 阶**泰勒公式**

$$f(x) = f(x_0) + \frac{f'(x_0)}{1!}(x - x_0) + \frac{f''(x_0)}{2!}(x - x_0)^2 + \cdots + \frac{f^{(n)}(x_0)}{n!}(x - x_0)^n + R_n(x) \qquad ①$$

成立,其中 $R_n(x)$ 为 n 阶泰勒公式① 的余项,当 $x \to x_0$ 时,它是比 $(x - x_0)^n$ 高阶的无穷小,故一般将其写为 $o(|x - x_0|^n)$.

余项 $R_n(x)$ 有多种形式,一种常用的形式为拉格朗日型余项,其表达式为

$$R_n(x) = \frac{f^{(n+1)}(\xi)}{(n+1)!}(x - x_0)^{n+1} \quad (\xi \text{ 在 } x_0 \text{ 与 } x \text{ 之间}). \qquad ②$$

2. 泰勒级数与麦克劳林级数

（1）泰勒级数

在式①中，若记前 $n+1$ 项的和为

$$S_{n+1}(x) = f(x_0) + \frac{f'(x_0)}{1!}(x-x_0) + \frac{f''(x_0)}{2!}(x-x_0)^2 + \cdots + \frac{f^{(n)}(x_0)}{n!}(x-x_0)^n,$$

$$f(x) = S_{n+1}(x) + R_n(x), \qquad\qquad ③$$

即在 x_0 附近 $f(x)$ 可用多项式 $S_{n+1}(x)$ 近似代替. 如果 $f(x)$ 在 $x=x_0$ 处存在任何阶的导数,这时称形式为

$$f(x_0) + \frac{f'(x_0)}{1!}(x-x_0) + \frac{f''(x_0)}{2!}(x-x_0)^2 + \cdots + \frac{f^{(n)}(x_0)}{n!}(x-x_0)^n + \cdots \qquad\qquad ④$$

的幂级数为函数 $f(x)$ 在 $x=x_0$ 处的**泰勒级数**. 函数 $f(x)$ 需要具备什么条件,它的泰勒级数才能收敛于 $f(x)$ 本身呢?

由式③得 $f(x) - S_{n+1}(x) = R_n(x)$,如果当 $n \to \infty$ 时,$R_n(x) \to 0$,那么有 $\lim\limits_{n \to \infty}[f(x) - S_{n+1}(x)] = \lim\limits_{n \to \infty} R_n(x) = 0$,从而 $f(x) = \lim\limits_{n \to \infty} S_{n+1}(x) = \sum\limits_{n=0}^{\infty} \frac{f^{(n)}(x_0)}{n!}(x-x_0)^n$,即

$$f(x) = f(x_0) + \frac{f'(x_0)}{1!}(x-x_0) + \frac{f''(x_0)}{2!}(x-x_0)^2 + \cdots + \frac{f^{(n)}(x_0)}{n!}(x-x_0)^n + \cdots. \qquad ⑤$$

反之,如果式⑤成立,那么有 $\lim\limits_{n \to \infty} S_{n+1}(x) = f(x)$,即 $\lim\limits_{n \to \infty} R_n(x) = 0$. 从而得到下面的定理.

定理2 如果函数 $f(x)$ 在 x_0 的某邻域内有任意阶导数,那么 $f(x)$ 的泰勒级数④收敛于 $f(x)$ 的充分必要条件是 $\lim\limits_{n \to \infty} R_n(x) = 0$.

如果 $f(x)$ 在 $x=x_0$ 处的泰勒级数收敛于 $f(x)$,就说 $f(x)$ 在 $x=x_0$ 处可展开成泰勒级数,并且称式⑤为 $f(x)$ **在 $x=x_0$ 处的泰勒展开式**,或称为 $f(x)$ **关于 $x-x_0$ 的幂级数展开式**.

（2）麦克劳林级数

当 $x_0 = 0$ 时,式⑤成为

$$f(x) = f(0) + \frac{f'(0)}{1!}x + \frac{f''(0)}{2!}x^2 + \cdots + \frac{f^{(n)}(0)}{n!}x^n + \cdots, \qquad\qquad ⑥$$

称为 $f(x)$ **的麦克劳林展开式**,或称为 $f(x)$ **关于** x **的幂级数展开式**.

无论函数展开成泰勒级数还是麦克劳林级数,幂级数展开式都是唯一的.

二、将函数展开成幂级数

1. 直接展开法

直接将函数展开成关于 x 的幂级数的一般步骤为:

(1) 按公式 $a_n = \dfrac{f^{(n)}(0)}{n!}(n = 0,1,2,\cdots)$ 计算出幂级数的系数;

(2) 写出 $f(x)$ 的幂级数并求出收敛域;

(3) 证明在收敛域内 $\lim\limits_{n\to\infty} R_n(x) = 0$.

例 1 用直接展开法将 $f(x) = e^x$ 展开成 x 的幂级数.

解 因为 $f(x) = e^x$,所以 $f^{(n)}(x) = e^x$,$f^{(n)}(0) = e^0 = 1$,$n = 0,1,2,\cdots$. 则 e^x 关于 x 的幂级数为

$$1 + x + \frac{x^2}{2!} + \frac{x^3}{3!} + \cdots + \frac{x^n}{n!} + \cdots.$$

由本章第三节例 1(2),知道此幂级数的收敛域为 $(-\infty, +\infty)$.

又余项 $R_n(x) = \dfrac{x^{n+1}}{(n+1)!}e^{\xi}(\xi$ 在 0 与 x 之间$)$,则

$$|R_n(x)| = \left| \frac{x^{n+1}}{(n+1)!}e^{\xi} \right| < e^{|x|} \cdot \frac{|x|^{n+1}}{(n+1)!}.$$

因为 $e^{|x|}$ 是有限数,而 $\dfrac{|x|^{n+1}}{(n+1)!}$ 是收敛级数 $\sum\limits_{n=0}^{\infty} \dfrac{|x|^n}{n!}$ 的一般项,当 $n \to \infty$ 时,有

$\dfrac{|x|^{n+1}}{(n+1)!} \to 0$,所以 $e^{|x|} \cdot \dfrac{|x|^{n+1}}{(n+1)!} \to 0$,即 $\lim\limits_{n\to\infty} R_n(x) = 0.$ 这就得到

$$e^x = 1 + x + \frac{x^2}{2!} + \frac{x^3}{3!} + \cdots + \frac{x^n}{n!} + \cdots, \quad -\infty < x < +\infty. \qquad ⑦$$

类似地,运用直接展开法可得 $\sin x$ 关于 x 的幂级数展开式:

$$\sin x = x - \frac{x^3}{3!} + \frac{x^5}{5!} - \cdots + (-1)^n \frac{x^{2n+1}}{(2n+1)!} + \cdots, \quad -\infty < x < +\infty. \qquad ⑧$$

2. 间接展开法

通常用直接展开法将函数展开成幂级数不是一件简单的事.下面介绍间接展开法,即从已知函数的展开式出发,利用幂级数的运算法则得到所求函数的幂级数展开式.

例 2 用间接展开法将 $f(x) = \cos x$ 展开成关于 x 的幂级数.

解 将式⑧逐项求导，即得

$$\cos x = 1 - \frac{x^2}{2!} + \frac{x^4}{4!} - \cdots + (-1)^n \frac{x^{2n}}{(2n)!} + \cdots, \quad -\infty < x < +\infty. \qquad ⑨$$

例 3 用间接展开法将 $f(x) = \ln(1+x)$ 展开成麦克劳林级数.

解 因为 $f'(x) = \dfrac{1}{1+x}$，而

$$\frac{1}{1+x} = 1 - x + x^2 - \cdots + (-1)^n x^n + \cdots \quad (-1 < x < 1),$$

所以，将上式两边积分，得

$$\ln(1+x) = C + x - \frac{x^2}{2} + \frac{x^3}{3} - \cdots + (-1)^n \frac{x^{n+1}}{n+1} + \cdots \quad (-1 < x < 1),$$

令 $x = 0$，得 $C = \ln 1 = 0$，从而得到

$$\ln(1+x) = x - \frac{x^2}{2} + \frac{x^3}{3} - \cdots + (-1)^n \frac{x^{n+1}}{n+1} + \cdots = \sum_{n=0}^{\infty} (-1)^n \frac{x^{n+1}}{n+1}.$$

当 $x = -1$ 时，级数 $\displaystyle\sum_{n=0}^{\infty} \frac{-1}{n+1}$ 发散；当 $x = 1$ 时，级数 $\displaystyle\sum_{n=0}^{\infty} (-1)^n \frac{1}{n+1}$ 收敛. 所以

$$\ln(1+x) = x - \frac{x^2}{2} + \frac{x^3}{3} - \cdots + (-1)^n \frac{x^{n+1}}{n+1} + \cdots, \quad -1 < x \leqslant 1. \qquad ⑩$$

例 4 求 $f(x) = \ln x$ 在 $x = 5$ 处的泰勒展开式.

解 因为 $f(x) = \ln x = \ln(5 + x - 5) = \ln 5\left(1 + \dfrac{x-5}{5}\right) = \ln 5 + \ln\left(1 + \dfrac{x-5}{5}\right)$，把式⑩中

的 x 换成 $\dfrac{x-5}{5}$，又从 $-1 < \dfrac{x-5}{5} \leqslant 1$，解得 $0 < x \leqslant 10$，所以

$$\ln x = \ln 5 + \frac{x-5}{5} - \frac{(x-5)^2}{2 \cdot 5^2} + \frac{(x-5)^3}{3 \cdot 5^3} - \cdots + (-1)^n \frac{(x-5)^{n+1}}{(n+1) \cdot 5^{n+1}} + \cdots, \quad 0 < x \leqslant 10.$$

为了便于学习和使用，现将五个常用的麦克劳林展开式列在下面：

(1) $e^x = 1 + x + \dfrac{x^2}{2!} + \dfrac{x^3}{3!} + \cdots + \dfrac{x^n}{n!} + \cdots, \quad -\infty < x < +\infty$;

(2) $\sin x = x - \dfrac{x^3}{3!} + \dfrac{x^5}{5!} - \cdots + (-1)^n \dfrac{x^{2n+1}}{(2n+1)!} + \cdots, \quad -\infty < x < +\infty$;

(3) $\cos x = 1 - \dfrac{x^2}{2!} + \dfrac{x^4}{4!} - \cdots + (-1)^n \dfrac{x^{2n}}{(2n)!} + \cdots, \quad -\infty < x < +\infty$;

(4) $\ln(1+x) = x - \dfrac{x^2}{2} + \dfrac{x^3}{3} - \cdots + (-1)^n \dfrac{x^{n+1}}{n+1} + \cdots, \quad -1 < x \leqslant 1$;

(5) $(1+x)^\alpha = 1 + \alpha x + \dfrac{\alpha(\alpha-1)}{2!} x^2 + \cdots + \dfrac{\alpha(\alpha-1)\cdots(\alpha-n+1)}{n!} x^n + \cdots,$

$-1 < x < 1, \alpha \in \mathbf{R}.$

三、幂级数在近似计算上的应用

幂级数常用于解决近似计算问题,因为幂级数的部分和是个多项式,在进行数值计算时比较简单,所以常用这个多项式来近似表达某些复杂的函数,这样就需要对产生的误差作出估计,估计误差的方法通常有:

1. 误差是无穷级数的余项 r_n 的绝对值,即 $|r_n|$. 把它的每一项适当放大,成为一个收敛的等比级数,由等比级数求和公式,求得误差估计值;

2. 利用函数的泰勒公式的余项 $|R_n(x)|$ 进行误差估计;

3. 当幂级数是交错级数时,在收敛区间内误差 $|r_n| < |u_{n+1}|$.

例 5 用 e^x 的幂级数展开式的前八项求 e 的近似值,并估计误差.

解 在展开式 $e^x = 1 + x + \dfrac{x^2}{2!} + \dfrac{x^3}{3!} + \cdots + \dfrac{x^n}{n!} + \cdots, \quad -\infty < x < +\infty$ 中,令 $x = 1$,得

$$e = 1 + 1 + \dfrac{1}{2!} + \dfrac{1}{3!} + \cdots + \dfrac{1}{n!} + \cdots. \tag{⑪}$$

方法一 现取前八项的和作为 e 的近似值,其误差为

$$|r_8| = \left(\dfrac{1}{8!} + \dfrac{1}{9!} + \dfrac{1}{10!} + \cdots\right) < \dfrac{1}{8!}\left(1 + \dfrac{1}{8} + \dfrac{1}{8^2} + \cdots\right) = \dfrac{1}{8!}\left(\dfrac{1}{1-\dfrac{1}{8}}\right) = \dfrac{1}{7! \cdot 7} <$$

$0.000\,03 < 10^{-4}$,

即 e 的值可精确到小数点后第四位. 取式⑪前 8 项计算,得

$$e \approx 1 + 1 + \frac{1}{2!} + \frac{1}{3!} + \cdots + \frac{1}{7!} \approx 2.718\ 3.$$

方法二　用泰勒公式的余项来估计误差

$$| R_7(1) | = \left| \frac{e^{\xi}}{(7+1)!} \right| < \frac{3}{(7+1)!} < 7.45 \times 10^{-5} < 0.000\ 1 \quad (0 < \xi < 1),$$

以下与方法一相同可求得 $e \approx 2.718\ 3$.

 例 6　利用 MATLAB 软件求 $\dfrac{\sin x}{x}$ 麦克劳林展开式的前 8 项,并计算 $\displaystyle\int_0^1 \dfrac{\sin x}{x} dx$ 的近似值.

解　因为 $f(x) = \dfrac{\sin x}{x}$ 在 $(0, 1]$ 上连续,又注意到 $\lim\limits_{x \to 0^+} \dfrac{\sin x}{x} = 1$,因此补充定义 $f(0) = 1$,则 $f(x)$ 在区间 $[0, 1]$ 上连续. 所以 $\dfrac{\sin x}{x}$ 可以在 $x = 0$ 处展开为幂级数,$\displaystyle\int_0^1 \dfrac{\sin x}{x} dx$ 也可按正常积分计算. 但 $\dfrac{\sin x}{x}$ 的原函数无法用初等函数表示,因此,$\dfrac{\sin x}{x}$ 要用幂级数展开式来近似,从而得到定积分的近似值. 下面利用 MATLAB 实现以上运算,在 MATLAB 命令窗口中输入下面语句:

```
>>syms x y
```

```
>>y=taylor(sin(x)/x,8,0)    % 求 sinx/x 的麦克劳林展开式的前 8 项,结果存入 y
```

运行结果为　　y=1-1/6＊x^2+1/120＊x^4-1/5040＊x^6

即 $\dfrac{\sin x}{x} \approx y = 1 - \dfrac{x^2}{6} + \dfrac{x^4}{120} - \dfrac{x^6}{5040}$.

```
>>a=int(y,x,0,1)           % ∫₀¹ sinx/x dx 的近似值,结果存入 a
```

```
>>b=vpa(a,4)               % 求 a 的近似值,保留 4 位有效数字
```

运行结果为　　　　　　b=0.9461

即 $\displaystyle\int_0^1 \dfrac{\sin x}{x} dx \approx 0.9461$.

习题 6-4

课堂测试
6-4

A 组

1. 利用间接展开法将下列函数展开成 x 的幂级数:

（1）$y = e^{-x}$；　　　　　（2）$y = \dfrac{3}{3-x}$；　　　　　（3）$y = \sin x \cos x$；

（4）$y = \ln(3 + x)$；　　　（5）$y = \dfrac{e^x - e^{-x}}{2}$；　　　（6）$y = 2^x$.

2. 求下列函数在指定点处的泰勒级数：

（1）$y = \dfrac{1}{4-x}$ 在 $x = 1$ 处；　　　　　（2）$y = \cos x$ 在 $x = -\dfrac{\pi}{3}$ 处.

B 组

1. 利用间接展开法将下列函数展开成 x 的幂级数，并写出收敛域：

（1）$y = x e^{\frac{x}{2}}$；　　　　　（2）$y = \cos^2 x$；　　　　　（3）$y = \dfrac{x}{1-x^2}$.

2. 写出函数 $y = \dfrac{1}{x^2 - 3x + 2}$ 的麦克劳林展开式.

3. 求函数 $f(x) = \dfrac{1}{x}$ 关于 $x - 2$ 的幂级数展开式

4. 利用被积函数幂级数展开式的前三项近似计算定积分：

（1）$\dfrac{1}{\sqrt{2\pi}} \displaystyle\int_0^1 e^{-\frac{x^2}{2}} dx$；　　　　　（2）$\displaystyle\int_0^{0.5} \dfrac{1}{1+x^4} dx$.

5. 利用函数的幂级数展开式，取前三项近似计算下列函数值，并估计误差：

（1）$\sin 12°$；　　　　　（2）$\sqrt{125}$.

第五节　傅里叶级数

⊙ 三角级数概念　⊙ 将周期为 2π 的函数展开成傅里叶级数　⊙ 将周期为 $2l$ 的函数展开成傅里叶级数

一、三角级数的概念

1. 三角级数

在自然界中，有许多进程都有周期性，如声波的传送、心脏的跳动、肺的运动、给我们室内提供照明的交流电的电流和电压、收音机和电视机的信号电流和电压等等. 在研究这些进程时经常用到周期函数. 表示简谐振动的正弦型函数 $y = A\sin(\omega x + \varphi)$ 是一种简单的周期函数，它的周期

$T = \dfrac{2\pi}{\omega}$, A 是振幅, ω 是角频率, φ 是初相. 较为复杂的周期运动往往是多个简谐振动的叠加. 由无穷多个简谐振动进行叠加就得到函数项级数

$$A_0 + \sum_{n=1}^{\infty} A_n \sin(n\omega x + \varphi_n).$$

对于这个级数, 只需讨论 $\omega = 1$(如果 $\omega \neq 1$, 可将 ωx 换成 x)的情形, 即

$$A_0 + \sum_{n=1}^{\infty} A_n \sin(nx + \varphi_n) = A_0 + \sum_{n=1}^{\infty} (A_n \sin \varphi_n \cos nx + A_n \cos \varphi_n \sin nx).$$

记 $A_0 = \dfrac{a_0}{2}$, $A_n \sin \varphi_n = a_n$, $A_n \cos \varphi_n = b_n$, 则上式可写成

$$\frac{a_0}{2} + \sum_{n=1}^{\infty} (a_n \cos nx + b_n \sin nx). \qquad ①$$

称这种形式的级数为**三角级数**. 称 a_0, a_1, b_1, a_2, b_2, $\cdots$ 为级数①的系数.

下面讨论如何把一个周期函数展开成三角级数.

2. 三角函数系的正交性

在三角级数①中出现的函数

$$1, \cos x, \sin x, \cos 2x, \sin 2x, \cdots, \cos nx, \sin nx, \cdots \qquad ②$$

构成了一个三角函数系, 其中任意两个不相同函数的乘积在 $[-\pi, \pi]$ 上的积分都等于零, 即

$$\int_{-\pi}^{\pi} \cos nx\, dx = 0, \int_{-\pi}^{\pi} \sin nx\, dx = 0, \ (n = 1, 2, 3, \cdots)$$

$$\int_{-\pi}^{\pi} \cos kx \cdot \sin nx\, dx = 0, \ (k, n = 1, 2, 3, \cdots)$$

$$\int_{-\pi}^{\pi} \cos kx \cdot \cos nx\, dx = 0, \int_{-\pi}^{\pi} \sin kx \cdot \sin nx\, dx = 0. \ (k, n = 1, 2, 3, \cdots, k \neq n)$$

上述特性, 称为三角函数系②在 $[-\pi, \pi]$ 上的正交性. 上面的五个等式都可以直接通过积分进行验证. 三角函数系②中, 除 1 外, 任意两个相同函数的乘积在 $[-\pi, \pi]$ 上的积分都不等于零, 且有

$$\int_{-\pi}^{\pi} \cos^2 nx\, dx = \pi, \int_{-\pi}^{\pi} \sin^2 nx\, dx = \pi. \ (n = 1, 2, 3, \cdots)$$

二、将周期为 2π 的函数展开成傅里叶级数

1. 傅里叶级数

设 $f(x)$ 是以 2π 为周期的函数, 且能展开成三角级数, 即

$$f(x) = \frac{a_0}{2} + \sum_{n=1}^{\infty} (a_n \cos nx + b_n \sin nx), \qquad \text{③}$$

那么 a_0, a_n, b_n 与 $f(x)$ 有怎样的关系？需具备哪些条件，三角级数才能收敛于 $f(x)$？这是将周期为 2π 的函数展开成三角级数需要解决的两个问题.

下面求式③中的系数. 设式③右端可逐项积分，得

$$\int_{-\pi}^{\pi} f(x)\,\mathrm{d}x = \int_{-\pi}^{\pi} \frac{a_0}{2}\,\mathrm{d}x + \sum_{n=1}^{\infty} \left(a_n \int_{-\pi}^{\pi} \cos nx\,\mathrm{d}x + b_n \int_{-\pi}^{\pi} \sin nx\,\mathrm{d}x \right),$$

由三角函数系②的正交性知，右端除第一项外都为 0，则

$$\int_{-\pi}^{\pi} f(x)\,\mathrm{d}x = \int_{-\pi}^{\pi} \frac{a_0}{2}\,\mathrm{d}x = a_0\pi, \; a_0 = \frac{1}{\pi} \int_{-\pi}^{\pi} f(x)\,\mathrm{d}x.$$

为求 a_k，现以 $\cos kx$ 乘式③两端后再积分，得

$$\int_{-\pi}^{\pi} f(x) \cos kx\,\mathrm{d}x = \int_{-\pi}^{\pi} \frac{a_0}{2} \cos kx\,\mathrm{d}x + \sum_{n=1}^{\infty} \left(a_n \int_{-\pi}^{\pi} \cos nx\cos kx\,\mathrm{d}x + b_n \int_{-\pi}^{\pi} \sin nx\cos kx\,\mathrm{d}x \right),$$

由三角函数系②的正交性知，上式右端除 $n=k$ 项外，其余各项均为零，且有

$$\int_{-\pi}^{\pi} f(x) \cos kx\,\mathrm{d}x = a_k \int_{-\pi}^{\pi} \cos^2 kx\,\mathrm{d}x = a_k\pi,$$

$$a_k = \frac{1}{\pi} \int_{-\pi}^{\pi} f(x) \cos kx\,\mathrm{d}x \quad (k = 1, 2, 3, \cdots).$$

同理，式③两端乘以 $\sin kx$，再逐项积分，可得

$$b_k = \frac{1}{\pi} \int_{-\pi}^{\pi} f(x) \sin kx\,\mathrm{d}x \; (k = 1, 2, 3, \cdots).$$

综上所述，有

$$a_0 = \frac{1}{\pi} \int_{-\pi}^{\pi} f(x)\,\mathrm{d}x, \; a_n = \frac{1}{\pi} \int_{-\pi}^{\pi} f(x) \cos nx\,\mathrm{d}x,$$

$$b_n = \frac{1}{\pi} \int_{-\pi}^{\pi} f(x) \sin nx\,\mathrm{d}x. \; (n = 1, 2, 3, \cdots) \qquad \text{④}$$

由公式④确定的系数 a_0、a_n、b_n 称为函数 $f(x)$ 的**傅里叶系数**，由傅里叶系数所确定的三角级数 $\frac{a_0}{2} + \sum_{n=1}^{\infty} (a_n \cos nx + b_n \sin nx)$，称为函数 $f(x)$ 的**傅里叶级数**.

显然，当 $f(x)$ 是奇函数时，$a_0 = 0$，$a_n = 0$，$b_n = \frac{2}{\pi} \int_{0}^{\pi} f(x) \sin nx\,\mathrm{d}x$ $(n = 1, 2, 3, \cdots)$，它的傅

里叶级数是正弦级数 $\sum\limits_{n=1}^{\infty} b_n \sin nx$;

当 $f(x)$ 是偶函数时,$b_n = 0$,$a_0 = \dfrac{2}{\pi}\int_0^\pi f(x)\,\mathrm{d}x$,$a_n = \dfrac{2}{\pi}\int_0^\pi f(x)\cos nx\,\mathrm{d}x$($n = 1, 2, 3, \cdots$),它的

傅里叶级数是余弦级数 $\dfrac{a_0}{2} + \sum\limits_{n=1}^{\infty} a_n \cos nx$.

2. 傅里叶级数的收敛性

关于傅里叶级数的收敛情况,有如下定理.

> **收敛定理** 设以 2π 为周期的函数 $f(x)$ 在 $[-\pi, \pi]$ 上满足条件:连续或仅有有限
> 个第一类间断点,并且至多只有有限个极值点,则有:
>
> (1) 当 x 是 $f(x)$ 的连续点时,$f(x)$ 的傅里叶级数收敛于 $f(x)$;
>
> (2) 当 x 是 $f(x)$ 的间断点时,$f(x)$ 的傅里叶级数收敛于 $\dfrac{f(x^-) + f(x^+)}{2}$.

例1 图 6-2 所示的函数 $y = f(x)$ 是周期为 2π 的函数,在 $[-\pi, \pi)$ 上的表达式为 $f(x) = x^2$. 将 $f(x)$ 展开成傅里叶级数.

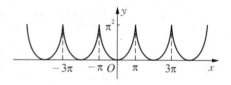

图 6-2

解 由收敛定理可知,$f(x)$ 的傅里叶级数处处收敛于 $f(x)$.

由于 $f(x)$ 是偶函数,所以 $b_n = 0$.

$$a_0 = \frac{1}{\pi}\int_{-\pi}^{\pi} f(x)\,\mathrm{d}x = \frac{1}{\pi}\int_{-\pi}^{\pi} x^2\,\mathrm{d}x = \frac{2}{\pi}\int_0^\pi x^2\,\mathrm{d}x = \frac{2}{3}\pi^2.$$

$$a_n = \frac{1}{\pi}\int_{-\pi}^{\pi} f(x)\cos nx\,\mathrm{d}x = \frac{1}{\pi}\int_{-\pi}^{\pi} x^2\cos nx\,\mathrm{d}x = \frac{2}{\pi}\int_0^\pi x^2\cos nx\,\mathrm{d}x$$

$$= \frac{2}{n\pi}\left(x^2\sin nx \,\Big|_0^\pi - \int_0^\pi 2x\sin nx\,\mathrm{d}x \right) = \frac{4}{n^2\pi}\left(x\cos nx \,\Big|_0^\pi - \frac{1}{n}\sin nx \,\Big|_0^\pi \right)$$

$$= \frac{4}{n^2\pi}\pi\cos n\pi = (-1)^n \frac{4}{n^2}.$$

所以,$f(x)$ 的傅里叶级数展开式为

$$f(x) = \frac{\pi^2}{3} - 4\left(\cos x - \frac{1}{2^2}\cos 2x + \frac{1}{3^2}\cos 3x - \cdots + \frac{(-1)^{n-1}}{n^2}\cos nx + \cdots \right),$$

其中 $n \in \mathbf{N}_+$,$x \in (-\infty, +\infty)$.

例2　　图 6 - 3 所示的函数 $y = f(x)$ 是周期为 2π 的函数，在 $[-\pi, \pi)$ 上

$f(x) = \begin{cases} 0, & -\pi \leqslant x < 0, \\ x, & 0 \leqslant x < \pi. \end{cases}$ 将 $f(x)$ 展成傅里叶级数.

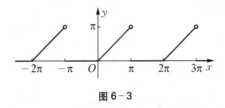

图 6 - 3

解　　由收敛定理可知，在连续点 $x \in (-\infty, +\infty)$ 且 $x \neq (2k-1)\pi(k \in \mathbf{Z})$ 处，级数收敛于

$f(x)$；在间断点 $x = (2k-1)\pi(k \in \mathbf{Z})$ 处，级数收敛于左、右极限的平均值 $\frac{1}{2}(\pi + 0) = \frac{\pi}{2}$.

$$a_0 = \frac{1}{\pi}\int_{-\pi}^{\pi} f(x)\,\mathrm{d}x = \frac{1}{\pi}\int_0^{\pi} x\,\mathrm{d}x = \frac{\pi}{2}.$$

$$a_n = \frac{1}{\pi}\int_{-\pi}^{\pi} f(x)\cos nx\,\mathrm{d}x = \frac{1}{\pi}\int_0^{\pi} x\cos nx\,\mathrm{d}x = \frac{1}{n\pi}\left(x\sin nx + \frac{1}{n}\cos nx\right)\Big|_0^{\pi}$$

$$= \frac{1}{n^2\pi}(\cos n\pi - 1) = \frac{1}{n^2\pi}[(-1)^n - 1] \quad (n \in \mathbf{N}_+).$$

$$b_n = \frac{1}{\pi}\int_{-\pi}^{\pi} f(x)\sin nx\,\mathrm{d}x = \frac{1}{\pi}\int_0^{\pi} x\sin nx\,\mathrm{d}x = -\frac{1}{n\pi}\left(x\cos nx - \frac{1}{n}\sin nx\right)\Big|_0^{\pi}$$

$$= -\frac{1}{n}\cos n\pi = (-1)^{n+1}\frac{1}{n} \quad (n \in \mathbf{N}_+).$$

所以，$f(x)$ 的傅里叶级数展开式为

$$f(x) = \frac{\pi}{4} - \frac{2}{\pi}\left(\cos x + \frac{1}{3^2}\cos 3x + \frac{1}{5^2}\cos 5x + \cdots\right) + \left(\sin x - \frac{1}{2}\sin 2x + \frac{1}{3}\sin 3x - \cdots\right),$$

其中 $x \in \mathbf{R}$ 且 $x \neq (2k-1)\pi$，$k \in \mathbf{Z}$.

三、将周期为 $2l$ 的函数展开成傅里叶级数

设 $f(x)$ 是周期为 $2l$ 的函数且在 $[-l, l]$ 上满足收敛定理条件. 作变量替换 $x = \frac{l}{\pi}t$，则

$$f(x) = f\left(\frac{l}{\pi}t\right) = F(t).$$

因为 $F(t + 2\pi) = f\left(\frac{l}{\pi}(t + 2\pi)\right) = f\left(\frac{l}{\pi}t + 2l\right) = f(x + 2l) = f(x) = F(t)$，

所以 $F(t)$ 是以 2π 为周期的函数且在 $[-\pi, \pi]$ 上满足收敛定理条件，从而有

$$F(t) = \frac{a_0}{2} + \sum_{n=1}^{\infty} (a_n \cos nt + b_n \sin nt);$$

$$a_0 = \frac{1}{\pi} \int_{-\pi}^{\pi} F(t) \, \mathrm{d}t, \ a_n = \frac{1}{\pi} \int_{-\pi}^{\pi} F(t) \cos nt \mathrm{d}t, \ b_n = \frac{1}{\pi} \int_{-\pi}^{\pi} F(t) \sin nt \mathrm{d}t. \quad (n = 1, 2, \cdots)$$

将 $t = \dfrac{\pi}{l}x$ 代入,得

$$f(x) = \frac{a_0}{2} + \sum_{n=1}^{\infty} \left(a_n \cos \frac{n\pi x}{l} + b_n \sin \frac{n\pi x}{l} \right);$$

$$a_0 = \frac{1}{l} \int_{-l}^{l} f(x) \, \mathrm{d}x, \ a_n = \frac{1}{l} \int_{-l}^{l} f(x) \cos \frac{n\pi x}{l} \mathrm{d}x, \ b_n = \frac{1}{l} \int_{-l}^{l} f(x) \sin \frac{n\pi x}{l} \mathrm{d}x. \quad (n = 1, 2, \cdots)$$

⑤

这就是周期为 $2l$ 的函数 $f(x)$ 的傅里叶级数展开式和系数公式.

例3　设 $f(x)$ 是以 2 为周期的函数,它在 $[-1, 1]$ 上的表达式为 $f(x) = x$,把 $f(x)$ 展开成傅里叶级数.

解　$y = f(x)$ 的图形如图 6-4 所示. 由收敛定理可知,在连续点 $x \in (-\infty, +\infty)$ 且 $x \neq 2k - 1 (k \in \mathbf{Z})$ 处,级数收敛于 $f(x)$;在间断点 $x = 2k - 1(k \in \mathbf{Z})$ 处,级数收敛于 $\dfrac{1}{2}(-1 + 1) = 0$.

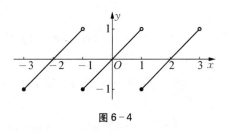

图 6-4

因为 $f(x)$ 是奇函数(此处忽略了间断点,不影响展开结果),所以 $a_0 = a_n = 0$.

$$b_n = \frac{2}{l} \int_0^l f(x) \sin \frac{n\pi x}{l} \mathrm{d}x = 2 \int_0^1 x \sin n\pi x \mathrm{d}x = -\frac{2}{n\pi} \left(x \cos n\pi x - \frac{1}{n\pi} \sin n\pi x \right) \Big|_0^1$$

$$= -\frac{2}{n\pi} \cos n\pi = (-1)^{n+1} \frac{2}{n\pi}.$$

所以,$f(x)$ 的傅里叶级数展开式为

$$f(x) = \frac{2}{\pi} \left[\sin \pi x - \frac{1}{2} \sin 2\pi x + \frac{1}{3} \sin 3\pi x - \cdots + (-1)^{n+1} \frac{1}{n} \sin n\pi x + \cdots \right],$$

其中 $n \in \mathbf{N}_+$,$x \in \mathbf{R}$ 且 $x \neq 2k - 1$,$k \in \mathbf{Z}$.

习题 6-5

A 组

1. 将周期为 2π 的函数 $f(x)$ 展开成傅里叶级数, $f(x)$ 在 $[-\pi, \pi)$ 上的表达式为:

(1) $f(x) = \begin{cases} -x, & -\pi \leqslant x < 0, \\ x, & 0 \leqslant x < \pi; \end{cases}$

(2) $f(x) = \begin{cases} -1, & -\pi \leqslant x < 0, \\ 1, & 0 \leqslant x < \pi; \end{cases}$

(3) $f(x) = \begin{cases} -\dfrac{\pi}{2}, & -\pi \leqslant x < -\dfrac{\pi}{2}, \\ x, & -\dfrac{\pi}{2} \leqslant x < \dfrac{\pi}{2}, \\ \dfrac{\pi}{2}, & \dfrac{\pi}{2} \leqslant x < \pi. \end{cases}$

2. 利用题 1(1) 展开成的傅里叶级数求 $1 + \dfrac{1}{3^2} + \dfrac{1}{5^2} + \cdots + \dfrac{1}{(2n-1)^2} + \cdots$ 的和.

3. $f(x)$ 是周期为 4 的函数, 它在 $[-2, 2)$ 上的表达式为 $f(x) = \begin{cases} 0, & -2 \leqslant x < 0, \\ 2, & 0 \leqslant x < 2. \end{cases}$ 将 $f(x)$ 展开成傅里叶级数.

4. 设三角波是以 2 为周期的函数, 它在 $[-1, 1)$ 上的表达式为 $f(x) = |x|$, 将 $f(x)$ 展开成傅里叶级数.

B 组

1. 正弦交流电经二极管整流后, 变为 $f(x) = \begin{cases} 0, & (2k-1)\pi \leqslant x < 2k\pi, \\ \sin x, & 2k\pi \leqslant x < (2k+1)\pi, \end{cases}$ 其中 $k \in$ **Z**. 将 $f(x)$ 展开成傅里叶级数.

2. 一矩形波的表达式为 $f(x) = \begin{cases} -2, & 2k-2 \leqslant x < 2k, \\ 2, & 2k \leqslant x < 2k+2, \end{cases}$ $(k \in \textbf{Z})$. 将 $f(x)$ 展开成傅里叶级数.

复习题六

A 组

1. 选择题：

(1) 下面可以推出数项级数 $\sum\limits_{n=1}^{\infty} u_n$ 收敛的是(   ).

(A) $\lim\limits_{n\to\infty} S_n = \infty$ (B) $\lim\limits_{n\to\infty} u_n = 0$

(C) $\sum\limits_{n=1}^{\infty} |u_n|$ 收敛   (D) $\sum\limits_{n=1}^{\infty} v_n$ 收敛且 $u_n \leqslant v_n$

(2) 下面可以推出数项级数 $\sum\limits_{n=1}^{\infty} u_n$ 发散的是(   ).

(A) $\lim\limits_{n\to\infty} S_n \neq 0$ (B) $\lim\limits_{n\to\infty} u_n \neq 0$

(C) $\sum\limits_{n=1}^{\infty} |u_n|$ 发散   (D) $\sum\limits_{n=1}^{\infty} v_n$ 发散且 $v_n \leqslant u_n$

(3) 级数 $\sum\limits_{n=0}^{\infty} (-1)^n \left(\dfrac{2}{3}\right)^n$ 的和为(   ).

(A) $\dfrac{3}{5}$ (B) $-\dfrac{2}{5}$ (C) 不存在   (D) 2

(4) 幂级数 $\sum\limits_{n=1}^{\infty} \dfrac{n}{(n+1)\cdot 2^n} x^n$ 的收敛半径是(   ).

(A) 1   (B) 2   (C) $+\infty$ (D) $\dfrac{1}{2}$

(5) 级数 $\sum\limits_{n=1}^{\infty} \dfrac{(2x-1)^n}{n \cdot 3^n}$ 的收敛区间为(   ).

(A) $(-1, 2)$ (B) $(-3, 3)$ (C) $\left(-\dfrac{1}{3}, \dfrac{1}{3}\right)$ (D) $(-2, 4)$

(6) 下列级数中，发散的是(   ).

(A) $\sum\limits_{n=1}^{\infty} \dfrac{2+(-1)^n}{3^n}$ (B) $\sum\limits_{n=1}^{\infty} \dfrac{2}{n\sqrt{n}}$ (C) $\sum\limits_{n=0}^{\infty} (-1)^n \left(\dfrac{2}{3}\right)^n$ (D) $\sum\limits_{n=1}^{\infty} \ln\left(2+\dfrac{1}{n}\right)$

(7) 下列级数中，绝对收敛的是(   ).

(A) $\sum\limits_{n=1}^{\infty} (-1)^n \dfrac{n-1}{n}$ (B) $\sum\limits_{n=1}^{\infty} \dfrac{(-1)^{n-1}}{n\sqrt{n}}$

(C) $\sum\limits_{n=0}^{\infty} \left(-\dfrac{5}{2}\right)^n$ (D) $\sum\limits_{n=1}^{\infty} (-1)^n \dfrac{1}{\sqrt{2n+1}}$

(8) 幂级数 $\sum\limits_{n=0}^{\infty} (-1)^n \dfrac{x^n}{3^n} (|x| < 3)$ 的和函数是(   ).

(A) $\dfrac{1}{1+3x}$　　　　(B) $\dfrac{1}{1-3x}$　　　　(C) $\dfrac{3}{3+x}$　　　　(D) $\dfrac{3}{3-x}$

(9) 设 $f(x)$ 是周期为 2π 的函数,它在 $[-\pi,\pi)$ 上的表达式为 $f(x)=\dfrac{e^x+e^{-x}}{2}$,那么它的

傅里叶级数(　　　).

(A) 只含有正弦项　　　　　　　　(B) 只含有余弦项

(C) 既含有正弦项又含有余弦项　　(D) 只含有余弦项和常数项

2. 判别下列级数的敛散性:

(1) $\displaystyle\sum_{n=1}^{\infty}\dfrac{1}{n\cdot(n+2)}$;　　　　　　(2) $\displaystyle\sum_{n=0}^{\infty}(-1)^{n-1}\dfrac{2n-1}{(\sqrt{2}\,)^n}$;

(3) $\displaystyle\sum_{n=2}^{\infty}(-1)^n\dfrac{1}{\ln n}$;　　　　　　(4) $\dfrac{n^2}{2n^2+1}$;

(5) $\displaystyle\sum_{n=1}^{\infty}(-1)^{n-1}\dfrac{n}{5n-3}$.

3. 将下列函数展开成麦克劳林级数,并写出收敛区间:

(1) $y=\cos\dfrac{x}{2}$;　　　　　　　　(2) $y=\dfrac{1}{x+2}$.

4. 将函数 $y=\sin x$ 在 $x=\dfrac{\pi}{4}$ 处展开成泰勒级数.

5. 设 $f(x)$ 是周期为 2π 的函数,当 $x\in[-\pi,\pi)$ 时 $f(x)=\begin{cases}\pi+x,&-\pi\leqslant x<0,\\\pi-x,&0\leqslant x<\pi.\end{cases}$ 将

$f(x)$ 展开成傅里叶级数.

6. $f(x)$ 是以 2π 为周期的函数,当 $x\in[-\pi,\pi)$ 时 $f(x)=-2x$,将它展开成傅里叶

级数.

B 组

1. 判别下列级数的敛散性:

(1) $\displaystyle\sum_{n=1}^{\infty}(-1)^{n-1}\dfrac{2n+1}{n(n+1)}$;　　(2) $\displaystyle\sum_{n=1}^{\infty}\tan\dfrac{\pi}{3\sqrt{n}}$;　　(3) $\displaystyle\sum_{n=1}^{\infty}\dfrac{\cos n\pi}{\sqrt{n}}$.

2. 将函数 $f(x)=\arctan x$ 展开成麦克劳林级数,并写出收敛区间.

3. 将函数 $f(x)=\dfrac{1}{x^2+5x+6}$ 在 $x=-4$ 处展开成泰勒级数.

4. 利用幂级数展开式求 $\displaystyle\lim_{x\to 0}\dfrac{\cos x-e^{-\frac{x^2}{2}}}{x^4}$.

5. 利用幂级数展开式求 $\int e^{-x^2}dx$.

6. 已知下列周期函数在一个周期内的表达式,试将其展开成傅里叶级数:

(1) $f(x) = \begin{cases} x - 1, & -\pi \leqslant x < 0, \\ x + 1, & 0 \leqslant x < \pi; \end{cases}$

(2) $f(x) = \begin{cases} 2x + 1, & -3 \leqslant x < 0, \\ 1, & 0 \leqslant x < 3. \end{cases}$

第七章　矩 阵 简 介

　　在日常生活、经济管理和工程技术中,经常会遇到和处理一些大型数据表.例如,学生的成绩表管理,工厂的投入与产出表及分析,大型超市中各类商品的销售与利润表及处理等等.为了记述和处理的方便,英国数学家凯莱(Arthur Cayley,1821~1895 年)和西尔维斯特(James Joseph Sylvester,1814~1897 年)发明了矩阵的概念及其相关运算.有了矩阵这一工具,许多棘手问题的解决变得简单.例如,利用矩阵可以简便地求解线性方程组、解决坐标轴的旋转问题、破解电路理论和分子结构等.再如,在爱因斯坦相对论中的向量计算上起到了重要作用;海森堡的"量子力学"是利用行列构筑的理论.如今,矩阵已经成为现代科学技术不可缺少的工具了.

　　本章将要学习的主要内容有:矩阵的概念及运算、用矩阵的初等行变换求逆矩阵和矩阵的秩、利用矩阵解线性方程组、行列式的概念及计算等.

第一节　矩阵的概念和运算

> ⊙ 矩阵的定义　⊙ 单位矩阵及其他特殊矩阵　⊙ 矩阵的相等
> ⊙ 矩阵的加法、减法、数乘　⊙ 矩阵的乘法　⊙ 转置矩阵

一、矩阵的概念

1. 矩阵的定义

先来看下面的例子.

例 1　某企业生产三种产品,各种产品的季度产值(单位:万元)如表 7-1 所示.

表 7-1　三种产品的季度产值

季度 ＼ 产品	甲	乙	丙
Ⅰ	800	580	750
Ⅱ	980	700	850

续　表

季度 \ 产品	甲	乙	丙
Ⅲ	900	750	900
Ⅳ	880	700	820

将表 7 - 1 中我们最关心的数据抽出来,按原来的顺序排列成一个矩形数表,并用圆括号(或

方括号)括起来,那么表 7 - 1 就可简记为 $\begin{bmatrix} 800 & 580 & 750 \\ 980 & 700 & 850 \\ 900 & 750 & 900 \\ 880 & 700 & 820 \end{bmatrix}$. 这样的矩形数表在数学上就称为

矩阵.

定义 1　由 $m×n$ 个数 a_{ij} ($i = 1, 2, \cdots, m$; $j = 1, 2, \cdots, n$) 排成的 m 行 n 列的矩形数表

$$\begin{bmatrix} a_{11} & a_{12} & \cdots & a_{1n} \\ a_{21} & a_{22} & \cdots & a_{2n} \\ \vdots & \vdots & & \vdots \\ a_{m1} & a_{m2} & \cdots & a_{mn} \end{bmatrix}$$

称为 m 行 n 列矩阵,简称 $m×n$ **矩阵**. 矩阵中的每一个数称为**矩阵的元素**,简称**元**,a_{ij} 表示位于**第 i 行第 j 列的元素**,下标 i 和 j 分别称为**行标**和**列标**.

矩阵通常用大写黑体字母 A、B、C 等来表示. 有时为了表明矩阵的行数与列数,$m×n$ 矩阵 A 也可记为 $A_{m×n}$ 或 $(a_{ij})_{m×n}$.

只有一行的矩阵 $[a_1 \ a_2 \ \cdots \ a_n]$ 称为**行矩阵**,也称为**行向量**.

只有一列的矩阵 $\begin{pmatrix} b_1 \\ b_2 \\ \vdots \\ b_m \end{pmatrix}$ 称为**列矩阵**,也称为**列向量**.

当 $m×n$ 矩阵的元素全为 0 时,称为**零矩阵**,记为 $O_{m×n}$ 或 O.

2. 方阵

当行数与列数相等时,矩阵 $A = \begin{bmatrix} a_{11} & a_{12} & \cdots & a_{1n} \\ a_{21} & a_{22} & \cdots & a_{2n} \\ \vdots & \vdots & & \vdots \\ a_{n1} & a_{n2} & \cdots & a_{nn} \end{bmatrix}$ 称为 **n 阶方阵**,简记为 A_n. 在 n 阶方阵

中,从左上角至右下角的 n 个元素 a_{11},a_{22},$\cdots$,a_{nn} 所在的对角线称为**主对角线**,$a_{ii}(i = 1, 2, \cdots,$ n) 称为**主对角元素**.

若方阵 A 的主对角线以下(以上)的元素全为零,则称 A 为**上三角阵(下三角阵)**. 即

上三角阵 $A = \begin{bmatrix} a_{11} & a_{12} & \cdots & a_{1n} \\ 0 & a_{22} & \cdots & a_{2n} \\ \vdots & \vdots & & \vdots \\ 0 & 0 & \cdots & a_{nn} \end{bmatrix}$ 和下三角阵 $A = \begin{bmatrix} a_{11} & 0 & \cdots & 0 \\ a_{21} & a_{22} & \cdots & 0 \\ \vdots & \vdots & & \vdots \\ a_{n1} & a_{n2} & \cdots & a_{nn} \end{bmatrix}$

在方阵 A 中,若主对角线以外的元素全为 0,即 $A = \begin{bmatrix} \lambda_1 & 0 & \cdots & 0 \\ 0 & \lambda_2 & \cdots & 0 \\ \vdots & \vdots & & \vdots \\ 0 & 0 & \cdots & \lambda_n \end{bmatrix}$,则称 A 为**对角阵**.

特别地,主对角线上的元素都是 1 的对角阵 $\begin{bmatrix} 1 & 0 & \cdots & 0 \\ 0 & 1 & \cdots & 0 \\ \vdots & \vdots & & \vdots \\ 0 & 0 & \cdots & 1 \end{bmatrix}$ 称为**单位阵**,记作 E. n 阶单

位阵也常记作 E_n.

3. 矩阵的相等

若两个矩阵 A 和 B 的行数相同,列数也相同,则称它们是**同型矩阵**.

> **定义 2** 设 A 与 B 都是 $m \times n$ 矩阵,如果它们的对应元素相等,即
>
> $$a_{ij} = b_{ij}(i = 1, 2, \cdots, m; j = 1, 2, \cdots, n),$$
>
> 则称矩阵 A 与 B **相等**,记为 $A = B$.

例 2 已知 $A = \begin{bmatrix} 1 & a+1 & b-1 \\ 0 & 1 & 2 \end{bmatrix}$,$B = \begin{bmatrix} 1 & 5 & 3 \\ 0 & 1 & 2c \end{bmatrix}$,且 $A = B$,求 a、b、c.

解 由矩阵相等的定义,可知 $a + 1 = 5$,$b - 1 = 3$,$2c = 2$,所以

$$a = 4, \ b = 4, \ c = 1.$$

二、矩阵的运算

矩阵不仅可以简记含有大量数的数表,还可以通过对矩阵施行一些有意义的运算来进行数据分析和处理.

1. 矩阵的线性运算

先来看一个例子.

例3 某班学号为 01、02、03 的三名同学,期中和期末三门考试课的成绩分别如表 7 - 2 和表 7 - 3 所示. 在下面两种规定下,分别用矩阵表示这三位同学的总评成绩:

(1) 每门课程的总评成绩等于期中成绩与期末成绩之和;

(2) 每门课程的总评成绩等于期中成绩的 40% 加上期末成绩的 60%.

表 7 - 2(期中考试成绩)

学号 \ 课程	数　学	英　语	电工基础
01	95	85	90
02	75	80	70
03	60	70	65

表 7 - 3(期末考试成绩)

学号 \ 课程	数　学	英　语	电工基础
01	90	80	95
02	65	85	80
03	50	60	75

解 这三位同学的期中和期末成绩所对应的矩阵分别记为

$$A = \begin{bmatrix} 95 & 85 & 90 \\ 75 & 80 & 70 \\ 60 & 70 & 65 \end{bmatrix} \text{和} B = \begin{bmatrix} 90 & 80 & 95 \\ 65 & 85 & 80 \\ 50 & 60 & 75 \end{bmatrix}.$$

(1) 设这三位同学的总评成绩所对应的矩阵为 C,容易知道,

$$C = \begin{bmatrix} 95+90 & 85+80 & 90+95 \\ 75+65 & 80+85 & 70+80 \\ 60+50 & 70+60 & 65+75 \end{bmatrix} = \begin{bmatrix} 185 & 165 & 185 \\ 140 & 165 & 150 \\ 110 & 130 & 140 \end{bmatrix}.$$

（2）设这三位同学的总评成绩所对应的矩阵为 D.

期中成绩分别乘以 0.4,对应的矩阵为

$$A_1 = \begin{bmatrix} 95 \times 0.4 & 85 \times 0.4 & 90 \times 0.4 \\ 75 \times 0.4 & 80 \times 0.4 & 70 \times 0.4 \\ 60 \times 0.4 & 70 \times 0.4 & 65 \times 0.4 \end{bmatrix} = \begin{bmatrix} 38 & 34 & 36 \\ 30 & 32 & 28 \\ 24 & 28 & 26 \end{bmatrix};$$

期末成绩分别乘以 0.6,对应的矩阵为

$$B_1 = \begin{bmatrix} 90 \times 0.6 & 80 \times 0.6 & 95 \times 0.6 \\ 65 \times 0.6 & 85 \times 0.6 & 80 \times 0.6 \\ 50 \times 0.6 & 60 \times 0.6 & 75 \times 0.6 \end{bmatrix} = \begin{bmatrix} 54 & 48 & 57 \\ 39 & 51 & 48 \\ 30 & 36 & 45 \end{bmatrix}.$$

所以,总评成绩对应的矩阵为

$$D = \begin{bmatrix} 38+54 & 34+48 & 36+57 \\ 30+39 & 32+51 & 28+48 \\ 24+30 & 28+36 & 26+45 \end{bmatrix} = \begin{bmatrix} 92 & 82 & 93 \\ 69 & 83 & 76 \\ 54 & 64 & 71 \end{bmatrix}.$$

可以看出,矩阵 C 中的各元素正好是矩阵 A 与 B 中对应位置上元素之和;矩阵 A_1 中的每一个元素都是 A 中的对应元素乘以 0.4 得到的. 因此,称矩阵 C 为矩阵 A 与 B 的和,记为 $A+B$;称矩阵 A_1 为数 0.4 与矩阵 A 相乘的积,记为 $0.4A$. 一般地,矩阵的加法与数乘矩阵的定义如下:

> **定义 3** 设 A 和 B 是两个 $m \times n$ 矩阵,规定:
>
> （1）矩阵 A 与 B 的**和**记为 $A+B$,且 $A+B = (a_{ij} + b_{ij})_{m \times n}$.
>
> （2）数 λ 与矩阵 A 相乘的**积**记为 λA,且 $\lambda A = (\lambda a_{ij})_{m \times n}$.

特别地,当 $\lambda = -1$ 时,$(-1)A = (-a_{ij})_{m \times n}$,该矩阵称为 A 的**负矩阵**,记为 $-A$. 设 A 和 B 是两个 $m \times n$ 矩阵,则矩阵的减法定义为 $A - B = A + (-B) = (a_{ij} - b_{ij})_{m \times n}$.

矩阵的加法、减法以及数乘运算,称为矩阵的**线性运算**.

例 4 设 $A = \begin{bmatrix} 5 & 2 & -3 & 2 \\ 0 & 1 & 5 & -2 \\ 1 & 3 & 1 & -1 \end{bmatrix}$, $B = \begin{bmatrix} 3 & 1 & -1 & 3 \\ 2 & -1 & 3 & 2 \\ 1 & 3 & 2 & 3 \end{bmatrix}$,求 $A+B$、$A-2B$.

解 $A + B = \begin{bmatrix} 5 & 2 & -3 & 2 \\ 0 & 1 & 5 & -2 \\ 1 & 3 & 1 & -1 \end{bmatrix} + \begin{bmatrix} 3 & 1 & -1 & 3 \\ 2 & -1 & 3 & 2 \\ 1 & 3 & 2 & 3 \end{bmatrix} = \begin{bmatrix} 8 & 3 & -4 & 5 \\ 2 & 0 & 8 & 0 \\ 2 & 6 & 3 & 2 \end{bmatrix}.$

$A - 2B = \begin{bmatrix} 5 & 2 & -3 & 2 \\ 0 & 1 & 5 & -2 \\ 1 & 3 & 1 & -1 \end{bmatrix} - \begin{bmatrix} 6 & 2 & -2 & 6 \\ 4 & -2 & 6 & 4 \\ 2 & 6 & 4 & 6 \end{bmatrix} = \begin{bmatrix} -1 & 0 & -1 & -4 \\ -4 & 3 & -1 & -6 \\ -1 & -3 & -3 & -7 \end{bmatrix}.$

矩阵的加法、数乘运算满足下列运算律,其中 λ、μ 是数:

(1) 交换律 $A + B = B + A$;

(2) 结合律 $(A + B) + C = A + (B + C)$, $\lambda(\mu A) = (\lambda \mu)A$;

(3) 分配律 $\lambda(A + B) = \lambda A + \lambda B$, $(\mu + \lambda)A = \mu A + \lambda A$;

(4) $A + O = A$, $A + (-A) = O$, $0A = O$.

2. 矩阵的乘法

看下面的例子.

例5 某家电商场2007年1月、2月经销的某种品牌彩电、空调、冰箱的销售量(台)及每种商品的单位售价(千元/台)、单位利润(千元/台)见表7-4和表7-5.求这两个月这三种商品的销售总额和利润总额,并用矩阵表示.

表7-4

	彩 电	空 调	冰 箱
1月销售量	250	100	300
2月销售量	300	150	250

表7-5

	单位售价	单位利润
彩 电	3	0.4
空 调	5	0.8
冰 箱	4	0.5

解 由题意,两个月这三种商品的销售总额和利润总额如表7-6所示.

表7-6

	销售总额	利润总额
1月	$250 \times 3 + 100 \times 5 + 300 \times 4 = 2\,450$	$250 \times 0.4 + 100 \times 0.8 + 300 \times 0.5 = 330$
2月	$300 \times 3 + 150 \times 5 + 250 \times 4 = 2\,650$	$300 \times 0.4 + 150 \times 0.8 + 250 \times 0.5 = 365$

表7－4、表7－5及表7－6用矩阵可分别表示为

$$A = \begin{bmatrix} 250 & 100 & 300 \\ 300 & 150 & 250 \end{bmatrix}, B = \begin{bmatrix} 3 & 0.4 \\ 5 & 0.8 \\ 4 & 0.5 \end{bmatrix},$$

$$C = \begin{bmatrix} 250 \times 3 + 100 \times 5 + 300 \times 4 & 250 \times 0.4 + 100 \times 0.8 + 300 \times 0.5 \\ 300 \times 3 + 150 \times 5 + 250 \times 4 & 300 \times 0.4 + 150 \times 0.8 + 250 \times 0.5 \end{bmatrix}$$

$$= \begin{bmatrix} 2\,450 & 330 \\ 2\,650 & 365 \end{bmatrix}.$$

可以看出,矩阵 C 的元素 $c_{ij}(i = 1、2; j = 1、2)$ 是由矩阵 A 的第 i 行上的各元素与矩阵 B 的第 j 列上的各元素对应相乘再相加得到的,即

$$c_{ij} = a_{i1}b_{1j} + a_{i2}b_{2j} + a_{i3}b_{3j} \quad (i = 1、2; j = 1、2),$$

我们称矩阵 C 为矩阵 A 与 B 的乘积,记为 AB.

> **定义4** 设 $A = (a_{ij})_{m \times s}$, $B = (b_{ij})_{s \times n}$,则称由元素
>
> $$c_{ij} = a_{i1} \cdot b_{1j} + a_{i2} \cdot b_{2j} + \cdots + a_{is} \cdot b_{sj}(i = 1, 2, \cdots, m; j = 1, 2, \cdots, n)$$
>
> 所组成的矩阵 $C = (c_{ij})_{m \times n}$ 为矩阵 A 与 B 的**乘积**,记为 AB,即 $AB = C = (c_{ij})_{m \times n}$.

说明:（1）只有当左边矩阵 A 的列数等于右边矩阵 B 的行数时,AB 才有意义;

（2）在 $AB = C$ 中,C 中的元素 c_{ij} 等于左边矩阵 A 的第 i 行与右边矩阵 B 的第 j 列各元素对应乘积之和,C 的行数与 A 的行数相同,C 的列数与 B 的列数相同.

例6 设 $A = \begin{bmatrix} 1 & 2 \\ -1 & 4 \\ 3 & -2 \end{bmatrix}$, $B = \begin{bmatrix} 2 & 5 \\ 1 & 2 \end{bmatrix}$,判断 AB、BA 是否有意义,若有意义将其求出.

解 因为 A 是 3×2 矩阵,B 是 2×2 矩阵,所以 AB 有意义,但 BA 无意义.

$$AB = \begin{bmatrix} 1 & 2 \\ -1 & 4 \\ 3 & -2 \end{bmatrix} \begin{bmatrix} 2 & 5 \\ 1 & 2 \end{bmatrix} = \begin{bmatrix} 1 \times 2 + 2 \times 1 & 1 \times 5 + 2 \times 2 \\ (-1) \times 2 + 4 \times 1 & (-1) \times 5 + 4 \times 2 \\ 3 \times 2 + (-2) \times 1 & 3 \times 5 + (-2) \times 2 \end{bmatrix} = \begin{bmatrix} 4 & 9 \\ 2 & 3 \\ 4 & 11 \end{bmatrix}.$$

例7 设 $A = \begin{bmatrix} 1 & 2 \\ -1 & -2 \end{bmatrix}$，$B = \begin{bmatrix} 6 & -2 \\ -3 & 1 \end{bmatrix}$，求 AB、BA.

解 $AB = \begin{bmatrix} 1 & 2 \\ -1 & -2 \end{bmatrix}\begin{bmatrix} 6 & -2 \\ -3 & 1 \end{bmatrix} = \begin{bmatrix} 0 & 0 \\ 0 & 0 \end{bmatrix}$，

$BA = \begin{bmatrix} 6 & -2 \\ -3 & 1 \end{bmatrix}\begin{bmatrix} 1 & 2 \\ -1 & -2 \end{bmatrix} = \begin{bmatrix} 8 & 16 \\ -4 & -8 \end{bmatrix}$.

从例6和例7可以看出，**矩阵的乘法不满足交换律**，即一般地，$AB \neq BA$.

例8 设 $A = \begin{bmatrix} 2 & 0 \\ 5 & 0 \end{bmatrix}$，$B = \begin{bmatrix} 0 & 0 \\ 8 & 6 \end{bmatrix}$，$C = \begin{bmatrix} 0 & 0 \\ -1 & 2 \end{bmatrix}$，求 AB、AC.

解 $AB = \begin{bmatrix} 2 & 0 \\ 5 & 0 \end{bmatrix}\begin{bmatrix} 0 & 0 \\ 8 & 6 \end{bmatrix} = \begin{bmatrix} 0 & 0 \\ 0 & 0 \end{bmatrix}$，$AC = \begin{bmatrix} 2 & 0 \\ 5 & 0 \end{bmatrix}\begin{bmatrix} 0 & 0 \\ -1 & 2 \end{bmatrix} = \begin{bmatrix} 0 & 0 \\ 0 & 0 \end{bmatrix}$.

从例8可以看出，两个矩阵都不是零矩阵，但乘积矩阵却可能是零矩阵. 因此，由矩阵 $AB = O$，不能推出矩阵 $A = O$ 或 $B = O$. 另外，从例8中还可以看出，虽然 $B \neq C$，但是却有 $AB = AC$. 所以，**矩阵的乘法不满足消去律**，即由 $AB = AC$，不能推出 $B = C$.

可以验证，矩阵的乘法满足以下运算律：

(1) 结合律　$(AB)C = A(BC)$，$\lambda(AB) = (\lambda A)B = A(\lambda B)$；(其中 λ 是数)

(2) 分配律　$A(B + C) = AB + AC$，$(A + B)C = AC + BC$；

(3) $A_{m \times n}E_n = E_m A_{m \times n} = A_{m \times n}$，$A_n E_n = E_n A_n = A_n$.

3. 方阵的幂

> **定义5** 设 A 是 n 阶方阵，k 是自然数，规定：
>
> $$A^0 = E,\ A^1 = A,\ A^2 = A \cdot A,\ \cdots,\ A^k = A^{k-1} \cdot A = \underbrace{A \cdot A \cdot \cdots \cdot A}_{k\text{个}},$$
>
> 称 A^k 为方阵 A 的 k 次幂.

由定义5可知，$A^k \cdot A^l = A^l \cdot A^k = A^{k+l}$，$(A^k)^l = A^{kl}$（其中 k、l 为非负整数）. 由于矩阵乘法不满足交换律，一般地，$(AB)^k \neq A^k B^k$.

例9 设 $A = \begin{bmatrix} 1 & 0 \\ 3 & 1 \end{bmatrix}$，求 A^n，其中 n 为正整数.

解 $A^2 = \begin{bmatrix} 1 & 0 \\ 3 & 1 \end{bmatrix}\begin{bmatrix} 1 & 0 \\ 3 & 1 \end{bmatrix} = \begin{bmatrix} 1 & 0 \\ 6 & 1 \end{bmatrix}$，$A^3 = A^2 \cdot A = \begin{bmatrix} 1 & 0 \\ 6 & 1 \end{bmatrix}\begin{bmatrix} 1 & 0 \\ 3 & 1 \end{bmatrix} = \begin{bmatrix} 1 & 0 \\ 9 & 1 \end{bmatrix}$，$\cdots$，

可以看出, $\boldsymbol{A}^n = \begin{bmatrix} 1 & 0 \\ 3n & 1 \end{bmatrix}$.

4. 转置矩阵及其性质

将矩阵 $\boldsymbol{A} = \begin{bmatrix} a_{11} & a_{12} & \cdots & a_{1n} \\ a_{21} & a_{22} & \cdots & a_{2n} \\ \vdots & \vdots & \vdots & \vdots \\ a_{m1} & a_{m2} & \cdots & a_{mn} \end{bmatrix}$ 的所有行换为同序数的列,这样得到的矩阵称为 **$\boldsymbol{A}$ 的转置**

矩阵,记为 $\boldsymbol{A}^{\mathrm{T}}$,即 $\boldsymbol{A}^{\mathrm{T}} = \begin{bmatrix} a_{11} & a_{21} & \cdots & a_{m1} \\ a_{12} & a_{22} & \cdots & a_{m2} \\ \vdots & \vdots & \vdots & \vdots \\ a_{1n} & a_{2n} & \cdots & a_{mn} \end{bmatrix}$.

例如,$\boldsymbol{A} = \begin{bmatrix} 18 & 15 & 10 \\ 17 & 16 & 9 \end{bmatrix}$ 的转置矩阵为 $\boldsymbol{A}^{\mathrm{T}} = \begin{bmatrix} 18 & 17 \\ 15 & 16 \\ 10 & 9 \end{bmatrix}$.可以看出,若 $\boldsymbol{A}$ 是 $m \times n$ 矩阵,则 $\boldsymbol{A}^{\mathrm{T}}$

是 $n \times m$ 矩阵.

 例 10 设 $\boldsymbol{A} = \begin{bmatrix} 1 & 2 & -1 & -2 \\ -2 & -1 & 2 & 1 \\ 2 & 1 & 3 & -1 \end{bmatrix}$,$\boldsymbol{B} = \begin{bmatrix} 0 & 4 & 3 & 1 \\ 2 & 1 & 0 & 1 \\ 1 & 0 & -1 & 0 \\ -2 & 3 & -1 & 2 \end{bmatrix}$,利用 MATLAB 软件求矩

阵 $(\boldsymbol{AB})^{\mathrm{T}}$ 和 $\boldsymbol{B}^{\mathrm{T}}\boldsymbol{A}^{\mathrm{T}}$.

解 在 MATLAB 的命令窗口输入下面语句:

```
>>A=[1,2,-1,-2;-2,-1,2,1;2,1,3,-1];          % 输入矩阵 A
>>B=[0,4,3,1;2,1,0,1;1,0,-1,0;-2,3,-1,2];    % 输入矩阵 B
>>F=(A*B)'                                    % 计算(AB)ᵀ存入 F
>>H=B'*A'                                     % 计算 BᵀAᵀ存入 H
```

根据运行结果,可得

$$(\boldsymbol{AB})^{\mathrm{T}} = \begin{bmatrix} 7 & -2 & 7 \\ 0 & -6 & 6 \\ 6 & -9 & 4 \\ -1 & -1 & 1 \end{bmatrix}, \boldsymbol{B}^{\mathrm{T}}\boldsymbol{A}^{\mathrm{T}} = \begin{bmatrix} 7 & -2 & 7 \\ 0 & -6 & 6 \\ 6 & -9 & 4 \\ -1 & -1 & 1 \end{bmatrix}.$$

由例 10 的计算结果可以看出:$(\boldsymbol{AB})^{\mathrm{T}} = \boldsymbol{B}^{\mathrm{T}}\boldsymbol{A}^{\mathrm{T}}$,这个结论具有一般性. 可以验证,转置矩阵有

下列性质,其中 k 是一个数:

$$(A^\mathrm{T})^\mathrm{T} = A, \quad (A + B)^\mathrm{T} = A^\mathrm{T} + B^\mathrm{T}, \quad (kA)^\mathrm{T} = kA^\mathrm{T}, \quad (AB)^\mathrm{T} = B^\mathrm{T}A^\mathrm{T}.$$

课堂测试

7 - 1

习题 7 - 1

A 组

1. 已知 $A = \begin{bmatrix} x+2 & 0 & 3 \\ 0 & 1 & 3 \\ 2z & 2 & 3 \end{bmatrix}$, $B = \begin{bmatrix} 3 & 0 & 3 \\ 0 & 1 & y-1 \\ 4 & 2 & 3 \end{bmatrix}$,并且 $A = B$,求 x、y、z.

2. 已知 $A = \begin{bmatrix} 4 & 6 & 10 \\ -2 & 4 & 8 \end{bmatrix}$, $B = \begin{bmatrix} -1 & 2 & 1 \\ 3 & 4 & 1 \end{bmatrix}$, $C = \begin{bmatrix} 1 & 2 & -2 \\ 0 & 3 & 1 \end{bmatrix}$,求:

(1) $\dfrac{1}{2}A$; (2) $A+B$; (3) $3A-C$; (4) $A+2C$.

3. 计算:

(1) $\begin{bmatrix} 2 & 1 \\ 2 & 3 \end{bmatrix}\begin{bmatrix} 3 & -1 \\ -2 & 2 \end{bmatrix}$;

(2) $\begin{bmatrix} 1 & 2 \\ -7 & 3 \\ 0 & 5 \end{bmatrix}\begin{bmatrix} 0 & 0 \\ 0 & 0 \end{bmatrix}$;

(3) $\begin{bmatrix} -1 & -1 \\ 0 & -1 \end{bmatrix}\begin{bmatrix} -1 & -1 \\ 0 & -1 \end{bmatrix}$;

(4) $\begin{bmatrix} 1 & 2 & 3 \\ -2 & 1 & 2 \end{bmatrix}\begin{bmatrix} 1 & 2 & 0 \\ 0 & 1 & 1 \\ 3 & 0 & 1 \end{bmatrix}$;

(5) $\begin{bmatrix} 1 & 2 \\ -1 & 3 \\ 0 & -1 \end{bmatrix}\begin{bmatrix} 0 & 1 \\ -1 & 0 \end{bmatrix}$;

(6) $(1, 2, 3)\begin{pmatrix} 1 \\ 2 \\ 3 \end{pmatrix}$;

(7) $\begin{pmatrix} 1 \\ 0 \\ 2 \end{pmatrix}(1, 3, 5)$;

(8) $\begin{bmatrix} 2 & 1 & 0 \\ 0 & 2 & 1 \\ 0 & 0 & 2 \end{bmatrix}^3$;

(9) $\begin{bmatrix} 1 & 1 \\ 1 & 1 \end{bmatrix}^n$,其中 n 为正整数.

4. 设 $A = \begin{bmatrix} 1 & 5 \\ 0 & 3 \\ -1 & 4 \end{bmatrix}$, $E_2 = \begin{bmatrix} 1 & 0 \\ 0 & 1 \end{bmatrix}$, $E_3 = \begin{bmatrix} 1 & 0 & 0 \\ 0 & 1 & 0 \\ 0 & 0 & 1 \end{bmatrix}$,试验证 $AE_2 = E_3A$.

5. 设 $A = \begin{bmatrix} 1 & -1 & 2 \\ 1 & 0 & 1 \end{bmatrix}$, $B = \begin{bmatrix} 1 & 0 \\ -1 & 3 \\ 2 & 1 \end{bmatrix}$,求 $B^\mathrm{T}A^\mathrm{T}$.

B 组

1. 已知 $A = \begin{bmatrix} 3 & 7 & 2 \\ 1 & -1 & 4 \end{bmatrix}$, $B = \begin{bmatrix} 1 & 3 & 0 \\ 1 & 1 & 0 \end{bmatrix}$, 且 $2X - A = 3B$. 求矩阵 X.

2. 设 $f(x) = ax^2 + bx + c$, A 为 n 阶方阵, E 为 n 阶单位阵, 规定: $f(A) = aA^2 + bA + cE$. 求 $f(A)$:

(1) $f(x) = x^2 - x - 1$, $A = \begin{bmatrix} 3 & 1 & 1 \\ 3 & 1 & 2 \\ 1 & -1 & 0 \end{bmatrix}$;

(2) $f(x) = x^2 - 5x + 3$, $A = \begin{bmatrix} 2 & -1 \\ -3 & 3 \end{bmatrix}$.

3. 某石油公司所属的三个炼油厂甲、乙、丙, 在 2005 年和 2006 年生产的四种成品油 a_1、a_2、a_3、a_4 的数量(万吨)分别由表 7-7 与 7-8 给出.

表 7-7(2005 年)

成品油 炼油厂	a_1	a_2	a_3	a_4
甲	65	30	16	10
乙	70	35	20	8
丙	65	25	15	6

表 7-8(2006 年)

成品油 炼油厂	a_1	a_2	a_3	a_4
甲	70	35	15	8
乙	80	30	25	6
丙	70	30	18	10

设 $A = \begin{bmatrix} 65 & 30 & 16 & 10 \\ 70 & 35 & 20 & 8 \\ 65 & 25 & 15 & 6 \end{bmatrix}$, $B = \begin{bmatrix} 70 & 35 & 15 & 8 \\ 80 & 30 & 25 & 6 \\ 70 & 30 & 18 & 10 \end{bmatrix}$, $C = \begin{pmatrix} 1 \\ 1 \\ 1 \\ 1 \end{pmatrix}$.

(1) 求 $A + B$, $B - A$, $\dfrac{1}{2}(A + B)$, AC, $(A + B)C$;

(2) 说出(1)中各矩阵的实际含义.

第二节　矩阵的初等行变换、秩和逆矩阵

⊙ 矩阵的初等行变换　⊙ 行阶梯形矩阵　⊙ 矩阵的秩　⊙ 逆矩阵

一、矩阵的初等行变换

矩阵的初等行变换在求矩阵的秩和逆矩阵以及解线性方程组中有重要应用. 下面给出矩阵的初等行变换的定义:

> **定义 1**　下面三种变换称为矩阵的**初等行变换**:
>
> (1) 互换变换:互换矩阵的两行;
>
> (2) 倍乘变换:将矩阵某一行的每一个元素同乘某一非零常数 k;
>
> (3) 倍加变换:将矩阵某一行的每一个元素加上另一行对应元素的 k 倍.

为了书写方便,矩阵的三种初等行变换常用下面的记号表示:

(1) 互换第 i 行与第 j 行,记为 $r_i \leftrightarrow r_j$;

(2) 用非零常数 k 同乘第 i 行的每一个元素,记为 $k \cdot r_i$;

(3) 第 i 行的每一个元素加上第 j 行上对应元素的 k 倍,记为 $r_i + k \cdot r_j$.

若矩阵 B 可由矩阵 A 经过一系列初等行变换得到,则称 A 与 B **等价**,记作 $A \cong B$.

例如, $A = \begin{bmatrix} 1 & 2 & 3 \\ 3 & 4 & 5 \\ 2 & 1 & 1 \end{bmatrix} \xrightarrow{r_2 + (-3)r_1} \begin{bmatrix} 1 & 2 & 3 \\ 0 & -2 & -4 \\ 2 & 1 & 1 \end{bmatrix} = B$,所以 $A \cong B$.

二、矩阵的秩

1. 行阶梯形矩阵

在矩阵中,元素不全为零的行称为**非零行**,非零行中第一个不等于零的元素称为该非零行的**首非零元**;元素全为零的行称为**零行**.

> **定义 2**　满足下列两个条件的矩阵称为**行阶梯形矩阵**:
>
> (1) 零行在非零行的下方或无零行;
>
> (2) 非零行(第一行除外)的首非零元所在列位于前一行首非零元的右侧.

特别地,每一个非零行的首非零元均为 1,且首非零元所在列的其他元素全为零的行阶梯形矩阵称为**行标准形矩阵**.

例如,下列矩阵均为行阶梯形矩阵,其中 D, E, F 为行标准形矩阵.

$$A = \begin{bmatrix} 2 & 3 & 0 & 3 \\ 0 & 1 & 2 & 1 \\ 0 & 0 & 1 & 1 \end{bmatrix}, B = \begin{bmatrix} 1 & 1 & 0 & 3 \\ 0 & 0 & 2 & -1 \\ 0 & 0 & 0 & 0 \end{bmatrix}, C = \begin{bmatrix} 0 & 2 & 1 & 0 \\ 0 & 0 & 1 & 3 \\ 0 & 0 & 0 & 0 \end{bmatrix},$$

$$D = \begin{bmatrix} 1 & 0 & 0 \\ 0 & 1 & 0 \\ 0 & 0 & 1 \end{bmatrix}, E = \begin{bmatrix} 1 & 0 & 2 & 1 \\ 0 & 1 & -1 & 2 \\ 0 & 0 & 0 & 0 \end{bmatrix}, F = \begin{bmatrix} 1 & -1 & 0 & 0 & 2 \\ 0 & 0 & 1 & 0 & 6 \\ 0 & 0 & 0 & 1 & -3 \\ 0 & 0 & 0 & 0 & 0 \end{bmatrix}.$$

定理 任一矩阵可通过有限次初等行变换化为行阶梯形矩阵和行标准形矩阵.

例 1 用初等行变换把矩阵 $A = \begin{bmatrix} 2 & 2 & 2 & 2 \\ 0 & 1 & -1 & 2 \\ 2 & 4 & 0 & 6 \\ 3 & 4 & 2 & 5 \end{bmatrix}$ 化为行阶梯形矩阵和行标准形矩阵.

解 $A = \begin{bmatrix} 2 & 2 & 2 & 2 \\ 0 & 1 & -1 & 2 \\ 2 & 4 & 0 & 6 \\ 3 & 4 & 2 & 5 \end{bmatrix} \xrightarrow{\frac{1}{2}r_1} \begin{bmatrix} 1 & 1 & 1 & 1 \\ 0 & 1 & -1 & 2 \\ 2 & 4 & 0 & 6 \\ 3 & 4 & 2 & 5 \end{bmatrix} \xrightarrow[r_4 + (-3)r_1]{r_3 + (-2)r_1} \begin{bmatrix} 1 & 1 & 1 & 1 \\ 0 & 1 & -1 & 2 \\ 0 & 2 & -2 & 4 \\ 0 & 1 & -1 & 2 \end{bmatrix}$

$\xrightarrow[r_4 + (-1)r_2]{r_3 + (-2)r_2} \begin{bmatrix} 1 & 1 & 1 & 1 \\ 0 & 1 & -1 & 2 \\ 0 & 0 & 0 & 0 \\ 0 & 0 & 0 & 0 \end{bmatrix}$. 这是行阶梯形矩阵.

对上面的行阶梯形矩阵继续进行初等行变换:

$\begin{bmatrix} 1 & 1 & 1 & 1 \\ 0 & 1 & -1 & 2 \\ 0 & 0 & 0 & 0 \\ 0 & 0 & 0 & 0 \end{bmatrix} \xrightarrow{r_1 + (-1)r_2} \begin{bmatrix} 1 & 0 & 2 & -1 \\ 0 & 1 & -1 & 2 \\ 0 & 0 & 0 & 0 \\ 0 & 0 & 0 & 0 \end{bmatrix}$. 这是行标准形矩阵.

2. 矩阵的秩

> **定义 3** 设矩阵 A 经过若干次初等行变换化为行阶梯形矩阵 D,则称行阶梯形矩阵 D 的非零行的行数为矩阵 A 的**秩**,记作 $r(A)$.

矩阵的秩是矩阵的本质属性,对一个矩阵施行初等行变换不改变它的秩. 因此,如果两个矩阵 A 与 B 等价,则有 $r(A) = r(B)$.

例 2 求矩阵 $A = \begin{bmatrix} 4 & -2 & 1 \\ 1 & 2 & -2 \\ -1 & 8 & -7 \\ 2 & 14 & -13 \end{bmatrix}$ 的秩.

解 $A = \begin{bmatrix} 4 & -2 & 1 \\ 1 & 2 & -2 \\ -1 & 8 & -7 \\ 2 & 14 & -13 \end{bmatrix} \xrightarrow[\substack{r_3 + r_1 \\ r_4 - 2r_1}]{\substack{r_1 \leftrightarrow r_2 \\ r_2 - 4r_1}} \begin{bmatrix} 1 & 2 & -2 \\ 0 & -10 & 9 \\ 0 & 10 & -9 \\ 0 & 10 & -9 \end{bmatrix} \xrightarrow[r_4 + r_2]{r_3 + r_2} \begin{bmatrix} 1 & 2 & -2 \\ 0 & -10 & 9 \\ 0 & 0 & 0 \\ 0 & 0 & 0 \end{bmatrix} = B,$

因为 B 是行阶梯形矩阵,所以,$r(A) = 2$.

三、逆矩阵

1. 逆矩阵的概念

看下面的例子.

设 $A = \begin{bmatrix} 2 & 5 \\ 1 & 3 \end{bmatrix}$, $B = \begin{bmatrix} 3 & -5 \\ -1 & 2 \end{bmatrix}$,则有 $AB = BA = \begin{bmatrix} 1 & 0 \\ 0 & 1 \end{bmatrix} = E$, 这时,称 A 是可逆的,B 是它的逆矩阵.

> **定义 4** 设 A 为 n 阶方阵,如果存在一个 n 阶方阵 B,使得
> $$AB = BA = E, \tag{①}$$
> 则称 A 是**可逆的**,称 B 是 A 的**逆矩阵**,记为 A^{-1},即 $A^{-1} = B$.

由定义可知,如果 B 是 A 的逆矩阵,那么 A 也是 B 的逆矩阵,即 A、B 互为逆矩阵. 设方阵 A 可逆,则式①又可写成

$$AA^{-1} = A^{-1}A = E.$$

利用定义可以证明逆矩阵有下列性质：

（1）若 A 可逆，则 A 的逆矩阵是唯一的；

（2）若 A 可逆，则 A^{-1} 也可逆，且 $(A^{-1})^{-1}=A$；

（3）若 A 可逆，则 A^{T} 也可逆，且 $(A^{\mathrm{T}})^{-1}=(A^{-1})^{\mathrm{T}}$；

（4）若 A、B 均为 n 阶可逆矩阵，则 $(AB)^{-1}=B^{-1}A^{-1}$.

2. 用初等行变换求逆矩阵

设 A 为 n 阶方阵，如果 $r(A)=n$，则称 A 为**满秩矩阵**. 可以证明，**方阵 A 有逆矩阵的充分必要条件是 A 为满秩矩阵**. 若 A 有逆矩阵，则称 A 是**非奇异阵**，否则，称 A 是**奇异阵**. 下面说明用初等行变换求逆矩阵的方法.

用初等行变换求 n 阶可逆矩阵 A 的逆矩阵的步骤如下：

（1）构造一个新的 $n\times 2n$ 矩阵 $(A\vdots E)$，该矩阵的左边是 A 的元素，右边是单位阵 E 的元素；

（2）对矩阵 $(A\vdots E)$ 作初等行变换，直到将 $(A\vdots E)\longrightarrow(E\vdots B)$，则 B 即为 A^{-1}.

例3 设 $A=\begin{bmatrix}1&-1&0\\1&1&2\\-1&2&-1\end{bmatrix}$，判断 A 是否有逆矩阵，若有，求出逆矩阵.

解 因为 $A=\begin{bmatrix}1&-1&0\\1&1&2\\-1&2&-1\end{bmatrix}\xrightarrow[\substack{r_3+r_1\\r_3-r_2}]{\substack{r_2-r_1\\\frac{1}{2}r_2}}\begin{bmatrix}1&-1&0\\0&1&1\\0&0&-2\end{bmatrix}$，所以 $r(A)=3$，A 为满秩矩阵，

从而 A 有逆矩阵.

$(A\vdots E)=\begin{bmatrix}1&-1&0&\vdots&1&0&0\\1&1&2&\vdots&0&1&0\\-1&2&-1&\vdots&0&0&1\end{bmatrix}\xrightarrow[r_3+r_1]{r_2+(-1)r_1}\begin{bmatrix}1&-1&0&\vdots&1&0&0\\0&2&2&\vdots&-1&1&0\\0&1&-1&\vdots&1&0&1\end{bmatrix}$

$\xrightarrow{r_2\leftrightarrow r_3}\begin{bmatrix}1&-1&0&\vdots&1&0&0\\0&1&-1&\vdots&1&0&1\\0&2&2&\vdots&-1&1&0\end{bmatrix}\xrightarrow{r_3+(-2)r_2}\begin{bmatrix}1&-1&0&\vdots&1&0&0\\0&1&-1&\vdots&1&0&1\\0&0&4&\vdots&-3&1&-2\end{bmatrix}$

$\xrightarrow{\frac{1}{4}r_3}\begin{bmatrix}1&-1&0&\vdots&1&0&0\\0&1&-1&\vdots&1&0&1\\0&0&1&\vdots&-\frac{3}{4}&\frac{1}{4}&-\frac{1}{2}\end{bmatrix}\xrightarrow{r_2+r_3}\begin{bmatrix}1&-1&0&\vdots&1&0&0\\0&1&0&\vdots&\frac{1}{4}&\frac{1}{4}&\frac{1}{2}\\0&0&1&\vdots&-\frac{3}{4}&\frac{1}{4}&-\frac{1}{2}\end{bmatrix}$

$$\xrightarrow{r_1 + r_2}
\begin{bmatrix}
1 & 0 & 0 & \vdots & \dfrac{5}{4} & \dfrac{1}{4} & \dfrac{1}{2} \\[2mm]
0 & 1 & 0 & \vdots & \dfrac{1}{4} & \dfrac{1}{4} & \dfrac{1}{2} \\[2mm]
0 & 0 & 1 & \vdots & -\dfrac{3}{4} & \dfrac{1}{4} & -\dfrac{1}{2}
\end{bmatrix}
\cdot \boldsymbol{A}^{-1} =
\begin{bmatrix}
\dfrac{5}{4} & \dfrac{1}{4} & \dfrac{1}{2} \\[2mm]
\dfrac{1}{4} & \dfrac{1}{4} & \dfrac{1}{2} \\[2mm]
-\dfrac{3}{4} & \dfrac{1}{4} & -\dfrac{1}{2}
\end{bmatrix}.$$

求矩阵的秩和逆矩阵也可以直接利用 MATLAB 软件来求,下面以例 3 为例说明实现过程.

首先,在 MATLAB 命令窗口输入下面语句来求矩阵 $\boldsymbol{A}$ 的秩:

>>A=[1,-1,0;1,1,2;-1,2,-1];   % 输入矩阵 A

>>r=rank(A)   % 求矩阵 A 的秩,并存入 r

运行结果为

r=3,

即 $\boldsymbol{A}$ 的秩 $r(\boldsymbol{A}) = 3$,所以 $\boldsymbol{A}$ 是满秩矩阵,有逆矩阵.

>>B=inv(A)   % 求矩阵 A 的逆矩阵,并存入 B

运行结果为

B=

  1.2500   0.2500   0.5000

  0.2500   0.2500   0.5000

-0.7500   0.2500 -0.5000

即矩阵 $\boldsymbol{A}$ 的逆矩阵为 $\boldsymbol{A}^{-1} = \begin{bmatrix} 1.25 & 0.25 & 0.5 \\ 0.25 & 0.25 & 0.5 \\ -0.75 & 0.25 & -0.5 \end{bmatrix} = \begin{bmatrix} \dfrac{5}{4} & \dfrac{1}{4} & \dfrac{1}{2} \\[2mm] \dfrac{1}{4} & \dfrac{1}{4} & \dfrac{1}{2} \\[2mm] -\dfrac{3}{4} & \dfrac{1}{4} & -\dfrac{1}{2} \end{bmatrix}.$

下面来看一个用逆矩阵解线性方程组的例子.

例 4   解线性方程组 $\begin{cases} x_1 - x_2 = 1, \\ x_1 + x_2 + 2x_3 = 3, \\ -x_1 + 2x_2 - x_3 = 2. \end{cases}$

解   设 $\boldsymbol{A} = \begin{bmatrix} 1 & -1 & 0 \\ 1 & 1 & 2 \\ -1 & 2 & -1 \end{bmatrix}$,$\boldsymbol{X} = \begin{pmatrix} x_1 \\ x_2 \\ x_3 \end{pmatrix}$,$\boldsymbol{B} = \begin{pmatrix} 1 \\ 3 \\ 2 \end{pmatrix}$,则由矩阵的乘法和相等可知,原线性

方程组可表示为 $\boldsymbol{AX} = \boldsymbol{B}$.

由例 3 知,A 有逆矩阵,在上式两端同左乘 A^{-1},得

$$A^{-1}(AX) = A^{-1}B, \quad EX = A^{-1}B, \text{即 } X = A^{-1}B.$$

把 A^{-1}、B 代入,得

$$X = \begin{pmatrix} x_1 \\ x_2 \\ x_3 \end{pmatrix} = A^{-1}B = \begin{bmatrix} \dfrac{5}{4} & \dfrac{1}{4} & \dfrac{1}{2} \\ \dfrac{1}{4} & \dfrac{1}{4} & \dfrac{1}{2} \\ -\dfrac{3}{4} & \dfrac{1}{4} & -\dfrac{1}{2} \end{bmatrix} \begin{pmatrix} 1 \\ 3 \\ 2 \end{pmatrix} = \begin{pmatrix} 3 \\ 2 \\ -1 \end{pmatrix}.$$

即原方程组的解为 $x_1 = 3$,$x_2 = 2$,$x_3 = -1$.

课堂测试

7-2

习题 7-2

A 组

1. 求下列矩阵的秩,并将它们化为行标准形:

(1) $\begin{bmatrix} -1 & 1 & 2 \\ 3 & 1 & 1 \end{bmatrix}$;   (2) $\begin{bmatrix} -1 & 2 & 3 \\ 0 & 1 & -1 \\ -2 & 1 & 4 \end{bmatrix}$;   (3) $\begin{bmatrix} 2 & 1 \\ 1 & -1 \\ -1 & 2 \end{bmatrix}$;

(4) $\begin{bmatrix} 2 & 2 & -4 & 6 \\ 3 & 1 & 2 & 5 \\ 1 & 3 & -6 & 7 \end{bmatrix}$;   (5) $\begin{bmatrix} 1 & 1 & 0 \\ -3 & -1 & 2 \\ 1 & 1 & -1 \\ 3 & 0 & 4 \end{bmatrix}$;   (6) $\begin{bmatrix} 2 & 3 & 1 & -1 & 0 \\ 0 & 2 & 2 & 2 & 0 \\ 0 & -1 & -1 & 1 & 1 \\ 1 & 3 & 2 & 2 & -1 \end{bmatrix}$.

2. 判断下列方阵是否有逆矩阵,若有,将其求出:

(1) $\begin{bmatrix} 1 & 1 \\ -3 & -2 \end{bmatrix}$;   (2) $\begin{bmatrix} 3 & 6 \\ -1 & 1 \end{bmatrix}$;   (3) $\begin{bmatrix} 1 & -5 & 4 \\ 0 & 1 & 3 \\ 0 & 0 & 1 \end{bmatrix}$;

(4) $\begin{bmatrix} 1 & 2 & 3 \\ 2 & 4 & 6 \\ 1 & -1 & 2 \end{bmatrix}$;   (5) $\begin{bmatrix} 1 & -3 & 2 \\ -3 & 0 & 1 \\ 1 & 1 & -1 \end{bmatrix}$;   (6) $\begin{bmatrix} 2 & 0 & 2 & 0 \\ 0 & 2 & 0 & 2 \\ 0 & 0 & 2 & 0 \\ 0 & 0 & 0 & 2 \end{bmatrix}$.

3. 设 $A = \begin{bmatrix} \sin\alpha & \cos\alpha \\ -\cos\alpha & \sin\alpha \end{bmatrix}$,$B = \begin{bmatrix} \sin\alpha & -\cos\alpha \\ \cos\alpha & \sin\alpha \end{bmatrix}$,证明 A、B 互为逆矩阵.

4. 利用逆矩阵求解下列方程组：

(1) $\begin{cases} x_1 - 2x_2 = 2, \\ 3x_1 - 4x_2 = 4; \end{cases}$　　　　　　(2) $\begin{cases} x_1 - x_2 = 2, \\ 5x_1 - 4x_2 + x_3 = -1, \\ 3x_1 - 2x_2 + 2x_3 = 1. \end{cases}$

B 组

1. 已知 $A = \begin{bmatrix} 1 & 0 & 1 \\ -1 & 2 & 3 \\ 2 & 1 & 1 \end{bmatrix}$，$B = \begin{bmatrix} 1 & 0 & 0 & 2 \\ 0 & -2 & 0 & 1 \\ -1 & -1 & 2 & 1 \end{bmatrix}$，求 $r(AB)$.

2. 设 $A = \begin{bmatrix} 1 & -1 & -3 \\ 1 & 3 & 2 \\ -2 & -1 & 2 \end{bmatrix}$，$B = \begin{bmatrix} 3 & 1 & 2 \\ -1 & 2 & 3 \\ 1 & -1 & 3 \end{bmatrix}$，若 $AX = B$，求矩阵 X.

（提示：若 A 有逆矩阵 A^{-1}，则 $X = A^{-1}B$）

3. 已知 A 为方阵且 $A^k = O$，证明：$(E - A)^{-1} = E + A + A^2 + \cdots + A^{k-1}$.（$k$ 为正整数）

第三节　利用矩阵解线性方程组

⊙ **关于线性方程组解的定理**　⊙ **利用矩阵解线性方程组的方法**

　　线性方程组无论在理论上还是在实际中都有重要应用，本节将给出关于线性方程组解的一些结论以及利用矩阵解线性方程组的方法.

令 $A = \begin{bmatrix} a_{11} & a_{12} & \cdots & a_{1n} \\ a_{21} & a_{22} & \cdots & a_{2n} \\ \vdots & \vdots & \vdots & \vdots \\ a_{m1} & a_{m2} & \cdots & a_{mn} \end{bmatrix}$，$X = \begin{pmatrix} x_1 \\ x_2 \\ \vdots \\ x_n \end{pmatrix}$，$B = \begin{pmatrix} b_1 \\ b_2 \\ \vdots \\ b_m \end{pmatrix}$，则线性方程组

$$\begin{cases} a_{11}x_1 + a_{12}x_2 + \cdots + a_{1n}x_n = b_1, \\ a_{21}x_1 + a_{22}x_2 + \cdots + a_{2n}x_n = b_2, \\ \cdots \quad \cdots \quad \cdots \quad \cdots \\ a_{m1}x_1 + a_{m2}x_2 + \cdots + a_{mn}x_n = b_m \end{cases} \tag{①}$$

用矩阵可表示为 $AX = B$. 矩阵 A、X 和 B 分别称为方程组①的系数矩阵、未知量矩阵和常数项矩

阵. 又矩阵

$$(\boldsymbol{A} \vdots \boldsymbol{B}) = \begin{bmatrix} a_{11} & a_{12} & \cdots & a_{1n} & b_1 \\ a_{21} & a_{22} & \cdots & a_{2n} & b_2 \\ \vdots & \vdots & \vdots & \vdots & \vdots \\ a_{m1} & a_{m2} & \cdots & a_{mn} & b_m \end{bmatrix},$$

称为方程组①的**增广矩阵**. 可以看出, 线性方程组①与增广矩阵$(\boldsymbol{A} \vdots \boldsymbol{B})$是一一对应的, 方程组①的解由$(\boldsymbol{A} \vdots \boldsymbol{B})$确定.

特别地, 在方程组①中, 当$b_1 = b_2 = \cdots = b_m = 0$时, 有

$$\begin{cases} a_{11}x_1 + a_{12}x_2 + \cdots + a_{1n}x_n = 0, \\ a_{21}x_1 + a_{22}x_2 + \cdots + a_{2n}x_n = 0, \\ \quad \cdots \quad \cdots \quad \cdots \quad \cdots \\ a_{m1}x_1 + a_{m2}x_2 + \cdots + a_{mn}x_n = 0, \end{cases} \qquad ②$$

方程组②称为**齐次线性方程组**. 可以看出, 方程组②完全由系数矩阵$\boldsymbol{A}$确定, 因此它的解也完全由$\boldsymbol{A}$来确定.

在中学里用消元法解线性方程组①时, 经常进行以下三种同解变形:

(1) 互换两个方程的位置;

(2) 将一个方程的两端同乘一个非零常数k;

(3) 将一个方程的两端同乘非零常数k后与另一个方程相加.

从矩阵的角度来看, 这三种变形相当于对方程组①的增广矩阵$(\boldsymbol{A} \vdots \boldsymbol{B})$进行初等行变换.

定理1 若对线性方程组①的增广矩阵$(\boldsymbol{A} \vdots \boldsymbol{B})$进行若干次初等行变换后得到行标准形矩阵$(\boldsymbol{U} \vdots \boldsymbol{V})$, 则方程组$\boldsymbol{AX} = \boldsymbol{B}$与$\boldsymbol{UX} = \boldsymbol{V}$同解.

关于方程组①的解, 有下面的定理.

定理2 设n是方程组①中未知量的个数, 则

(1) 当$r(\boldsymbol{A} \vdots \boldsymbol{B}) \neq r(\boldsymbol{A})$时, 方程组①无解;

(2) 当$r(\boldsymbol{A} \vdots \boldsymbol{B}) = r(\boldsymbol{A}) = n$时, 方程组①有唯一解;

(3) 当$r(\boldsymbol{A} \vdots \boldsymbol{B}) = r(\boldsymbol{A}) < n$时, 方程组①有无穷多解.

特别地, 对于方程组②的解, 有下面的结论成立.

定理3 设 n 是方程组②中未知量的个数,则

(1) 当 $r(A)=n$ 时,方程组 ② 有唯一解 $x_1=x_2=\cdots=x_n=0$,又称为零解;

(2) 当 $r(A)<n$ 时,方程组②有无穷多解,这时方程组有非零解.

由定理 2 可知,方程组①有解的充分必要条件是 $r(A\vdots B)=r(A)$.

根据定理 1 和定理 2,解线性方程组①可以按下面的步骤进行:

(1) 写出增广矩阵 $(A\vdots B)$,并进行初等行变换,将它化为行阶梯形矩阵,考察 $r(A)$ 与 $r(A\vdots B)$ 是否相等,从而判定方程组是否有解;

(2) 当方程组①有解时,将行阶梯形矩阵进一步化为行标准形矩阵 $(U\vdots V)$,并解出 $(U\vdots V)$ 对应的线性方程组 $UX=V$ 的解,它就是原方程组①的解.

特别地,求解齐次线性方程组②时,只要对它的系数矩阵 A 施行初等行变换即可,将其化为行标准形矩阵,并解其对应的方程组即可得原方程组的解.

例1 解线性方程组 $\begin{cases} x_1-2x_2+2x_3=-1, \\ 2x_1+4x_2=10, \\ x_1-x_2-5x_3=7. \end{cases}$

解 $(A\vdots B)=\begin{bmatrix} 1 & -2 & 2 & -1 \\ 2 & 4 & 0 & 10 \\ 1 & -1 & -5 & 7 \end{bmatrix} \xrightarrow[r_3+(-1)r_1]{r_2+(-2)r_1} \begin{bmatrix} 1 & -2 & 2 & -1 \\ 0 & 8 & -4 & 12 \\ 0 & 1 & -7 & 8 \end{bmatrix}$

$\xrightarrow{r_2\leftrightarrow r_3} \begin{bmatrix} 1 & -2 & 2 & -1 \\ 0 & 1 & -7 & 8 \\ 0 & 8 & -4 & 12 \end{bmatrix} \xrightarrow{r_3+(-8)r_2} \begin{bmatrix} 1 & -2 & 2 & -1 \\ 0 & 1 & -7 & 8 \\ 0 & 0 & 52 & -52 \end{bmatrix}.$

可见 $r(A\vdots B)=r(A)=3$,所以方程组有唯一解.继续对上面的行阶梯形矩阵进行初等行变换,把它化为行标准形矩阵:

$\xrightarrow{\frac{1}{52}r_3} \begin{bmatrix} 1 & -2 & 2 & -1 \\ 0 & 1 & -7 & 8 \\ 0 & 0 & 1 & -1 \end{bmatrix} \xrightarrow[r_1+(-2)r_3]{r_2+7r_3} \begin{bmatrix} 1 & -2 & 0 & 1 \\ 0 & 1 & 0 & 1 \\ 0 & 0 & 1 & -1 \end{bmatrix} \xrightarrow{r_1+2r_2} \begin{bmatrix} 1 & 0 & 0 & 3 \\ 0 & 1 & 0 & 1 \\ 0 & 0 & 1 & -1 \end{bmatrix}.$

这个行标准形矩阵所对应的方程组为 $\begin{cases} x_1=3, \\ x_2=1, \\ x_3=-1. \end{cases}$ 这就是原方程组的解.

例 2 解线性方程组 $\begin{cases} 3x_1 - 2x_2 + 5x_3 + 4x_4 = 2, \\ 6x_1 - 7x_2 + 4x_3 + 3x_4 = 3, \\ 9x_1 - 9x_2 + 9x_3 + 7x_4 = -1. \end{cases}$

解 $(A \vdots B) = \begin{bmatrix} 3 & -2 & 5 & 4 & \vdots & 2 \\ 6 & -7 & 4 & 3 & \vdots & 3 \\ 9 & -9 & 9 & 7 & \vdots & -1 \end{bmatrix} \xrightarrow[\substack{r_3 - 3r_1 \\ r_3 - r_2}]{r_2 - 2r_1} \begin{bmatrix} 3 & -2 & 5 & 4 & \vdots & 2 \\ 0 & -3 & -6 & -5 & \vdots & -1 \\ 0 & 0 & 0 & 0 & \vdots & -6 \end{bmatrix}.$

可见 $r(A \vdots B) = 3, r(A) = 2$. 因为 $r(A \vdots B) \neq r(A)$, 所以方程组无解. 这个结论也可以

从初等行变换后所得行阶梯形矩阵对应的方程组 $\begin{cases} 3x_1 - 2x_2 + 5x_3 + 4x_4 = 2, \\ \quad\quad -3x_2 - 6x_3 - 5x_4 = -1, \\ \quad\quad\quad\quad\quad\quad\quad 0 = -6 \end{cases}$ 中看出, 第 3

个方程是矛盾方程, 因此方程组无解.

例 3 解线性方程组 $\begin{cases} 2x_1 - x_2 - x_3 + x_4 = 1, \\ x_1 + 2x_2 - x_3 - 2x_4 = 0, \\ 3x_1 + x_2 - 2x_3 - x_4 = 1. \end{cases}$

解 $(A \vdots B) = \begin{bmatrix} 2 & -1 & -1 & 1 & \vdots & 1 \\ 1 & 2 & -1 & -2 & \vdots & 0 \\ 3 & 1 & -2 & -1 & \vdots & 1 \end{bmatrix} \longrightarrow \begin{bmatrix} 1 & 2 & -1 & -2 & \vdots & 0 \\ 0 & -5 & 1 & 5 & \vdots & 1 \\ 0 & 0 & 0 & 0 & \vdots & 0 \end{bmatrix}.$

可见 $r(A \vdots B) = r(A) = 2 < 4$, 所以方程组有无穷多解. 接上继续进行初等行变换:

$\xrightarrow{\left(-\frac{1}{5}\right)r_2} \begin{bmatrix} 1 & 2 & -1 & -2 & \vdots & 0 \\ 0 & 1 & -\dfrac{1}{5} & -1 & \vdots & -\dfrac{1}{5} \\ 0 & 0 & 0 & 0 & \vdots & 0 \end{bmatrix} \xrightarrow{r_1 + (-2)r_2} \begin{bmatrix} 1 & 0 & -\dfrac{3}{5} & 0 & \vdots & \dfrac{2}{5} \\ 0 & 1 & -\dfrac{1}{5} & -1 & \vdots & -\dfrac{1}{5} \\ 0 & 0 & 0 & 0 & \vdots & 0 \end{bmatrix}.$

这个行标准形矩阵对应的方程组为 $\begin{cases} x_1 \quad\quad -\dfrac{3}{5}x_3 \quad\quad = \dfrac{2}{5}, \\ \quad\quad x_2 - \dfrac{1}{5}x_3 - x_4 = -\dfrac{1}{5}. \end{cases}$

这个方程组中有 4 个未知量, 两个方程, 因此有两个变量可以自由取值. x_1、x_2 为行标准形非零行的首非零元所对应的未知量, 把它们作为**基变量**, 而 x_3、x_4 作为**自由变量**. 不妨令 $x_3 = k_1$, $x_4 = k_2$. 则方程组的解可表示为

$$\begin{cases} x_1 = \dfrac{2}{5} + \dfrac{3}{5}k_1, \\ x_2 = -\dfrac{1}{5} + \dfrac{1}{5}k_1 + k_2, (其中\,k_1 \, 、 k_2\,为任意常数), \\ x_3 = k_1, \\ x_4 = k_2 \end{cases}$$

这样的解又称为方程组的**一般解**.

一般地，当含有 n 个未知量的线性方程组有无穷多解时，通常把行标准形中各非零行的首非零元所对应的变量作为基变量，其余 $n-r(\boldsymbol{A})$ 个变量作为自由变量.

例 4 解线性方程组 $\begin{cases} x_1 - x_2 + 2x_3 = 0, \\ x_1 \quad\;\; - x_3 = 0, \\ x_1 - 2x_2 + 5x_3 = 0, \\ -x_1 - 2x_2 + 7x_3 = 0. \end{cases}$

解 $\boldsymbol{A} = \begin{bmatrix} 1 & -1 & 2 \\ 1 & 0 & -1 \\ 1 & -2 & 5 \\ -1 & -2 & 7 \end{bmatrix} \xrightarrow[\substack{r_3 - r_1 \\ r_4 + r_1 \\ r_3 + r_2 \\ r_4 + 3r_2}]{r_2 - r_1} \begin{bmatrix} 1 & -1 & 2 \\ 0 & 1 & -3 \\ 0 & 0 & 0 \\ 0 & 0 & 0 \end{bmatrix} \xrightarrow{r_1 + r_2} \begin{bmatrix} 1 & 0 & -1 \\ 0 & 1 & -3 \\ 0 & 0 & 0 \\ 0 & 0 & 0 \end{bmatrix}.$

原方程组的同解方程组为 $\begin{cases} x_1 - x_3 = 0, \\ x_2 - 3x_3 = 0, \end{cases}$

令 $x_3 = k$，则原方程组的一般解为 $\begin{cases} x_1 = k, \\ x_2 = 3k, \\ x_3 = k. \end{cases}$ （k 是任意常数）

例 5 某工厂生产甲、乙、丙三种产品，每单位产品所需要消耗原材料 A、B、C 的数量及该厂现有原材料总量由表 7-9 给出. 问：三种产品的生产量分别为多少时，三种原材料均恰好用完？

表 7-9

	甲	乙	丙	原材料总量
A	1	3	2	17
B	4	2	1	20
C	2	5	3	28

解 设甲、乙、丙三种产品的生产量分别为 x_1、x_2、x_3 时,三种原材料均恰好用完,则根据

表 7-9 建立方程组 $\begin{cases} x_1 + 3x_2 + 2x_3 = 17, \\ 4x_1 + 2x_2 + x_3 = 20, \\ 2x_1 + 5x_2 + 3x_3 = 28. \end{cases}$

这个方程组的增广矩阵为

$$F = (A \vdots B) = \begin{bmatrix} 1 & 3 & 2 & 17 \\ 4 & 2 & 1 & 20 \\ 2 & 5 & 3 & 28 \end{bmatrix}.$$

利用 MATLAB 软件求线性方程组的解,在 MATLAB 命令窗口输入下面语句:

```
>>A=[1,3,2;4,2,1;2,5,3];          % 输入系数矩阵 A
>>F=[1,3,2,17;4,2,1,20;2,5,3,28]; % 输入增广矩阵 F
>>rA=rank(A)                       % 求系数矩阵 A 的秩
>>rF=rank(F)                       % 求系数矩阵 F 的秩
>>G=rref(F)                        % 把增广矩阵 F 化为行标准形
```

运行结果为

```
rA=3,rF=3,G=
        1  0  0  3
        0  1  0  2
        0  0  1  4
```

由运行结果可以看出:$r(A) = r(F) = 3$,方程组有唯一解;增广矩阵化得的行标准形

$$G = \begin{bmatrix} 1 & 0 & 0 & 3 \\ 0 & 1 & 0 & 2 \\ 0 & 0 & 1 & 4 \end{bmatrix}.$$ 于是,方程组的解为 $\begin{cases} x_1 = 3, \\ x_2 = 2, \\ x_3 = 4. \end{cases}$

因此,甲、乙、丙三种产品的生产量分别为 3、2、4 时,三种原材料均

恰好用完.

习题 7-3

课堂测试

7-3

A 组

1. 解下列线性方程组:

(1) $\begin{cases} x_1 + x_2 + x_3 = 3, \\ 2x_1 - x_2 + 5x_3 = 6, \\ 3x_1 + x_2 - 2x_3 = 2; \end{cases}$

(2) $\begin{cases} x_1 - x_2 + x_3 - x_4 = 1, \\ x_1 - x_2 - x_3 + x_4 = 0, \\ 2x_1 - 2x_2 - 4x_3 + 4x_4 = -1; \end{cases}$

$(3)\begin{cases} -x_1+2x_2-x_3+3x_4=3, \\ x_1-2x_2+x_3-x_4=-1, \\ 2x_1-4x_2+2x_3-6x_4=4; \end{cases}$
$(4)\begin{cases} x_1-x_2-x_3+3x_4=0, \\ 2x_1-2x_2+3x_3+x_4=0, \\ -2x_2-11x_3+3x_4=0; \end{cases}$

$(5)\begin{cases} x_1+3x_2-2x_3+x_4=1, \\ 2x_1+5x_2-3x_3+2x_2=3, \\ -3x_1+4x_2+8x_3-2x_4=4, \\ 6x_1-x_2-6x_3+4x_4=2; \end{cases}$
$(6)\begin{cases} 2x_1+8x_2+2x_4=2, \\ -2x_2+2x_3+4x_4=4, \\ x_1+5x_2-x_3-x_4=-1, \\ 2x_1+10x_2-2x_3-2x_4=-2; \end{cases}$

$(7)\begin{cases} 2x_1-3x_2+7x_3=0, \\ x_1-x_3=0, \\ 2x_1-2x_2+4x_3=0, \\ -x_1-2x_2+6x_3=0; \end{cases}$
$(8)\begin{cases} x_1-5x_2+2x_3-3x_4=11, \\ 5x_1+3x_2+6x_3-x_4=-1, \\ 3x_1-x_2+4x_3-2x_4=5, \\ -x_1-9x_2-4x_4=17. \end{cases}$

2. 某工厂生产甲、乙两种产品,每单位产品所需要消耗原材料 A、B、C 的数量及该厂现有原材料总量由下表给出. 问:两种产品的生产量分别为多少时,三种原材料均恰好用完?

	甲	乙	原材料总量
A	1	2	8
B	5	2	24
C	1	8	20

B 组

1. 设含有参数 λ 的线性方程组为 $\begin{cases} x_1-x_2+x_3=0, \\ x_1+2x_3=-2, \\ 3x_1-2x_2+\lambda x_3=3, \end{cases}$ λ 取何值时,方程组:(1)无解?

(2)有唯一解? 并求出此解.

2. 在如图所示的网络电路中,字母 A,B 表示节点,I_1,I_2,I_3 表示节点间的电流,箭头指向表示电流的方向. 根据基尔霍夫定律,在每一个节点,流入的电流之和等于流出的电流之和;围绕每一个回路同一方向的电压降(即 RI)的代数和等于围绕该回路的同一方向电动势的代数和. 求电流 I_1、I_2 和 I_3.

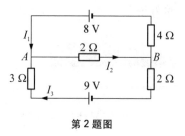

第 2 题图

第四节 行 列 式

⊙ 二阶行列式、三阶行列式与 n 阶行列式 　⊙ 行列式的性质 　⊙ 克莱姆法则

行列式是研究矩阵的重要工具,本节将简要介绍行列式的概念、性质等基本知识.

一、行列式

1. 行列式的概念

定义 1 由 2^2 个数 $a_{ij}(i、j = 1、2)$ 组成的记号 $\begin{vmatrix} a_{11} & a_{12} \\ a_{21} & a_{22} \end{vmatrix}$ 称为**二阶行列式**,其中横

排称为**行**,竖排称为**列**, $a_{ij}(i、j = 1、2)$ 称为第 i 行第 j 列的**元素**. 并且规定:

$$\begin{vmatrix} a_{11} & a_{12} \\ a_{21} & a_{22} \end{vmatrix} = a_{11}a_{22} - a_{21}a_{12}. \qquad ①$$

式①右端的式子 $a_{11}a_{22} - a_{12}a_{12}$ 称为二阶行列式的**展开式**.

例如, $\begin{vmatrix} 4 & -5 \\ 2 & 3 \end{vmatrix} = 3 \times 4 - 2 \times (-5) = 22.$

$\begin{vmatrix} x+1 & 1 \\ -1 & x-1 \end{vmatrix} = (x+1)(x-1) - (-1) \times 1 = x^2 - 1 + 1 = x^2.$

类似地,记号 $\begin{vmatrix} a_{11} & a_{12} & a_{13} \\ a_{21} & a_{22} & a_{23} \\ a_{31} & a_{32} & a_{33} \end{vmatrix}$ 称为**三阶行列式**,划去元素 a_{ij} 所在的行和列后,剩余的 4 个元素

按原来的次序所组成的二阶行列式称为 a_{ij} 的**余子式**,记为 M_{ij}, $(-1)^{i+j}M_{ij}$ 称为 a_{ij} 的**代数余子式**,

记为 A_{ij},即 $A_{ij} = (-1)^{i+j}M_{ij}$. 例如,元素 a_{12} 的余子式为 $M_{12} = \begin{vmatrix} a_{21} & a_{23} \\ a_{31} & a_{33} \end{vmatrix}$,代数余子式为 $A_{12} =$

$(-1)^{1+2}\begin{vmatrix} a_{21} & a_{23} \\ a_{31} & a_{33} \end{vmatrix} = -\begin{vmatrix} a_{21} & a_{23} \\ a_{31} & a_{33} \end{vmatrix}.$

规定:

$$\begin{vmatrix} a_{11} & a_{12} & a_{13} \\ a_{21} & a_{22} & a_{23} \\ a_{31} & a_{32} & a_{33} \end{vmatrix} = a_{11}\boldsymbol{A_{11}} + a_{12}\boldsymbol{A_{12}} + a_{13}\boldsymbol{A_{13}}$$

$$= a_{11}a_{22}a_{33} + a_{12}a_{23}a_{31} + a_{13}a_{21}a_{32} - a_{13}a_{22}a_{31} - a_{12}a_{21}a_{33} - a_{11}a_{23}a_{32}. \quad ②$$

式②右端的式子称为三阶行列式的**展开式**.

例1 计算行列式 $\begin{vmatrix} 1 & 2 & 3 \\ -1 & 0 & 6 \\ 4 & 0 & 5 \end{vmatrix}$ 的值.

解 $\begin{vmatrix} 1 & 2 & 3 \\ -1 & 0 & 6 \\ 4 & 0 & 5 \end{vmatrix} = 1 \times (-1)^{1+1} \begin{vmatrix} 0 & 6 \\ 0 & 5 \end{vmatrix} + 2 \times (-1)^{1+2} \begin{vmatrix} -1 & 6 \\ 4 & 5 \end{vmatrix} + 3 \times (-1)^{1+3} \begin{vmatrix} -1 & 0 \\ 4 & 0 \end{vmatrix}$

$$= 58.$$

下面给出 n 阶行列式的定义.

定义2 由 n^2 个数 $a_{ij}(i、j=1, 2, \cdots, n)$ 组成的记号 $\begin{vmatrix} a_{11} & a_{12} & \cdots & a_{1n} \\ a_{21} & a_{22} & \cdots & a_{2n} \\ \vdots & \vdots & \vdots & \vdots \\ a_{n1} & a_{n2} & \cdots & a_{nn} \end{vmatrix}$ 称为 n

阶行列式,规定:当 $n=1$ 时,$|a_{11}| = a_{11}$;当 $n \geqslant 2$ 时,

$$\begin{vmatrix} a_{11} & a_{12} & \cdots & a_{1n} \\ a_{21} & a_{22} & \cdots & a_{2n} \\ \vdots & \vdots & \vdots & \vdots \\ a_{n1} & a_{n2} & \cdots & a_{nn} \end{vmatrix} = a_{11}\boldsymbol{A_{11}} + a_{12}\boldsymbol{A_{12}} + \cdots + a_{1n}\boldsymbol{A_{1n}}, \quad ③$$

其中 $\boldsymbol{A_{ij}} = (-1)^{i+j}\boldsymbol{M_{ij}}(i、j=1, 2, \cdots, n)$,$\boldsymbol{M_{ij}}$ 表示在 n 阶行列式中划去 a_{ij} 所在的第 i 行和第 j 列元素后,剩下的元素按原来相对位置组成的 $n-1$ 阶行列式. $\boldsymbol{M_{ij}}$ 和 $\boldsymbol{A_{ij}}$ 分别称为元素 a_{ij} 的**余子式和代数余子式**.

当 $n=2$ 时,由式③即得二阶行列式及其展开式,即式①.

当 $n=3$ 时,由式③即得三阶行列式及其展开式,即式②.

例 2 计算下列行列式的值：

$$(1) \begin{vmatrix} 1 & 0 & 0 & 1 \\ 0 & 0 & 1 & 1 \\ 0 & 1 & 0 & 1 \\ 1 & 0 & 0 & 1 \end{vmatrix}; \qquad (2) \begin{vmatrix} a_{11} & 0 & 0 & 0 \\ a_{21} & a_{22} & 0 & 0 \\ a_{31} & a_{32} & a_{33} & 0 \\ a_{41} & a_{42} & a_{43} & a_{44} \end{vmatrix}.$$

解 （1）$\begin{vmatrix} 1 & 0 & 0 & 1 \\ 0 & 0 & 1 & 1 \\ 0 & 1 & 0 & 1 \\ 1 & 0 & 0 & 1 \end{vmatrix} = 1 \times (-1)^2 \begin{vmatrix} 0 & 1 & 1 \\ 1 & 0 & 1 \\ 0 & 0 & 1 \end{vmatrix} + 0 \times (-1)^3 \begin{vmatrix} 0 & 1 & 1 \\ 0 & 0 & 1 \\ 1 & 0 & 1 \end{vmatrix} +$

$$0 \times (-1)^4 \begin{vmatrix} 0 & 0 & 1 \\ 0 & 1 & 1 \\ 1 & 0 & 1 \end{vmatrix} + 1 \times (-1)^5 \begin{vmatrix} 0 & 0 & 1 \\ 0 & 1 & 0 \\ 1 & 0 & 0 \end{vmatrix}$$

$$= \begin{vmatrix} 0 & 1 & 1 \\ 1 & 0 & 1 \\ 0 & 0 & 1 \end{vmatrix} - \begin{vmatrix} 0 & 0 & 1 \\ 0 & 1 & 0 \\ 1 & 0 & 0 \end{vmatrix} = -1 - (-1) = 0.$$

$$(2) \begin{vmatrix} a_{11} & 0 & 0 & 0 \\ a_{21} & a_{22} & 0 & 0 \\ a_{31} & a_{32} & a_{33} & 0 \\ a_{41} & a_{42} & a_{43} & a_{44} \end{vmatrix} = a_{11} \cdot (-1)^2 \begin{vmatrix} a_{22} & 0 & 0 \\ a_{32} & a_{33} & 0 \\ a_{42} & a_{43} & a_{44} \end{vmatrix} = a_{11} a_{22} a_{33} a_{44}.$$

类似地，可得 $\begin{vmatrix} a_{11} & a_{12} & a_{13} & a_{14} \\ 0 & a_{22} & a_{23} & a_{24} \\ 0 & 0 & a_{33} & a_{34} \\ 0 & 0 & 0 & a_{44} \end{vmatrix} = a_{11} a_{22} a_{33} a_{44}.$

一般地，有

$$\begin{vmatrix} a_{11} & 0 & \cdots & 0 \\ a_{21} & a_{22} & \cdots & 0 \\ \vdots & \vdots & \vdots & \vdots \\ a_{n1} & a_{n2} & \cdots & a_{nn} \end{vmatrix} = \begin{vmatrix} a_{11} & a_{12} & \cdots & a_{1n} \\ 0 & a_{22} & \cdots & a_{2n} \\ \vdots & \vdots & \vdots & \vdots \\ 0 & 0 & \cdots & a_{nn} \end{vmatrix} = a_{11} a_{22} \cdots a_{nn}.$$

上式中的两个行列式分别称为**下三角行列式**和**上三角行列式**.

n 阶行列式 D 也常记为 D_n. 因为行列式 $D_n = \begin{vmatrix} a_{11} & a_{12} & \cdots & a_{1n} \\ a_{21} & a_{22} & \cdots & a_{2n} \\ \vdots & \vdots & \vdots & \vdots \\ a_{n1} & a_{n2} & \cdots & a_{nn} \end{vmatrix}$ 与 n 阶方阵 $A =$

$\begin{bmatrix} a_{11} & a_{12} & \cdots & a_{1n} \\ a_{21} & a_{22} & \cdots & a_{2n} \\ \vdots & \vdots & \vdots & \vdots \\ a_{n1} & a_{n2} & \cdots & a_{nn} \end{bmatrix}$ 有相同的元素,所以行列式 D_n 又称为 **n 阶方阵 A 的行列式**,记为 $|A|$ 或 **det**

(A),即 $\det(A) = \begin{vmatrix} a_{11} & a_{12} & \cdots & a_{1n} \\ a_{21} & a_{22} & \cdots & a_{2n} \\ \vdots & \vdots & \vdots & \vdots \\ a_{n1} & a_{n2} & \cdots & a_{nn} \end{vmatrix}$.

需要注意的是,行列式与矩阵是两个截然不同的概念.

2. 行列式的性质

当 $n \geqslant 4$ 时,按定义计算行列式往往是十分复杂的,下面给出行列式的一些性质,并利用这些性质来进行行列式的计算.

把 n 阶行列式 $D = \begin{vmatrix} a_{11} & a_{12} & \cdots & a_{1n} \\ a_{21} & a_{22} & \cdots & a_{2n} \\ \vdots & \vdots & \vdots & \vdots \\ a_{n1} & a_{n2} & \cdots & a_{nn} \end{vmatrix}$ 中每一行换为同序数的列所得到的新行列式称为 D

的**转置行列式**,记为 D^{T},即 $D^{\mathrm{T}} = \begin{vmatrix} a_{11} & a_{21} & \cdots & a_{n1} \\ a_{12} & a_{22} & \cdots & a_{n2} \\ \vdots & \vdots & \vdots & \vdots \\ a_{1n} & a_{2n} & \cdots & a_{nn} \end{vmatrix}$.

性质 1 行列式 D 与它的转置行列式 D^{T} 的值相等,即 $D = D^{\mathrm{T}}$.

性质 2 互换行列式中的某两行(列),所得新行列式的值等于原来行列式值的相反数.

互换行列式中的第 i 行与第 j 行记为 $r_i \leftrightarrow r_j$;互换第 i 列与第 j 列记为 $c_i \leftrightarrow c_j$.

如果行列式 D 中有两行(列)的对应元素都相等,交换这两行(列)后得到的行列式还是 D,由性质 2,有 $D=-D$,即 $D=0$,因此,有下面的推论:

推论 1 如果行列式 D 中某两行(列)的对应元素都相等,那么 $D=0$.

性质 3 行列式的值等于它任意一行(列)的各元素与其对应的代数余子式乘积之和,即

$$D_n = a_{i1}A_{i1} + a_{i2}A_{i2} + \cdots + a_{in}A_{in} \text{ 或 } D_n = a_{1j}A_{1j} + a_{2j}A_{2j} + \cdots + a_{nj}A_{nj}. \quad (i、j = 1, 2, \cdots, n)$$

推论 2 如果行列式中有一行(列)元素全为 0,那么行列式的值为 0.

性质 4 如果行列式中某一行(列)的所有元素有公因子 k,那么 k 可提到行列式记号外.

由性质 4 和推论 1,可得下面的推论.

推论 3 如果行列式 D 中某两行(列)的元素对应成比例,那么 $D=0$.

性质 5
$$\begin{vmatrix} a_{11} & a_{12} & \cdots & a_{1n} \\ \vdots & \vdots & \cdots & \vdots \\ a_{i1}+b_{i1} & a_{i2}+b_{i2} & \cdots & a_{in}+b_{in} \\ \vdots & \vdots & \cdots & \vdots \\ a_{n1} & a_{n2} & \cdots & a_{nn} \end{vmatrix} = \begin{vmatrix} a_{11} & a_{12} & \cdots & a_{1n} \\ \vdots & \vdots & \cdots & \vdots \\ a_{i1} & a_{i2} & \cdots & a_{in} \\ \vdots & \vdots & \cdots & \vdots \\ a_{n1} & a_{n2} & \cdots & a_{nn} \end{vmatrix} + \begin{vmatrix} a_{11} & a_{12} & \cdots & a_{1n} \\ \vdots & \vdots & \cdots & \vdots \\ b_{i1} & b_{i2} & \cdots & b_{in} \\ \vdots & \vdots & \cdots & \vdots \\ a_{n1} & a_{n2} & \cdots & a_{nn} \end{vmatrix}$$

性质 5 对列也有类似的式子成立.

性质6 把行列式的某一行(列)的每一个元素加上另一行(列)对应元素的 k 倍,所得到的新行列式与原来行列式的值相等.

把行列式第 i 行的每个元素加上第 j 行对应元素的 k 倍,记为 $r_i+k\,r_j$;第 i 列的每个元素加上第 j 列对应元素的 k 倍,记为 c_i+kc_j.

例3 计算下列行列式:

$$(1)\ \begin{vmatrix} 2 & -1 & 5 & 2 \\ 1 & 1 & 1 & -2 \\ 3 & 1 & -1 & -4 \\ 5 & 1 & 1 & 2 \end{vmatrix};\qquad (2)\ \begin{vmatrix} x & a & \cdots & a & a \\ a & x & \cdots & a & a \\ \vdots & \vdots & \cdots & \vdots & \vdots \\ a & a & \cdots & x & a \\ a & a & \cdots & a & x \end{vmatrix}.$$

解 (1) 原式 $\xLeftrightarrow{r_1 \leftrightarrow r_2}$ $-\begin{vmatrix} 1 & 1 & 1 & -2 \\ 2 & -1 & 5 & 2 \\ 3 & 1 & -1 & -4 \\ 5 & 1 & 1 & 2 \end{vmatrix}\xLeftrightarrow[\substack{r_3+(-3)r_1 \\ r_4+(-5)r_1}]{r_2+(-2)r_1}-\begin{vmatrix} 1 & 1 & 1 & -2 \\ 0 & -3 & 3 & 6 \\ 0 & -2 & -4 & 2 \\ 0 & -4 & -4 & 12 \end{vmatrix}$

$=24\begin{vmatrix} 1 & 1 & 1 & -2 \\ 0 & 1 & -1 & -2 \\ 0 & 1 & 2 & -1 \\ 0 & 1 & 1 & -3 \end{vmatrix}=24\begin{vmatrix} 1 & 1 & 1 & -2 \\ 0 & 1 & -1 & -2 \\ 0 & 0 & 3 & 1 \\ 0 & 0 & 2 & -1 \end{vmatrix}=24\begin{vmatrix} 1 & 1 & 1 & -2 \\ 0 & 1 & -1 & -2 \\ 0 & 0 & 3 & 1 \\ 0 & 0 & 0 & -\dfrac{5}{3} \end{vmatrix}=-120.$

(2) 注意到这个行列式中每一列都有一个 x 和 $n-1$ 个 a,所以将下面 $n-1$ 行的元素都对应加到第一行的元素上,并提出第一行元素的公因子 $x+(n-1)a$,得

$$原式=[x+(n-1)a]\begin{vmatrix} 1 & 1 & \cdots & 1 & 1 \\ a & x & \cdots & a & a \\ \vdots & \vdots & \cdots & \vdots & \vdots \\ a & a & \cdots & x & a \\ a & a & \cdots & a & x \end{vmatrix}$$

$$=[x+(n-1)a]\begin{vmatrix} 1 & 1 & \cdots & 1 & 1 \\ 0 & x-a & \cdots & 0 & 0 \\ \vdots & \vdots & \cdots & \vdots & \vdots \\ 0 & 0 & \cdots & x-a & 0 \\ 0 & 0 & \cdots & 0 & x-a \end{vmatrix}=[x+(n-1)a](x-a)^{n-1}.$$

一般地,对于一个三阶以及三阶以上的行列式,常利用性质将它化为上三角行列式来求值.

二、克莱姆法则

用消元法可以推出,当 $a_{11}a_{22} - a_{21}a_{12} \neq 0$ 时,线性方程组 $\begin{cases} a_{11}x_1 + a_{12}x_2 = b_1, \\ a_{21}x_1 + a_{22}x_2 = b_2 \end{cases}$ 的解为

$$\begin{cases} x_1 = \dfrac{b_1 a_{22} - b_2 a_{12}}{a_{11}a_{22} - a_{12}a_{21}}, \\ x_2 = \dfrac{a_{11}b_2 - a_{21}b_1}{a_{11}a_{22} - a_{12}a_{21}}. \end{cases}$$

令 $\boldsymbol{D} = \begin{vmatrix} a_{11} & a_{12} \\ a_{21} & a_{22} \end{vmatrix}$, $\boldsymbol{D_1} = \begin{vmatrix} b_1 & a_{12} \\ b_2 & a_{22} \end{vmatrix}$, $\boldsymbol{D_2} = \begin{vmatrix} a_{11} & b_1 \\ a_{21} & b_2 \end{vmatrix}$,则当 $\boldsymbol{D} \neq 0$ 时,方程组的解可表示为

$x_1 = \dfrac{\boldsymbol{D_1}}{\boldsymbol{D}}$, $x_2 = \dfrac{\boldsymbol{D_2}}{\boldsymbol{D}}$,其中 $\boldsymbol{D}$ 称为上述线性方程组的**系数行列式**.

一般地,有下面的定理.

> **定理(克莱姆法则)** 设有 n 个未知量、n 个方程的线性方程组
>
> $$\begin{cases} a_{11}x_1 + a_{12}x_2 + \cdots + a_{1n}x_n = b_1, \\ a_{21}x_1 + a_{22}x_2 + \cdots + a_{2n}x_n = b_2, \\ \quad \cdots \quad \cdots \quad \cdots \\ a_{n1}x_1 + a_{n2}x_2 + \cdots + a_{nn}x_n = b_n \end{cases} \quad ④$$
>
> 的系数行列式为 $\boldsymbol{D} = \begin{vmatrix} a_{11} & a_{12} & \cdots & a_{1n} \\ a_{21} & a_{22} & \cdots & a_{2n} \\ \vdots & \vdots & \cdots & \vdots \\ a_{n1} & a_{n2} & \cdots & a_{nn} \end{vmatrix}$,则当 $\boldsymbol{D} \neq 0$ 时,方程组④有唯一解
>
> $$x_1 = \frac{\boldsymbol{D_1}}{\boldsymbol{D}}, \ x_2 = \frac{\boldsymbol{D_2}}{\boldsymbol{D}}, \ \cdots, \ x_n = \frac{\boldsymbol{D_n}}{\boldsymbol{D}},$$
>
> 其中 $\boldsymbol{D_j}(j = 1, 2, \cdots, n)$ 是将 $\boldsymbol{D}$ 中第 j 列的元素换成常数项列 $b_1, b_2, \cdots, b_n$ 所得到的行列式.

例 4 用克莱姆法则解方程组 $\begin{cases} 2x_1 - x_2 + x_3 = 0, \\ 3x_1 + 2x_2 - 5x_3 = 1, \\ x_1 + 3x_2 - 2x_3 = 4. \end{cases}$

解 $D = \begin{vmatrix} 2 & -1 & 1 \\ 3 & 2 & -5 \\ 1 & 3 & -2 \end{vmatrix} = 28, \quad D_1 = \begin{vmatrix} 0 & -1 & 1 \\ 1 & 2 & -5 \\ 4 & 3 & -2 \end{vmatrix} = 13, \quad D_2 = \begin{vmatrix} 2 & 0 & 1 \\ 3 & 1 & -5 \\ 1 & 4 & -2 \end{vmatrix} = 47,$

$D_3 = \begin{vmatrix} 2 & -1 & 0 \\ 3 & 2 & 1 \\ 1 & 3 & 4 \end{vmatrix} = 21.$

所以,方程组的解为 $x_1 = \dfrac{D_1}{D} = \dfrac{13}{28}, \quad x_2 = \dfrac{D_2}{D} = \dfrac{47}{28}, \quad x_3 = \dfrac{D_3}{D} = \dfrac{3}{4}.$

习题 7-4

课堂测试

7-4

A 组

1. 计算下列行列式:

(1) $\begin{vmatrix} 2 & 3 \\ 1 & 2 \end{vmatrix}$;

(2) $\begin{vmatrix} a & b \\ a^2 & b^2 \end{vmatrix}$;

(3) $\begin{vmatrix} x-1 & 1 \\ x^3 & x^2+x+1 \end{vmatrix}$;

(4) $\begin{vmatrix} 0 & 5 & 0 \\ -2 & 0 & 7 \\ 0 & -2 & -4 \end{vmatrix}$;

(5) $\begin{vmatrix} 1 & 0 & -2 \\ 3 & 4 & 5 \\ 1 & 2 & 6 \end{vmatrix}$;

(6) $\begin{vmatrix} -6 & 3 & -9 \\ 4 & -2 & 6 \\ 1 & 5 & 6 \end{vmatrix}$;

(7) $\begin{vmatrix} 1 & 2 & 3 & 4 \\ 2 & 1 & 4 & 3 \\ 3 & 4 & 1 & 2 \\ 4 & 3 & 2 & 1 \end{vmatrix}$;

(8) $\begin{vmatrix} -2 & 3 & -8 & -1 \\ 1 & -2 & 1 & 0 \\ 3 & 1 & -2 & 4 \\ 1 & 4 & 2 & -5 \end{vmatrix}$;

(9) $\begin{vmatrix} ae & ac & -ab \\ de & -cd & bd \\ -ef & cf & bf \end{vmatrix}$.

2. 证明:

(1) $\begin{vmatrix} 1 & 1 & 1 \\ 1 & 1+\sin x & 1-\cos x \\ 1 & 1+\cos x & 1+\sin x \end{vmatrix} = 1$;

(2) $\begin{vmatrix} 1 & 1 & 1 & 1 \\ a & b & c & d \\ a^2 & b^2 & c^2 & d^2 \\ a^3 & b^3 & c^3 & d^3 \end{vmatrix} = (b-a)(c-a)(d-a)(c-b)(d-b)(d-c).$

3. 用克莱姆法则解下列方程组：

(1) $\begin{cases} 5x + 4y = 6, \\ 3x + 3y = 8; \end{cases}$

(2) $\begin{cases} x_1 - 2x_2 + x_3 = 1, \\ 3x_1 - x_2 = 2, \\ x_1 - 3x_2 - 4x_3 = -10. \end{cases}$

B 组

1. 计算下列行列式：

(1) $\begin{vmatrix} a & b & c & d \\ a & b+a & c+b+a & d+c+b+a \\ a & b+2a & c+2b+3a & d+2c+3b+4a \\ a & b+3a & c+3b+6a & d+3c+6b+10a \end{vmatrix}$;

(2) $\begin{vmatrix} 1 & a_1 & a_2 & \cdots & a_n \\ 1 & a_1+b_1 & a_2 & \cdots & a_n \\ 1 & a_1 & a_2+b_2 & \cdots & a_n \\ \cdots & \cdots & \cdots & \cdots & \cdots \\ 1 & a_1 & a_2 & \cdots & a_n+b_n \end{vmatrix}$.

2. 证明：

(1) $\begin{vmatrix} b+c & c+a & a+b \\ a+b & b+c & c+a \\ c+a & a+b & b+c \end{vmatrix} = 2\begin{vmatrix} a & b & c \\ c & a & b \\ b & c & a \end{vmatrix}$;

(2) $\begin{vmatrix} a_{11} & a_{12} & 0 & 0 \\ a_{21} & a_{22} & 0 & 0 \\ c_{11} & c_{12} & b_{11} & b_{12} \\ c_{21} & c_{22} & b_{21} & b_{22} \end{vmatrix} = \begin{vmatrix} a_{11} & a_{12} \\ a_{21} & a_{22} \end{vmatrix} \cdot \begin{vmatrix} b_{11} & b_{12} \\ b_{21} & b_{22} \end{vmatrix}$;

(3) $\begin{vmatrix} a_1 & -a_1 & 0 & \cdots & 0 & 0 \\ 0 & a_2 & -a_2 & \cdots & 0 & 0 \\ \vdots & \vdots & \vdots & \cdots & \vdots & \vdots \\ 0 & 0 & 0 & \cdots & a_n & -a_n \\ 1 & 1 & 1 & \cdots & 1 & 1 \end{vmatrix} = (n+1)a_1 \cdot a_2 \cdot \cdots \cdot a_n$.

3. 解方程 $\begin{vmatrix} 1 & 1 & 2 & 3 \\ 1 & 2-x^2 & 2 & 3 \\ 2 & 3 & 1 & 5 \\ 2 & 3 & 1 & 9-x^2 \end{vmatrix} = 0$.

阅读与拓展

复习题七

A 组

1. 判断正误：

(1) $3\begin{bmatrix} 1 & 1 & 1 \\ 1 & 2 & 3 \\ 2 & 5 & 6 \end{bmatrix} = \begin{bmatrix} 3 & 3 & 3 \\ 1 & 2 & 3 \\ 2 & 5 & 6 \end{bmatrix}$.

(2) 若 A 是 $m \times s$ 矩阵、B 是 $s \times n$ 矩阵,则 $AB = BA$.

(3) 若方程组 $AX = B$ 有解,则 $r(A \vdots B) = r(A)$.

(4) 设 A 是 n 阶方阵,如果 $r(A) = n$,则 A 一定有逆矩阵.

(5) 若 A 经过若干次初等行变换得到 B, 则 $r(A) = r(B)$.

(6) $\begin{vmatrix} 4 & 4 & 5 \\ 1 & 1 & 1 \\ 0 & 3 & 4 \end{vmatrix} = \begin{vmatrix} 1 & 1 & 1 \\ 4 & 4 & 5 \\ 0 & 3 & 4 \end{vmatrix}$.

2. 计算:

(1) $3\begin{bmatrix} 1 & -2 & 1 & 2 \\ -1 & 3 & 2 & 1 \\ 1 & 2 & 3 & 4 \end{bmatrix} - 2\begin{bmatrix} 0 & 2 & -1 & 5 \\ 1 & -1 & 7 & 6 \\ 3 & 3 & 1 & 4 \end{bmatrix}$; (2) $\begin{bmatrix} 2 & 1 & 4 \\ 5 & 3 & 6 \end{bmatrix}\begin{bmatrix} 1 & 0 & 2 \\ 3 & -1 & 1 \\ 0 & 2 & 3 \end{bmatrix}$;

(3) $\begin{bmatrix} 3 & 1 & 2 & -1 \\ 0 & 3 & 1 & 0 \end{bmatrix}\begin{bmatrix} 1 & 0 & 5 \\ 0 & 2 & 0 \\ 1 & 0 & 1 \\ 0 & 3 & 0 \end{bmatrix}\begin{bmatrix} -1 & 0 \\ 1 & 5 \\ 0 & 2 \end{bmatrix}$; (4) $\begin{bmatrix} 1 & -2 \\ 3 & 4 \end{bmatrix}^3$.

3. 已知 $A = \begin{bmatrix} 1 & 0 & 3 \\ 0 & 2 & 1 \\ 0 & 0 & 1 \end{bmatrix}$, $B = \begin{bmatrix} 1 & 0 & 0 \\ 0 & 2 & 1 \\ 3 & 0 & 1 \end{bmatrix}$,求: (1) $(A + B)(A - B)$; (2) $A^2 - B^2$.

4. 求下列矩阵的逆矩阵:

(1) $\begin{bmatrix} 2 & 1 \\ 3 & 4 \end{bmatrix}$; (2) $\begin{bmatrix} 2 & 2 & -1 \\ 1 & -2 & 4 \\ 5 & 8 & 2 \end{bmatrix}$;

(3) $\begin{bmatrix} 0 & 1 & 1 \\ 2 & 2 & 3 \\ -1 & 2 & 1 \end{bmatrix}$; (4) $\begin{bmatrix} 1 & 2 & 3 & 4 \\ 0 & 1 & 2 & 3 \\ 0 & 0 & 1 & 2 \\ 0 & 0 & 0 & 1 \end{bmatrix}$;

$$(5) \begin{bmatrix} a_1 & 0 & 0 & 0 \\ 0 & a_2 & 0 & 0 \\ 0 & 0 & a_3 & 0 \\ 0 & 0 & 0 & a_4 \end{bmatrix} \quad (a_1 a_2 a_3 a_4 \neq 0, \ i = 1 \text{、} 2 \text{、} 3 \text{、} 4).$$

5. 解方程组：

$$(1) \begin{cases} 3x_1 - 2x_2 + 4x_3 = 11, \\ 2x_1 - x_2 - x_3 = 4, \\ x_1 + 5x_2 - x_3 = 7; \end{cases}$$

$$(2) \begin{cases} 3x_1 - 3x_2 - 3x_3 = 6, \\ 2x_1 - x_2 + 3x_3 = 3, \\ 2x_1 + 3x_2 + x_3 = -3, \\ x_2 - 5x_3 = -3; \end{cases}$$

$$(3) \begin{cases} 2x_1 + 3x_2 + 2x_4 = 2, \\ x_1 - 2x_2 + x_3 + 3x_4 = 3, \\ 3x_1 + 8x_2 - x_3 + x_4 = 1, \\ x_1 - 9x_2 + 3x_3 + 7x_4 = 7; \end{cases}$$

$$(4) \begin{cases} 2x_1 + 3x_2 + x_3 = 4, \\ 3x_1 + 8x_2 - 2x_3 = 13, \\ 5x_1 - 4x_2 + 6x_3 = -7; \end{cases}$$

$$(5) \begin{cases} 3x_1 + x_2 - 5x_3 = 0, \\ -x_1 + 4x_2 - 16x_3 = -3, \\ 2x_1 - x_2 + 3x_3 = 3, \\ 4x_1 - x_2 + x_3 = 3; \end{cases}$$

$$(6) \begin{cases} 2x_1 + 4x_2 - 2x_3 + 4x_4 - 7x_5 = 0, \\ x_1 - x_2 + 2x_3 - x_4 = 0, \\ 4x_1 - 2x_2 + 6x_3 + 3x_4 - 4x_5 = 0, \\ 2x_1 + 2x_3 - 4x_4 - x_5 = 0; \end{cases}$$

$$(7) \begin{cases} x_1 - x_2 + 5x_3 - x_4 = 0, \\ x_1 + x_2 - 2x_3 + 3x_4 = 0, \\ 3x_1 - x_2 + 8x_3 + x_4 = 0, \\ x_1 + 3x_2 - 9x_3 + 7x_4 = 0; \end{cases}$$

$$(8) \begin{cases} 2x_1 + 2x_2 - x_3 + x_4 = 4, \\ 4x_1 + 3x_2 - x_3 + 2x_4 = 6, \\ 8x_1 + 3x_2 - 3x_3 + 4x_4 = 12, \\ 3x_1 + 3x_2 - 2x_3 - 2x_4 = 6. \end{cases}$$

6. 计算下列行列式的值：

$$(1) \begin{vmatrix} -2 & 2 & -4 & 0 \\ 4 & -1 & 3 & 5 \\ 3 & 1 & -2 & -3 \\ 2 & 0 & 5 & 1 \end{vmatrix};$$

$$(2) \begin{vmatrix} 1 & 2 & 0 & -1 & 2 \\ -2 & 0 & 2 & 0 & 1 \\ 3 & 2 & -2 & -1 & 1 \\ -3 & 1 & -1 & -5 & 0 \\ 2 & -3 & 0 & 1 & 3 \end{vmatrix}.$$

B 组

1. 计算下列行列式：

$$(1)\begin{vmatrix} 0 & 0 & \cdots & 0 & a_1 \\ 0 & 0 & \cdots & a_2 & 0 \\ \vdots & \vdots & \cdots & \vdots & \vdots \\ 0 & a_{n-1} & \cdots & 0 & 0 \\ a_n & 0 & \cdots & 0 & 0 \end{vmatrix}; \qquad (2)\begin{vmatrix} 1+a & 1 & 1 & 1 \\ 1 & 1-a & 1 & 1 \\ 1 & 1 & 1+b & 1 \\ 1 & 1 & 1 & 1-b \end{vmatrix}(a、b \neq 0).$$

2. λ 为何值时方程组 $\begin{cases} 2x_1 + (\lambda + 1)x_2 - 4x_3 = 0, \\ \lambda x_1 + (\lambda + 3)x_2 - 6x_3 = 0, \\ (\lambda - 3)x_2 + (\lambda - 3)x_3 = 0 \end{cases}$ 有非零解? 并求出一般解.

3. 某工厂生产的四种食品需要三或四种原料配制而成,其组成比例见下表.

食品 原料	所需原料成分比例			
	A	B	C	D
甲	50%	40%	10%	10%
乙	30%	10%	60%	40%
丙	10%	20%	30%	50%
丁	10%	30%	0%	0%

该工厂现有原料甲、乙、丙、丁的数量分别为 16 吨、15.2 吨、8 吨、4 吨. 问:要把四种原料恰好用完,应生产四种食品各多少吨?

第八章　向量　常见空间图形及其方程

　　风力、位移、速度、力矩等都是既有大小又有方向的量,这些都是日常生活和工程技术中经常遇到的量,要描述和研究它们离不开本章将要学习的向量及其运算.我们生活的地球、居住的楼房、乘坐的飞机和火车、向太空发射的卫星和宇宙飞船、为举办 2008 年北京奥运会所建造的鸟巢、水立方等都是空间几何体,而地球绕太阳运行的轨道、飞机和飞船的运行轨迹等又都是空间曲线.当在空间建立了直角坐标系后,就可以通过曲面和空间曲线的方程来研究或设计这些空间图形.

　　本章将在空间直角坐标系中讨论向量及其运算,介绍平面、空间直线、常见的二次曲面、空间曲线及它们的方程.

第一节　空间直角坐标系　向量及其线性运算

> ⊙ 空间直角坐标系　⊙ 空间内两点间的距离公式　⊙ 向量及其加减法、数乘向量
> ⊙ 向量的坐标表示　⊙ 用坐标计算模的公式　⊙ 用坐标进行向量的线性运算
> ⊙ 非零向量平行的坐标表示　⊙ 方向角与方向余弦

一、空间直角坐标系

1. 空间直角坐标系

　　在空间内取定一点 O,以 O 为原点作三条互相垂直的数轴,这三条数轴分别称为 **x 轴(横轴)**、**y 轴(纵轴)**、**z 轴(竖轴)**,统称为**坐标轴**,这样就构成了一个**空间直角坐标系**(如图 8-1 所示),常记为 $Oxyz$.其中三个坐标轴的方向符合右手法则,即当右手的食指、中指、拇指两两垂直时,若食指指向 x 轴的正向,中指指向 y 轴的正向,则拇指的指向就是 z 轴的正向.

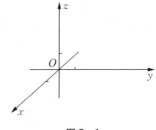

图 8-1

　　如图 8-2 所示,由 x 轴和 y 轴所确定的平面称为 xOy 面,由 y 轴和 z 轴所确定的平面称为 yOz 面,由 z 轴和 x 轴所确定的平面称为

zOx 面,它们统称为**坐标面**. 三个坐标面把空间分成八个部分,每一个部分称为一个**卦限**,以 x 轴、y 轴、z 轴的正半轴为棱的卦限称为第 Ⅰ 卦限,在 xOy 面之上的其他三个卦限按逆时针方向依次称为第 Ⅱ、Ⅲ、Ⅳ 卦限,在 xOy 面之下的四个卦限按逆时针方向依次称为第 Ⅴ、Ⅵ、Ⅶ、Ⅷ 卦限.

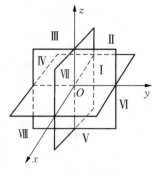

图 8-2

设 M 为空间中的任意一点,过 M 分别作垂直于 x 轴、y 轴、z 轴的平面,这三个平面分别与 x 轴、y 轴、z 轴交于点 P、Q、R(如图 8-3 所示),这三点在 x 轴、y 轴、z 轴上的坐标分别为 x、y、z,这样点 M 就对应唯一有序数组 x、y、z;反之,给定有序数组 x、y、z,依次在 x 轴、y 轴、z 轴上找出坐标为 x、y、z 的三个点 P、Q、R,过这三点且分别垂直于 x 轴、y 轴、z 轴的三个平面一定相交于空间中唯一的点 M(如图 8-3 所示). 由此可见,空间中的点 M 与有序实数组 x、y、z 一一对应,称有序实数组 x、y、z 为**点 M 的坐标**,记为 (x, y, z),其中 x、y、z 分别称为点 M 的**横坐标、纵坐标**和**竖坐标**.

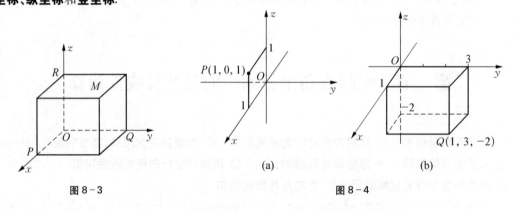

图 8-3   (a)   (b)   图 8-4

图 8-4 中表示出了点 $P(1, 0, 1)$ 和 $Q(1, 3, -2)$ 在空间直角坐标系中的位置.

可以看出,xOy 面上任意点的竖坐标都是零,即 $z = 0$,所以方程 $z = 0$ 在空间直角坐标系中表示的图形是 xOy 面. 类似地,在空间直角坐标系中,$y = 0$ 表示的图形是 zOx 面;$x = 0$ 表示的图形是 yOz 面;$y = 3$ 表示的是过点 $(0, 3, 0)$ 且平行于 zOx 面的一个平面,如图 8-5(a) 所示;$z = 1$ 表示的是过点 $(0, 0, 1)$ 且平行于 xOy 面的一个平面,如图 8-5(b) 所示.

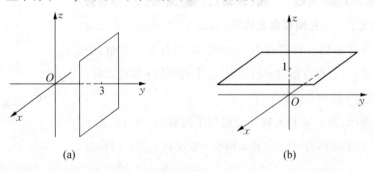

(a)   (b)

图 8-5

2. 空间内两点间的距离公式

设 $P_1(x_1, y_1, z_1)$、$P_2(x_2, y_2, z_2)$ 为空间内两点,分别过 P_1、P_2 作平行于三个坐标面的平面,得到如图 8-6 所示的长方体,则

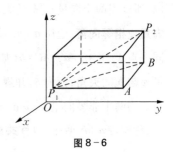

$$|AB| = |x_2 - x_1|,\ |P_1A| = |y_2 - y_1|,\ |BP_2| = |z_2 - z_1|.$$

由勾股定理,得

$$|P_1P_2|^2 = |P_1B|^2 + |BP_2|^2 = |AB|^2 + |P_1A|^2 + |BP_2|^2$$
$$= |x_2 - x_1|^2 + |y_2 - y_1|^2 + |z_2 - z_1|^2.$$

图 8-6

即

$$|P_1P_2| = \sqrt{(x_2 - x_1)^2 + (y_2 - y_1)^2 + (z_2 - z_1)^2}. \qquad ①$$

这就是**空间内两点间的距离公式**.

例 1 已知动点 $M(x, y, z)$ 到两定点 $P(-1, 3, 2)$ 和 $Q(-2, 1, 5)$ 的距离相等,求动点 M 的坐标 x、y、z 所满足的方程.

解 由 $|MP| = |MQ|$ 和两点间的距离公式①,得

$$\sqrt{(x+1)^2 + (y-3)^2 + (z-2)^2} = \sqrt{(x+2)^2 + (y-1)^2 + (z-5)^2},$$

整理,得

$$x + 2y - 3z + 8 = 0.$$

二、向量的概念

力、位移、速度、转动力矩等,都是既有大小又有方向的量,把这类量称为**向量**(或**矢量**). 向量常用有向线段表示,有向线段的长度表示向量的大小,有向线段的方向表示向量的方向. 如图 8-7 所示,以 A 为起点,B 为终点的向量常记为 $\overrightarrow{AB}$. 向量也常用小写粗斜体字母或上方加箭头的小斜体字母表示,如 a,b,c,$\vec{a}$,$\vec{b}$,$\vec{c}$ 等. 例如,图 8-7 中的向量 $\overrightarrow{AB}$ 又可记作 a 或 $\vec{a}$ 等.

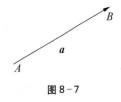

图 8-7

向量的大小叫做向量的**模**或**长度**. 向量 a 的模记为 $|a|$,模等于 1 的向量称为**单位向量**. 与向量 a 方向相同的单位向量记为 e_a. 与向量 a 大小相同而方向相反的向量称为 a **的负向量**,记作 $-a$. 模等于零的向量称为**零向量**,记为 $\mathbf{0}$ 或 $\vec{0}$,零向量的方向可看作是任意的.

我们所讨论的向量只考虑大小与方向,而不考虑起点,起点可以任意取,所以当两个向量 a、b 的大小相等,方向相同时,就称这两个向量是**相同向量**或**相等向量**,记作 $a=b$. 设 a、b 为两个非零向量,将它们的起点放在同一点 A,作 $\overrightarrow{AB}=a$,$\overrightarrow{AC}=b$(如图 8-8 所示),称 $\overrightarrow{AB}$ 与 $\overrightarrow{AC}$ 之间的夹角为向量 a 与 b 的**夹角**,记为 θ,并规定 $0 \leqslant \theta \leqslant \pi$.

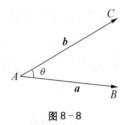

图 8-8

当两个非零向量 a、b 的夹角 $\theta=0$ 或 π,即两向量的方向相同或相反时,称向量 a、b **平行**(也称**共线**),记为 $a /\!/ b$;

当两个非零向量 a、b 的夹角 $\theta = \dfrac{\pi}{2}$ 时,称向量 a、b **垂直**,记为 $a \perp b$.

特别地,规定零向量与任意向量 a 都平行和垂直.

三、向量的线性运算

1. 向量的加法与减法

> **定义1** 以 A 为起点接连作出两个向量 $\overrightarrow{AB}=a$ 和 $\overrightarrow{BC}=b$(如图 8-9(a)所示),则从起点 A 到终点 C 的向量 $\overrightarrow{AC}$ 叫做向量 a 与 b 的**和**,记作 $a+b$,即
>
> $$a + b = \overrightarrow{AB} + \overrightarrow{BC} = \overrightarrow{AC}.$$

这种得到两向量和的方法称为向量加法的**三角形法则**. 当 a 与 b 不平行时,过 A 作 $\overrightarrow{AB} = a$,$\overrightarrow{AD} = b$,以 AB、AD 为边作平行四边形 $ABCD$,连结对角线 AC,则向量 $\overrightarrow{AC} = a + b$(如图 8-9(b)所示). 这种方法称为向量加法的**平行四边形法则**,力学上常用平行四边形法则求合力.

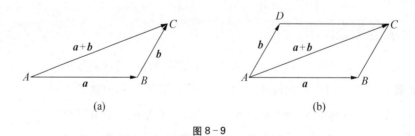

(a)   (b)

图 8-9

三角形法则可以推广到有限多个向量的情形. 如图 8-10 所示,以 A_0 为起点,依次作 $\overrightarrow{A_0A_1} = a_1$,$\overrightarrow{A_1A_2} = a_2$,$\cdots$,$\overrightarrow{A_{n-1}A_n} = a_n$,则 $\overrightarrow{A_0A_1} + \overrightarrow{A_1A_2} + \cdots + \overrightarrow{A_{n-1}A_n} = a_1 + a_2 + \cdots + a_n = \overrightarrow{A_0A_n}$.

如图 8-11 所示,规定:向量 a 与 b 的差为 $a - b = a + (-b)$.

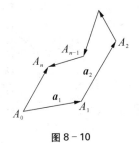

图 8 – 10

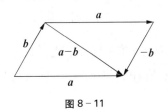

图 8 – 11

向量加法满足下列运算规律：

（1）**交换律**　$a + b = b + a$；

（2）**结合律**　$(a + b) + c = a + (b + c)$；

（3）$a + 0 = a, a + (-a) = 0.$

2. 数与向量的乘积

> **定义 2**　设 λ 为实数，a 为向量. 规定：λ 与 a 的乘积是一个向量，记为 λa，它的模为 $|\lambda a| = |\lambda||a|$，当 $\lambda > 0$ 时，λa 的方向与 a 的方向相同；当 $\lambda < 0$ 时，λa 的方向与 a 的方向相反；当 $\lambda = 0$ 时，$\lambda a = 0$，方向任意.

数与向量的乘积也称为数乘向量，它满足下列运算规律：

（1）$1a = a$，　$(-1)a = -a$；

（2）**结合律**　$\lambda(\mu a) = (\lambda\mu)a = \mu(\lambda a)$，其中 λ、μ 为实数；

（3）**分配律**　$\lambda(a + b) = \lambda a + \lambda b$，$\lambda a + \mu a = (\lambda + \mu)a$，其中 λ、μ 为实数.

由数乘向量的定义可以得到下面两个结论：

（1）如果 $a \neq 0$，则 $a = |a| e_a$ 或 $e_a = \dfrac{a}{|a|}$；

（2）向量 a 与非零向量 b 平行的充分必要条件是存在唯一的实数 λ，使得 $a = \lambda b$.

向量的加法、减法和数乘向量统称为向量的线性运算. 由上面的讨论可以知道，向量的线性运算可以像多项式那样去进行运算. 例如，

$$a - 3b + c - (2a + b - 4c) = a - 3b + c - 2a - b + 4c = -a - 4b + 5c.$$

四、用坐标进行向量运算

1. 向量的坐标表示

在空间直角坐标系中，把分别与 x 轴、y 轴、z 轴正方向相同的三个单位向量称为**基本单位向量**，分别记为 i、j、k. 如图 8 – 12 所示，$M(x, y, z)$ 为空间内一点，向量 $\overrightarrow{OM}$ 称为点 M 的**向径**. 设

$\overrightarrow{OM} = \boldsymbol{a}$，根据向量的线性运算，可得

$$\overrightarrow{OP} = x\boldsymbol{i}, \ \overrightarrow{PL} = y\boldsymbol{j}, \ \overrightarrow{LM} = z\boldsymbol{k}, \ \boldsymbol{a} = \overrightarrow{OM} = \overrightarrow{OP} + \overrightarrow{PL} + \overrightarrow{LM}, \ 即$$

$$\boldsymbol{a} = x\boldsymbol{i} + y\boldsymbol{j} + z\boldsymbol{k}. \qquad ②$$

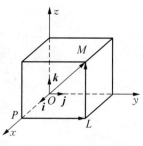

式②称为向量 $\boldsymbol{a}$ 的坐标分解式，$x\boldsymbol{i}$、$y\boldsymbol{j}$、$z\boldsymbol{k}$ 称为向量 $\boldsymbol{a}$ 沿三个坐标轴的分向量，有序数组 x、y、z 称为向量 $\boldsymbol{a}$ 的坐标，记为 $\{x, y, z\}$，即

图 8-12

$$\boldsymbol{a} = x\boldsymbol{i} + y\boldsymbol{j} + z\boldsymbol{k} = \{x, y, z\}.$$

由公式①可知

$$|\boldsymbol{a}| = \sqrt{x^2 + y^2 + z^2}. \qquad ③$$

显然，基本单位向量 $\boldsymbol{i}$、$\boldsymbol{j}$、$\boldsymbol{k}$ 的坐标表示分别为

$$\boldsymbol{i} = \{1, 0, 0\}, \ \boldsymbol{j} = \{0, 1, 0\}, \ \boldsymbol{k} = \{0, 0, 1\}.$$

如图 8-13 所示，若已知点 $P_1(x_1, y_1, z_1)$ 和 $P_2(x_2, y_2, z_2)$，则

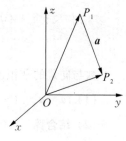

$$\overrightarrow{P_1 P_2} = \overrightarrow{OP_2} - \overrightarrow{OP_1} = (x_2\boldsymbol{i} + y_2\boldsymbol{j} + z_2\boldsymbol{k}) - (x_1\boldsymbol{i} + y_1\boldsymbol{j} + z_1\boldsymbol{k})$$

$$= (x_2 - x_1)\boldsymbol{i} + (y_2 - y_1)\boldsymbol{j} + (z_2 - z_1)\boldsymbol{k}.$$

所以，

图 8-13

$$\overrightarrow{P_1 P_2} = \{x_2 - x_1, y_2 - y_1, z_2 - z_1\},$$

即向量的坐标等于终点的坐标减去起点的坐标.

2. 用坐标进行向量的线性运算

设向量 $\boldsymbol{a} = \{x_1, y_1, z_1\}$，$\boldsymbol{b} = \{x_2, y_2, z_2\}$，向量的加法、减法、数乘向量的坐标运算如下：

$$(1) \ \boldsymbol{a} \pm \boldsymbol{b} = \{x_1 \pm x_2, y_1 \pm y_2, z_1 \pm z_2\};$$

$$(2) \ \lambda\boldsymbol{a} = \{\lambda x_1, \lambda y_1, \lambda z_1\}, \ 其中 \lambda \in \mathbf{R}. \qquad ④$$

设 $\boldsymbol{a} = \{x_1, y_1, z_1\}$，$\boldsymbol{b} = \{x_2, y_2, z_2\}$，$\boldsymbol{b}$ 为非零向量，则 $\boldsymbol{a}$ 与 $\boldsymbol{b}$ 平行的充分必要条件 $\boldsymbol{a} = \lambda\boldsymbol{b}$ 用

坐标可以表示为

$$\frac{x_1}{x_2} = \frac{y_1}{y_2} = \frac{z_1}{z_2}. \qquad ⑤$$

在式⑤中,当某个分母为零时,约定相应的分子也为零.

例2　已知 $a = \{5, 0, -1\}$, $b = \{-3, \sqrt{3}, 2\}$,求 $a - b$、$3a + 2b$、e_b.

解　$a - b = \{5 + 3, 0 - \sqrt{3}, -1 - 2\} = \{8, -\sqrt{3}, -3\}$.

$3a + 2b = \{15, 0, -3\} + \{-6, 2\sqrt{3}, 4\} = \{9, 2\sqrt{3}, 1\}$.

$|b| = \sqrt{(-3)^2 + (\sqrt{3})^2 + 2^2} = 4$,

$e_b = \dfrac{b}{|b|} = \dfrac{1}{4}\{-3, \sqrt{3}, 2\} = \left\{-\dfrac{3}{4}, \dfrac{\sqrt{3}}{4}, \dfrac{1}{2}\right\}$.

3. 方向余弦

设 $a = \{x, y, z\}$ 为非零向量,作 $\overrightarrow{OM} = a$,则称 $\overrightarrow{OM}$ 分别与三条坐标轴正方向间的夹角 α、β、γ 为向量 a 的**方向角**(如图 8-14 所示),并规定:$0 \leqslant \alpha$、β、$\gamma \leqslant \pi$. 方向角的余弦 $\cos\alpha$、$\cos\beta$、$\cos\gamma$ 称为向量 a 的**方向余弦**. 由图 8-14 可知,

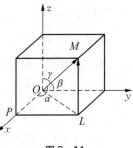

图 8-14

$$\cos\alpha = \frac{x}{|a|} = \frac{x}{\sqrt{x^2 + y^2 + z^2}},$$

$$\cos\beta = \frac{y}{|a|} = \frac{y}{\sqrt{x^2 + y^2 + z^2}}, \qquad ⑥$$

$$\cos\gamma = \frac{z}{|a|} = \frac{z}{\sqrt{x^2 + y^2 + z^2}}.$$

由式⑥,可得 $\cos^2\alpha + \cos^2\beta + \cos^2\gamma = 1$.

例3　已知点 $A(1, -\sqrt{2}, -2)$ 和 $B(3, \sqrt{2}, -4)$,求向量 $\overrightarrow{AB}$ 及 $\overrightarrow{AB}$ 的方向余弦和方向角.

解　$\overrightarrow{AB} = \{3 - 1, \sqrt{2} + \sqrt{2}, -4 - (-2)\} = \{2, 2\sqrt{2}, -2\}$,

$|\overrightarrow{AB}| = \sqrt{2^2 + (2\sqrt{2})^2 + (-2)^2} = 4$,

由式⑥,得 $\overrightarrow{AB}$ 的方向余弦为 $\cos\alpha=\dfrac{1}{2}$, $\cos\beta=\dfrac{\sqrt{2}}{2}$, $\cos\gamma=-\dfrac{1}{2}$.

从而,$\overrightarrow{AB}$ 的方向角为 $\alpha=\dfrac{\pi}{3}$, $\beta=\dfrac{\pi}{4}$, $\gamma=\dfrac{2\pi}{3}$.

习题 8−1

课堂测试

8−1

A 组

1. 在空间直角坐标系中,画出下列各组点的位置,并求出每组中两点间的距离:

(1) $A(1, 2, -3)$ 与 $B(3, 4, -2)$;

(2) $P(0, 5, 2)$ 与 $Q(2, 4, 6)$.

2. 证明以点 $A(-2, 4, 0)$、$B(1, 2, -1)$、$C(-1, 1, 2)$ 为顶点的三角形为等边三角形.

3. 下面等式或不等式在空间直角坐标系中表示什么图形?

(1) $z=-2$;　　　　　(2) $x=2$;　　　　　(3) $y=x$;

(4) $y\geqslant 5$;　　　　　(5) $-1\leqslant z\leqslant 6$.

4. 已知下列各组向量 $\boldsymbol{a}$ 与 $\boldsymbol{b}$,求 $|\boldsymbol{a}|$, $|\boldsymbol{b}|$, $\boldsymbol{a}+\boldsymbol{b}$, $\boldsymbol{a}-\boldsymbol{b}$, $3\boldsymbol{a}+4\boldsymbol{b}$, e_a 和 e_b:

(1) $\boldsymbol{a}=\{6, 2, 3\}$, $\boldsymbol{b}=\{-1, 5, -2\}$;

(2) $\boldsymbol{a}=\{-3, -4, -1\}$, $\boldsymbol{b}=\{6, 2, -3\}$;

(3) $\boldsymbol{a}=\boldsymbol{i}-2\boldsymbol{j}+\boldsymbol{k}$, $\boldsymbol{b}=\boldsymbol{j}+2\boldsymbol{k}$;

(4) $\boldsymbol{a}=3\boldsymbol{i}-2\boldsymbol{k}$, $\boldsymbol{b}=\boldsymbol{i}-\boldsymbol{j}+\boldsymbol{k}$.

5. 已知 $\boldsymbol{a}=\{1, -1, 1\}$, $\boldsymbol{b}=\{2, -3, 1\}$, $\boldsymbol{c}=\{-1, 0, 1\}$,求向量 $3\boldsymbol{a}-2\boldsymbol{b}+\boldsymbol{c}$ 及其方向余弦.

6. 已知两点 $M(1, 2, \sqrt{2})$ 和 $N(2, 3, 0)$,求向量 $\overrightarrow{MN}$ 的模、方向余弦及方向角.

B 组

1. 判断下列各组点是否在同一条直线上:

(1) $A(5, 1, 3)$、$B(7, 9, -1)$、$C(1, -15, 11)$;

(2) $P_1(0, 3, 4)$、$P_2(1, 2, -2)$、$P_3(3, 0, 1)$.

2. 已知 $\overrightarrow{AB}=3\boldsymbol{i}+4\boldsymbol{j}-5\boldsymbol{k}$, $\overrightarrow{AD}=7\boldsymbol{i}-8\boldsymbol{j}+9\boldsymbol{k}$,以 $\overrightarrow{AB}$、$\overrightarrow{AD}$ 为边的平行四边形 $ABCD$ 的两对角线交点为 M,求向量 $\overrightarrow{AC}$、$\overrightarrow{BD}$、$\overrightarrow{AM}$ 和 $\overrightarrow{MB}$.

3. 已知力 $\boldsymbol{F}_1=2\boldsymbol{i}+2\boldsymbol{j}-\boldsymbol{k}$, $\boldsymbol{F}_2=3\boldsymbol{i}-\boldsymbol{j}+4\boldsymbol{k}$,求 $\boldsymbol{F}_1$ 与 $\boldsymbol{F}_2$ 的合力 $\boldsymbol{F}$ 的大小(即模)及方向角(不是特殊角时用反余弦表示).

第二节 数量积与向量积

⊙ 数量积、向量积的概念 ⊙ 数量积的坐标表示公式 ⊙ 向量积的计算式 ⊙ 两向量垂直的坐标表示

一、向量的数量积

1. 数量积的概念

已知一物体在常力 F 的作用下,沿直线移动,位移为 s(如图 8-15 所示),则力 F 所作的功为

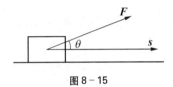

图 8-15

$$W = |F| \cdot \cos\theta \cdot |s|,$$

上式右端的 $|F| \cdot \cos\theta \cdot |s|$ 称为向量 F 与 s 的数量积.

> **定义 1** 设向量 a 与 b 的夹角为 θ,则称 $|a||b|\cos\theta$ 为向量 a 与 b 的**数量积**,记为 $a \cdot b$,即
>
> $$a \cdot b = |a||b|\cos\theta. \qquad ①$$

两个向量的数量积是一个实数,数量积也称为**内积**或**点积**. 由定义容易验证:

(1) $a \cdot a = |a|^2$;

(2) $i \cdot i = j \cdot j = k \cdot k = 1$, $i \cdot j = j \cdot i = i \cdot k = k \cdot i = k \cdot j = j \cdot k = 0$.

数量积满足下面的运算律:

(1) **交换律** $a \cdot b = b \cdot a$;

(2) **结合律** $(\lambda a) \cdot b = \lambda(a \cdot b) = a \cdot (\lambda b)$,其中 λ 为实数;

(3) **分配律** $a \cdot (b + c) = a \cdot b + a \cdot c$.

由以上运算律可知,向量的数量积运算可以像多项式那样进行.

2. 用坐标计算数量积

设 $a = \{x_1, y_1, z_1\}$,$b = \{x_2, y_2, z_2\}$,则

$$
\begin{aligned}
a \cdot b &= (x_1 i + y_1 j + z_1 k) \cdot (x_2 i + y_2 j + z_2 k) \\
&= x_1 x_2 i \cdot i + x_1 y_2 i \cdot j + x_1 z_2 i \cdot k + y_1 x_2 j \cdot i + y_1 y_2 j \cdot j + y_1 z_2 j \cdot k \\
&\quad + z_1 x_2 k \cdot i + z_1 y_2 k \cdot j + z_1 z_2 k \cdot k = x_1 x_2 + y_1 y_2 + z_1 z_2,
\end{aligned}
$$

即

$$a \cdot b = x_1 x_2 + y_1 y_2 + z_1 z_2. \qquad ②$$

设两非零向量 $a = \{x_1, y_1, z_1\}$ 与 $b = \{x_2, y_2, z_2\}$ 的夹角为 θ，则由式①、式②，可得下面结论：

$$(1) \cos\theta = \frac{a \cdot b}{|a||b|} = \frac{x_1 x_2 + y_1 y_2 + z_1 z_2}{\sqrt{x_1^2 + y_1^2 + z_1^2}\sqrt{x_2^2 + y_2^2 + z_2^2}}; \qquad ③$$

(2) $a \perp b$ 的充分必要条件为

$$a \cdot b = x_1 x_2 + y_1 y_2 + z_1 z_2 = 0. \qquad ④$$

例 1 已知向量 $a = \{\sqrt{2}, 2, \sqrt{2}\}$，$b = \{1, 0, 1\}$，求 $a \cdot b$ 及 a 与 b 的夹角 θ.

解 由式②和式③，得

$$a \cdot b = \sqrt{2} \times 1 + 2 \times 0 + \sqrt{2} \times 1 = 2\sqrt{2},$$

$$\cos\theta = \frac{a \cdot b}{|a||b|} = \frac{2\sqrt{2}}{\sqrt{8} \cdot \sqrt{2}} = \frac{\sqrt{2}}{2},$$

于是 $\theta = \dfrac{\pi}{4}$.

例 2 一质点在力 $F = 3i + 2j + 5k(\text{N})$ 的作用下由点 $P(-1, 1, 2)$ 移到点 $Q(3, -1, 4)$（距离单位:m），求力 F 所作的功.

解 因为位移 $s = \overrightarrow{PQ} = \{4, -2, 2\}$，$F = \{3, 2, 5\}$，所以力 F 所作的功为

$$W = F \cdot s = 3 \times 4 + 2 \times (-2) + 5 \times 2 = 18(\text{J}).$$

二、向量的向量积

1. 向量积的概念

定义 2 设两个向量 a 与 b 的夹角为 θ，规定向量 c 由下列条件确定：

(1) $|c| = |a||b|\sin\theta$；

（2）$c \perp a$，$c \perp b$，且当右手的食指指向 a 的方向，中指指向 b 的方向时，垂直于食指和中指的大拇指的指向为 c 的方向，称 a、b、c 符合右手法则.

这样的向量 c 称为 a 与 b 的**向量积**，记作 $a \times b$，即 $a \times b = c$.

向量积又称为**矢量积**或**叉积**. 当 a 或 b 为零向量时，规定 $a \times b = 0$. 由定义 2 可知，$a \times b$ 的模 $| a \times b | = | a | | b | \sin\theta$ 是以 a、b 为邻边的平行四边形（如图 8-16 所示）的面积. 可以验证：

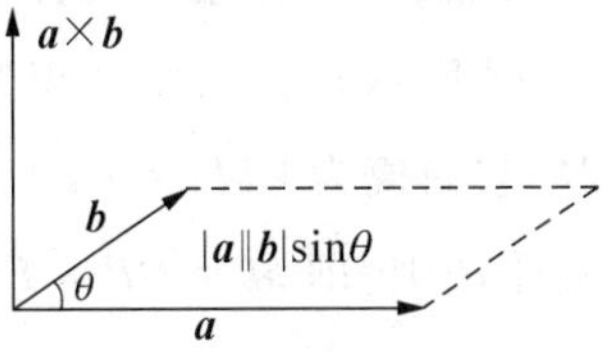

（1）$a \times a = 0$；

（2）两个非零向量 a 与 b 平行的充分必要条件是 $a \times b = 0$；

图 8-16

（3）$i \times i = j \times j = k \times k = 0$，$i \times j = k$，$j \times k = i$，$k \times i = j$.

向量积满足下列运算律：

（1）**反交换律**　$a \times b = -b \times a$；

（2）**结合律**　$(\lambda a) \times b = \lambda(a \times b) = a \times (\lambda b)$，其中 λ 为实数；

（3）**分配律**　$a \times (b + c) = a \times b + a \times c$.

2. 用坐标计算向量积

设 $a = \{x_1, y_1, z_1\}$，$b = \{x_2, y_2, z_2\}$，由前面的结果和向量积的运算律，可得

$$a \times b = (x_1 i + y_1 j + z_1 k) \times (x_2 i + y_2 j + z_2 k)$$
$$= (y_1 z_2 - z_1 y_2) i + (z_1 x_2 - x_1 z_2) j + (x_1 y_2 - y_1 x_2) k.$$

为便于记忆，将上式右端用三阶行列式表示，得

$$a \times b = \begin{vmatrix} i & j & k \\ x_1 & y_1 & z_1 \\ x_2 & y_2 & z_2 \end{vmatrix} = \begin{vmatrix} y_1 & z_1 \\ y_2 & z_2 \end{vmatrix} i - \begin{vmatrix} x_1 & z_1 \\ x_2 & z_2 \end{vmatrix} j + \begin{vmatrix} x_1 & y_1 \\ x_2 & y_2 \end{vmatrix} k. \qquad ⑤$$

例3　已知三角形 ABC 的顶点是 $A(1, -1, 2)$、$B(2, 2, 1)$、$C(2, 4, 5)$，求三角形 ABC 的面积.

解　$\overrightarrow{AB} = \{1, 3, -1\}$，$\overrightarrow{AC} = \{1, 5, 3\}$，$\overrightarrow{AB} \times \overrightarrow{AC} = \begin{vmatrix} i & j & k \\ 1 & 3 & -1 \\ 1 & 5 & 3 \end{vmatrix} = 14i - 4j + 2k$，所以

$$S_{\triangle ABC} = \frac{1}{2} |\overrightarrow{AB} \times \overrightarrow{AC}|$$

$$= \frac{1}{2} \sqrt{14^2 + (-4)^2 + 2^2} = 3\sqrt{6}.$$

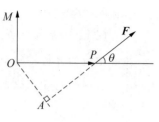

图 8-17

向量积在物理学等学科中经常用到. 例如, 设 O 为一杠杆的支点, 力 F 作用于杠杆上点 P 处, F 与 $\overrightarrow{OP}$ 的夹角为 θ (如图 8-17 所示). 由力学知识知道, F 对支点 O 的力矩是一个向量 M, 它的模为 $|M| = |F| |\overrightarrow{OP}| \sin\theta$, 方向垂直于 $\overrightarrow{OP}$ 与 F 所决定的平面, 且 $\overrightarrow{OP}$、F、M 符合右手法则, 即 $M = \overrightarrow{OP} \times F$.

习题 8-2

课堂测试

8-2

A 组

1. 已知下列各组向量, 求 $a \cdot b$ 和 $a \times b$, 若 a 与 b 平行或垂直, 请指出来:

(1) $a = \{1, 0, -2\}$, $b = \{-3, 1, 1\}$;   (2) $a = \{5, 1, -3\}$, $b = \{0, 3, 1\}$;

(3) $a = \{3, 2, 4\}$, $b = \{1, -2, -3\}$;   (4) $a = \{1, -1, 1\}$, $b = \{7, -7, 7\}$;

(5) $a = -i + 2j + 5k$, $b = 3i + 4j - k$;   (6) $a = \{2, -1, 1\}$, $b = \{4, 9, 1\}$.

2. 设物体在力 $F = 4i + 7j + 3k$ (N) 的作用下产生位移 $s = 3i - j + k$ (长度单位为 m), 求力 F 所作的功.

3. 已知向量 a、b 的夹角 $\theta = \dfrac{2\pi}{3}$, 且 $|a| = 5$, $|b| = 6$, 计算:

(1) $a \cdot b$;   (2) $(a + b) \cdot (2a - b)$.

4. 已知向量 $a = \{2, -3, 1\}$, $b = \{6, -3, 2\}$, $c = \{1, -2, 0\}$, 计算:

(1) $(2a - 3b) \cdot (a + b)$;   (2) $(a + b) \times (b + c)$;

(3) $(a \times b) \cdot c$;   (4) $(a \times b) \times c$.

B 组

1. 求以 $A(1, 2, 3)$、$B(1, 3, 6)$、$C(3, 8, 6)$、$D(3, 7, 3)$ 为顶点的平行四边形的面积.

2. 已知点 $A(2, 0, 3)$、$B(3, 1, 0)$、$C(5, 2, 2)$, 求: (1) 与 A、B、C 三点所在平面垂直的单位向量; (2) $\triangle ABC$ 的面积.

3. 如图所示, 脚踏自行车踏板的力为 $60\,\text{N}$, 自行车轴长为 $20\,\text{cm}$, 求关于点 P 的力矩的大小. (小数点后保留一位)

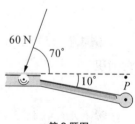

第 3 题图

第三节 平面和空间直线的方程

⊙ 平面的法向量 ⊙ 平面的点法式、一般式方程
⊙ 直线的方向向量 ⊙ 空间直线的点向式、参数式、一般式方程

下面以向量为工具,在空间直角坐标系中建立平面和直线的方程.

一、平面的方程

1. 点法式方程

如果非零向量 n 垂直于一个平面 Π,则称 n 为平面 Π 的**法向量**.

设 $M_0(x_0, y_0, z_0)$ 是平面 Π 上的一个定点,$n = \{A, B, C\}$ 是 Π 的一个法向量(如图 8-18 所示). 由立体几何知识知道,法向量 n 垂直于平面 Π 内的任一向量,且由 M_0 和 n 所确定的平面 Π 是唯一的. 下面来建立平面 Π 的方程.

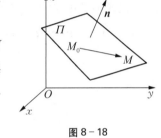

图 8-18

设 $M(x, y, z)$ 是平面 Π 上的任意一点,则 $\overrightarrow{M_0M} \perp n$,于是 $\overrightarrow{M_0M} \cdot n = 0$. 把 $n = \{A, B, C\}$,$\overrightarrow{M_0M} = \{x - x_0, y - y_0, z - z_0\}$ 代入上式,得

$$A(x - x_0) + B(y - y_0) + C(z - z_0) = 0. \qquad ①$$

式①就是过点 $M_0(x_0, y_0, z_0)$,法向量为 $n = \{A, B, C\}$ 的平面的方程,又称为平面的**点法式方程**.

例 1 求过点 $P(1, -2, 1)$,法向量为 $n = \{5, 2, -3\}$ 的平面方程.

解 由式①,所求平面的方程为

$$5(x - 1) + 2(y + 2) - 3(z - 1) = 0,$$

即

$$5x + 2y - 3z + 2 = 0.$$

例 2 求通过点 $P(3, -1, 2)$、$Q(8, 2, 4)$、$R(5, 1, 3)$ 的平面的方程.

解 $\overrightarrow{PQ} = \{5, 3, 2\}$, $\overrightarrow{PR} = \{2, 2, 1\}$, 取 $\overrightarrow{PQ} \times \overrightarrow{PR}$ 为所求平面的法向量 n, 则

$$n = \begin{vmatrix} i & j & k \\ 5 & 3 & 2 \\ 2 & 2 & 1 \end{vmatrix} = -i - j + 4k.$$

所以, 所求平面的方程为

$$-(x - 3) - (y + 1) + 4(z - 2) = 0,$$

即

$$x + y - 4z + 6 = 0.$$

2. 一般式方程

把式①展开, 得 $Ax + By + Cz + (-Ax_0 - By_0 - Cz_0) = 0$,

令 $D = -Ax_0 - By_0 - Cz_0$, 得

$$Ax + By + Cz + D = 0. \hspace{2cm} ②$$

式②称为平面的**一般式方程**, 其中 A、B、C 不全为 0, $\{A, B, C\}$ 是平面的一个法向量.

由平面的一般式方程②可以讨论一些特殊位置的平面及其方程.

(1) 当 $D = 0$ 时, 方程 ② 成为 $Ax + By + Cz = 0$, 它表示过原点的一个平面.

(2) 当 $A = 0$ 时, 方程 ② 成为 $By + Cz + D = 0$. 由于法向量 $n = \{0, B, C\}$ 垂直于 x 轴 (因为 $n \cdot i = 0$), 所以平面 $By + Cz + D = 0$ 平行于 x 轴.

同理, 当 $B = 0$ 时, 平面 $Ax + Cz + D = 0$ 平行于 y 轴; 当 $C = 0$ 时, 平面 $Ax + By + D = 0$ 平行于 z 轴. 特别地, 平面 $By + Cz = 0$, $Ax + Cz = 0$, $Ax + By = 0$ 分别表示通过 x 轴、y 轴和 z 轴的平面.

(3) 当 $A = B = 0$ 时, 式② 成为 $Cz + D = 0$, 由于法向量 $n = \{0, 0, C\}$ 平行于 z 轴 (因为 $n /\!/ k$), 所以平面 $Cz + D = 0$ 平行于 xOy 面.

同理, 当 $A = C = 0$ 时, 平面 $By + D = 0$ 平行于 xOz 面; 当 $B = C = 0$ 时, 平面 $Ax + D = 0$ 平行于 yOz 面. 特别地, 当 $D = 0$ 时, 平面 $z = 0$, $y = 0$, $x = 0$ 分别表示 xOy 面、zOx 面和 yOz 面.

例3 求过点 $P(4, -2, 3)$, 且平行于平面 $3x - 7z = 12$ 的平面的方程.

解 由题意可知, $n = \{3, 0, -7\}$ 是平面 $3x - 7z = 12$ 的一个法向量, 也是所求平面的一个法向量. 所以, 所求平面的方程为

$$3(x - 4) + 0(y + 2) - 7(z - 3) = 0,$$

即

$$3x - 7z + 9 = 0.$$

二、空间直线的方程

1. 点向式方程

如果一个非零向量 s 平行于直线 L，则称 s 为直线 L 的 **方向向量**.

因为过空间一点可作而且只能作一条直线平行于已知直线，所以一条直线可由其上一点和它的一个方向向量确定. 设 $M_0(x_0, y_0, z_0)$ 为已知直线 L 上的点，$s = \{a, b, c\}$ 是它的一个方向向量（如图 $8-19$ 所示），下面来求直线 L 的方程.

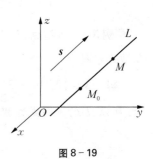

图 $8-19$

设点 $M(x, y, z)$ 是直线 L 上任一点，则向量 $\overrightarrow{M_0M} = \{x - x_0, y - y_0, z - z_0\}$ 与方向向量 $s = \{a, b, c\}$ 平行. 由向量 $\overrightarrow{M_0M}$ 与非零向量 s 平行的充分必要条件，可得

$$\frac{x - x_0}{a} = \frac{y - y_0}{b} = \frac{z - z_0}{c}. \qquad ③$$

式 ③ 就是直线 L 的方程，又称为直线的 **点向式方程**（或对称式方程）. 直线的一个方向向量 s 的坐标 a, b, c 称为直线的一组 **方向数**.

当式 ③ 中 a, b, c 有一个或两个为零时，则约定对应分式的分子也为零. 例如，当 $a = 0$ 时，$x - x_0 = 0$，这时，式 ③ 成为 $\begin{cases} x - x_0 = 0, \\ \dfrac{y - y_0}{b} = \dfrac{z - z_0}{c}. \end{cases}$

当 $a = b = 0$ 时，式 ③ 成为 $\begin{cases} x - x_0 = 0, \\ y - y_0 = 0. \end{cases}$

例 4　已知直线 L 过点 $A(-2, 4, -3)$ 和 $B(3, -1, 1)$，求 L 的方程.

解　由题意可知，$\overrightarrow{AB} = \{5, -5, 4\}$ 是 L 的一个方向向量，则 L 的方程为

$$\frac{x + 2}{5} = \frac{y - 4}{-5} = \frac{z + 3}{4}.$$

2. 参数式方程

由式 ③，令 $\dfrac{x - x_0}{a} = \dfrac{y - y_0}{b} = \dfrac{z - z_0}{c} = t$，得

$$\begin{cases} x = x_0 + at, \\ y = y_0 + bt, \\ z = z_0 + ct, \end{cases} \qquad ④$$

式④称为直线的**参数式方程**,t 为**参数**.

例 5 求过点 $M_0(1, -1, 1)$ 且垂直于平面 $2x + y - 3z + 14 = 0$ 的直线 L 的点向式方程和参数式方程.

解 $s = \{2, 1, -3\}$ 是已知平面的一个法向量,由题意可知,s 也是直线 L 的一个方向向量. 所以,L 的点向式方程和参数式方程分别为

$$\frac{x-1}{2} = \frac{y+1}{1} = \frac{z-1}{-3} \text{ 和 } \begin{cases} x = 1 + 2t, \\ y = -1 + t, \\ z = 1 - 3t. \end{cases}$$

3. 一般式方程

设直线 L 是两个相交平面 $A_1x + B_1y + C_1z + D_1 = 0$ 和 $A_2x + B_2y + C_2z + D_2 = 0$ 的交线,则直线 L 的方程为

$$\begin{cases} A_1x + B_1y + C_1z + D_1 = 0, \\ A_2x + B_2y + C_2z + D_2 = 0. \end{cases} \qquad ⑤$$

式⑤称为直线的**一般式方程**. 由立体几何知识知道,两平面的交线 L 与这两平面的法向量 n_1, n_2 都垂直,所以 L 的方向向量可取为

$$s = n_1 \times n_2 = \begin{vmatrix} i & j & k \\ A_1 & B_1 & C_1 \\ A_2 & B_2 & C_2 \end{vmatrix}.$$

例 6 把直线 L 的一般式方程 $\begin{cases} x - 2y - z + 4 = 0, \\ 5x + y - 2z + 8 = 0 \end{cases}$ 化为点向式方程和参数式方程.

解 直线 L 的方向向量为

$$s = n_1 \times n_2 = \begin{vmatrix} i & j & k \\ 1 & -2 & -1 \\ 5 & 1 & -2 \end{vmatrix} = 5i - 3j + 11k.$$

在 L 上取一点,不妨取 $x_0 = 0$,代入方程组得 $y_0 = 0$,$z_0 = 4$,则 $M_0(0, 0, 4)$ 为 L 上的一点. 所以,L 的点向式方程和参数式方程分别为

$$\frac{x}{5} = \frac{y}{-3} = \frac{z-4}{11} \text{ 和 } \begin{cases} x = 5t, \\ y = -3t, \\ z = 4 + 11t. \end{cases}$$

习题 8-3

课堂测试
8-3

A 组

1. 求下列平面的方程:

(1) 过点 $(3, 4, -2)$,法向量为 $n = \{2, 3, 4\}$ 的平面;

(2) 过点 $M(2, 1, -5)$,法向量为 $n = i - 2j + 3k$ 的平面;

(3) 过点 $P(-1, 6, -5)$,平行于平面 $2x - y + 3z - 1 = 0$ 的平面;

(4) 过点 $M(4, -1, 1)$,垂直于 x 轴的平面;

(5) 过点 $P(1, 3, 2)$,$Q(3, -1, 6)$,$R(5, 2, 0)$ 的平面;

(6) 过点 $P(3, 0, 0)$,$Q(0, -2, 0)$,$R(0, 0, 5)$ 的平面;

(7) 通过 x 轴和点 $A(4, -3, -1)$ 的平面;

(8) 过点 $M_0(2, 5, -8)$,垂直于线段 OM_0 的平面.

2. 求下列直线的点向式方程和参数式方程:

(1) 过点 $P(-3, 0, -1)$ 且平行于直线 $\dfrac{x-3}{2} = \dfrac{y+3}{1} = \dfrac{z+1}{4}$ 的直线;

(2) 过点 $P(5, 1, 3)$ 且平行于向量 $n = \{1, 4, -2\}$ 的直线;

(3) 过点 $A(1, 2, 0)$ 和 $B(2, 1, 3)$ 的直线;

(4) 过点 $A(2, 4, -3)$ 和 $B(3, -1, 1)$ 的直线;

(5) 过点 $P(2, 0, 1)$ 且垂直于平面 $x + 3y - 5z = 0$ 的直线.

3. 化下列直线的一般式方程为点向式及参数式方程:

(1) $\begin{cases} x - y + z - 1 = 0, \\ 2x + y + z - 4 = 0; \end{cases}$
(2) $\begin{cases} 2x - 3y + z - 5 = 0, \\ 3x + y - 2z - 4 = 0. \end{cases}$

4. 求过点 $A(-2, 2, 6)$ 且平行于直线 $\begin{cases} x + 2y - 2z - 1 = 0, \\ x - 2y - z + 1 = 0 \end{cases}$ 的直线的点向式方程.

5. 判断各组中的两个平面是否平行或垂直,若相交,求出交线的参数式方程:

(1) $x + 4y - 3z = 1$, $-3x + 6y + 7z = 0$;

(2) $2z = 4y - x$, $3x - 12y + 6z = 5$;

(3) $x + y + z = 1$, $x - y + z = 2$;

(4) $2x - 3y + 4z = 5$, $x + 6y + 4z = 3$.

B 组

1. 判断下列各组直线是平行、异面还是相交,若相交,求出交点:

(1) $L_1: \dfrac{x}{1} = \dfrac{y-1}{2} = \dfrac{z-3}{3}$, $L_2: \dfrac{x-3}{4} = \dfrac{y-2}{3} = \dfrac{z-1}{1}$;

(2) $L_1: x = 1 + 2t$, $y = 3t$, $z = 2 - t$, $L_2: x = -1 + u$, $y = 4 + u$, $z = 1 + 3u$.

2. (1) 证明:平面 $Ax + By + Cz + D = 0$ 外一点 $M_0(x_0, y_0, z_0)$ 到该平面的距离为

$$d = \frac{|Ax_0 + By_0 + Cz_0 + D|}{\sqrt{A^2 + B^2 + C^2}};$$

(2) 利用(1)的结果,求两平行平面 $\pi_1: 3x + 6y - 9z - 4 = 0$ 与 $\pi_2: x + 2y - 3z - 1 = 0$ 之间的距离.

第四节 常见曲面与空间曲线的方程

⊙ 几种常见的二次曲面及其方程　⊙ 空间曲线方程的一般式与参数式

一、常见曲面

1. 球面与柱面

例1 求球心为 $M_0(x_0, y_0, z_0)$,半径为 R 的球面(如图 8-20 所示)方程.

解 设 $M(x, y, z)$ 为球面上的任意一点,则 $|M_0M| = R$. 由空间内两点间的距离公式,得

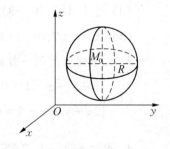

图 8-20

$$(x - x_0)^2 + (y - y_0)^2 + (z - z_0)^2 = R^2.\qquad ①$$

这就是以 $M_0(x_0, y_0, z_0)$ 为球心,半径为 R 的**球面方程**.

特别地,当球心在原点时,球面方程为

$$x^2 + y^2 + z^2 = R^2.$$

下面介绍另一种常见曲面——柱面.

平行于定直线 l 且沿平面上的已知曲线 C(直线 l 与曲线 C 不在同一个平面上)移动的动直线 L 所形成的曲面叫做**柱面**. 动直线 L 称为柱面的**母线**,曲线 C 称为柱面的**准线**.

例如,以 xOy 面上的圆 $x^2 + y^2 = 1$ 为准线,母线平行于 z 轴的柱面是圆柱面(如图 8-21 所示),它的方程为 $x^2 + y^2 = 1$,用平面 $z = k\ (k \in \mathbf{R})$ 去截该圆柱面,截线都是半径为 1 的圆.

如果曲面的方程是关于 x、y、z 的一个二次方程,则称这样的曲面为**二次曲面**. 例如,式①所表示的球面及圆柱面 $x^2 + y^2 = 1$ 都是二次曲面.

表 8-1 中给出了几个常见二次柱面及其方程和特征.

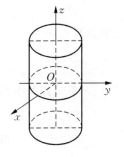

图 8-21

表 8-1

名　称	图　形	方　程	特　征
椭圆柱面		$\dfrac{x^2}{a^2} + \dfrac{y^2}{b^2} = 1$ $(a、b > 0)$	母线平行于 z 轴,用垂直于 z 轴的平面去截该椭圆柱面所得截线(即准线)是椭圆
双曲柱面		$\dfrac{x^2}{a^2} - \dfrac{y^2}{b^2} = 1$ $(a、b > 0)$	母线平行于 z 轴,用垂直于 z 轴的平面去截该双曲柱面所得截线(即准线)是双曲线
抛物柱面		$x^2 = 2py$ $(p > 0)$	母线平行于 z 轴,用垂直于 z 轴的平面去截该抛物柱面所得截线(即准线)是抛物线

2. 其他常见的二次曲面

先来看下面的例子.

例2 画出方程 $\dfrac{x^2}{a^2}+\dfrac{y^2}{b^2}+\dfrac{z^2}{c^2}=1$ 所表示的图形.

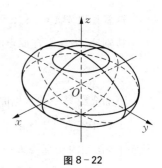

解 当 $z=0$ 时,方程变为 $\begin{cases}\dfrac{x^2}{a^2}+\dfrac{y^2}{b^2}=1,\\ z=0.\end{cases}$ 它表示的是 xOy 面上

的椭圆 $\dfrac{x^2}{a^2}+\dfrac{y^2}{b^2}=1$. 同理,用平面 $z=k$ $(-c<k<c)$ 去截该图形

图 8－22

时,所得截线是平面 $z=k$ 上的椭圆 $\begin{cases}\dfrac{x^2}{a^2}+\dfrac{y^2}{b^2}=1-\dfrac{k^2}{c^2},\\ z=k.\end{cases}$

类似地,分别用平行(或重合)于 yOz 面和 zOx 面的平面 $x=k$ $(-a<k<a)$ 和 $y=k$
$(-b<k<b)$ 去截该图形时所得的截线也都是椭圆. 称方程 $\dfrac{x^2}{a^2}+\dfrac{y^2}{b^2}+\dfrac{z^2}{c^2}=1$ 所表示的图形
为**椭球面**,它的图形如图 8－22 所示. 这种用平行于坐标面的平面去截曲面,通过截线形状来
考察曲面的方法称为**截线法**.

除椭球面外,表 8－2 中还给出了其他几种常见二次曲面及其方程和特征.

表 8－2

名　　称	图　　形	方　　程	特　　征
椭球面		$\dfrac{x^2}{a^2}+\dfrac{y^2}{b^2}+\dfrac{z^2}{c^2}=1$ $(a、b、c>0)$	平行(或重合)于三个坐标面的平面截曲面所得截线均为椭圆
椭圆抛物面		$z=\dfrac{x^2}{a^2}+\dfrac{y^2}{b^2}$ $(a、b>0)$	平行于 xOy 面的平面截曲面所得截线为椭圆,yOz 面和 zOx 面截曲面所得截线是抛物线

名　称	图　形	方　程	特　征
椭圆锥面		$\dfrac{x^2}{a^2} + \dfrac{y^2}{b^2} - \dfrac{z^2}{c^2} = 0$ $(a、b、c > 0)$	平行于 xOy 面的平面截曲面所得截线为椭圆,yOz 面和 zOx 面截曲面所得截线分别是两条直线
单叶双曲面		$\dfrac{x^2}{a^2} + \dfrac{y^2}{b^2} - \dfrac{z^2}{c^2} = 1$ $(a、b、c > 0)$	平行于 xOy 面的平面截曲面所得截线为椭圆,平行(或重合)于 yOz 面或 zOx 面的平面截曲面所得截线是双曲线
双叶双曲面		$\dfrac{x^2}{a^2} + \dfrac{y^2}{b^2} - \dfrac{z^2}{c^2} = -1$ $(a、b、c > 0)$	平行于 yOz 面和 zOx 面的平面截曲面所得截线均为双曲线
双曲抛物面		$-\dfrac{x^2}{a^2} + \dfrac{y^2}{b^2} = z$ $(a、b、c > 0)$	平行于 xOy 面的平面截曲面所得截线为双曲线,平行于 yOz 面或 zOx 面的平面截曲面所得截线均是抛物线

二、空间曲线

1. 空间曲线的一般式方程

设空间曲线 C 是两曲面 $F(x, y, z) = 0$ 和 $G(x, y, z) = 0$ 的交线,则曲线 C 的方程为

$$\begin{cases} F(x, y, z) = 0, \\ G(x, y, z) = 0. \end{cases} \qquad ②$$

式②称为**曲线 C 的一般式方程**.

例如,球面 $x^2 + y^2 + z^2 - 81 = 0$ 和平面 $z = 4$ 的交线为圆,其方程为

$$\begin{cases} x^2 + y^2 + z^2 - 81 = 0, \\ z = 4. \end{cases}$$

2. 空间曲线的参数方程

如果空间曲线 C 上动点的坐标 x、y、z 可以表示为

$$\begin{cases} x = x(t), \\ y = y(t), \\ z = z(t), \end{cases} \qquad ③$$

并且通过式③可得到曲线 C 上的全部点,则称式③为**空间曲线 C 的参数方程**,t 为**参数**.

 例 3 (1) 方程组 $\begin{cases} x^2 + y^2 + z^2 = 25, \\ y = x \end{cases}$ 表示什么曲线?

(2) 用参数方程表示(1)中的曲线,并利用 MATLAB 软件画出该曲线.

解 (1) 将 $y = x$ 代入方程 $x^2 + y^2 + z^2 = 25$,则原方程组变为

$$\begin{cases} 2x^2 + z^2 = 25, \\ y = x. \end{cases} \quad \text{即} \quad \begin{cases} \dfrac{x^2}{\dfrac{25}{2}} + \dfrac{z^2}{25} = 1, \\ y = x. \end{cases}$$

因此,原方程组表示的曲线是平面 $y = x$ 上的椭圆.

(2) 令 $x = \dfrac{5}{2}\sqrt{2}\cos t$,则 $y = x = \dfrac{5}{2}\sqrt{2}\cos t$,$z = 5\sin t$.

所以,该曲线的参数方程为

$$\begin{cases} x = \dfrac{5\sqrt{2}}{2}\cos t, \\ y = \dfrac{5\sqrt{2}}{2}\cos t, \\ z = 5\sin t. \end{cases}$$

在 MATLAB 命令窗口中输入下面语句:

```
>>t=0:0.01:2*pi;
>>plot3(5*sqrt(2)/2*cos(t),5*sqrt(2)/2*cos(t),5*sin(t),'b-')
```
                                                    % 作出空间曲线

运行结果如图 8-23 所示.

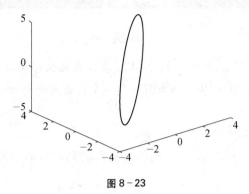

图 8-23

习题 8-4

课堂测试

8-4

A 组

1. 求球心在点 $M(5, 3, -2)$ 且通过坐标原点的球面的方程.

2. 指出下列方程表示的曲面名称,并用截线法画出曲面:

(1) $4x^2 + y^2 = 1$;

(2) $x^2 + \dfrac{y^2}{16} = z$;

(3) $\dfrac{x^2}{16} + \dfrac{y^2}{9} = \dfrac{z^2}{4}$;

(4) $4x^2 + y^2 = 100 - 25z^2$;

(5) $\dfrac{x^2}{5} - \dfrac{y^2}{4} = z$;

(6) $\dfrac{x^2}{64} + \dfrac{y^2}{25} - \dfrac{z^2}{9} = 1$;

(7) $x^2 + y^2 + z^2 - 4x + 2y + 6z = 0$.

B 组

1. 指出下列方程组所表示的曲线名称,并将其化成参数方程:

(1) $\begin{cases} x^2 + y^2 + z^2 = 9, \\ x = -2; \end{cases}$

(2) $\begin{cases} x^2 + 4y^2 + 9z^2 = 36, \\ y = 2; \end{cases}$

(3) $\begin{cases} x^2 - 4y^2 = 4z, \\ x = z. \end{cases}$

2. 画出由下列曲面所围成的立体图形:

(1) $z = \sqrt{x^2 + y^2}$, $x^2 + y^2 = 1$;

(2) $z = x^2 + y^2, z = 2 - x^2 - y^2$.

阅读与拓展

复习题八

A 组

1. 已知点 $A(1, 2, -4)$，$\overrightarrow{AB} = \{-3, 2, 1\}$，求 B 点的坐标及与 $\overrightarrow{AB}$ 同向的单位向量.

2. 求以向量 $\boldsymbol{a} = 4\boldsymbol{i} + 3\boldsymbol{j} - 2\boldsymbol{k}$ 和 $\boldsymbol{b} = 5\boldsymbol{i} + 5\boldsymbol{j} + \boldsymbol{k}$ 为边的平行四边形的两条对角线的长及它们的夹角 $\theta\left(0 \leqslant \theta \leqslant \dfrac{\pi}{2}\right)$.

3. (1) 证明:连结 $P_1(x_1, y_1, z_1)$、$P_2(x_2, y_2, z_2)$ 的线段的中点坐标为

$$\left(\frac{x_1 + x_2}{2}, \frac{y_1 + y_2}{2}, \frac{z_1 + z_2}{2}\right);$$

(2) 求以点 $A(1, 2, 3)$、$B(-2, 0, 5)$、$C(4, 1, 5)$ 为顶点的三角形的三条中线的长度.

4. 已知三点 $P(2, 1, 5)$、$Q(-1, 3, 4)$、$R(3, 0, 6)$，求:

(1) 垂直于过 P、Q、R 的平面的单位向量;

(2) 以 P、Q、R 为顶点的三角形的面积.

5. 求通过 z 轴和点 $P(-3, 1, -2)$ 的平面方程.

6. 求过直线 $\begin{cases} x + 2y = 1, \\ x - y + z - 2 = 0 \end{cases}$ 且平行于直线 $\dfrac{x-2}{3} = \dfrac{y}{2} = \dfrac{z+1}{-1}$ 的平面方程.

7. 求过点 $P(4, -1, 3)$ 且与直线 $\begin{cases} x - 2y - 3 = 0, \\ 5y - z + 1 = 0 \end{cases}$ 平行的直线的点向式方程.

8. 直线 L 过三平面: $2x + y - z - 2 = 0$, $x - 3y + z + 1 = 0$ 和 $x + y + z - 3 = 0$ 的交点,且垂直于平面 $x + y + 2z = 0$,求直线 L 的方程.

B 组

1. 已知向量 $\boldsymbol{b}$ 与 $\boldsymbol{a} = 5\boldsymbol{i} - 3\boldsymbol{j} + \boldsymbol{k}$ 平行,与基本单位向量 $\boldsymbol{k}$ 成锐角,且 $\boldsymbol{b}$ 的模等于 10,求 $\boldsymbol{b}$.

2. 若平面 π 通过直线 $\begin{cases} 3x + y + z - 4 = 0, \\ x - y + z - 2 = 0 \end{cases}$ 且与直线 $x - 1 = \dfrac{y-3}{7} = \dfrac{z+2}{p}$ 垂直,求 p 的值及平面 π 的方程.

3. 两个平面的法向量的夹角 θ 叫做两个平面的夹角.求平面 $x + y - 2z - 1 = 0$ 与 $x + 2y - z + 1 = 0$ 的夹角.

4. 设直线 L 的方向向量为 $\boldsymbol{s}$，M_0 是 L 外一点,M 是 L 上任意一点.

(1) 证明:点 M_0 到直线 L 的距离 $d = \dfrac{|\overrightarrow{MM_0} \times \boldsymbol{s}|}{|\boldsymbol{s}|}$;

(2) 利用 (1) 的结果求点 $A(3, 2, -7)$ 到直线 $\dfrac{x-5}{-2} = \dfrac{y+1}{1} = \dfrac{z-3}{2}$ 的距离.

第九章　多元函数的微积分

　　在日常生活和科学研究中,常常遇到一个量由两个或两个以上的其他几个量来决定,而且还要研究这些量相对于另一个量的变化率、最大或最小值问题.例如,根据柯布-道格拉斯生产函数 $Q = AL^{\alpha}K^{1-\alpha}$,如何求投入资本量 K 保持不变时,产量 Q 对投入劳动量 L 的变化率? 再如,怎样设计长方体容器的长、宽和高,使得其容积为定值 V 且用料最省? 这些问题的解决就要用到本章将要讨论的多元函数的偏导数及极值知识.另外,特殊的空间几何体 —— 旋转体的体积可以用定积分求解,而一般的几何体的体积、质量分布非均匀的平面薄板的质量和质心等则要用二重积分来求.

　　由一元函数微积分到二元函数的微积分在理论上有着显著的不同,而由二元函数微积分到多元函数微积分则可以类推,所以本章主要介绍二元函数的微积分知识及应用.

第一节　多元函数的极限与连续性

> ⊙ 二元函数的定义、定义域与图形　⊙ 二元函数的极限
> ⊙ 二元函数的连续性　⊙ 多元初等函数与性质

　　由一元函数的极限与连续到二元函数的极限与连续会产生新问题,而由二元函数的极限与连续到二元以上函数的极限与连续则可以类推,因此,下面先来讨论二元函数的极限与连续.

一、二元函数

1. 二元函数的定义

　　引例　由电学知识知道,电阻为 R 的电器的功率为 $P = i^2 R$,其中 i 表示电流强度,P 表示功率.称 P 是 i 和 R 的函数,记作 $P(i, R)$,即 $P(i, R) = i^2 R$.

> 　　**定义1**　设 D 是平面上的一个非空点集,如果对于 D 上的每个点 $P(x, y)$,变量 z 按照一定的法则 f 都有唯一确定的实数值与之对应,则称变量 z 是变量 x 和 y 的二元函数,记为

$$z = f(x, y), (x, y) \in D.$$

其中 D 称为该函数的**定义域**, x、y 称为**自变量**, z 称为**因变量**.

对于定义域 D 内的点 (x_0, y_0), 通过对应法则 f 所对应的值 z_0, z_0 叫做函数 $z = f(x, y)$ 在点 (x_0, y_0) 处的**函数值**, 记作 $f(x_0, y_0)$, 即 $f(x_0, y_0) = z_0$.

二元函数的定义域求法与一元函数的定义域求法类似. 对于有实际背景的函数要根据自变量的物理或其他实际意义确定定义域. 对于没有实际背景的函数 $z = f(x, y)$, 其定义域是使函数表达式有意义的所有点 (x, y) 的集合.

例 1 求下列函数的定义域, 并在直角坐标系中作出定义域所对应的图形:

(1) $z = \arcsin(x^2 + y^2 - 3)$; (2) $z = \ln(x + y - 1)$.

解 (1) 使式子 $\arcsin(x^2 + y^2 - 3)$ 有意义的点 (x, y) 必须满足 $-1 \leqslant x^2 + y^2 - 3 \leqslant 1$, 即 $2 \leqslant x^2 + y^2 \leqslant 4$, 所以函数 $z = \arcsin(x^2 + y^2 - 3)$ 的定义域为

$$D = \{(x, y) \mid 2 \leqslant x^2 + y^2 \leqslant 4\}.$$

在直角坐标系中, 定义域 D 所对应的图形是以原点为圆心、半径分别为 2 和 $\sqrt{2}$ 的两个圆所围成的圆环部分(包括两个圆上的点), 如图 $9-1$ 所示.

(2) 使式子 $\ln(x + y - 1)$ 有意义的点 (x, y) 必须满足 $x + y - 1 > 0$, 所以该函数的定义域为

$$D = \{(x, y) \mid x + y - 1 > 0\}.$$

在直角坐标系中, 定义域 D 所对应的图形是直线 $y = -x + 1$ 右上侧部分平面, 不包括直线 $y = -x + 1$ 上的点, 如图 $9-2$ 所示.

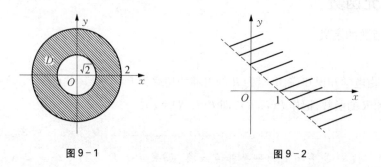

图 $9-1$ 图 $9-2$

2. 平面区域

由例 1 可知, 在平面直角坐标系中, 二元函数的定义域对应的图形通常是由一条或几条曲线

围成的部分平面,习惯上,称这样的部分平面为**平面区域**,简称**区域**,其中围成区域的曲线称为该区域的**边界**. 例如,图 9-1 和 9-2 所示的图形就是平面区域,其中圆 $x^2 + y^2 = 2$ 和圆 $x^2 + y^2 = 4$ 为图 9-1 中区域的边界.

如果区域 D 内的任意两点都可由一条折线连接,且该折线上的点均在 D 内,那么就称区域 D 是**连通区域**. 例如,图 9-1、图 9-2 所示的区域均为连通区域. 不包含边界的连通区域称为**开区域**,包括边界的连通区域称为**闭区域**. 例如,图 9-1 所示的区域为闭区域,图 9-2 所示的区域为开区域.

如果区域 D 能包含在以原点为圆心的某个圆内,则称 D 为**有界区域**;否则,称 D 为**无界区域**. 例如,图 9-1 所示的区域为有界区域,图 9-2 所示的区域为无界区域.

3. 二元函数的图形

设二元函数 $z = f(x, y)$ 的定义域为 D. 当 $(x, y) \in D$, $z = f(x, y)$ 时,对应的点 (x, y, z) 是空间中的一个点. 取遍 D 中的所有点 (x, y),所得的空间点集 $\{(x, y, z) \mid z = f(x, y), (x, y) \in D\}$ 称为函数 $z = f(x, y)$ 的**图形**. 通常二元函数的图形是一张空间曲面.

例 2 作出下列函数的图形:

(1) $z = 4 - 2x - y$;　　　　　　　　(2) $z = \sqrt{4 - x^2 - y^2}$.

解 (1) 将函数 $z = 4 - 2x - y$ 变形为 $2x + y + z - 4 = 0$,而方程 $2x + y + z - 4 = 0$ 表示的是一个平面. 于是,过该平面上三点 $(2, 0, 0)$,$(0, 4, 0)$ 和 $(0, 0, 4)$ 即可作出如图 9-3 所示的平面,也就是函数 $z = 4 - 2x - y$ 的图形.

(2) 将 $z = \sqrt{4 - x^2 - y^2}$ 变形为 $x^2 + y^2 + z^2 = 4 (0 \leqslant z \leqslant 2)$,可知 $z = \sqrt{4 - x^2 - y^2}$ 的图形是以原点为球心,半径为 2 的球面的上半部分,如图 9-4 所示.

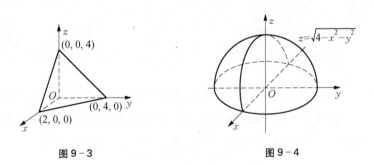

图 9-3　　　　　　　　　　　　图 9-4

二、二元函数的极限与连续

1. 二元函数的极限

下面通过实例来讨论当 $(x, y) \to (a, b)$ 时,二元函数 $z = f(x, y)$ 的极限问题.

设函数 $f(x,y) = \dfrac{\sin(x^2+y^2)}{x^2+y^2}$,表 9-1 给出了当在点 $(0,0)$ 附近区域取点 (x,y) 时,该函数的一些函数值.

表 9-1

x＼y	-0.2	-0.1	0	0.1	0.2
-0.2	0.9989	0.9996	0.9997	0.9996	0.9989
-0.1	0.9996	0.9999	1.0000	0.9999	0.9996
0	0.9997	1.0000		1.0000	0.9997
0.1	0.9996	0.9999	1.0000	0.9999	0.9996
0.2	0.9989	0.9996	0.9997	0.9996	0.9989

从表 9-1 中可以看出,当 (x,y) 趋近于 $(0,0)$ 时,函数值 $\dfrac{\sin(x^2+y^2)}{x^2+y^2}$ 越来越接近于 1. 事实上,当点 (x,y) 以任意方式趋近于 $(0,0)$ 时,这个结果都成立. 于是,就称 $(x,y) \to (0,0)$ 时,函数 $f(x,y) = \dfrac{\sin(x^2+y^2)}{x^2+y^2}$ 的极限为 1,记作 $\lim\limits_{(x,y)\to(0,0)} \dfrac{\sin(x^2+y^2)}{x^2+y^2} = 1$.

一般地,有如下定义:

> **定义2** 设函数 $z = f(x,y)$ 在点 (a,b) 附近区域(点 (a,b) 可以除外)有定义. 如果当点 (x,y) 以任意方式趋近于 (a,b)(记作 $(x,y) \to (a,b)$)时,函数值 $f(x,y)$ 无限接近于一个唯一确定的常数 A,那么就称当 $(x,y) \to (a,b)$ 时,函数 $z = f(x,y)$ 的**极限**为 A,记作
>
> $$\lim_{(x,y)\to(a,b)} f(x,y) = A \left(或 \lim_{\substack{x\to a \\ y\to b}} f(x,y) = A\right).$$

二元函数极限 $\lim\limits_{(x,y)\to(a,b)} f(x,y)$ 存在,要求点 (x,y) 以任意方式趋近于 (a,b) 时,函数值都要接近于唯一的一个常数 A. 因此,如果沿路径 $C_1:(x,y) \to (a,b)$ 时 $f(x,y) \to A_1$,而沿路径 $C_2:(x,y) \to (a,b)$ 时 $f(x,y) \to A_2$,并且 $A_1 \neq A_2$,那么 $\lim\limits_{(x,y)\to(a,b)} f(x,y)$ 不存在.

例3 求 $\lim\limits_{(x,y)\to(0,0)} \dfrac{xy}{\sqrt{xy+1}-1}$.

解 $\lim\limits_{(x,y)\to(0,0)} \dfrac{xy}{\sqrt{xy+1}-1} = \lim\limits_{(x,y)\to(0,0)} \dfrac{xy(\sqrt{xy+1}+1)}{(\sqrt{xy+1}-1)(\sqrt{xy+1}+1)}$

$$= \lim_{(x,\,y)\to(0,\,0)} (\sqrt{xy+1}+1) = 2.$$

如果二元函数的极限存在,则有与一元函数类似的极限运算法则. 但一般来说,判断二元函数的极限是否存在以及求二元函数的极限都要比一元函数困难得多.

2. 二元函数的连续性

与一元函数类似,二元函数的连续性定义如下:

> **定义3**　设函数 $z = f(x,y)$ 在点 $P_0(x_0, y_0)$ 及附近区域有定义,如果
>
> $$\lim_{(x,\,y)\to(x_0,\,y_0)} f(x,y) = f(x_0, y_0),$$
>
> 那么就称**函数 $z = f(x,y)$ 在点 $P_0(x_0, y_0)$ 连续**.
>
> 如果函数 $z = f(x,y)$ 在区域 D 内的每一点都连续,那么就称**函数 $f(x,y)$ 在 D 上连续**,或者称 $f(x,y)$ 是 D 上的**连续函数**.

例4　讨论函数 $f(x,y) = \begin{cases} \dfrac{xy}{x^2+y^2}, & x^2+y^2 \neq 0, \\ 0, & x^2+y^2 = 0 \end{cases}$ 在点 $(0,0)$ 处的连续性.

解　显然,函数 $f(x,y)$ 在点 $(0,0)$ 及其附近区域有定义.

当 (x,y) 沿 x 轴趋近于点 $(0,0)$ 时,$y = 0$(但 $x \neq 0$),从而有

$$\lim_{\substack{(x,\,y)\to(0,\,0)\\ y=0}} \frac{xy}{x^2+y^2} = \lim_{\substack{(x,\,y)\to(0,\,0)\\ y=0}} 0 = 0.$$

当 (x,y) 沿直线 $y = x$ 趋近于点 $(0,0)$ 时,有

$$\lim_{\substack{(x,\,y)\to(0,\,0)\\ y=x}} \frac{xy}{x^2+y^2} = \lim_{\substack{(x,\,y)\to(0,\,0)\\ y=x}} \frac{x^2}{x^2+x^2} = \frac{1}{2}.$$

所以

$$\lim_{(x,\,y)\to(0,\,0)} \frac{xy}{x^2+y^2} \text{ 不存在.}$$

因此,函数 $f(x,y)$ 在点 $(0,0)$ 不连续.

三、多元函数及其连续性

由所有有序实数组 $(x_1, x_2, \cdots, x_n)$ 组成的集合记为 $\mathbf{R}^n (n \geq 2)$,称为 **n 维空间**. 与二元函数的定义类似,将二元函数定义中的"D 是平面上的一个点集"改为"D 是 n 维空间 $\mathbf{R}^n$ 的点集"即可

得到三元及三元以上函数的定义.

由具有不同自变量的一元基本初等函数经过有限次的四则运算或复合运算所得到的、能用一个式子表示的多元函数称为**多元初等函数**. 例如,$f(x,y)=\dfrac{x^2-y^2}{x^2+y^2}$,$\varphi(x,y,z)=z\ln(x^2-y^2)$ 等都是多元初等函数.

多元初等函数在其定义区域内都是连续的;

有界闭区域 D 上的多元连续函数在 D 上一定有最大值和最小值.

习题 9-1

课堂测试

9-1

A 组

1. 求下列函数的定义域,并画出定义域的图形:

(1) $z=\sqrt{1-x^2-y^2}$;

(2) $f(x,y)=x\ln(y^2-x)$;

(3) $f(x,y)=\sqrt{x^2-y}$;

(4) $z=\ln[(x^2+y^2-1)(4-x^2-y^2)]$;

(5) $f(x,y)=\dfrac{1}{\sqrt{x+y}}+\dfrac{1}{\sqrt{y-x}}$;

(6) $f(x,y)=\dfrac{\sqrt{9-x^2-y^2}}{x^2+y^2-1}$.

2. 求下列极限:

(1) $\lim\limits_{(x,y)\to(1,0)}(x^5+4x^3y-5xy^2)$;

(2) $\lim\limits_{(x,y)\to\left(0,\frac{\pi}{2}\right)}\sin(2x+y)$;

(3) $\lim\limits_{(x,y)\to(2,1)}\dfrac{x+2y}{x^2-y^2}$;

(4) $\lim\limits_{(x,y)\to(0,0)}\dfrac{x^4-y^4}{x^2+y^2}$;

(5) $\lim\limits_{(x,y)\to(0,0)}\dfrac{\sin(xy)}{y}$;

(6) $\lim\limits_{(x,y)\to(0,0)}\dfrac{\sqrt{xy+9}-3}{xy}$.

3. 证明下列极限不存在:

(1) $\lim\limits_{(x,y)\to(0,0)}\dfrac{x^2-y^2}{x^2+y^2}$;

(2) $\lim\limits_{(x,y)\to(0,0)}\dfrac{x+y}{x-y}$;

(3) $\lim\limits_{(x,y)\to(0,0)}\dfrac{xy}{x+y}$.

B 组

1. 已知 $f\left(x+y,\dfrac{y}{x}\right)=x^2-y^2$,求 $f(x,y)$.

MATLAB

2. 作出下列函数的图形(可以利用 MATLAB 软件作图):

(1) $z=1-x-y$;

(2) $z=x^2+y^2$.

3. 查理·考伯和保罗·当拉斯通过研究 1899~1922 年间美国经济得出结论:经济上的总产出决定于劳动力总量和资本的投入总量,用 P 表示总产出,L 表示劳动力总量,K 表示资本的投入总量,它们之间的关系是 $P(L, K) = 1.01 L^{0.75} K^{0.25}$. 问当劳动力总量和资本的投入总量均翻倍时,总产出是否也翻倍?

第二节　偏导数

⊙ 二元函数偏导数的定义　⊙ 偏导数的几何意义　⊙ 高阶偏导数
⊙ 多元函数偏导数的计算

一、偏导数的定义

在一元函数微分学中,我们讨论了函数的变化率,即导数问题. 类似地,对于有多个自变量的多元函数来说,往往需要研究当一个自变量变化而其他自变量不变时因变量的变化率问题,也就是偏导数问题. 先来看二元函数的偏导数定义.

定义　设函数 $z = f(x, y)$ 在点 (x_0, y_0) 及附近区域有定义. 如果当 y 固定在 y_0 时,一元函数 $z = f(x, y_0)$ 在 x_0 处可导,即

$$\lim_{\Delta x \to 0} \frac{f(x_0 + \Delta x, y_0) - f(x_0, y_0)}{\Delta x}$$

存在,则称此极限为函数 $z = f(x, y)$ **在点 (x_0, y_0) 处对 x 的偏导数**,记作 $f_x(x_0, y_0)$,

$z_x \big|_{\substack{x = x_0 \\ y = y_0}}$, $\frac{\partial z}{\partial x} \big|_{\substack{x = x_0 \\ y = y_0}}$ 或 $\frac{\partial f}{\partial x} \big|_{\substack{x = x_0 \\ y = y_0}}$.

类似地,函数 $z = f(x, y)$ 在点 (x_0, y_0) 处对 y 的偏导数记作 $f_y(x_0, y_0)$,定义为

$$f_y(x_0, y_0) = \lim_{\Delta y \to 0} \frac{f(x_0, y_0 + \Delta y) - f(x_0, y_0)}{\Delta y},$$

还记作 $z_y \big|_{\substack{x = x_0 \\ y = y_0}}$, $\frac{\partial z}{\partial y} \big|_{\substack{x = x_0 \\ y = y_0}}$ 或 $\frac{\partial f}{\partial y} \big|_{\substack{x = x_0 \\ y = y_0}}$.

如果函数 $z = f(x, y)$ 在区域 D 内每一点 (x, y) 处对 x 的偏导数都存在,那么这个偏导数就是 x、y 的函数,它就称为函数 $z = f(x, y)$ **对自变量 x 的偏导函数**,记作 $f_x(x, y)$, z_x, $\frac{\partial z}{\partial x}$ 或 $\frac{\partial f}{\partial x}$,即

$$f_x(x, y) = \lim_{\Delta x \to 0} \frac{f(x + \Delta x, y) - f(x, y)}{\Delta x}.$$

类似地,可以定义函数 $z = f(x, y)$ **对自变量 y 的偏导函数**,记作 $f_y(x, y)$,z_y,$\frac{\partial z}{\partial y}$ 或 $\frac{\partial f}{\partial y}$. 偏导函数通常简称为**偏导数**.

说明:如果偏导数 $f_x(x_0, y_0)$、$f_y(x_0, y_0)$ 存在,则 $f_x(x_0, y_0)$ 是偏导函数 $f_x(x, y)$ 在点 (x_0, y_0) 处的函数值,$f_y(x_0, y_0)$ 是偏导函数 $f_y(x, y)$ 在点 (x_0, y_0) 处的函数值.

求 $z = f(x, y)$ 的偏导数的方法如下:

求 $\frac{\partial z}{\partial x}$ 时,把 y 看成常数,根据一元函数的求导公式和方法对 x 求导;

求 $\frac{\partial z}{\partial y}$ 时,把 x 看成常数,根据一元函数的求导公式和方法对 y 求导.

例 1　设 $z = x^y$,求 $\frac{\partial z}{\partial x}$ 和 $\frac{\partial z}{\partial y}$.

解　因为对 x 求偏导时,把 y 看成常数,因此 $z = x^y$ 是 x 的幂函数;对 y 求偏导时,把 x 看成常数,因此 $z = x^y$ 是 y 的指数函数,所以,

$$\frac{\partial z}{\partial x} = y \cdot x^{y-1}, \quad \frac{\partial z}{\partial y} = x^y \cdot \ln x.$$

例 2　设 $f(x, y) = x^5 + 3x^2y^2 - 2xy^3$,求 $f_x(1, 0)$ 和 $f_y(1, 0)$.

解　$f_x(x, y) = 5x^4 + 6xy^2 - 2y^3$,$f_y(x, y) = 6x^2y - 6xy^2$. 于是用 $x = 1$,$y = 0$ 代入得

$$f_x(1, 0) = 5, \quad f_y(1, 0) = 0.$$

二、偏导数的几何意义

如图 9-5 所示,设 $M_0(x_0, y_0, f(x_0, y_0))$ 为曲面上一点,分别过 M_0 作平面 $y = y_0$ 和 $x = x_0$,两平面分别截曲面 $z = f(x, y)$ 得曲线 C_1 和曲线 C_2. 曲线 C_1 在平面 $y = y_0$ 上的方程为 $z = f(x, y_0)$,曲线 C_2 在平面 $x = x_0$ 上的方程为 $z = f(x_0, y)$. 由一元函数导数的几何意义可得偏导数的几何意义.

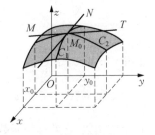

图 9-5

偏导数 $f_x(x_0, y_0)$ 是曲线 C_1 在点 M_0 处的切线 M_0N 对 x 轴的斜率；偏导数 $f_y(x_0, y_0)$ 是曲线 C_2 在点 M_0 处的切线 M_0T 对 y 轴的斜率.

说明：如果一元函数在某点具有导数，则它在该点必定连续. 但对于多元函数来说，即使各偏导数在某点都存在，也不能保证函数在该点连续. 这是因为各偏导数存在只能保证点 (x, y) 沿着平行于坐标轴的方向趋近于 (x_0, y_0) 时，函数值 $f(x, y)$ 趋近于 $f(x_0, y_0)$，但不能保证点 (x, y) 沿任意路径趋向于 (x_0, y_0) 时，函数值趋近于 $f(x_0, y_0)$. 例如，函数

$$z = f(x, y) = \begin{cases} \dfrac{xy}{x^2 + y^2}, & x^2 + y^2 \neq 0, \\ 0, & x^2 + y^2 = 0 \end{cases}$$

在点 $(0, 0)$ 处对 x、y 的偏导数都存在，分别为

$$f_x(0, 0) = \lim_{\Delta x \to 0} \frac{f(0 + \Delta x, 0) - f(0, 0)}{\Delta x} = 0, \quad f_y(0, 0) = \lim_{\Delta y \to 0} \frac{f(0, 0 + \Delta y) - f(0, 0)}{\Delta y} = 0,$$

但是在上一节例 4 中已经讨论过该函数在点 $(0, 0)$ 并不连续.

三、高阶偏导数

设函数 $z = f(x, y)$ 在区域 D 内具有偏导数，则其偏导数 $f_x(x, y)$、$f_y(x, y)$ 仍是 x、y 的函数. 如果 $f_x(x, y)$、$f_y(x, y)$ 的偏导数也存在，那么就称它们的偏导数为 $z = f(x, y)$ 的二阶偏导数，它们的记号和定义分别为

$$f_{xx}(x, y) = \frac{\partial^2 z}{\partial x^2} = \frac{\partial^2 f}{\partial x^2} = \frac{\partial}{\partial x}\left(\frac{\partial z}{\partial x}\right) ; \quad f_{xy}(x, y) = \frac{\partial^2 z}{\partial x \partial y} = \frac{\partial^2 f}{\partial x \partial y} = \frac{\partial}{\partial y}\left(\frac{\partial z}{\partial x}\right) ;$$

$$f_{yx}(x, y) = \frac{\partial^2 z}{\partial y \partial x} = \frac{\partial^2 f}{\partial y \partial x} = \frac{\partial}{\partial x}\left(\frac{\partial z}{\partial y}\right) ; \quad f_{yy}(x, y) = \frac{\partial^2 z}{\partial y^2} = \frac{\partial^2 f}{\partial y^2} = \frac{\partial}{\partial y}\left(\frac{\partial z}{\partial y}\right) .$$

其中 $f_{xy}(x, y)$、$f_{yx}(x, y)$ 称为**混合偏导数**. 同样地，可以定义 $z = f(x, y)$ 的三阶、四阶，…，n 阶偏导数. 二阶及二阶以上的偏导数统称为**高阶偏导数**.

例 3　求 $z = x^2 y^2 - e^x y^3 + 2$ 的二阶偏导数.

解　$\dfrac{\partial z}{\partial x} = 2xy^2 - e^x y^3$，$\dfrac{\partial z}{\partial y} = 2x^2 y - 3e^x y^2$；

$\dfrac{\partial^2 z}{\partial x^2} = \dfrac{\partial}{\partial x}\left(\dfrac{\partial z}{\partial x}\right) = 2y^2 - e^x y^3$，$\dfrac{\partial^2 z}{\partial x \partial y} = \dfrac{\partial}{\partial y}\left(\dfrac{\partial z}{\partial x}\right) = 4xy - 3e^x y^2$，

$$\frac{\partial^2 z}{\partial y \partial x} = \frac{\partial}{\partial x}\left(\frac{\partial z}{\partial y}\right) = 4xy - 3e^x y^2, \quad \frac{\partial^2 z}{\partial y^2} = \frac{\partial}{\partial y}\left(\frac{\partial z}{\partial y}\right) = 2x^2 - 6e^x y.$$

在例 3 中,两个混合偏导数 $\frac{\partial^2 z}{\partial x \partial y}$ 与 $\frac{\partial^2 z}{\partial y \partial x}$ 相等. 事实上,这个结果在一定的条件下是恒成立的.

> **定理** 如果函数 $z = f(x, y)$ 的两个混合偏导数 $f_{xy}(x, y)$、$f_{yx}(x, y)$ 在区域 D 内都连续,那么在该区域内一定有 $f_{xy}(x, y) = f_{yx}(x, y)$.

二元函数的偏导数及高阶偏导数的定义可以推广到三元及三元以上的多元函数,计算方法也类似.

例 4 设 $u = x^3 \sin(y + 2z)$,求: $\frac{\partial^2 u}{\partial x^2}$、$\frac{\partial^2 u}{\partial x \partial y}$ 和 $\frac{\partial^2 u}{\partial z^2}$.

解 $\frac{\partial u}{\partial x} = 3x^2 \sin(y + 2z)$, $\frac{\partial u}{\partial y} = x^3 \cos(y + 2z)$, $\frac{\partial u}{\partial z} = 2x^3 \cos(y + 2z)$;

$\frac{\partial^2 u}{\partial x^2} = 6x \sin(y + 2z)$, $\frac{\partial^2 u}{\partial x \partial y} = 3x^2 \cos(y + 2z)$;

$\frac{\partial^2 u}{\partial z^2} = -4x^3 \sin(y + 2z)$.

习题 9-2

课堂测试

9-2

A 组

1. 求 $z = \ln(1 + x^2 + y^2)$ 在点 $(1, 2)$ 处的偏导数 $\frac{\partial z}{\partial x}\Big|_{\substack{x=1 \\ y=2}}$ 和 $\frac{\partial z}{\partial y}\Big|_{\substack{x=1 \\ y=2}}$.

2. 求下列函数的偏导数:

(1) $z = xe^y - y^2$;　　　　(2) $z = x^2 \sin y$;　　　　(3) $z = \ln(x + 5y)$;

(4) $z = \dfrac{x + y}{x - y}$;　　　　(5) $z = \sin(2x + 3y)$;　　　　(6) $z = \arcsin(xy)$;

(7) $u = xy^2 z^3 + 3yz$;　　　　(8) $u = \ln(x + 2y + 3z)$;　　　　(9) $u = y\sin(x^2 + z)$.

3. 求下列函数的二阶偏导数 $\frac{\partial^2 z}{\partial x^2}$、$\frac{\partial^2 z}{\partial x \partial y}$ 和 $\frac{\partial^2 z}{\partial y^2}$:

(1) $z = x^4 - 3x^2 y^3$;　　　　(2) $z = x\tan 3y$;　　　　(3) $z = \dfrac{y}{x + y}$.

4. 已知圆柱的体积 $V = V(r, h) = \pi r^2 h$，其中 r 为圆柱体的底面半径，h 为圆柱体的高. 求当圆柱体的高 $h = 2$ 不变时，体积 V 在 $r = 1$ 处的变化率.

5. 已知风的寒冷程度 W 与实际温度 T、风速 v 具有如下关系式：

$$W = 13.12 + 0.6215T - 11.37v^{0.16} + 0.3965Tv^{0.16}，求 \frac{\partial W}{\partial T} 和 \frac{\partial W}{\partial v}，并解释其实际意义.$$

B 组

1. 设 $z = e^{-\left(\frac{1}{x} + \frac{1}{y}\right)}$，证明：$x^2 \dfrac{\partial z}{\partial x} + y^2 \dfrac{\partial z}{\partial y} = 2z$.

2. 设 $z = \ln(\sqrt{x} + \sqrt{y})$，证明：$x \dfrac{\partial z}{\partial x} + y \dfrac{\partial z}{\partial y} = \dfrac{1}{2}$.

3. 设 $r = \sqrt{x^2 + y^2 + z^2}$，求 $\dfrac{\partial^2 r}{\partial x^2}$ 和 $\dfrac{\partial^2 r}{\partial y \partial x}$，并验证 $\left(\dfrac{\partial r}{\partial x}\right)^2 + \left(\dfrac{\partial r}{\partial y}\right)^2 + \left(\dfrac{\partial r}{\partial z}\right)^2 = 1$.

4. 已知质量为 m 的物体的动能为 $E = \dfrac{1}{2}mv^2$，证明：$\dfrac{\partial E}{\partial m} \cdot \dfrac{\partial^2 E}{\partial v^2} = E$.

第三节　多元复合函数求导法则与隐函数求导法则

⊙ 多元复合函数求导法则　⊙ 隐函数求导法则

一、多元复合函数求导法则

如果 $y = f(u)$、$u = \varphi(x)$ 均为可导函数，那么由 $y = f(u)$、$u = \varphi(x)$ 复合而成的复合函数 $y = f[\varphi(x)]$ 的导数为 $\dfrac{\mathrm{d}y}{\mathrm{d}x} = \dfrac{\mathrm{d}y}{\mathrm{d}u} \cdot \dfrac{\mathrm{d}u}{\mathrm{d}x}$.

下面将这个法则推广到多元复合函数的情形.

> **定理 1**　设函数 $u = \varphi(t)$，$v = \psi(t)$ 均为 t 的可导函数，函数 $z = f(u, v)$ 在对应的点 (u, v) 具有连续偏导数，则复合函数 $z = f[\varphi(t), \psi(t)]$ 在点 t 可导，且
>
> $$\frac{\mathrm{d}z}{\mathrm{d}t} = \frac{\partial z}{\partial u} \cdot \frac{\mathrm{d}u}{\mathrm{d}t} + \frac{\partial z}{\partial v} \cdot \frac{\mathrm{d}v}{\mathrm{d}t}. \tag{①}$$

式①中的 $\dfrac{\mathrm{d}z}{\mathrm{d}t}$ 称为**全导数**. 图 9－6 所示的路径图可以直观地帮助记忆式①.

定理 1 可以推广到三元及三元以上的函数. 例如,如果 $z = f(u, v, w)$, $u = \varphi(t)$, $v = \psi(t)$, $w = \omega(t)$ 均为可导函数,则复合函数 $z = f[\varphi(t), \psi(t), \omega(t)]$ 对 t 的导数为

$$\frac{\mathrm{d}z}{\mathrm{d}t} = \frac{\partial z}{\partial u} \cdot \frac{\mathrm{d}u}{\mathrm{d}t} + \frac{\partial z}{\partial v} \cdot \frac{\mathrm{d}v}{\mathrm{d}t} + \frac{\partial z}{\partial w} \cdot \frac{\mathrm{d}w}{\mathrm{d}t}.$$

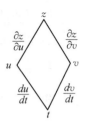

图 9－6

例 1 设 $z = \mathrm{e}^{u-2v}$, $u = \sin t$, $v = t^3$,求 $\dfrac{\mathrm{d}z}{\mathrm{d}t}$.

解 $\dfrac{\mathrm{d}z}{\mathrm{d}t} = \dfrac{\partial z}{\partial u} \cdot \dfrac{\mathrm{d}u}{\mathrm{d}t} + \dfrac{\partial z}{\partial v} \cdot \dfrac{\mathrm{d}v}{\mathrm{d}t} = \mathrm{e}^{u-2v}\cos t + \mathrm{e}^{u-2v} \cdot (-2) \cdot 3t^2 = \mathrm{e}^{\sin t - 2t^3}(\cos t - 6t^2).$

定理 2 设函数 $u = \varphi(x, y)$, $v = \psi(x, y)$ 在点 (x, y) 均有对 x 和对 y 的偏导数, 函数 $z = f(u, v)$ 在对应点 (u, v) 具有连续偏导数,则复合函数 $z = f[\varphi(x, y), \psi(x, y)]$ 在点 (x, y) 具有偏导数,且

$$\frac{\partial z}{\partial x} = \frac{\partial z}{\partial u} \cdot \frac{\partial u}{\partial x} + \frac{\partial z}{\partial v} \cdot \frac{\partial v}{\partial x}, \quad \frac{\partial z}{\partial y} = \frac{\partial z}{\partial u} \cdot \frac{\partial u}{\partial y} + \frac{\partial z}{\partial v} \cdot \frac{\partial v}{\partial y}. \qquad ②$$

定理 2 可以推广到三元及三元以上的函数. 例如,如果 $u = \varphi(x, y)$, $v = \psi(x, y)$, $w = \omega(x, y)$ 均在点 (x, y) 具有对 x 和 y 的偏导数, $z = f(u, v, w)$ 在相应点 (u, v, w) 具有连续偏导数,则复合函数 $z = f[\varphi(x, y), \psi(x, y), \omega(x, y)]$ 具有对 x 和 y 的偏导数,且

$$\frac{\partial z}{\partial x} = \frac{\partial z}{\partial u} \cdot \frac{\partial u}{\partial x} + \frac{\partial z}{\partial v} \cdot \frac{\partial v}{\partial x} + \frac{\partial z}{\partial w} \cdot \frac{\partial w}{\partial x},$$

$$\frac{\partial z}{\partial y} = \frac{\partial z}{\partial u} \cdot \frac{\partial u}{\partial y} + \frac{\partial z}{\partial v} \cdot \frac{\partial v}{\partial y} + \frac{\partial z}{\partial w} \cdot \frac{\partial w}{\partial y}. \qquad ③$$

图 9－7 和图 9－8 所示的路径图可以帮助记忆和掌握式②和式③.

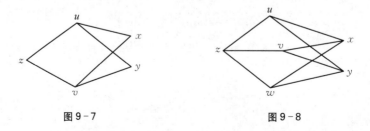

图 9－7   图 9－8

例 2　设 $z = e^{uv}$，$u = \sin x + y$，$v = x - 2y$，求 $\dfrac{\partial z}{\partial x}$ 和 $\dfrac{\partial z}{\partial y}$.

解　$\dfrac{\partial z}{\partial x} = \dfrac{\partial z}{\partial u} \cdot \dfrac{\partial u}{\partial x} + \dfrac{\partial z}{\partial v} \cdot \dfrac{\partial v}{\partial x} = e^{uv} \cdot v \cdot \cos x + e^{uv} \cdot u \cdot 1$，

$$= e^{uv}(v\cos x + u) = e^{(\sin x + y)(x - 2y)}\left[(x - 2y)\cos x + \sin x + y \right];$$

$$\dfrac{\partial z}{\partial y} = \dfrac{\partial z}{\partial u} \cdot \dfrac{\partial u}{\partial y} + \dfrac{\partial z}{\partial v} \cdot \dfrac{\partial v}{\partial y} = e^{uv} \cdot v \cdot 1 + e^{uv} \cdot u \cdot (-2)$$

$$= e^{uv} \cdot (v - 2u) = e^{(\sin x + y)(x - 2y)}(x - 4y - 2\sin x).$$

定理 1、定理 2 统称为多元复合函数的**链式法则**. 链式法则还有很多情形，本书不再一一给出，在实际的计算中只要弄清复合关系，画出路径图，按照**"连线相乘，分线相加"**的链式法则，就可得出正确结果.

二、隐函数求导法则

先来看一个例子.

例 3　求由方程 $\cos(x - y) = xe^y$ 所确定的函数 $y = f(x)$ 的导数 $\dfrac{\mathrm{d}y}{\mathrm{d}x}$.

解　根据第二章所给的隐函数求导法，将方程 $\cos(x - y) = xe^y$ 两边同时对 x 求导，得

$$-\sin(x - y)\left(1 - \dfrac{\mathrm{d}y}{\mathrm{d}x}\right) = e^y + xe^y \dfrac{\mathrm{d}y}{\mathrm{d}x}.$$

解上面的方程，得

$$\dfrac{\mathrm{d}y}{\mathrm{d}x} = \dfrac{\sin(x - y) + e^y}{\sin(x - y) - xe^y}.$$

现在将方程 $\cos(x - y) = xe^y$ 变形为 $\cos(x - y) - xe^y = 0$，并设

$$F(x, y) = \cos(x - y) - xe^y.$$

求 $F(x, y)$ 分别对 x 和对 y 的偏导数，得

$$\dfrac{\partial F}{\partial x} = F_x = -\sin(x - y) - e^y, \quad \dfrac{\partial F}{\partial y} = F_y = \sin(x - y) - xe^y.$$

注意到

$$-\dfrac{F_x}{F_y} = \dfrac{\sin(x - y) + e^y}{\sin(x - y) - xe^y} = \dfrac{\mathrm{d}y}{\mathrm{d}x}.$$

一般地，有

定理3 设 $y = f(x)$ 是由方程 $F(x, y) = 0$ 所确定的隐函数,则 $y = f(x)$ 的导数为

$$\frac{\mathrm{d}y}{\mathrm{d}x} = -\frac{F_x}{F_y}.$$

其中 F_x、F_y 是二元函数 $F(x, y)$ 分别对 x 和对 y 的偏导数,且 $F_y \neq 0$.

类似地,有

定理4 设 $z = f(x, y)$ 是由方程 $F(x, y, z) = 0$ 所确定的隐函数,则 $z = f(x, y)$ 的偏导数为

$$\frac{\partial z}{\partial x} = -\frac{F_x}{F_z}, \quad \frac{\partial z}{\partial y} = -\frac{F_y}{F_z}. \tag{④}$$

其中 F_x、F_y、F_z 是三元函数 $F(x, y, z)$ 分别对 x、对 y 和对 z 的偏导数,且 $F_z \neq 0$.

例4 求由方程 $x - z = \sin(yz)$ 所确定的函数 $z = f(x, y)$ 的偏导数 $\dfrac{\partial z}{\partial x}$、$\dfrac{\partial z}{\partial y}$.

解 令 $F(x, y, z) = x - z - \sin(yz)$. 求 $F(x, y, z)$ 分别对 x、y 和 z 的偏导数,得

$$F_x = 1, \quad F_y = -z\cos(yz), \quad F_z = -1 - y\cos(yz).$$

当 $F_z \neq 0$ 时,由式 ④,得

$$\frac{\partial z}{\partial x} = -\frac{F_x}{F_z} = \frac{1}{1 + y\cos(yz)}; \quad \frac{\partial z}{\partial y} = -\frac{F_y}{F_z} = -\frac{z\cos(yz)}{1 + y\cos(yz)}.$$

例5 利用 MATLAB 软件求下列函数的偏导数 $\dfrac{\partial z}{\partial x}$ 和 $\dfrac{\partial z}{\partial y}$:

(1) $z = \mathrm{e}^u \cos v$, $u = xy$, $v = \sqrt{x^2 + y^2}$;

(2) $\ln(x + 2y + 3z) = x^y + \mathrm{e}^{xy}$.

解 (1) 将 $u = xy$, $v = \sqrt{x^2 + y^2}$ 代入 $z = \mathrm{e}^u \cos v$,然后,在 MATLAB 的命令窗口中输入下列语句:

```
>>syms x y

>>z=exp(x*y)*cos(sqrt(x^2+y^2));        % 输入函数表达式 z=eˣʸcos√x²+y²
```

```
>>zx=diff(z,x)                          % 求 ∂z/∂x,结果存入变量 zx

>>zy=diff(z,y)                          % 求 ∂z/∂y,结果存入变量 zy
```

根据运行结果,得

$$\frac{\partial z}{\partial x} = e^{xy}\left(y\cos\sqrt{x^2+y^2} - \frac{x\sin\sqrt{x^2+y^2}}{\sqrt{x^2+y^2}}\right), \quad \frac{\partial z}{\partial y} = e^{xy}\left(x\cos\sqrt{x^2+y^2} - \frac{y\sin\sqrt{x^2+y^2}}{\sqrt{x^2+y^2}}\right).$$

(2) 令 $F(x, y, z) = \ln(x + 2y + 3z) - x^y - e^{xy}$.

根据公式④,在 MATLAB 的命令窗口中输入下列语句:

```
>>syms x y z                    % 定义符号变量 x,y,z
>>F=log(x+2*y+3*z)-x^y-exp(x*y);
>>zx=-diff(F,x)/diff(F,z)       % 求 ∂z/∂x
>>zy=-diff(F,y)/diff(F,z)       % 求 ∂z/∂y
```

根据运行结果,得

$$\frac{\partial z}{\partial x} = \left(\frac{x}{3} + \frac{2y}{3} + z\right)(x^{y-1}y + ye^{xy}) - \frac{1}{3}, \quad \frac{\partial z}{\partial y} = \left(\frac{x}{3} + \frac{2y}{3} + z\right)(xe^{xy} + x^y\ln x) - \frac{2}{3}.$$

习题 9−3

课堂测试
9−3

A 组

1. 求下列函数的全导数 $\dfrac{\mathrm{d}z}{\mathrm{d}t}$:

(1) $z = u^2v + uv^2$, $u = 2 + t^4$, $v = 1 - t^3$;

(2) $z = \arcsin(u - v)$, $u = 5t$, $v = e^t$;

(3) $z = u \cdot e^{2v}\sin w$, $u = t^2$, $v = 1 - t$, $w = 1 + 2t$.

2. 设 $z = u^2 + uv + v^2$, $u = x + y$, $v = xy$,求 $\dfrac{\partial z}{\partial x}$ 和 $\dfrac{\partial z}{\partial y}$.

3. $z = u^2\ln v$, $u = \dfrac{x}{y}$, $v = 3x - 2y$,求 $\dfrac{\partial z}{\partial x}$ 和 $\dfrac{\partial z}{\partial y}$.

4. 设 $z = \ln(u^2 + v^2 + w^2)$, $u = x + 2y$, $v = 2x - y$, $w = xy$,求 $\dfrac{\partial z}{\partial x}$ 和 $\dfrac{\partial z}{\partial y}$.

5. 求由方程 $\ln(x^2 + y^2) = \arctan\dfrac{y}{x}$ 所确定的函数 $y = f(x)$ 的导数 $\dfrac{\mathrm{d}y}{\mathrm{d}x}$.

6. 求由下列方程所确定的隐函数 $z = f(x, y)$ 的偏导数 $\dfrac{\partial z}{\partial x}$ 和 $\dfrac{\partial z}{\partial y}$：

（1）$x^2 + y^2 + z^2 = 3xyz$；　　　　（2）$x - z = \arctan(yz)$.

B 组

1. 设 $z = \mathrm{e}^x(y + u)$，$u = x\sin y$，求 $\dfrac{\partial z}{\partial x}$ 和 $\dfrac{\partial z}{\partial y}$.

2. 设 $z = f(x^2 - y^2, xy)$，求 $\dfrac{\partial z}{\partial x}$ 与 $\dfrac{\partial z}{\partial y}$.

3. 设 $z = f\left(x^2, x + y, \dfrac{y}{x}\right)$，求 $\dfrac{\partial z}{\partial x}$ 和 $\dfrac{\partial z}{\partial y}$.

4. 已知一质点在曲面 $z = x^2 + y^2$ 上移动，且在 t 时刻，$x = t\cos t$，$y = t\sin t$，求质点的速度.

5. 已知一个圆柱体底面半径以 1.8 cm/s 的速度增大，高以 2.5 cm/s 的速度降低，那么当该圆柱的底面半径为 100 cm，高为 120 cm 时，体积的变化速度是多少？

第四节　多元函数偏导数的几何应用

⊙ 空间曲线的切线方程、法平面方程　⊙ 曲面的切平面方程、法线方程

一、空间曲线的切线与法平面

与平面曲线切线的定义类似，空间曲线 L 在其上一定点 M_0 处的切线仍定义为：当曲线上一个动点 M 沿曲线 L 趋近于 M_0 时，割线 M_0M 的极限位置 M_0T（如图 9-9 所示）. 过点 M_0 且与切线 M_0T 垂直的平面称为曲线 L 在点 M_0 处的**法平面**.

根据切线和法平面的定义，可以推出下面结论成立：

设空间曲线 L 的方程为 $\begin{cases} x = \varphi(t), \\ y = \psi(t), \\ z = \omega(t), \end{cases}$ 其中 $\varphi(t)$、$\psi(t)$、$\omega(t)$ 均是 t 的

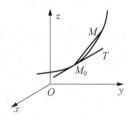

图 9-9

可导函数. 当 $t = t_0$ 时对应于曲线上的点为 $M_0(x_0, y_0, z_0)$，则曲线 L 在点 $M_0(x_0, y_0, z_0)$ 处的**切线方程**为

$$\frac{x - x_0}{\varphi'(t_0)} = \frac{y - y_0}{\psi'(t_0)} = \frac{z - z_0}{\omega'(t_0)},$$

法平面方程为

$$\varphi'(t_0)(x - x_0) + \psi'(t_0)(y - y_0) + \omega'(t_0)(z - z_0) = 0.$$

其中 $\varphi'(t_0)$、$\psi'(t_0)$、$\omega'(t_0)$ 不全为零.

例 1 求螺线 $\begin{cases} x = t^2, \\ y = 1 - t, \\ z = 3t^2 \end{cases}$ 在 $t = 1$ 对应点处的切线方程及法平面方程.

解 当 $t = 1$ 时,对应于曲线上的点为 $(1, 0, 3)$. 又因为 $x' = 2t$, $y' = -1$, $z' = 6t$, 所以, $\{2, -1, 6\}$ 为所求切线的方向向量(也是法平面的法向量). 于是, 所求的切线方程为

$$\frac{x - 1}{2} = \frac{y - 0}{-1} = \frac{z - 3}{6},$$

法平面方程为

$$2(x - 1) - (y - 0) + 6(z - 3) = 0, 即 2x - y + 6z - 20 = 0.$$

二、曲面的切平面与法线

如图 $9-10$ 所示, 设曲面的方程为 $F(x, y, z) = 0$, $M_0(x_0, y_0, z_0)$ 为曲面上的一点, 函数 $F(x, y, z)$ 在点 $M_0(x_0, y_0, z_0)$ 处有连续的偏导数且不全为零, 则该曲面上过 M_0 的任一曲线 C 在点 M_0 处的切线均存在且在同一平面上, 该平面就称为曲面在点 M_0 处的**切平面**, 切平面方程为

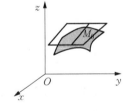

图 $9-10$

$$F_x(x_0, y_0, z_0)(x - x_0) + F_y(x_0, y_0, z_0)(y - y_0) + F_z(x_0, y_0, z_0)(z - z_0) = 0.$$

过 M_0 点且与切平面垂直的直线称为曲面在点 M_0 处的**法线**, 法线方程为

$$\frac{x - x_0}{F_x(x_0, y_0, z_0)} = \frac{y - y_0}{F_y(x_0, y_0, z_0)} = \frac{z - z_0}{F_z(x_0, y_0, z_0)}.$$

如果曲面的方程为 $z = f(x, y)$, 且 $f(x, y)$ 在点 $M_0(x_0, y_0, z_0)$ 处有连续偏导数, 令 $F(x, y, z) =$

$f(x, y) - z$,可得曲面 $z = f(x, y)$ 在点 $M_0(x_0, y_0, z_0)$ 处的切平面方程为

$$f_x(x_0, y_0)(x - x_0) + f_y(x_0, y_0)(y - y_0) - (z - z_0) = 0,$$

法线方程为

$$\frac{x - x_0}{f_x(x_0, y_0)} = \frac{y - y_0}{f_y(x_0, y_0)} = \frac{z - z_0}{-1}.$$

例 2 求椭球面 $x^2 + 2y^2 + 3z^2 = 21$ 在点 $(4, -1, 1)$ 处的切平面方程与法线方程.

解 令 $F(x, y, z) = x^2 + 2y^2 + 3z^2 - 21$,则

$$F_x = 2x, \ F_y = 4y, \ F_z = 6z,$$

$$F_x(4, -1, 1) = 8, \ F_y(4, -1, 1) = -4, \ F_z(4, -1, 1) = 6.$$

于是,椭球面 $x^2 + 2y^2 + 3z^2 = 21$ 在点 $(4, -1, 1)$ 处的切平面方程为

$$8(x - 4) - 4(y + 1) + 6(z - 1) = 0, 即 4x - 2y + 3z - 21 = 0.$$

法线方程为

$$\frac{x - 4}{8} = \frac{y + 1}{-4} = \frac{z - 1}{6}.$$

例 3 求椭圆抛物面 $z = x^2 + 3y^2$ 在点 $(1, 1, 4)$ 处的切平面方程与法线方程.

解 令 $f(x, y) = x^2 + 3y^2$,则 $f_x(x, y) = 2x, f_y(x, y) = 6y, f_x(1, 1) = 2, f_y(1, 1) = 6$. 所以,椭圆抛物面 $z = x^2 + 3y^2$ 在点 $(1, 1, 4)$ 处的切平面方程为

$$2(x - 1) + 6(y - 1) - (z - 4) = 0, 即 2x + 6y - z - 4 = 0.$$

法线方程为

$$\frac{x - 1}{2} = \frac{y - 1}{6} = \frac{z - 4}{-1}.$$

习题 9-4

A 组

1. 求曲线 $\begin{cases} x = \dfrac{t}{t+1}, \\ y = \dfrac{1}{t} + 1, \\ z = t^2 \end{cases}$ 在对应于 $t = 1$ 的点处的切线方程及法平面方程.

2. 求螺线 $\begin{cases} x = \cos t, \\ y = \sin t, \\ z = t \end{cases}$ 在点 $(1, 0, 0)$ 处的切线方程及法平面方程.

3. 求球面 $x^2 + y^2 + z^2 = 14$ 在点 $(1, 2, 3)$ 处的切平面方程及法线方程.

4. 求曲面 $x^2 - 2y^2 + z^2 + yz - 2 = 0$ 在点 $(2, 1, -1)$ 处的切平面方程与法线方程.

5. 求曲面 $e^z - z + xy = 3$ 在点 $(2, 1, 0)$ 处的切平面方程与法线方程.

6. 求椭圆抛物面 $z = 3x^2 + 2y^2$ 在点 $(-1, 1, 5)$ 处的切平面方程与法线方程.

7. 求曲面 $z - e^z + 2xy = 3$ 在点 $(1, 2, 0)$ 处的切平面方程及法线方程.

B 组

1. 求曲线 $\begin{cases} y = \ln x \\ z = x^2 \end{cases}$ 在点 $(1, 0, 1)$ 处的切线方程与法平面方程.

2. 求曲面 $4x^2 - y^2 + 2y - z = 0$ 的切平面方程,使切平面平行于平面 $8x - 2y - z + 9 = 0$.

3. 在曲面 $z = xy$ 上求一点,使该点处的法线垂直于平面 $x + 3y + z + 9 = 0$,并求出该法线方程.

第五节　多元函数的极值与最值

⊙ 二元函数的极值及求法　⊙ 多元函数的最值　⊙ 条件极值　⊙ 拉格朗日乘数法

在实际问题中,经常会遇到求多元函数的最大值、最小值问题. 例如,如何设计长方体的长、宽和高,使得容积一定的情况下用料最省,等等. 与一元函数的最大值、最小值类似,多元函数的最大值、最小值也与多元函数的极值有关,下面就来讨论多元函数的极值与最值问题.

一、二元函数的极值

> **定义** 设函数 $z = f(x, y)$ 在点 $P_0(x_0, y_0)$ 及附近区域内有定义. 如果对于 P_0 附近区域内不同于 P_0 的任意点 $P(x, y)$,恒有
>
> $$f(x, y) < f(x_0, y_0)(或 f(x, y) > f(x_0, y_0)),$$
>
> 则称函数 $z = f(x, y)$ 在点 (x_0, y_0) 处有**极大值** $f(x_0, y_0)$(或**极小值** $f(x_0, y_0)$),称点 (x_0, y_0) 为函数的**极大值点**(或**极小值点**).

函数的极大值与极小值统称为**极值**,极大值点与极小值点统称为**极值点**.

例如,对于任意不同于 $(0, 0)$ 的点 (x, y),$f(x, y) = x^2 + y^2 - 1 > -1 = f(0, 0)$. 所以,函数 $f(x, y) = x^2 + y^2 - 1$ 在点 $(0, 0)$ 取得极小值 -1,点 $(0, 0)$ 为极小值点.

再如,对于任意不同于 $(0, 0)$ 的点 (x, y),$z = -\sqrt{x^2 + y^2} < 0 = f(0, 0)$. 所以,函数 $z = -\sqrt{x^2 + y^2}$ 在点 $(0, 0)$ 点取得极大值 0.

关于多元函数的极值有下面一些结论.

> **定理1** 设函数 $z = f(x, y)$ 在点 (x_0, y_0) 具有偏导数,且在点 (x_0, y_0) 处有极值,则有 $f_x(x_0, y_0) = 0, f_y(x_0, y_0) = 0$.

二元函数极值的定义与定理 1 可以推广到三元或三元以上的函数. 例如,如果三元函数 $u = f(x, y, z)$ 在点 (x_0, y_0, z_0) 具有偏导数,且 (x_0, y_0, z_0) 为函数 $u = f(x, y, z)$ 的极值点,则

$$f_x(x_0, y_0, z_0) = 0, f_y(x_0, y_0, z_0) = 0, f_z(x_0, y_0, z_0) = 0.$$

使得偏导数 $f_x(x, y)$ 与 $f_y(x, y)$ 同时为零的点 (x_0, y_0) 称为函数 $z = f(x, y)$ 的**驻点**. 由定理 1 可知,偏导数存在的极值点必定是驻点. 但是,函数的驻点不一定是极值点.

例如,函数 $f(x, y) = xy$ 在点 $(0, 0)$ 处有 $f_x(0, 0) = f_y(0, 0) = 0$,即点 $(0, 0)$ 是驻点. 但是,对于 $(0, 0)$ 附近区域内不同于 $(0, 0)$ 的点 (x, y),当 x、y 同号时,有 $f(x, y) = xy > 0 = f(0, 0)$,而当 x、y 异号时,有 $f(x, y) = xy < 0 = f(0, 0)$,所以 $(0, 0)$ 不是函数 $f(x, y) = xy$ 的极值点.

定理2（极值的充分条件）　设函数 $z = f(x, y)$ 在点 (x_0, y_0) 及附近区域内有连续的二阶偏导数, 且 (x_0, y_0) 为函数 $z = f(x, y)$ 的驻点. 令 $f_{xx}(x_0, y_0) = A$, $f_{xy}(x_0, y_0) = B$, $f_{yy}(x_0, y_0) = C$.

（1）当 $B^2 - AC < 0$ 且 $A < 0$ 时, (x_0, y_0) 是函数 $z = f(x, y)$ 的极大值点;

（2）当 $B^2 - AC < 0$ 且 $A > 0$ 时, (x_0, y_0) 是函数 $z = f(x, y)$ 的极小值点;

（3）当 $B^2 - AC > 0$ 时, (x_0, y_0) 不是函数 $z = f(x, y)$ 的极值点;

（4）当 $B^2 - AC = 0$ 时, (x_0, y_0) 可能是极值点也可能不是极值点.

根据定理2, 求具有二阶连续偏导数的二元函数 $z = f(x, y)$ 极值的步骤如下:

（1）求出 $f_x(x, y)$、$f_y(x, y)$、$f_{xx}(x, y)$、$f_{xy}(x, y)$ 和 $f_{yy}(x, y)$;

（2）解方程组 $\begin{cases} f_x(x, y) = 0, \\ f_y(x, y) = 0, \end{cases}$ 求出函数的所有驻点;

（3）对每一个驻点 (x_0, y_0), 求出对应的 A、B、C 及 $B^2 - AC$ 的值, 根据定理2判断它是否为极值点, 若是, 求出极值.

例1　求 $f(x, y) = x^4 + y^4 - 4xy + 6$ 的极值.

解　（1）$f_x(x, y) = 4x^3 - 4y$, $f_y(x, y) = 4y^3 - 4x$,

$f_{xx}(x, y) = 12x^2$, $f_{xy}(x, y) = -4$, $f_{yy}(x, y) = 12y^2$.

（2）解方程组 $\begin{cases} f_x(x, y) = 4x^3 - 4y = 0, \\ f_y(x, y) = 4y^3 - 4x = 0, \end{cases}$ 得驻点为 $(0, 0)$、$(1, 1)$、$(-1, -1)$.

（3）对于驻点 $(0, 0)$, $A = 0$, $B = -4$, $C = 0$, $B^2 - AC = 16 > 0$, 所以 $(0, 0)$ 不是极值点;

对于驻点 $(1, 1)$ 和 $(-1, -1)$, 均有 $A = 12 > 0$, $B = -4$, $C = 12$, $B^2 - AC = -128 < 0$, 所以 $(1, 1)$ 和 $(-1, -1)$ 都是极小值点, 极小值为 $f(1, 1) = 4$.

二、多元函数的最值

由闭区域上连续函数的性质知, **有界闭区域** D 上的连续函数 $z = f(x, y)$ **必有最大值与最小值**. 假定 $z = f(x, y)$ 在区域 D 内存在偏导数, 如果最值点出现在区域 D 的内部, 那么它一定是极值点, 因而也是驻点; 如果最值点出现在区域 D 的边界上, 那么它一定是边界曲线的最值.

求闭区域 D 上连续且存在偏导数的多元函数最值的步骤为:

（1）求出区域 D 内函数 $z = f(x, y)$ 的驻点;

（2）计算驻点处的函数值；

（3）计算区域 D 的边界上的函数的最值；

（4）比较（2）、（3）中函数值的大小得区域 D 上的最大值与最小值.

例 2 求函数 $z = f(x, y) = x^3 - 3x^2 - 3y^2$ 在区域 $D = \{(x, y) \mid x^2 + y^2 \leq 16\}$ 上的最大值.

解 解方程组 $\begin{cases} f_x(x, y) = 3x^2 - 6x = 0, \\ f_y(x, y) = -6y = 0, \end{cases}$ 得驻点 $(0, 0)$ 和 $(2, 0)$，并且 $f(0, 0) = 0$，$f(2, 0) = -4$.

在边界上，即当 $x^2 + y^2 = 16$ 时，$z = x^3 - 48$，$-4 \leq x \leq 4$. 由 $z' = 3x^2 > 0$，可知：$z = x^3 - 48$ 单调递增，所以在边界上的最大值为 $z \mid_{x=4} = 16$.

比较驻点处的函数值和边界上的最大值，可知：函数 $z = x^3 - 3x^2 - 3y^2$ 在区域 D 上的最大值为 16.

在实际问题中，如果根据条件和经验知道函数在区域 D 内有最大值或最小值，而且在区域 D 内又只求得唯一驻点. 那么，可以直接得出结论：该驻点的函数值就是所求的最大值或最小值.

例 3 求原点到曲面 $z^2 = xy + x - y + 5$ 的最短距离.

解 设 $P(x, y, z)$ 为曲面上的点，P 点到原点的距离为 $d = \sqrt{x^2 + y^2 + z^2}$，把 $z^2 = xy + x - y + 5$ 代入此式，可得

$$d = \sqrt{x^2 + y^2 + xy + x - y + 5}.$$

因为距离 d 最短等价于 d^2 最小，所以，为了计算方便，令

$$u = d^2 = x^2 + y^2 + xy + x - y + 5.$$

解方程组 $\begin{cases} \dfrac{\partial u}{\partial x} = 2x + y + 1 = 0, \\ \dfrac{\partial u}{\partial y} = 2y + x - 1 = 0, \end{cases}$ 得 $x = -1$、$y = 1$.

由于 $(-1, 1)$ 是唯一驻点，又根据题意，$u = d^2$ 是可以达到最小的，所以，当 $x = -1$、$y = 1$ 时，$u = d^2$ 有最小值，最小值是 4. 从而，原点到曲面 $z^2 = xy + x - y + 5$ 的最短距离为 2.

三、条件极值

前面讨论了函数 $z = f(x, y)$ 在定义域 D 内的极值及求法，这类问题称为**无条件极值**. 在实际问题中，还常会遇到自变量既要限制在定义域内又要满足其他**约束条件**的极值问题，这类问题称

为**条件极值**. 例如, 例 3 中的问题就可以看成在约束条件 $z^2 = xy + x - y + 5$ 下求函数 $d = \sqrt{x^2 + y^2 + z^2}$ 的极值问题. 对于简单的条件极值问题, 可以像例 3 一样化为无条件极值来求. 但是, 很多情况下将条件极值化为无条件极值是比较困难的, 下面介绍一种常用的求条件极值的方法 — 拉格朗日乘数法.

用拉格朗日乘数法求函数 $z = f(x, y)$ 在约束条件 $\varphi(x, y) = 0$ 下极值的步骤为:

（1）构造辅助函数 $F(x, y, \lambda) = f(x, y) + \lambda \varphi(x, y)$, 其中 λ 为参数.

（2）将辅助函数分别对 x、y、λ 求偏导数, 并求出满足方程组

$$\begin{cases} F_x(x, y, \lambda) = f_x(x, y) + \lambda \varphi_x(x, y) = 0, \\ F_y(x, y, \lambda) = f_y(x, y) + \lambda \varphi_y(x, y) = 0, \\ F_\lambda(x, y, \lambda) = \varphi(x, y) = 0 \end{cases}$$

的所有点 (x, y), 这样的点称为可能极值点.

（3）判断（2）中所得点 (x, y) 是否为极值点. 在实际问题中, 往往根据实际问题的意义和要求, 直接作出判断.

上面关于二元函数的拉格朗日乘数法可以推广到三元及三元以上的函数. 例如, 要求三元函数 $u = f(x, y, z)$ 在约束条件 $\varphi(x, y, z) = 0$ 下的极值, 只需构造辅助函数 $F(x, y, z, \lambda) = f(x, y, z) + \lambda \varphi(x, y, z)$, 然后, 解方程组

$$\begin{cases} F_x(x, y, z, \lambda) = f_x(x, y, z) + \lambda \varphi_x(x, y, z) = 0, \\ F_y(x, y, z, \lambda) = f_y(x, y, z) + \lambda \varphi_y(x, y, z) = 0, \\ F_z(x, y, z, \lambda) = f_z(x, y, z) + \lambda \varphi_z(x, y, z) = 0, \\ F_\lambda(x, y, z, \lambda) = \varphi(x, y, z) = 0 \end{cases}$$

求出可能极值点, 进而判断即可.

例 4　用面积为 $3\ \mathrm{m}^2$ 的薄铁板做成一个无盖的长方体容器, 问如何设计才能使长方体容器的容积最大, 最大值是多少?

解法 1　设长方体容器的长、宽、高分别为 x、y、z（单位: m）, 如图 9-11 所示, 则长方体的体积为 $V = xyz$, 表面积为 $2xz + 2yz + xy = 3$.

构造辅助函数

$$F(x, y, z, \lambda) = xyz + \lambda(2xz + 2yz + xy - 3),$$

解方程组

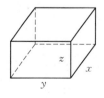

图 9-11

$$\begin{cases} F_x(x, y, z, \lambda) = yz + \lambda(2z + y) = 0, & ① \\ F_y(x, y, z, \lambda) = xz + \lambda(2z + x) = 0, & ② \\ F_z(x, y, z, \lambda) = xy + \lambda(2x + 2y) = 0, & ③ \\ F_\lambda(x, y, z, \lambda) = 2xz + 2yz + xy - 3 = 0, & ④ \end{cases}$$

将方程①两端同乘 x,方程②两端同乘 y,方程③两端同乘 z,可得

$$\lambda(2xz + xy) = \lambda(2yz + xy) = \lambda(2xz + 2yz).$$

又由 $\lambda \neq 0$(否则 $x = y = z = 0$,不合题意),得 $x = y = 2z$.

将上式代入式④,得 $z = \dfrac{1}{2}$,$x = y = 1$.

因为点 $\left(1, 1, \dfrac{1}{2}\right)$ 是唯一驻点,所以,由题意可知,当长方体容器的长和宽均为 $1\,\mathrm{m}$,高为 $\dfrac{1}{2}\,\mathrm{m}$ 时,长方体容器的容积最大,最大值为 $\dfrac{1}{2}\,\mathrm{m}^3$.

解法2 (1)构造辅助函数

$$F(x, y, z, \lambda) = xyz + \lambda(2xz + 2yz + xy - 3),$$

(2)利用 MATLAB 软件求 $F(x, y, z, \lambda)$ 对 x、y、z 和 λ 的偏导数和驻点.
在 MATLAB 命令窗口输入下面语句:

```
syms x y z lmt Fx Fy Fz Flmt
                          % 定义符号变量x,y,z,lmt,Fx,Fy,Fz,Flmt
F=x*y*z+lmt*(2*x*z+2*y*z+x*y-3)  % 输入辅助函数
Fx=diff(F,x)                      % 求 F(x,y,z,λ)对 x 的偏导数
Fy=diff(F,y)                      % 求 F(x,y,z,λ)对 y 的偏导数
Fz=diff(F,z)                      % 求 F(x,y,z,λ)对 z 的偏导数
Flmt=diff(F,lmt)                  % 求 F(x,y,z,λ)对 λ 的偏导数
[lmt,x,y,z]=solve(Fx,Fy,Fz,Flmt,x,y,z,lmt)
                    % 解方程组:Fx=0,Fy=0,Fz=0,Flmt=0,求出驻点
```

根据输出结果及 $x, y, z > 0$,可得 $x = y = 1$,$z = \dfrac{1}{2}$. 因此,当长方体容器的长和宽均为 $1\,\mathrm{m}$,高为 $\dfrac{1}{2}\,\mathrm{m}$ 时,长方体容器的容积最大,最大值为 $\dfrac{1}{2}\,\mathrm{m}^3$.

习题 9 - 5

课堂测试
9 - 5

A 组

1. 求下列函数的极值:

(1) $f(x, y) = 9 - 2x + 4y - x^2 - 4y^2$;

(2) $f(x, y) = x^3 + y^3 - 3xy$;

(3) $f(x, y) = e^{4y - x^2 - y^2}$;

(4) $f(x, y) = x^2 + y^2 - 4x + 4y$;

(5) $f(x, y) = (6x - x^2)(4y - y^2)$;

(6) $f(x, y) = 3 + 2xy - x^2 - y^2$.

2. 已知圆柱体的轴截面的周长为 12 cm,问当圆柱体的底面半径和高分别为多少时,圆柱体的体积最大?

3. 求平面 $x - y + z - 4 = 0$ 上到点 $(1, 2, 3)$ 距离最近的点.

4. 某厂欲制造体积为 8 m^3 的长方体容器,问如何设计长方体的长、宽、高才能使用料最省?

B 组

1. 求三个正数,使它们的和为 100 而乘积最大.

2. 求原点到曲面 $z^2 = xy + 1$ 的最短距离.

3. 欲做一上半部分为半圆,下半部分为矩形的窗子(如图所示),并且要求窗子的周长为定长 $\pi + 4$(单位:m),问如何设计窗子使采光面积最大?

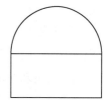

第 3 题图

第六节 二重积分的概念与性质

⊙ 二重积分的定义   ⊙ 二重积分的几何意义   ⊙ 二重积分的性质

一、二重积分的概念

1. 曲顶柱体的体积

设函数 $z = f(x, y)$ 在有界闭区域 D 上连续,且 $f(x, y) \geq 0$. 如图 9-12 所示,以曲面 $z = f(x, y)$ 为顶面,以区域 D 为底面,侧面是以区域 D 的边界曲线为准线、而母线平行于 z 轴的柱面,这样的几何体称为**曲顶柱体**. 下面仿照求曲边梯形面积的方法来求曲顶柱体的体积 V.

首先,用一组曲线网把区域 D 分割成 n 个小区域 $\Delta\sigma_1$, $\Delta\sigma_2$, $\cdots$, $\Delta\sigma_n$

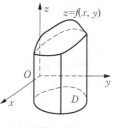

图 9-12

（这里用 $\Delta\sigma_i$ 既表示第 i 个小区域，又表示对应小区域的面积）．以 $\Delta\sigma_i(i=1,\cdots,n)$ 为底面作母线平行于 z 轴的小曲顶体，把曲顶柱体分割成 n 个小曲顶柱体，它们的体积依次记为 ΔV_1，ΔV_2，$\cdots$，ΔV_n．然后，在小区域 $\Delta\sigma_i(i=1,\cdots,n)$ 上任取一点 (ξ_i,η_i)，以 $f(\xi_i,\eta_i)$ 为高，$\Delta\sigma_i$ 为底面作小平顶柱体，如图 9-13 所示．用这个小平顶柱体的体积 $f(\xi_i,\eta_i)\Delta\sigma_i$ 近似相应区域上小曲顶柱体的体积 ΔV_i，即

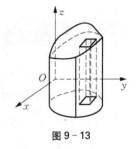

图 9-13

$$\Delta V_i \approx f(\xi_i,\eta_i)\Delta\sigma_i \quad (i=1,\cdots,n).$$

把 n 个小平顶柱体的体积加起来，就得到区域 D 上曲顶柱体体积的近似值，即

$$V \approx \sum_{i=1}^{n} f(\xi_i,\eta_i)\Delta\sigma_i. \qquad ①$$

记 $\lambda = \max\{d_1,d_2,\cdots,d_n\}$，其中 $d_i(i=1,\cdots,n)$ 表示第 i 个小区域的直径，即小闭区域上任意两点间距离的最大值．可以看出，分割越细，式 ① 的近似效果越好．于是，就把 $\lambda \to 0$ 时式 ① 的极限定义为曲顶柱体的体积，即

$$V = \lim_{\lambda \to 0} \sum_{i=1}^{n} f(\xi_i,\eta_i)\Delta\sigma_i. \qquad ②$$

在物理学、力学和工程技术中还有很多量可以表示成式②中的和式极限，例如，非均匀平面薄板的质量、转动惯量等．为了研究和计算的方便，把式②中的和式极限定义为二重积分．

2. 二重积分的定义

> **定义** 设函数 $f(x,y)$ 在有界闭区域 D 上有界．将闭区域 D 任意分成 n 个小区域 $\Delta\sigma_1$，$\Delta\sigma_2$，$\cdots$，$\Delta\sigma_n(\Delta\sigma_i$ 表示第 i 个小区域，也表示它的面积），并记 n 个小区域直径的最大值为 λ．在每个小区域 $\Delta\sigma_i$ 上任取一点 (ξ_i,η_i) 作乘积 $f(\xi_i,\eta_i)\Delta\sigma_i$．如果当 $\lambda \to 0$ 时，$\sum_{i=1}^{n} f(\xi_i,\eta_i)\Delta\sigma_i$ 的极限总存在且唯一，则称此极限为函数 $f(x,y)$ 在区域 D 上的**二重积分**，记为 $\iint_D f(x,y)\mathrm{d}\sigma$，即
>
> $$\iint_D f(x,y)\mathrm{d}\sigma = \lim_{\lambda \to 0} \sum_{i=1}^{n} f(\xi_i,\eta_i)\Delta\sigma_i. \qquad ③$$
>
> 其中 $f(x,y)$ 叫做**被积函数**，$f(x,y)\mathrm{d}\sigma$ 叫做**被积表达式**，$\mathrm{d}\sigma$ 叫做**面积微元**，x，y 叫做**积分变量**，D 叫做**积分区域**．

与定积分类似，二重积分 $\iint_D f(x,y)\mathrm{d}\sigma$ 如果存在，则它由被积函数和积分区域唯一确定．

二重积分定义中对区域 D 的分割是任意的. 在直角坐标系中, 常用平行于坐标轴的直线网来划分区域 D, 如图 9-14 所示. 这时, 面积微元 $d\sigma$ 可以表示成 $dx \cdot dy$, 相应地, 二重积分可以记为 $\iint\limits_{D} f(x, y) dxdy$.

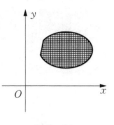

可以知道, **当函数 $f(x, y)$ 在有界闭区域 D 上连续时, 式③中的和式极限必存在, 即二重积分 $\iint\limits_{D} f(x, y) d\sigma$ 必存在**. 在以后的讨论中, 总假设函数 $f(x, y)$ 在有界闭区域 D 上连续, 不再一一说明.

图 9-14

3. 二重积分的几何意义

由二重积分的定义, 图 9-13 中的曲顶柱体的体积可以表示为 $V = \iint\limits_{D} f(x, y) d\sigma$.

于是, 可以得到二重积分 $\iint\limits_{D} f(x, y) d\sigma$ 的几何意义如下:

当 $f(x, y) \geq 0$ 时, $\iint\limits_{D} f(x, y) d\sigma$ 等于以曲面 $z = f(x, y)$ 为顶面, 区域 D 为底面的曲顶柱体的体积; 当 $f(x, y) \leq 0$ 时, 以曲面 $z = f(x, y)$ 为顶面, 区域 D 为底面的曲顶柱体在 xOy 面下方, $\iint\limits_{D} f(x, y) d\sigma$ 等于该曲顶柱体体积的相反数; 当 $f(x, y)$ 在区域 D 上有时为正, 有时为负时, $\iint\limits_{D} f(x, y) d\sigma$ 等于对应的 xOy 面上方曲顶柱体的体积减去 xOy 面下方曲顶柱体的体积.

二、二重积分的性质

与定积分类似, 假设以下出现的二重积分都存在, 二重积分有下面一些性质.

性质 1 $\iint\limits_{D} kf(x, y) d\sigma = k \iint\limits_{D} f(x, y) d\sigma, k$ 为常数.

性质 2 $\iint\limits_{D} [f(x, y) \pm g(x, y)] d\sigma = \iint\limits_{D} f(x, y) d\sigma \pm \iint\limits_{D} g(x, y) d\sigma$.

性质3 如果把区域 D 划分成两个闭区域 D_1 和 D_2,则

$$\iint\limits_{D} f(x, y)\mathrm{d}\sigma = \iint\limits_{D_1} f(x, y)\mathrm{d}\sigma + \iint\limits_{D_2} f(x, y)\mathrm{d}\sigma.$$

性质 3 表明二重积分对区域具有**可加性**.

性质4 设 σ 为有界闭区域 D 的面积. 如果在区域 D 上恒有 $f(x, y) = 1$,则

$$\iint\limits_{D} 1\mathrm{d}\sigma = \iint\limits_{D} \mathrm{d}\sigma = \sigma.$$

当 $f(x, y) = 1$,以 $z = f(x, y) = 1$ 为顶面的柱体是高为 1 的平顶柱体,这个柱体的体积等于底面的面积. 根据二重积分的几何意义,性质 4 的结论显然成立.

性质5 在区域 D 上,如果有 $f(x, y) \geqslant g(x, y)$,则

$$\iint\limits_{D} f(x, y)\mathrm{d}\sigma \geqslant \iint\limits_{D} g(x, y)\mathrm{d}\sigma.$$

性质6 设 M 和 m 分别是 $z = f(x, y)$ 在有界闭区域 D 上的最大值和最小值,σ 为区域 D 的面积,则

$$m\sigma \leqslant \iint\limits_{D} f(x, y)\mathrm{d}\sigma \leqslant M\sigma.$$

性质 6 又称为二重积分的**估值性质**. 因为 $m \leqslant f(x, y) \leqslant M$,所以,由性质1、性质4、性质5可得性质 6 中的不等式.

例1 利用二重积分的几何意义计算 $\iint\limits_{D} \sqrt{1 - x^2}\mathrm{d}\sigma$,其中 $D = \{(x, y) \mid -1 \leqslant x \leqslant 1, 0 \leqslant y \leqslant 2\}$.

解 将 $z = \sqrt{1 - x^2}$ 变形为 $x^2 + z^2 = 1(z \geqslant 0)$,可以看出,曲面 $z = \sqrt{1 - x^2}$ 是柱面 $x^2 + z^2 = 1$ 在 xOy 面上方部分,所以,以曲面 $z =$

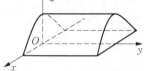

图 9－15

$\sqrt{1-x^2}$ 为顶面,区域 D 为底面的曲顶柱体(如图 9-15 所示)的体积 V 是底面半径为 1、高为 2 的圆柱体体积的一半. 由二重积分的几何意义,得

$$\iint\limits_{D} \sqrt{1-x^2}\,\mathrm{d}\sigma = V = \frac{1}{2} \cdot \pi \times 1^2 \times 2 = \pi.$$

课堂测试

9-6

习题 9-6

A 组

1. 利用二重积分的几何意义计算下列二重积分:

(1) $\iint\limits_{D} 2\mathrm{d}\sigma$,其中 $D = \{(x, y) \mid 0 \leqslant x \leqslant 2, 1 \leqslant y \leqslant 3\}$;

(2) $\iint\limits_{D} \sqrt{4 - x^2 - y^2}\,\mathrm{d}\sigma$,其中 $D = \{(x, y) \mid x^2 + y^2 \leqslant 4\}$.

2. 试用二重积分表示上半球体 $\{(x, y, z) \mid x^2 + y^2 + z^2 \leqslant R^2, z \geqslant 0\}$ 的体积 V.

3. 画出由平面 $x + y + z = 1$ 与三个坐标面所围成的几何体,并用二重积分表示该几何体的体积 V.

B 组

1. 比较 $\iint\limits_{D} e^{xy}\mathrm{d}\sigma$ 与 $\iint\limits_{D} e^{x^2+y^2}\mathrm{d}\sigma$ 的大小,其中 $D = \{(x, y) \mid 0 \leqslant x \leqslant 1, 0 \leqslant y \leqslant 1\}$.

2. 利用二重积分的估值性质,估计下列二重积分的值:

(1) $\iint\limits_{D} (2x + y + 3)\mathrm{d}\sigma$,其中 $D = \{(x, y) \mid 1 \leqslant x \leqslant 2, 0 \leqslant y \leqslant 3\}$;

(2) $\iint\limits_{D} \sin^2 x \sin^2 y \mathrm{d}\sigma$,其中 $D = \left\{(x, y) \mid 0 \leqslant x \leqslant \dfrac{\pi}{4}, 0 \leqslant y \leqslant \dfrac{\pi}{2}\right\}$.

第七节 二重积分的计算与应用

⊙ 在直角坐标系下计算二重积分　⊙ 在极坐标系下计算二重积分
⊙ 二重积分的应用

大多数情况下,直接利用定义计算二重积分是困难的,甚至是不可行的. 在实际计算中,常常将二重积分化为两次定积分来计算. 下面介绍在直角坐标系下和极坐标系下将二重积分化为二次积分计算的方法.

一、在直角坐标系下计算二重积分

为了下面讨论方便,称 xOy 面上由直线 $x = a$、$x = b$. 连续曲线 $y = \varphi_1(x)$ 及 $y = \varphi_2(x)$(其中 $\varphi_1(x) \leqslant \varphi_2(x)$)所围成的区域为 X-**型区域**(如图 9-16 所示);xOy 面上由直线 $y = c$、$y = d$. 连续曲线 $x = \psi_1(y)$ 及 $x = \psi_2(y)$(其中 $\psi_1(y) \leqslant \psi_2(y)$)所围成的区域 D 称为 Y-**型区域**(如图 9-17 所示).

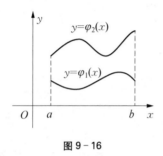

图 9-16

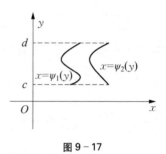

图 9-17

可以推出下面结论:

当积分区域 D 是如图 9-16 所示的 X-型区域时,

$$\iint\limits_{D} f(x, y)\, d\sigma = \int_a^b \left[\int_{\varphi_1(x)}^{\varphi_2(x)} f(x, y)\, dy \right] dx. \qquad ①$$

当积分区域 D 是如图 9-17 所示的 Y-型区域时,

$$\iint\limits_{D} f(x, y)\, d\sigma = \int_c^d \left[\int_{\psi_1(y)}^{\psi_2(y)} f(x, y)\, dx \right] dy. \qquad ②$$

式①右端的积分叫做先对 y、后对 x 的**二次积分**,习惯上,这个二次积分还可记作 $\int_a^b dx \int_{\varphi_1(x)}^{\varphi_2(x)} f(x, y)\, dy$,即

$$\iint\limits_{D} f(x, y)\, d\sigma = \int_a^b dx \int_{\varphi_1(x)}^{\varphi_2(x)} f(x, y)\, dy. \qquad ③$$

类似地,式②右端的积分称为先对 x、后对 y 的二次积分,也可记作

$$\iint\limits_{D} f(x, y)\, d\sigma = \int_c^d dy \int_{\psi_1(y)}^{\psi_2(y)} f(x, y)\, dx. \qquad ④$$

将二重积分化为二次积分计算的步骤如下：

（1）在平面直角坐标系中画出积分区域 D，并求出区域边界的交点；

（2）根据积分区域 D 的类型确定积分次序，用式③或式④将二重积分化为二次积分并计算.

当积分区域 D 是 X -型区域时，可选用式③中的积分次序. 对 x 积分的积分区间是 $[a, b]$，对 y 积分的上、下限确定方法是：在区间 $[a, b]$ 上任取一点 x，过点 x 作 y 轴的平行线，该平行线与区域 D 边界交于两点，并且沿 y 轴正向看去，两交点的纵坐标依次是 $\varphi_1(x)$ 和 $\varphi_2(x)$（如图 9-18（a）所示），则 y 的积分下限是 $\varphi_1(x)$，积分上限是 $\varphi_2(x)$. 计算 $\int_{\varphi_1(x)}^{\varphi_2(x)} f(x, y) \mathrm{d}y$ 时，把 x 看作常数，$f(x, y)$ 看成 y 的一元函数求出原函数，并把上限 $\varphi_2(x)$、下限 $\varphi_1(x)$ 代入计算出定积分，结果是只含 x 的函数. 再计算该函数在 $[a, b]$ 上的定积分即得二重积分的值.

当积分区域 D 是 Y -型区域时，可选用式④中的积分次序. 确定积分区间的方法及计算 $\int_{\psi_1(y)}^{\psi_2(y)} f(x, y) \mathrm{d}x$ 的方法与上面的情形类似（如图 9-18（b）所示）.

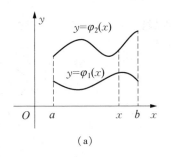 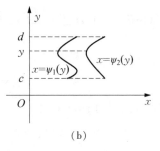

（a）　　　　　　　　　　（b）

图 9-18

例 1　计算 $\iint\limits_{D}(2y - x)\mathrm{d}\sigma$，其中 D 是由抛物线 $y = x^2$ 及直线 $y = x + 2$ 所围成的闭区域.

解　画出积分区域 D（如图 9-19 所示），解方程组

$$\begin{cases} y = x^2, \\ y = x + 2, \end{cases}$$

得边界曲线交点为 $(-1, 1)$ 和 $(2, 4)$.

积分区域 D 可以看成 X -型区域，利用式③，得

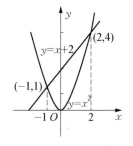

图 9-19

$$\iint\limits_{D}(2y - x)\mathrm{d}\sigma = \int_{-1}^{2}\mathrm{d}x\int_{x^2}^{x+2}(2y - x)\mathrm{d}y = \int_{-1}^{2}\left[y^2 - xy\right]_{x^2}^{x+2}\mathrm{d}x$$

$$= \int_{-1}^{2}(2x + 4 + x^3 - x^4)\mathrm{d}x = \frac{243}{20}.$$

例 1 中的积分区域也可以看成是 Y-型区域,但是,由于当 y 分别取在区间 $[0,1]$ 和 $[1,4]$ 上时,区域的左边界不同,所以要用 $y=1$ 把区域 D 分成两部分,如图 9-20 所示. 利用二重积分的性质 3 和式④, $\iint\limits_{D}(2y-x)\,\mathrm{d}\sigma$ 可化为

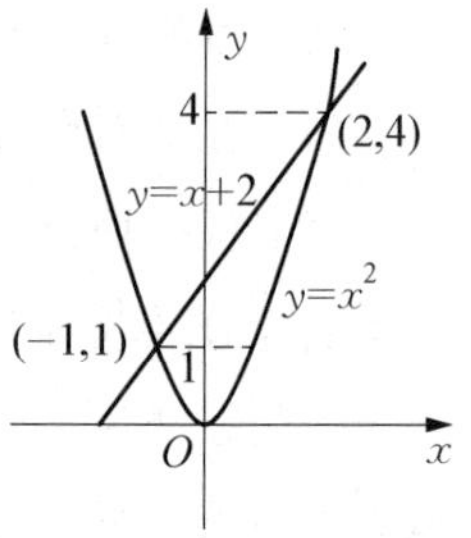

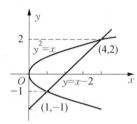

图 9-20

$$\int_{0}^{1}\mathrm{d}y\int_{-\sqrt{y}}^{\sqrt{y}}(2y-x)\,\mathrm{d}x + \int_{1}^{4}\mathrm{d}y\int_{y-2}^{\sqrt{y}}(2y-x)\,\mathrm{d}x.$$

可以验证,计算的结果也是 $\dfrac{243}{20}$,但是运算量比较大. 由此可见,选择合适的积分次序,对二重积分的计算很重要. 合适的积分次序可以简化计算,甚至,把在一种积分次序下看起来不可积的二重积分改换成另一种积分次序,就可简单积出.

例 2 计算 $\iint\limits_{D}2xy\mathrm{d}x\mathrm{d}y$,其中 D 是由抛物线 $y^2=x$ 与直线 $y=x-2$ 所围成的闭区域.

解 画出积分区域 D(如图 9-21 所示),解方程组

$$\begin{cases} y^2=x, \\ y=x-2, \end{cases}$$

得边界曲线交点为 $(1,-1)$ 和 $(4,2)$.

把积分区域 D 看成 Y-型区域,利用式④,得

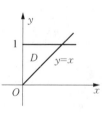

图 9-21

$$\iint\limits_{D}2xy\mathrm{d}x\mathrm{d}y = \int_{-1}^{2}\mathrm{d}y\int_{y^2}^{y+2}2xy\mathrm{d}x = \int_{-1}^{2}\left[yx^2\right]_{y^2}^{y+2}\mathrm{d}y$$

$$= \int_{-1}^{2}(y^3+4y^2+4y-y^5)\,\mathrm{d}y = \frac{45}{4}.$$

例 3 计算二次积分 $\int_{0}^{1}\mathrm{d}x\int_{x}^{1}\cos y^2\mathrm{d}y$.

解 要计算这个二次积分,首先要计算 $\int_{x}^{1}\cos y^2\mathrm{d}y$,但它是积不出来的,所以必须改换积分次序.

首先,根据 $\int_{0}^{1}\mathrm{d}x\int_{x}^{1}\cos y^2\mathrm{d}y$ 中的两个积分的上、下限画出积分区域 D,如图 9-22 所示. 于是,由式③ 可得

$$\int_{0}^{1}\mathrm{d}x\int_{x}^{1}\cos y^2\mathrm{d}y = \iint\limits_{D}\cos y^2\mathrm{d}\sigma.$$

图 9-22

再把 D 看成 Y-型区域,利用式④得

$$\int_0^1 dx \int_x^1 \cos y^2 dy = \iint\limits_D \cos y^2 d\sigma = \int_0^1 dy \int_0^y \cos y^2 dx = \int_0^1 \left[x\cos y^2 \right]_0^y dx$$

$$= \int_0^1 y\cos y^2 dy = \left[\frac{1}{2}\sin y^2 \right]_0^1 = \frac{1}{2}\sin 1.$$

*二、在极坐标系下计算二重积分

当积分区域 D 的边界是圆或其他用极坐标方程表示起来比较方便的曲线,而被积函数又是 $f(x^2 + y^2)$ 或 $f\left(\dfrac{y}{x}\right)$ 时,在极坐标系下计算二重积分往往比较简单. 下面讨论如何将直角坐标系下的二重积分化为极坐标系下的二重积分.

如图 9 - 23 所示,用以极点 O 为圆心的一族同心圆和过极点的一族射线分割积分区域 D. 任取其中一个小区域 $\Delta\sigma$(如图 9 - 23 所示),它的面积可近似看作以 dr 和 $rd\theta$ 为边长的小矩形的面积,即 $\Delta\sigma \approx rd\theta \cdot dr$,这就是面积微元 $d\sigma$,即 $d\sigma = rdrd\theta$.

又平面内点 P 的直角坐标 (x, y) 与极坐标 (r, θ) 的变换关系为

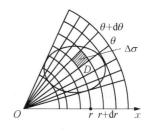

图 9 - 23

$$\begin{cases} x = r\cos\theta, \\ y = r\sin\theta. \end{cases}$$

于是,把被积函数表达式中的 x、y 分别换成 $r\cos\theta$、$r\sin\theta$,同时把 $d\sigma$ 换成 $rdrd\theta$,就可以将直角坐标系下的二重积分化为极坐标系下的二重积分,即

$$\iint\limits_D f(x, y) d\sigma = \iint\limits_D f(r\cos\theta, r\sin\theta) rdrd\theta. \qquad \text{⑤}$$

在极坐标系中,计算 $\iint\limits_D f(r\cos\theta, r\sin\theta) rdrd\theta$ 也要化为二次积分来求,一般将二重积分化为先对 r 积分后对 θ 积分的二次积分.

将直角坐标系下的二重积分化为极坐标系下的二次积分的步骤如下:

(1)画出积分区域 D,并将 D 的边界曲线方程化为极坐标方程;

(2)根据式⑤将直角坐标系下的二重积分化为极坐标系下的二重积分.

常见的情形及转化如下:

当积分区域 D 是如图 9 - 24(a)所示的区域(极点在积分区域外)时,

$$\iint\limits_D f(r\cos\theta, r\sin\theta) rdrd\theta = \int_\alpha^\beta d\theta \int_{r_1(\theta)}^{r_2(\theta)} f(r\cos\theta, r\sin\theta) rdr.$$

当积分区域 D 是如图 9 - 24(b)所示的区域(极点在积分区域边界上)时,

$$\iint_D f(r\cos\theta,\ r\sin\theta)r\mathrm{d}r\mathrm{d}\theta = \int_\alpha^\beta \mathrm{d}\theta \int_0^{r(\theta)} f(r\cos\theta,\ r\sin\theta)r\mathrm{d}r.$$

当积分区域 D 是如图 9-24(c)所示的区域(极点在积分区域内部)时,

$$\iint_D f(r\cos\theta,\ r\sin\theta)r\mathrm{d}r\mathrm{d}\theta = \int_0^{2\pi} \mathrm{d}\theta \int_0^{r(\theta)} f(r\cos\theta,\ r\sin\theta)r\mathrm{d}r.$$

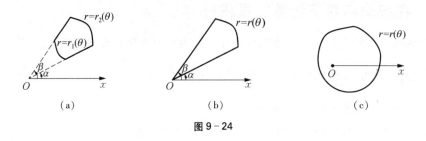

图 9-24

例 4 计算 $\displaystyle\iint_D e^{x^2+y^2}\mathrm{d}\sigma$,其中 $D = \{(x,\ y)\mid x^2+y^2 \leqslant 4\}$.

解 积分区域 D 是圆心在极点、半径 $r=2$ 的圆域. 所以,有

$$\iint_D e^{x^2+y^2}\mathrm{d}\sigma = \iint_D e^{r^2}\cdot r\mathrm{d}r\mathrm{d}\theta = \int_0^{2\pi}\mathrm{d}\theta\int_0^2 re^{r^2}\mathrm{d}r = \int_0^{2\pi}\frac{1}{2}(e^4-1)\mathrm{d}\theta = (e^4-1)\pi.$$

例 5 计算 $\displaystyle\iint_D \arctan\frac{y}{x}\mathrm{d}x\mathrm{d}y$,其中 $D = \{(x,\ y)\mid 1\leqslant x^2+y^2\leqslant 4,\ y\leqslant x,\ x\geqslant 0,\ y\geqslant 0\}$.

解 画出积分区域 D(如图 9-25 所示),在极坐标系下 D 又可以表示为 $\{(r,\ \theta)\mid 0\leqslant\theta\leqslant\dfrac{\pi}{4},\ 1\leqslant r\leqslant 2\}$.

由 $\tan\theta = \dfrac{y}{x},\ 0\leqslant\theta\leqslant\dfrac{\pi}{4}$,得

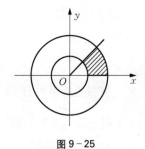

图 9-25

$$\arctan\frac{y}{x} = \theta.$$

所以, $\displaystyle\iint_D \arctan\frac{y}{x}\mathrm{d}x\mathrm{d}y = \int_0^{\frac{\pi}{4}}\mathrm{d}\theta\int_1^2\theta\cdot r\mathrm{d}r = \int_0^{\frac{\pi}{4}}\frac{3}{2}\theta\mathrm{d}\theta = \frac{3\pi^2}{64}.$

三、二重积分的应用

二重积分在几何学、物理学、工程技术中都有重要应用. 一般地,与有界闭区域 D 上连续函数 $f(x,\ y)$ 有关,且在 D 上具有可加性的量 F 可用二重积分来计算. 二重积分有与定积分类似的微元

法,具体步骤是:

在有界闭区域 D 上任取一小区域 $\mathrm{d}\sigma$,表示出所求量的微元 $\mathrm{d}F$. 然后,将微元 $\mathrm{d}F$ 在闭区域 D 上二重积分即可求得量 F.

下面主要介绍二重积分在几何和物理上的应用.

1. 空间立体的体积

例6 求由平面 $x = 0$,$y = 0$,$x = 1$,$y = 1$ 所围成的柱体被平面 $z = 0$ 及 $2x + 3y + z = 6$ 所截得的立体图形的体积 V.

解 画出立体,如图 9-26 所示.

这个立体是以平面 $z = 6 - 2x - 3y$ 为顶面,以区域 $D = \{(x, y) \mid 0 \leqslant x \leqslant 1, 0 \leqslant y \leqslant 1\}$ 为底面的曲顶柱体,由二重积分的几何意义,得

$$V = \iint\limits_D (6 - 2x - 3y) \, \mathrm{d}\sigma = \int_0^1 \mathrm{d}x \int_0^1 (6 - 2x - 3y) \, \mathrm{d}y = \frac{7}{2}.$$

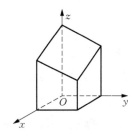

图 9-26

*2. 平面薄板的质量与质心

设在 xOy 面上有 n 个质点,分别位于 (x_i, y_i) $(i = 1, 2, \cdots, n)$ 处,它

们的质量分别为 $m_i(i = 1, 2, \cdots, n)$. 由物理学知识知道,该质点系的质心坐标为 $\bar{x} = \dfrac{M_y}{m}$,$\bar{y} = \dfrac{M_x}{m}$,

其中 $M_y = \sum\limits_{i=1}^n m_i x_i$,$M_x = \sum\limits_{i=1}^n m_i y_i$ 分别称为质点系对 y 轴和 x 轴的静力矩,$m = \sum\limits_{i=1}^n m_i$ 为质点系的总质量.

设有一平面薄板在 xOy 面内所占的区域为 D,在点 (x, y) 处的面密度为区域 D 上的连续函数 $\rho(x, y)$,现在来求它的质量与质心坐标.

在区域 D 内任取一个小区域 $\mathrm{d}\sigma$,在小区域 $\mathrm{d}\sigma$ 上任取一点 (x, y),则相应于小区域 $\mathrm{d}\sigma$ 上薄板质量的近似值为 $\rho(x, y)\mathrm{d}\sigma$,即质量微元为 $\mathrm{d}m = \rho(x, y)\mathrm{d}\sigma$. 所以,平面薄板的质量为

$$m = \iint\limits_D \rho(x, y) \, \mathrm{d}\sigma. \qquad ⑥$$

类似地,相应于小区域 $\mathrm{d}\sigma$ 上的薄板对 x 轴和 y 轴的静力矩的近似值分别为

$$y\mathrm{d}m = y\rho(x, y)\mathrm{d}\sigma \text{ 和 } x\mathrm{d}m = x\rho(x, y)\mathrm{d}\sigma.$$

即

$$\mathrm{d}M_x = y\rho(x, y)\mathrm{d}\sigma, \ \mathrm{d}M_y = x\rho(x, y)\mathrm{d}\sigma.$$

于是, $M_x = \iint\limits_{D} y\rho(x, y)\mathrm{d}\sigma$, $M_y = \iint\limits_{D} x\rho(x, y)\mathrm{d}\sigma$. 所以平面薄板质心的坐标为

$$\bar{x} = \frac{\iint\limits_{D} x\rho(x, y)\mathrm{d}\sigma}{\iint\limits_{D} \rho(x, y)\mathrm{d}\sigma}, \quad \bar{y} = \frac{\iint\limits_{D} y\rho(x, y)\mathrm{d}\sigma}{\iint\limits_{D} \rho(x, y)\mathrm{d}\sigma}. \qquad ⑦$$

特别地,当薄板是均匀的,ρ 是常数,则薄板的质心又称为形心,其坐标为

$$\bar{x} = \frac{1}{A}\iint\limits_{D} x\mathrm{d}\sigma, \quad \bar{y} = \frac{1}{A}\iint\limits_{D} y\mathrm{d}\sigma.$$

其中 A 为平面薄板的面积.

例 7 设平面薄片所占区域 D 由抛物线 $y = x^2$ 及直线 $y = 2x$ 所围成(如图 9-27 所示),它在点 (x, y) 处的面密度 $\rho = 4xy$,求该薄片的质量和质心坐标.

解 由式⑥和式⑦得

$$m = \iint\limits_{D} 4xy\mathrm{d}\sigma = \int_0^2 \mathrm{d}x \int_{x^2}^{2x} 4xy\mathrm{d}y = \frac{32}{3},$$

$$\bar{x} = \frac{M_y}{m} = \frac{3}{32}\iint\limits_{D} x \cdot 4xy\mathrm{d}\sigma = \frac{3}{32}\int_0^2 \mathrm{d}x \int_{x^2}^{2x} 4x^2y\mathrm{d}y = \frac{48}{35},$$

$$\bar{y} = \frac{M_x}{m} = \frac{3}{32}\iint\limits_{D} y \cdot 4xy\mathrm{d}\sigma = \frac{3}{32}\int_0^2 \mathrm{d}x \int_{x^2}^{2x} 4xy^2\mathrm{d}y = \frac{12}{5}.$$

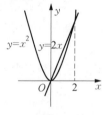

图 9-27

所以,平面薄板的质量为 $\frac{32}{3}$,质心坐标为 $\left(\frac{48}{35}, \frac{12}{5}\right)$.

习题 9-7

课堂测试
9-7

A 组

1. 计算下列二次积分:

(1) $\int_0^1 \mathrm{d}x \int_0^{x^2} (x + 3y)\mathrm{d}y$;

(2) $\int_1^2 \mathrm{d}y \int_y^2 xy\mathrm{d}x$;

(3) $\int_0^1 \mathrm{d}x \int_0^x \sqrt{1 - x^2}\mathrm{d}y$;

(4) $\int_0^{\frac{\pi}{2}} \mathrm{d}\theta \int_0^{4\cos\theta} r\mathrm{d}r$.

2. 在直角坐标系下,计算下列二重积分:

(1) $\iint\limits_{D} (2x + 3y^2)\mathrm{d}\sigma$,其中 $D = \{(x, y) \mid 0 \leqslant x \leqslant 2, -1 \leqslant y \leqslant 1\}$;

(2) $\iint\limits_{D} x^2 y^2 \mathrm{d}\sigma$，其中 $D = \{(x, y) \mid 0 \leqslant x \leqslant 2, -x \leqslant y \leqslant x\}$；

(3) $\iint\limits_{D} \dfrac{2y}{x^2 + 2} \mathrm{d}\sigma$，其中 $D = \{(x, y) \mid 0 \leqslant x \leqslant 1, 0 \leqslant y \leqslant \sqrt{x}\}$；

(4) $\iint\limits_{D} x\sqrt{y^2 - x^2} \mathrm{d}\sigma$，其中 $D = \{(x, y) \mid 0 \leqslant y \leqslant 1, 0 \leqslant x \leqslant y\}$；

(5) $\iint\limits_{D} x^2 y \mathrm{d}\sigma$，其中 D 是由抛物线 $y = x^2$，直线 $y = x$ 所围成的闭区域；

(6) $\iint\limits_{D} (x^2 + y^2 - x) \mathrm{d}x\mathrm{d}y$，其中 D 是由直线 $y = 2$，$y = x$ 及 $y = 2x$ 所围成的闭区域.

3. 在极坐标系下，计算下列二重积分：

(1) $\iint\limits_{D} \dfrac{1}{x^2 + y^2} \mathrm{d}\sigma$，其中 $D = \{(x, y) \mid 1 \leqslant x^2 + y^2 \leqslant 4\}$；

(2) $\iint\limits_{D} \mathrm{e}^{-(x^2 + y^2)} \mathrm{d}\sigma$，其中 $D = \{(x, y) \mid x^2 + y^2 \leqslant 9\}$；

(3) $\iint\limits_{D} xy \mathrm{d}\sigma$，其中 $D = \{(x, y) \mid x^2 + y^2 \leqslant 1\}$.

4. 画出积分区域，并交换积分次序：

(1) $\displaystyle\int_0^1 \mathrm{d}y \int_{y^2}^{y} f(x, y) \mathrm{d}x$；　　(2) $\displaystyle\int_1^e \mathrm{d}x \int_0^{\ln x} f(x, y) \mathrm{d}y$；　　(3) $\displaystyle\int_0^1 \mathrm{d}x \int_{x^2}^1 x^3 \sin(y^3) \mathrm{d}y$.

5. 计算由平面 $x = 0$、$y = 0$、$x = 1$、$y = 2$ 所围成的柱体被平面 $z = 0$，$2x + y + z = 5$ 所截得的立体的体积.

6. 求球面 $x^2 + y^2 + z^2 = 16$ 被平面 $z = 2$ 所截得的上半部分立体的体积.

7. 一平面薄板的边界曲线方程为 $x = y^2$、$y = x - 2$，密度函数为 $\rho = 3$，求薄板的质量 m 和形心坐标.

B 组

1. 交换下列积分的积分次序，并计算积分：

(1) $\displaystyle\int_0^{\pi} \mathrm{d}y \int_y^{\pi} x^2 \sin(xy) \mathrm{d}x$；　　　　　　　　(2) $\displaystyle\int_0^1 \mathrm{d}x \int_x^1 \mathrm{e}^{y^2} \mathrm{d}y$.

2. 在极坐标系下，计算 $\iint\limits_{D} \sqrt{4 - x^2 - y^2} \mathrm{d}\sigma$，其中 $D = \{(x, y) \mid x^2 + y^2 \leqslant 2x\}$.

3. 三角形薄板的三个顶点为 $(0, 0)$、$(1, 0)$、$(0, 2)$，密度函数为 $\rho(x, y) = 1 + 2x + 4y$，求该三角形薄板的质量 m 和质心坐标.

4. 求球体 $x^2 + y^2 + z^2 \leqslant 4$ 被圆柱面 $(x - 1)^2 + y^2 = 1$ 所截得的立体在圆柱面内的部分的体积 V.

5. 一圆形平面薄板的中心在原点、半径为 R，密度函数为 $\rho = x^2 + y^2$，求该薄板的质量.

复习题九

A 组

1. 求下列函数的定义域，并画出定义域的图形：

$(1)\ f(x, y) = \dfrac{\sqrt{x + y + 1}}{x - 1}$；

$(2)\ f(x, y) = \dfrac{\arccos(x^2 + y^2 - 1)}{\ln(x^2 + y^2 - 1)}$.

2. 求下列函数对每个自变量的一阶偏导数：

$(1)\ z = e^{xy} + \sqrt{x + y^2}$；

$(2)\ z = \sin 3x + \dfrac{x}{x + y}$；

$(3)\ u = \sqrt{x + y + z}$；

$(4)\ u = \arctan(x^2 y) + x^z$.

3. 求下列函数的二阶偏导数 $\dfrac{\partial^2 z}{\partial x^2}$、$\dfrac{\partial^2 z}{\partial x \partial y}$ 和 $\dfrac{\partial^2 z}{\partial y^2}$：

$(1)\ z = \ln(2x + y^2)$；

$(2)\ z = x^2 y + y^x$.

4. 设 $z = e^{u\cos v}$，$u = xy$，$v = \ln(x - y)$，求偏导数 $\dfrac{\partial z}{\partial x}$ 和 $\dfrac{\partial z}{\partial y}$.

5. 求由下列方程所确定的隐函数 $z = f(x, y)$ 的偏导数 $\dfrac{\partial z}{\partial x}$ 和 $\dfrac{\partial z}{\partial y}$：

$(1)\ xyz - x^3 + y^2 - 54xy = 0$；

$(2)\ \arcsin(x + y + 2z) = x^3 y$.

6. 求下列曲面在指定点处的切平面方程和法线方程：

$(1)\ z = e^{x^2 - y^2}$，点 $(1, -1, 1)$；

$(2)\ x + y + z = e^{xyz}$，点 $(0, 0, 1)$.

7. 求下列曲线在指定点处的切线方程和法平面方程：

$(1)\ \begin{cases} x = \ln t, \\ y = 2\sqrt{t}, \\ z = t^2, \end{cases} t = 1$ 对应的点；

$(2)\ \begin{cases} x = e^{-t}\cos t, \\ y = e^{-t}\sin t, \\ z = e^{-t}, \end{cases} t = 0$ 对应的点.

8. 求下列函数的极值：

$(1)\ f(x, y) = e^{2x}(x + y^2 + 2y)$；

$(2)\ f(x, y) = (x^2 + y) e^{\frac{y}{2}}$.

9. 设 $z = 2\cos^2\left(x - \dfrac{y}{2}\right)$，证明：$2\dfrac{\partial^2 z}{\partial y^2} + \dfrac{\partial^2 z}{\partial x \partial y} = 0$.

10. 求表面积为 64 cm^2 的长方体中体积最大的长方体的体积.

11. 一座长方体的建筑物以热量散失最少为标准设计,且该建筑物的体积必须是 4000 立方米. 已知东墙和西墙以每天 10 单位/平方米的速率散热,南墙和北墙散热速率是每天 8 单位/平方米,地板是每天 1 单位/平方米,屋顶是每天 5 单位/平方米,问如何设计才能使该建筑物的散热最少?

12. 计算下列二次积分:

(1) $\int_0^1 dy \int_y^{e^y} \sqrt{x}\, dx$;

(2) $\int_0^1 dx \int_x^{2-x} (x^2 - y)\, dy$;

(3) $\int_0^{\frac{\pi}{2}} d\theta \int_0^{\cos\theta} e^{\sin\theta}\, dr$;

(4) $\int_\pi^{2\pi} d\theta \int_4^7 r\, dr$.

13. 选用适当的坐标系,计算下列二重积分:

(1) $\iint_D \dfrac{2y}{x^3 + 2}\, d\sigma$,其中 $D = \{(x, y) \mid 1 \leqslant x \leqslant 2, 0 \leqslant y \leqslant x\}$;

(2) $\iint_D (2x + 2y)\, d\sigma$,其中 D 是抛物线 $y = 2x^2$ 与 $y = 1 + x^2$ 所围成的闭区域;

(3) $\iint_D x\cos y\, d\sigma$,其中 D 是由 $y = x^2$、$x = 1$ 及 x 轴所围成的区域;

(4) $\iint_D y^2\, d\sigma$,其中 D 是以 $(0, 2)$、$(1, 1)$、$(3, 2)$ 为顶点的三角形;

(5) $\iint_D \ln(x^2 + y^2)\, d\sigma$,其中 $D = \{(x, y) \mid 1 \leqslant x^2 + y^2 \leqslant 4\}$;

(6) $\iint_D \dfrac{1}{\sqrt{1 + x^2 + y^2}}\, d\sigma$,其中 $D = \{(x, y) \mid 3 \leqslant x^2 + y^2 \leqslant 8\}$;

(7) $\iint_D \cos(x^2 + y^2)\, d\sigma$,其中 $D = \{(x, y) \mid 1 \leqslant x^2 + y^2 \leqslant 9\}$.

14. 交换下列积分次序,并计算积分:

(1) $\int_0^1 dy \int_{\sqrt{y}}^1 \sqrt{x^3 + 1}\, dx$;

(2) $\int_0^2 dy \int_{y^2}^4 y\cos(x^2)\, dx$;

(3) $\int_0^8 dx \int_{\sqrt[3]{x}}^2 e^{y^4}\, dy$.

15. 求由平面 $x = 0$、$y = 0$、$x = 1$、$y = 1$ 所围的柱体被平面 $z = 0$ 及 $2x + 2y - z + 2 = 0$ 所截得的立体的体积.

16. 一平面薄板的边界曲线为 $y = 0$ 及 $y = \sqrt{1 - x^2}$,密度函数为 $\rho = \sqrt{x^2 + y^2}$,求该薄板的质量 m 及质心坐标.

B 组

1. 设 $f(x + y, xy) = x^2 + 3xy + y^2 + 5$,求 $f(x, y)$.

2. 证明下列极限不存在:

(1) $\lim\limits_{(x,y)\to(0,0)}\dfrac{xy^3}{x^2+y^6}$;

(2) $\lim\limits_{(x,y)\to(0,0)}\dfrac{x^2y^2}{x^2y^2+(y-x)^2}$.

3. 设 $z=uvt$,其中 $u=x+y$, $v=x-y$, $t=xy$,求 $\dfrac{\partial z}{\partial x}$ 和 $\dfrac{\partial z}{\partial y}$.

4. 设 $z=f(x^2, x+y, xy)$,求 $\dfrac{\partial z}{\partial x}$ 和 $\dfrac{\partial z}{\partial y}$.

5. 已知 $R_1<R_2$,由 R_1, R_2 组成的并联电路中总电阻为 $R=\dfrac{R_1R_2}{R_1+R_2}$. 问改变哪一个电阻(另一个电阻不变),总电阻的变化率最大?

6. 求函数 $f(x,y)=x^2-2xy+2y+1$ 在区域 $D=\{(x,y)\mid 0\leqslant x\leqslant 3, 0\leqslant y\leqslant 2\}$ 上的最大值与最小值.

7. 选用合适的坐标系,计算下列二重积分:

(1) $\iint\limits_{D}e^{\frac{x}{y}}d\sigma$,其中 $D=\{(x,y)\mid 1\leqslant y\leqslant 2, y\leqslant x\leqslant y^3\}$;

(2) $\iint\limits_{D}xy^2d\sigma$,其中 D 是由 $x=\sqrt{1-y^2}$ 及 y 轴所围成的区域;

(3) $\iint\limits_{D}\sqrt{x^2+y^2}d\sigma$,其中 $D=\{(x,y)\mid(x-1)^2+y^2\leqslant 1\}$.

8. 画出积分区域,并交换积分次序:

(1) $\int_0^1dy\int_0^yf(x,y)dx+\int_1^2dy\int_0^{2-y}f(x,y)dx$;

(2) $\int_0^1dx\int_0^{x^2}f(x,y)dy+\int_1^2dx\int_0^{2-x}f(x,y)dy$.

9. 利用 MATLAB 软件画出:由圆锥面 $z=4-\sqrt{x^2+y^2}$ 和旋转抛物面 $2z=x^2+y^2$ 所围成的立体图形,并计算其体积.

10. 某企业在两个相互独立的市场中出售同一种产品,市场调查显示,两个市场中该产品的需求函数分别为 $P_1=18-2Q_1$, $P_2=12-Q_2$,其中 P_1 和 P_2 分别表示该产品在两个市场中的价格(单位:万元/吨),Q_1 和 Q_2 分别表示该产品在两个市场中的销售量(单位:吨).已知该企业生产这种产品的总成本函数为 $C=2(Q_1+Q_2)+5$,并且该企业在两个市场中对该产品实行统一定价(即 $P_1=P_2$),试求当该产品的价格及在两个市场中的销售量各为多少时,该企业获得最大利润?

第十章　MATLAB 软件使用简介

　　MATLAB 软件是 MathWork 公司开发的,目前是国际上最流行、应用最广泛的科学与工程软件,它提供了方便、功能强大的计算和分析平台,从而将人们从以前繁琐的手工计算中彻底解脱出来.本章以 MATLAB7.1 为基础,介绍 MATLAB 的基本用法和程序设计的基础知识,更多详细的内容,请参阅 MATLAB 的 Help 菜单和其他相关书籍.

第一节　MATLAB 的基础知识

　　MATLAB 是 MATrix 和 LABoratory 的缩写,它是一种数值计算和图形处理软件.它在矩阵代数、数值计算、符号计算、动态仿真等领域都有广泛的应用.其特点是语法结构简明、数值计算高效、图形功能完备、易学易用.

一、MATLAB 的基本操作

　　安装完 MATLAB 应用程序后,双击 MATLAB 图标即可启动 MATLAB 应用程序,出现命令窗口(如图 10 - 1 所示),提示符为"$>>$".在命令窗口中提示符"$>>$"后可以直接进行简单的算术运算和函数调用.例如,输入"sqrt(2) $*$ 3 - 5"后,按键,输出结果如图 10 - 1 所示,其中"ans"为系统默认计算结果的变量名.

　　MATLAB 中的编辑操作、退出 MATLAB 应用程序的方法与其他应用程序类似,这里不再赘述.另外,

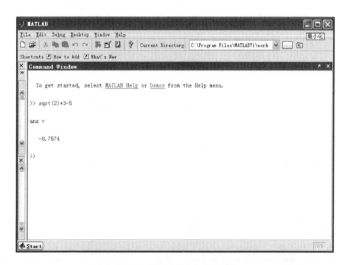

图 10 - 1　MATLAB 命令窗口

MATLAB 提供了大量的函数和命令,通过 MATLAB 帮助系统,用户可以获得各个函数的信息. 使用帮助的方式有三种:(1)利用工作视窗的功能菜单中的 Help,从中选取 Table of Contents(目录)或是 Index(索引);(2)利用 help 指令,如 help sqrt;(3)利用 lookfor 指令,如 lookfor sqrt.

二、数、变量、函数及表达式

1. 数的表示

MATLAB 中数的表示方法与一般的编程语言相似.

例如:3, −22, 1.025, 1.2e+8, 5.321e-6 等,其中 1.2e+8 表示的是数 $1.2×10^8$, 5.321e-6 表示的是数 $5.321×10^{-6}$. 数学上常用的圆周率 π 在 MATLAB 中表示为 pi.

2. 数学运算符、关系运算符与逻辑运算符

(1) 数学运算符

MATLAB 中常用的数学运算符如下表 10−1 所示.

表 10−1　常用的数学运算符

符号	+	−	*	/	^
表示的运算	加法	减法	乘法	除法	乘方

例如,数学式子: $(7 - 3) \times 5 \times 2^4 \div 6$, 在 MATLAB 中表示为

```
>>(7-3)*5*2^4/6    (7-3)*5*2^4/6
```

运算结果为:

```
ans =

    53.3333
```

(2) 关系运算符与逻辑运算符

MATLAB 中常用的关系运算符和逻辑运算符如表 10−2 所示.

表 10−2　关系运算符与逻辑运算符

符　号	意　义	符　号	意　义
>	大于	~ =	不等于
>=	大于或等于	&	与(逻辑)
<	小于	|	或(逻辑)
<=	小于或等于	~	非(逻辑)
==	等于		

3. 变量及其命名规则

在 MATLAB 中变量使用方法与其他编程语言相同,命名要遵循以下规则:

（1）变量名需要区分大小写；

（2）变量名的第一个字符必须为英文字母，而且不能超过 31 个字符；

（3）变量名可以包含下连字符、数字，但不能为空格符、标点符号.

在 MATLAB 中有些变量名是预定义的，不可再作为自定义的变量. 这些变量如表 10-3 所示.

表 10-3 系统预定义的变量

ans	预设的计算结果的变量名
eps	MATLAB 定义的浮点数的相对精度 $= 2.2204 \times 10^{-16}$
pi	圆周率 π
inf	无穷大 ∞
NaN	无法定义的一个数
i 或 j	虚数单位 $i = j = \sqrt{-1}$
realmax	最大可用正实数 $= 1.797 \times 10^{308}$
realmin	最小可用正实数 $= 2.225 \times 10^{-308}$

4. MATLAB 中常用的数学函数

系统提供了许多数学函数，最常用的函数如下表 10-4 所示.

表 10-4 MATLAB 中常用的数学函数

函数	名称	函数	名称
sin(x)	正弦函数	asin(x)	反正弦函数
cos(x)	余弦函数	acos(x)	反余弦函数
tan(x)	正切函数	atan(x)	反正切函数
cot(x)	余切函数	acot(x)	反余切函数
sec(x)	正割函数	abs(x)	绝对值
csc(x)	余割函数	sum(x)	求和
sqrt(x)	平方根	fix(x)	取整
exp(x)	以 e 为底的指数	round(x)	最接近的整数
log(x)	自然对数	ceil(x)	取上整
log10(x)	以 10 为底的对数	mean(x)	平均数
max(x)	最大值	min(x)	最小值

系统提供的内部函数的几点说明：

（1）函数名为小写字母，函数的参数必须放在圆括号内；

（2）函数有多个参数时，参数间要用逗号隔开；

(3) 表中所列函数的参数 x 可以是一个数,也可以是向量,输出结果为一个函数值或一组值;例如,$\sin(\mathrm{pi}/3)$,$\sin([1.5,3,\mathrm{pi}/3])$ 均是合法的.

(4) 表 10-4 列出了一些常用函数,更多函数及用法可查看 help 帮助手册或相关书籍.

5. 表达式

表达式是由常量、变量、函数、运算符构成的代数式. MATLAB 中的表达式都要以纯文本形式输入,通常有两种形式:

(1) 表达式;(2) 变量=表达式.

例如,下列式子均为合法的表达式:

```
3 * sin(pi/2)+exp(2);2 * x^2-3* x-4;a=2* cos(x)-3* round(x).
```

例 1   计算表达式 $3e^{2.3}\tan(10)$ 的值.

```
>>a=3 * exp(2.3)* tan(10)
a =
19.4006
```

几点说明:

(1) MATLAB 的每条语句后,若为逗号或无标点符号,则显示命令的结果;若命令后为分号,则禁止显示结果;

(2) 如果表达式很长,一行放不下,可以键入空格后,再键入"...",然后按【Enter】键,则下一行输入内容为续行;

(3) "%"后面所有文字为注释.

三、M 文件与自定义函数

1. M 文件

如果计算复杂或重复输入一组表达式则可以通过定义程序文件来实现. MATLAB 中所建立的程序文件扩展名为".M",又称为 M 文件,M 文件可以分为脚本文件(Script)和函数文件(Function)两种. 脚本文件类似于 DOS 下的批处理文件,不需要在其中输入参数,也不需要给出输出变量来接受处理结果,脚本仅是若干命令或函数的集合,用于执行特定的功能;函数文件则是为了研究函数的性态等而定义的函数,需要给定输入参数,并能够对输入变量进行若干操作,实现特定的功能,最后给出一定的输出结果或图形等. M 文件的建立步骤如下:

(1) 在 MATLAB 命令窗口中,点击:File→New→M-file,打开程序文件的编辑窗口,如图 10-2 所示;

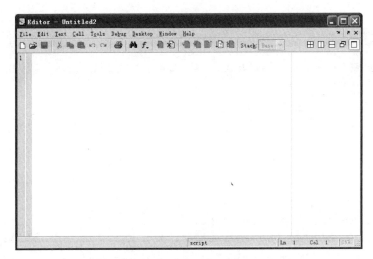

图 10 - 2　MATLAB 编辑器窗口

（2）在编辑窗口中输入程序内容；

（3）保存文件，点击：File→Save，出现保存窗口后，在该窗口中选择保存的位置、文件名等.

需要说明的是：（1）脚本文件和函数文件保存时，文件名的选择有不同的要求，脚本文件的文件名可以根据程序的内容、编者的喜好自由选取，函数文件的文件名则必须和所定义的函数名一致，这一点在自定义函数中再作详细说明.

（2）脚本文件运行方式有两种：一是直接在 MATLAB 命令窗口输入文件名，二是选择 File->Open 打开 m 文件，弹出的窗口为 MATLAB 编辑器，这时可选择它的 Debug 菜单的 Run 子菜单运行.

例 2　已知 $c = 420$，$t = 10$，$y = ce^{-0.1842\,t}$，请编写一个脚本文件，计算 y 的值.

解　（1）在 MATLAB 命令窗口中，点击：File→New→M-file，打开程序文件的编辑窗口；

（2）在编辑窗口中输入下面程序内容：

```
c=420;
t=10;
y=c*exp(-0.1842*t)
```

（3）将文件保存为：jiaobenwenjian. m，如图 10 - 3 所示.

运行该程序，计算结果为：y = 66. 57.

2. 自定义函数

MATLAB 的内部函数是有限的，有时为了研究某一个函数的各种性态，需要定义新函数. 要定义新函数，就必须编写函数文件.

函数文件的具体建立步骤为：

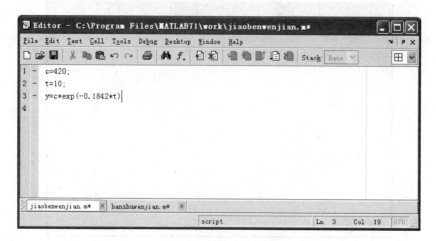

图 10 - 3   jiaobenwenjian. m 的编辑器窗口

(1) 在 MATLAB 中,点:File→New→M-file;

(2) 在编辑窗口中输入程序内容. 注意:程序第一行的格式必须为:

$$\text{function} \qquad \text{因变量名=函数名(自变量名);}$$

(3) 点 File→Save,保存文件. 需要注意的是:此处保存的文件名必须和(2)中的函数名相同.

按照以上步骤,所建立的函数文件就是一个自定义函数. 自定义函数可以像内部函数一样被调用. 需要指出的是:自定义函数(函数文件),必须先给参数值(自变量取值),然后才能调用,函数值的获得必须通过具体的运算来实现,并赋给因变量.

例3   已知 $c = 420$, $y = ce^{-0.1842t}$,请编写一个函数文件,计算 $t = 10$ 时,y 的值.

解   首先,按下面步骤建立以 t 为自变量的函数 $y = ce^{-0.1842t}$,文件名为 hanshuwenjian. m.

(1) 在 MATLAB 命令窗口中,点击:File→New→M-file,打开程序文件的编辑窗口;

(2) 在编辑窗口中输入下面程序内容:

```
function  y=hanshuwenjian(t)
c=420;
y=c* exp(-0.1842*t)
```

(3) 将文件保存为:hanshuwenjian. m.

建立 hanshuwenjian. m 后,在 MATLAB 的命令窗口中,输入下面语句:

```
>>t=10;
>>y=hanshuwenjian(t)
```

运行后,计算结果为:y=66. 57.

第二节　矩阵及相关运算在 MATLAB 中的实现

一、向量和矩阵

MATLAB 是以向量(vector)及矩阵(matrix)方式在做运算,因此下面简单介绍一下向量和矩阵的输入及运算.

1. 向量的生成与访问

（1）向量的生成

创建向量的常用方法有以下几种格式:

x=[a,b,c,d,e,f]　% 创建包含指定元素的行向量;

x=first:last　% 创建从 first 开始,加 1 计数,到 last 结束的行向量;

x=first:increment:last　% 创建从 first 开始,步长为 increment,到 last 结束的行向量;

x=linspace(first,last,n)% 创建从 first 开始,到 last 结束,有 n 个元素的行向量.

例如,

```
>>x=[1,2,3,4,5,6,7,8]       % 长度为 8 的向量
>>x=1:2:10                  % 产生步长为 2,1 到 10 之间数所构成的向量
>>x=linspace(5,25,10)       % 产生 5 到 25 之间的 10 个数所构成的向量
```

（2）向量元素的访问

向量元素访问的常用格式为:

x(i):表示访问向量 **x** 的第 i 个元素;

x(a:b:c):表示访问向量 **x** 的第 a 个元素开始,以步长 b 到第 c 个元素(但不超过 c)结束. 其中 b 可以为负数,b 缺省时为 1.

2. 矩阵的生成与调用

（1）数值矩阵的生成

直接输入数值矩阵的方法是:同一行中的元素用逗号(或空格符)分隔;不同行的元素用分号分隔;所有元素用方括号"[ ]"括起来. 例如,矩阵 $\begin{bmatrix} 1 & 2 & 3 \\ 4 & 5 & 6 \\ 7 & 8 & 9 \end{bmatrix}$ 的输入方法为:

```
>>A=[1,2,3;4,5,6;7,8,9]
```

（2）特殊矩阵的生成

特殊的矩阵可以用相应的函数生成,常用的函数及其作用如表 10-5 所示.

表 10-5 特殊矩阵的生成函数

函 数	作 用
zeros(n)	生成 $n×n$ 零矩阵
zeros(m, n)	生成 $m×n$ 零矩阵
eye(n)	生成 $n×n$ 单位阵
ones(n)	生成 $n×n$ 元素全是 1 的矩阵
ones(m, n)	生成 $m×n$ 元素全是 1 的矩阵
rand(n)	生成 $n×n$ 随机矩阵,其元素全在(0, 1)内
rand(m, n)	生成 $m×n$ 随机矩阵,其元素全在(0, 1)内

例如,>>A=ones(5) % 生成 5×5 元素全是 1 的矩阵 A

运行后的结果是:

A=

```
1    1    1    1    1
1    1    1    1    1
1    1    1    1    1
1    1    1    1    1
1    1    1    1    1
```

(3) 矩阵中元素的操作

矩阵中元素的常用操作及格式为:

A(r, :):提取矩阵 A 的第 r 行;

A(:, r):提取矩阵 A 的第 r 列;

A(i1:i2, j1:j2):取矩阵 A 的第 i1~i2 行、第 j1~j2 列构成新矩阵:A(i1:i2, j1:j2)

例如,>>A=[1,2,3;4,5,6;7,8,9];

>>B=A(1:2,1:2) % 提取矩阵 A 的第 1~2 行、1~2 列构成新矩阵 B

运行结果为:

B=

```
1    2
4    5
```

3. 向量和矩阵的运算

设 **A**、**B** 为向量或矩阵,a 为一个数. 向量和矩阵的常见运算及格式如下表 10-6 所示.

表 10 - 6　向量和矩阵的常见运算及格式

格　式	意　义
$A+B(A-B)$	矩阵 A 和 B 的加法(减法)运算
$A*B$	矩阵 A 和 B 的乘法运算
A'	矩阵 A 的转置 A^T
A/B	矩阵的右除,计算 AB^{-1}(B 为方阵)
$A\backslash B$	矩阵的左除,计算 $A^{-1}B$(A 为方阵)
$A+a$	A 中的每一个元素都加 a
$A.*a$	A 点乘 a,即 A 中的每一个元素都乘以 a
$A.\hat{\ }a$	A 点 a 次幂,即 A 中的每一个元素都 a 次幂
$A./a$	A 右点除 a,即 A 中的每一个元素都除以 a
$A.\backslash a$	A 左点除 a,即 A 中的每一个元素都除 a
$A\hat{\ }n$	方阵 A 的 n 次幂,A 必须是方阵,n 是自然数

例 1　设 $A_1 = \begin{bmatrix} 4 & 6 & 8 \\ 2 & 2 & 10 \end{bmatrix}$, $A_2 = \begin{bmatrix} 1 & 0 & 7 \\ 3 & 2 & 1 \end{bmatrix}$, $B = \begin{bmatrix} 2 & 3 & 5 \end{bmatrix}$, $a = 3$,求 $A_1 + A_2, B^T$, $A_2 B^T$, $B.*a$, $B./a$ 及 $B.\hat{\ }a$.

解　在 MATLAB 窗口中键入下列语句,运行后,依次可得计算结果:

```
>>A1=[4,6,8;2,2,10];            % 输入矩阵 A₁
>>A2=[1,0,7;3,2,1];             % 输入矩阵 A₂
>>B=[2,3,5];                    % 输入矩阵 B
>>a=3;                          % 输入数 a
>>A1+A2                         % 计算 A₁+A₂
ans =
    5    6    15
    5    4    11
>>B'                            % 计算 Bᵀ
ans =
    2
    3
```

```
      5
>>A2* B'                          % 计算 A₂Bᵀ
ans =
      37
      17
>>B.* a                          % 计算 B.* a
ans =
      6    9    15
>>B./a                           % 计算 B./a
ans =
    0.6667    1.0000    1.6667
>>B.^a                           % 计算 B.^a
ans =
      8    27   125
```

二、利用 MATLAB 软件求矩阵的秩和行标准形矩阵

在 MATLAB 中求矩阵的秩和将矩阵化为行标准形矩阵的函数和格式如表 10 - 7 所示.

表 10 - 7   求矩阵的秩和行标准形的函数及格式

格式	意义
rank(A)	求矩阵 A 的秩 $r(A)$
rref(A)	将矩阵 A 化为行标准形矩阵

例 2   求矩阵 $A = \begin{bmatrix} 1 & -1 & 0 & -2 \\ 3 & 4 & 3 & 1 \\ 2 & 1 & 6 & 5 \end{bmatrix}$ 的秩,并把 A 化为行标准形矩阵.

解   在 MATLAB 窗口中键入下列语句,运行后,可得计算结果:

```
>>A=[1,-1,0,2;3,4,3,1;2,1,6,5];     % 输入矩阵 A
>>r=rank(A)                         % 求矩阵 A 的秩,结果存入 r
r=3
>>B=rref(A)                         % 把 A 化为行标准形,结果存入 B
B=
```

```
    1.0000         0         0    1.0000
         0    1.0000         0   -1.0000
         0         0    1.0000    0.6667
```

即由 A 化得的标准形为 $B = \begin{bmatrix} 1 & 0 & 0 & 1 \\ 0 & 1 & 0 & -1 \\ 0 & 0 & 1 & 0.6667 \end{bmatrix}$

三、利用 MATLAB 求方阵的逆矩阵和行列式的值

设 A 为 n 阶方阵,如果 A 为满秩矩阵(即 $r(A)=n$),则 A 有逆矩阵. 在 MATLAB 中求逆矩阵的函数和格式如表 $10-8$ 所示.

任何一个方阵均可对应一个行列式 $\det(A)$,相应地,任何一个行列式均可看成一个方阵 A 的行列式 $\det(A)$. 因此,行列式的计算可以通过求方阵 A 的行列式 $\det(A)$ 来实现. 在 MATLAB 中求方阵的行列式值的函数和格式如表 $10-8$ 所示.

表 $10-8$　求方阵的逆矩阵和行列式值的函数及格式

格式	意义
$\text{inv}(A)$	求可逆矩阵 A 的逆矩阵 A^{-1}
$\det(A)$	求方阵 A 的行列式 $\det(A)$ 的值

例 3　设方阵 $A = \begin{bmatrix} 1 & -1 & -3 \\ 1 & 3 & 2 \\ -2 & -1 & 2 \end{bmatrix}$,

(1) 求 A 的秩 $r(A)$ 和 $\det(A)$ 的值;

(2) 如果 A 有逆矩阵,求出 A 的逆矩阵 A^{-1}.

解　(1) 在 MATLAB 窗口中键入下列语句,运行后,可得要求的结果.

```
>>A=[1,-1,-3;1,3,2;-2,-1,2];        % 输入矩阵 A
>>r=rank(A)                         % 求矩阵 A 的秩,结果存入 r
r=3                                 % 求得 A 的秩 r(A)=r=3
>>det(A)                            % 求 det(A) 的值
ans=-1.0000                         % 求得 det(A)=-1
```

(2) 由(1)的结果 $r(A)=3$ 可知,A 有逆矩阵. 在 MATLAB 窗口中键入下面语句即可求出 A 的逆矩阵 A^{-1}.

```
>>B=inv(A)                          % 求矩阵 A 的逆矩阵,结果存入 B
```

B =

-8.0000　　-5.0000　　-7.0000

6.0000　　4.0000　　5.0000

-5.0000　　-3.0000　　-4.0000

求得 A 的逆矩阵 $A^{-1} = B = \begin{bmatrix} -8 & -5 & -7 \\ 6 & 4 & 5 \\ -5 & -3 & -4 \end{bmatrix}$.

四、利用 MATLAB 软件解线性方程组

在 MATLAB 中求解线性方程组有两种方法:

1. 利用 solve( ) 函数求解,调用格式为

格式 1　solve('eqn1','eqn2',…,'var1','var2',…)

格式 2　x = solve('eqn1','eqn2',…,'var1','var2',…)

其中 eqn1,eqn2,…,表示方程组中的方程;var1,var2,…表示方程中的未知变量;x 是用来存储方程组解的变量,对于解方程组来说,它是一个向量.

2. 利用 rref( ) 将方程组的增广矩阵化为行标准形,然后,解行标准形对应的方程组求得.

下面通过实例分别介绍这两种方法的实现过程.

例 4　解线性方程组 $\begin{cases} x_1 - 2x_2 + 2x_3 = -1, \\ 2x_1 + 4x_2 = 10, \\ x_1 - x_2 - 5x_3 = 7. \end{cases}$

解　利用 solve( ) 函数求解,在 MATLAB 命令窗口中输入下面语句:

>>[x1,x2,x3] = solve('x1-2* x2+2* x3 = -1','2* x1+4* x2 = 10','x1-x2-5* x3 = 7','x1','x2','x3')

运行结果为

x1 = 3,x2 = 1,x3 = -1.

例 5　用初等行变换法求线性方程组 $\begin{cases} 2x_1 + 3x_2 + x_3 = 4, \\ x_1 - 2x_2 + 4x_3 = -5, \\ 3x_1 + 8x_2 - 2x_3 = 13, \\ 4x_1 - x_2 + 9x_3 = -6 \end{cases}$ 的通解.

解　(1) 在 MATLAB 窗口中键入下面语句:

```
>>A=[2,3,1;1,-2,4;3,8,-2;4,-1,9];                    % 输入系数矩阵 A
>>F=[2,3,1,4;1,-2,4,-5;3,8,-2,13;4,-1,9,-6];%输入增广矩阵 F
>>G=rref(F)                          % 将增广矩阵化为行标准形 G
G =
     1    0    2   -1
     0    1   -1    2
     0    0    0    0
     0    0    0    0
```

（2）由矩阵 G，可以看出：$r(A \vdots B) = r(A) = 2 < n = 3$，因此，方程组有无穷多解. 写出行标准形对应的方程组

$$\begin{cases} x_1 + 2x_3 = -1, \\ x_2 - x_3 = 2, \end{cases} 即 \begin{cases} x_1 = -1 - 2x_3, \\ x_2 = 2 + x_3. \end{cases}$$

令 $x_3 = k$（k 为任意常数），则得方程组的解为

$$\begin{cases} x_1 = -1 - 2k, \\ x_2 = 2 + k, \\ x_3 = k. \end{cases}$$

第三节　MATLAB 的绘图功能简介

MATLAB 有很强的绘图功能，它提供了许多在二维和三维空间内显示可视信息的工具，可以方便地实现数据的可视化. 强大的计算功能与图形功能相结合为 MATLAB 在数据处理、工程技术和教学方面的应用提供了更加广阔的天地. 下面简单介绍 MATLAB 的绘图功能.

一、二维平面图形

MATLAB 提供了多种作平面图形的函数，最常用的有 **plot** 函数、**fplot** 函数和 **ezplot** 函数，下面简单介绍一下它们的使用格式及相关参数.

1. 作图函数 plot

plot 函数可以方便地作出数值向量或矩阵对应坐标的图形，基本调用格式有：

$plot(x, y, 'string')$ 和 $plot(x1, y1, 'string1', x2, y2, 'string2', \cdots, xn, yn, 'stringn')$. 其中 x、x1、x2、$\cdots$、xn 和 y、y1、y2、$\cdots$、yn 均为向量，分别作为直角坐标系中点集的横坐标和纵坐标；string、string1、string2、$\cdots$、stringn 是图形显示属性的可选参数，它们是由 1~3 个字母组成的字

符串,用来指定所绘制曲线的线型、颜色和数据点标志. sring 为空时,表示按系统默认的格式画图.

例如,下面语句表示以 x, y 为坐标绘制一条红色实线,并且在每个数据点上都用"o"进行标记,如图 10-4 所示.

```
>>x=0:0.1:2*pi;
>>y=sin(x);
>>plot(x,y,'-ro')
```

MATLAB 中控制线型、颜色和标记点的符号如表 10-9、表 10-10 和表 10-11 所示.

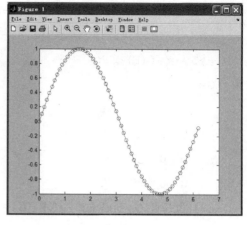

图 10-4

表 10-9 线型控制字符表

线型	实线	点线	点划线	虚线
线型符号	−	:	−.	− −

表 10-10 颜色控制字符表

颜色	颜色字符	颜色	颜色字符
红色	r/red	绿色	g/green
黄色	y/yellow	蓝色	b/blue
洋红	m/magenta	黑色	k/black
青色	c/cyan	白色	w/white

表 10-11 数据点控制字符表

数据点	绘图字符	数据点	绘图字符
黑点	·	菱形标记	d
小圆圈	o	朝上的三角形	^
叉型标记	X	朝左的三角形	<
加号标记	+	朝右的三角形	>
星号标记	*	五角星符号	p
正方形标记	S	六角星符号	h

例 1 在同一图形窗口中用红星线绘出 $y = \sin 2x$、用绿圈绘出 $y = \cos x$、用黑实线绘出 $y = x$ 在 $0 \leqslant x \leqslant 2\pi$ 上的图形.

解 在 MATLAB 窗口中输入下面语句：

```
>>x=0:0.1:2*pi;
>>y=sin(2*x);
>>z=cos(x);
>>plot(x,y,'r*',x,z,'go',x,x,'k-')
```

运行结果如图 10-5 所示.

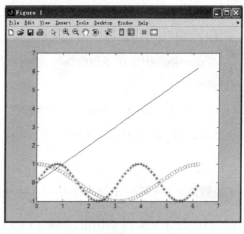

图 10-5

2. 基本绘图控制命令

（1）图形的重叠绘制命令 hold

hold 在 hold on 和 hold off 之间进行切换.

hold on 保留当前图形和该图的轴，使此后的图形叠放在当前图形上；

hold off 返回 MATLAB 缺省状态，此后的图形指令运行将抹掉当前窗口中的旧图形，然后绘出新图形.

（2）控制分隔线命令 grid

grid 在 grid on 和 grid off 之间进行切换.

grid on 在图形中使用分隔线；

grid off 在图形中消隐分隔线.

（3）清除图形窗口命令 clf

（4）一个图形中多个子图的绘制命令 subplot

命令格式：subplot(m,n,p)

功能：把当前图形窗口分为 $m \times n$ 个子图，并把第 p 个子图当作当前图形窗口.

3. 图形的标注

（1）图名的标注 title

命令格式：title('string')

功能：在当前图形的顶端加注文字 string 为图名.

（2）坐标轴标注 xlabel, ylabel, zlabel

命令格式：xlabel('string')；ylabel('string')；zlabel('string')

功能：在当前图形的 Ox、Oy 或 Oz 旁边加注文字 string.

（3）图形标注 text

命令格式：text(x,y,'string') 或 text(x,y,z,'string')

功能：在二维图形的点(x, y)处加注文字 string 或在三维图形的点(x, y, z)处加注文字

string.

（4）图例标注 legend

当在一幅图中出现多种曲线时,结合在绘制时的不同线形和颜色等特点,可以用 legend 命令进行说明.

命令格式:legend('string1','string2',…)

功能:对当前图形进行图例标注.

例2 在同一坐标系中绘出 $y = \sin x\left(-\dfrac{\pi}{2} \leqslant x \leqslant \dfrac{\pi}{2}\right)$、$y = x\left(-\dfrac{\pi}{2} \leqslant x \leqslant \dfrac{\pi}{2}\right)$ 和 $y = \arcsin x(-1 \leqslant x \leqslant 1)$ 的图形,要求 $y = \sin x$ 为蓝色虚线,$y = \arcsin x$ 为红色实线,$y = x$ 为黑实线,并加注标题、坐标轴和图例标注.

解 建立脚本文件 tuxinghuizhi.m:

```
Clear;
clf;
x1=-pi/2:0.1:pi/2;
y1=sin(x1);y2=x1;
plot(x1,y1,'--b',x1,y2,'-k')
grid on;
xlabel('x轴');ylabel('y轴');
x2=-1:0.1:1;
y3=asin(x2);
hold on;
plot(x2,y3,'-r');
title('曲线 y=sinx,y=x 与 y=arcsinx');
legend('y=sinx','y=x','y=arcsinx')
```

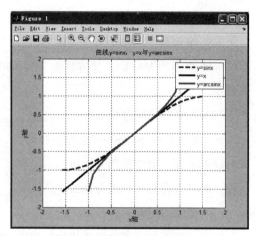

图 10-6 曲线 $y = \sin x$、$y = x$ 及 $y = \arcsin x$ 的图形

运行文件 tuxinghuizhi.m,运行结果如图 10-6 所示

3. 作图函数 fplot

fplot 命令可以用来画一个函数图形,而无需产生绘图所需的一组数据作为变数. fplot 的使用格式为

$$\text{fplot}('\text{fun}',[\text{xmin},\text{xmax}])$$

其中 fun 可以是函数表达式,可以是内部函数,也可以是自定义的函数;[xmin,xmax]是自变量 x 的取值区间.

例3　作出第一节例 3 所定义的函数 hanshuwenjian(t)在区间[-10, 10]上的图形.

解　按第一节例 3 方法先编写函数文件 hanshuwenjian. m,定义函数 hanshuwenjian(t). 然后,在 MATLAB 窗口中输入下面语句:

```
>> fplot ('hanshuwenjian', [-10,
10])
```

运行结果如图 10-7 所示.

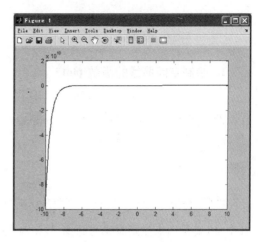

图 10-7

4. 作图函数 ezplot

ezplot 可以绘制显函数、隐函数或参数方程表示的函数的图形,其命令格式为

ezplot('f(x)',[xmin, xmax])%绘制显函数 $y=f(x)$ 在区间[xmim, xmax]上的图形;

ezplot('f(x, y)',[xmin, xmax, ymin, ymax])%绘制隐函数 $f(x, y)=0$,在区间 $xmin \leqslant x \leqslant xmax$, $ymin \leqslant y \leqslant ymax$ 上的图形;

ezplot('x(t)','y(t)',[tmin, tmax])%绘制参数方程 $\begin{cases} x = x(t) \\ y = y(t) \end{cases}$ 在 $tmin \leqslant t \leqslant tmax$ 上的函数图形.

例4　利用 ezplot 函数绘制下列曲线:

(1) 椭圆:$\dfrac{x^2}{3^2} + \dfrac{y^2}{2^2} = 1$；(2) 星形线:$\begin{cases} x = \cos^3 t, \\ y = \sin^3 t, \end{cases}$　$0 \leqslant t \leqslant 2\pi$.

解　在 MATLAB 命令窗口中输入下面语句:

```
>>ezplot('x^2/9+y^2/4-1',[-3,3,-2,2])    % 绘制椭圆
>>ezplot('cos(t)^3','sin(t)^3',[0,2* pi])    % 绘制星形线
```

运行结果如图 10-8 和图 10-9 所示.

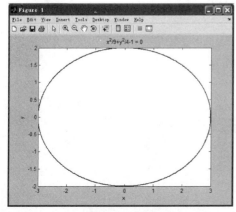

图 10-8　椭圆

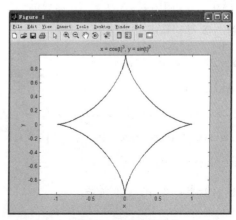

图 10-9　星形线

二、三维图形

1. 绘制空间曲线的函数 plot3

设空间曲线方程为 $\begin{cases} x = x(t), \\ y = y(t), \\ z = z(t), \end{cases} t\min \leqslant t \leqslant t\max.$ MATLAB 中绘制空间曲线的函数是 plot3,命令格式有下面三种:

$$plot3(x,y,z); plot3(x,y,z,'string'); plot3(x1,y1,z1,'string1',x2,y2,z2,'string2',\ldots)$$

其中 string 是用来控制曲线的颜色、线型和数据点的参数,控制符号与 plot 中的相似.

例 5 绘制蓝色螺旋线 $\begin{cases} x = \sin t, \\ y = \cos t, \\ z = t, \end{cases} t \in [0, 6\pi]$ 的图形.

解 在 MATLAB 中输入下面语句:

```
t=0:pi/50:6*pi;
plot3(sin(t),cos(t),t,'b')
title('螺旋线'),xlabel('x轴'),ylabel('y轴'),zlabel('z轴');
set(findall(gcf,'type','line'),'linewidth',2)  % 将曲线条加粗
```

运行结果如图 10 - 10 所示.

2. 绘制三维网格图的函数 mesh

利用 mesh 函数可以绘制网格曲面,命令格式为

$$mesh(x,y,z)$$

例 6 绘制函数 $z = xe^{-(x^2+y^2)}$ 形成的三维网格图.

解 在 MATLAB 中输入下面语句:

```
x=linspace(-2,2,25);
y=linspace(-2,2,25);
[xx, yy]=meshgrid(x, y);
zz=xx.* exp(-xx.^2-yy.^2);
mesh(xx,yy,zz);
```

运行结果如图 10 - 11 所示.

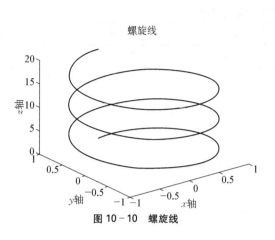

图 10 - 10　螺旋线

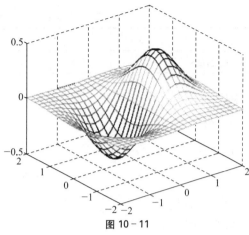

图 10 - 11

3. 绘制三维曲面图的函数 surf

三维曲面图除了各线条之间的空档(称作补片)用颜色填充以外,和网格图看起来是一样的. 绘制曲面图的函数是 surf,格式与 mesh 相同.

例 7　绘制马鞍面 $z = x^2 - y^2$ 的三维曲面图.

解　在 MATLAB 中输入下面语句:

```
x=linspace(-2,2,25);
y=linspace(-2,2,25);
[xx,yy]=meshgrid(x,y);
zz=xx.^2-yy.^2;
surf(xx,yy,zz);
```

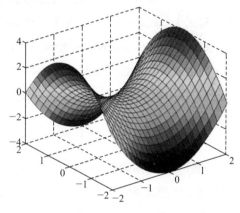

图 10 - 12　马鞍面曲面图

运行结果如图 10 - 12 所示.

三、特殊图形

MATLAB 提供了很多绘制特殊图形的函数,可以方便地绘制条形图、饼图、离散数据图等.

1. 绘制条形图的函数 bar

在 MATLAB 中,常用下面格式绘制条形图.

格式 1:bar(x,y,'bar_color'):绘制二维条形图;

格式 2:bar3(x,y,'bar_color') 或 bar3(x,y,width):绘制三维条形图.

例 8　已知某市 3 日~9 日的最高温度如表 10 - 12 所示,试画出条形图表示这 7 天的最高温度.

表 10 - 12   某市的最高温度

日期	3	4	5	6	7	8	9
最高温度	13	11.8	8	7.6	9.2	10	10.1

解   在 MATLAB 中输入下面语句:

```
x=3:9;
y=[13,11.8,8,7.6,9.2,10,10.1]
subplot(1,2,1)          % 将图形窗口分成两个子图
bar(x,y)
subplot(1,2,2)
bar3(x,y,'r')
```

运行结果如图 10 - 13 所示.

2. 绘制饼形图的函数 pie

在 MATLAB 中,常用下面格式绘制饼形图.

格式 1:pie(x,explode)   绘制二维饼图;

格式 2:pie3(x,explode)   绘制三维饼图.

说明:explode 是一个与 x 大小相同的向量或矩阵,其中不为零的元素所对应的部分将从饼形图中独立出来.

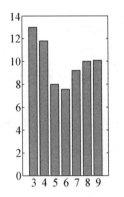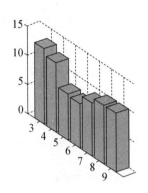

图 10 - 13   条形图和三维条形图

例 9   已知某公司四个季度的支出额(单位:万元)分别为 200、100、250 和 400,试绘制 4 个季度支出额的饼图.

解   在 MATLAB 中输入下面语句:

```
x=[200,100,250,400];
explode=[0,1,0,1];
subplot(1,2,1),pie(x,explode)
subplot(1,2,2),pie3(x,explode)
```

运行结果如图 10 - 14 所示.

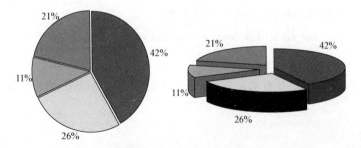

图 10 - 14   二维和三维饼图

3. 绘制离散数据图

在 MATLAB 中,常用下面格式绘制离散数据图.

格式 1:stem(x,y,'filled')%绘制火柴杆图;

格式 2:stairs(x,y)%绘制阶梯图;

格式 3:scatter(x,y)%绘制散点图.

例 10　绘制函数 $y = e^{-2x}\sin x$ 的火柴杆图、阶梯图和散点图.

解　在 MATLAB 中输入下面语句:

```
x=0:0.1:1.5*pi;
y=sin(x).*exp(-2*x);
subplot(3,1,1)
stem(x,y,'filled');      % 画火柴杆图
subplot(3,1,2)
stairs(x,y)              % 画阶梯图
subplot(3,1,3)
scatter(x,y)             % 画散点图
```

运行结果如图 10 - 15 所示.

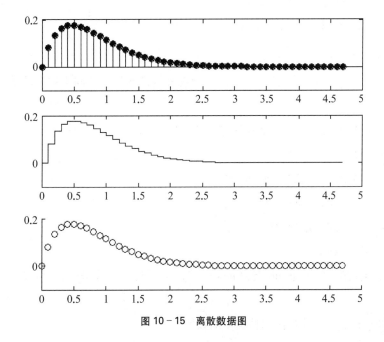

图 10 - 15　离散数据图

四、图形的输出

在实际应用中,往往需要将产生的图形输出到 Word 文档中. 通常可采用下述方法:首先,在 MATLAB 图形窗口中选择【File】菜单中的【Export】选项,将打开图形输出对话框,在该对话框中可以把图形以 emf、bmp、jpg、pgm 等格式保存. 然后,再打开相应的文档,并在该文档中选择【插入】菜单中的【图片】选项插入相应的图片即可.

第四节　微积分知识和运算在 MATLAB 中的实现

MATLAB 提供了大量实现微积分、概率统计、数值计算中常用知识和运算的函数,例如求微分、极限、积分、微分方程解等运算的函数. 下面简介一下这些函数的使用方法.

求解方程(组)、极限、导数、积分、微分方程的解等微积分中常见运算在 MATLAB 中大多以符号运算形式实现,下面首先介绍一下创建符号变量及符号表达式的一些常见运算.

1. 基本符号运算函数

(1) 创建符号变量

创建符号变量的格式有:

x = sym('x')　创建一个符号变量 x;

syms　x　y　z　创建多个符号变量 x, y, z.

(2) r = collect(S, v)

功能:合并同类项,S 是符号表达式,v 是变量或表达式,r 是合并同类项后的结果.

(3) factor(S)

功能:符号计算的因式分解,S 是待分解的符号多项式.

(4) expand(S)

功能:对符号多项式或函数 S 进行展开.

(5) r = simple(S)或 r = simplify(S)

功能:对符号表达式 S 进行化简.

(6) subs(S, old, new)

功能:把符号变量中的变量 old 变为 new 代替,new 可以是一个符号,也可以是具体的数.

(7) vpa(S)

功能:对符号表达式 S 计算任意精确度的数值.

(8) eval(S)

功能:计算符号表达式(或字符串)S.

例如,>>syms x　　　　　　　　　　　% 创建符号变量 x.

　　>>S=x^3-2*x^2-4*x-4*x^3+1;　　% 创建符号函数 S.

　　>>simplify(S)　　　　　　　　　% 化简表达式 S.

　　>>subs(S,x,1)　　　　　　　　　% 计算当 x=1 时 S 的值.

　　>>x=1;

　　>>eval(S)　　　　　　　　　　　% 计算当 x=1 时 S 的值.

2. 求解方程(组)在 MATLAB 中的实现

在 MATLAB 中,常用的求解方程(组)的命令格式为

$[x1,x2,...,xn]$=solve(s1,s2,...,sn,v1,v2,...,vn):求出 n 个方程 s1,s2,$\cdots$,sn 的解,并将结果赋给 x1,x2,$\cdots$,xn.

其中 s1,s2,$\cdots$,sn 为 n 个方程的表达式;v1,v2,$\cdots$,vn 为方程中的变量.

例 1　求方程 $x^3 - 4x^2 + 9x - 10 = 0$ 的所有根.

解　在 MATLAB 中输入下面语句:

```
syms x
y=x^3-4*x^2+9*x-10;
x=solve(y,x)
```

运行结果为:x=2,1+2*i 和 1-2*i.

对于超越方程,一般不容易求出精确解,这时可以用 fzero 求近似解(也称数值解). fzero 的命令格式为

$$z=fzero('fun',x0,tol,trace)$$

其中 fun 可以是待求零点的函数文件名,或是待求方程;x0 是预定待搜索零点的大致位置;tol 是精度,缺省时是默认的 eps;trace 表示是否显示迭代步骤,缺省时为不显示.

例 2　求方程 $x = \cos^2 x$ 在 1 附近的数值解.

解　在 MATLAB 中输入下面语句:

```
x=fzero('x-(cos(x))^2',1)
```

运行结果为:x=0.6417.

注:使用 fzero 求方程的近似解时,通常要先用 plot(或 fplot)作出函数的图形,观察出预定待搜索零点的大致位置 x0,然后再用 fzero 求解.

3. 极限运算在 MATLAB 中的实现

在 MATLAB 中,计算极限采用的命令格式如表 10-13 所示.

表 10 - 13

命令格式	功能	命令格式	功能
limit(f(x),x,a)	求 $\lim\limits_{x \to a} f(x)$	limit(f(x),x,a,'left')	求 $\lim\limits_{x \to a^-} f(x)$
limit(f(x),x,inf)	求 $\lim\limits_{x \to \infty} f(x)$	limit(f(x),x,+inf)	求 $\lim\limits_{x \to +\infty} f(x)$
limit(f(x),x,a,'right')	求 $\lim\limits_{x \to a^+} f(x)$	limit(f(-x),x,-inf)	求 $\lim\limits_{x \to -\infty} f(x)$

注:命令中的 x 是符号变量,f(x)是符号表达式,a 是常数.

例3 求下列极限:

(1) $\lim\limits_{x \to 0} \dfrac{\sin 3x}{x}$;　　(2) $\lim\limits_{x \to \infty} \left(1 + \dfrac{2}{x}\right)^x$;　　(3) $\lim\limits_{x \to 0^+} e^{\frac{1}{x}}$;　　(4) $\lim\limits_{x \to +\infty} \dfrac{\ln x}{x}$.

解 (1) 在 MATLAB 中输入下面语句:

```
>>syms x
>>limit(sin(3*x)/x,x,0)
```

运行结果为: ans = 3,即 $\lim\limits_{x \to 0} \dfrac{\sin 3x}{x} = 1$.

(2) 在 MATLAB 中输入下面语句:

```
>>syms x
>>limit((1+2/x)^x,x,inf)
```

运行结果为: ans = exp(2),即 $\lim\limits_{x \to \infty} \left(1 + \dfrac{2}{x}\right)^x = e^2$.

(3) 在 MATLAB 中输入下面语句:

```
>>syms x
>>limit(exp(1/x),x,0,'right')
```

运行结果为: ans = inf,即 $\lim\limits_{x \to 0^+} e^{\frac{1}{x}} = \infty$.

(4) 在 MATLAB 中输入下面语句:

```
>>syms x
>>limit(log(x)/x,x,+inf)
```

运行结果为: ans = 0,即 $\lim\limits_{x \to +\infty} \dfrac{\ln x}{x} = 0$.

4. 求导运算在 MATLAB 中的实现

在 MATLAB 中,常用下面命令格式求导数.

格式 1：diff(f(x)) ％求函数 f(x)的一阶导数,其中 f(x)为符号函数；

格式 2：diff(f(x),n)％求函数 f(x)的 n 阶导数,其中 f(x)为符号函数；

格式 3：diff(f,x,n) ％求多元函数 f 对变量 x 的 n 阶导数,其中 f 为多元符号函数.

例 4 求 $y = e^{2x}\cos x + \ln 3$ 的一阶导数和 5 阶导数.

解 在 MATLAB 中输入下面语句,即可求出函数的一阶导数和 5 阶导数.

```
>>clear                              ％ 清除所有变量的赋值
>>syms x
>>diff(exp(2*x)*cos(x)+log(3))       ％ 求一阶导数
```

运行结果为 ans=2*exp(2*x)*cos(x)-exp(2*x)*sin(x)

```
>>diff(exp(2*x)*cos(x)+log(3),5)     ％ 求 5 阶导数
```

运行结果为 ans=-38*exp(2*x)*cos(x)-41*exp(2*x)*sin(x).

例 5 设 $u = y\sin(x^2 + z)$,求 $\dfrac{\partial u}{\partial x}$, $\dfrac{\partial u}{\partial y}$, $\dfrac{\partial u}{\partial z}$, $\dfrac{\partial^2 u}{\partial x^2}$ 和 $\dfrac{\partial^2 u}{\partial x \partial y}$.

解 在 MATLAB 命令窗口中输入下面语句：

```
>>syms x y z ux uy uz
>>u=y*sin(x^2+z);          ％ 输入函数表达式存入变量 u
>>ux=diff(u,x)             ％ 求 ∂u/∂x,结果存入变量 ux
```

运行结果为 ux=2*x*y*cos(x^2+z),即 $\dfrac{\partial u}{\partial x} = 2xy\cos(x^2+z)$.

```
>>uy=diff(u,y)             ％ 求 ∂u/∂y,结果存入变量 uy
```

运行结果为 uy=sin(x^2+z),即 $\dfrac{\partial u}{\partial y} = \sin(x^2+z)$.

```
>>uz=diff(u,z)             ％ 求 ∂u/∂z,结果存入变量 uz
```

运行结果为 uz=y*cos(x^2+z),即 $\dfrac{\partial u}{\partial z} = y\cos(x^2+z)$.

```
>>uxx=diff(ux,x)           ％ 求 ∂²u/∂x²,结果存入变量 uxx
```

运行结果为 uxx=2*y*cos(x^2+z)-4*x^2*y*sin(x^2+z),即

$$\frac{\partial^2 u}{\partial x^2} = 2y\cos(x^2 + z) - 4x^2 y\sin(x^2 + z).$$

```
>>uxy=diff(ux,y)
```
　　% 求 $\dfrac{\partial^2 u}{\partial x \partial y}$,结果存入变量 uxy

运行结果为 uxy=2*x*cos(x^2+z),即

$$\frac{\partial^2 u}{\partial x \partial y} = 2x\cos(x^2 + z).$$

例 6　求由方程 $\ln(x^2 + y^2) = \arctan\dfrac{y}{x}$ 所确定的函数 $y = f(x)$ 的导数 $\dfrac{\mathrm{d}y}{\mathrm{d}x}$.

解　令 $F(x, y) = \ln(x^2 + y^2) - \arctan\dfrac{y}{x}$,根据隐函数求导公式 $\dfrac{\mathrm{d}y}{\mathrm{d}x} = -\dfrac{F_x}{F_y}$,在 MATLAB 命令窗口输入下面语句,即可求得 $\dfrac{\mathrm{d}y}{\mathrm{d}x}$.

```
>>syms x y
>>F=log(x^2+y^2)-atan(y/x);      % 输入函数 F(x,y,z)的表达式存入变量 F
>>dydx1=-diff(F,x)/diff(F,y)      % 求导数 dy/dx,结果存入变量 dydx1
```

运行结果为 dydx1=((2*x)/(x^2+y^2)+y/(x^2*(y^2/x^2+1)))/(1/(x*(y^2/x^2+1))-(2*y)/(x^2+y^2))

```
>>dydx=simplify(dydx1)            % 化简 dydx1,结果存入变量 dydx
```

运行结果为 dydx=(2*x+y)/(x-2*y)

即

$$\frac{\mathrm{d}y}{\mathrm{d}x} = \frac{2x + y}{x - 2y}.$$

例 7　求由参数方程 $\begin{cases} x = \mathrm{e}^t\cos t, \\ y = \mathrm{e}^t\sin t \end{cases}$ 表示的函数的导数 $\dfrac{\mathrm{d}y}{\mathrm{d}x}$.

解　根据参数方程求导公式: $\dfrac{\mathrm{d}y}{\mathrm{d}x} = \dfrac{\dfrac{\mathrm{d}y}{\mathrm{d}t}}{\dfrac{\mathrm{d}x}{\mathrm{d}t}}$,在 MATLAB 中输入下面语句,即可求得 $\dfrac{\mathrm{d}y}{\mathrm{d}x}$.

```
>>syms t x y
>>x=exp(t)*cos(t);               % 输入 x 的表达式
>>y=exp(t)*sin(t);               % 输入 y 的表达式
```

```
>>dydx1=diff(y,t)/diff(x,t)   % 按公式计算导数dy/dx,结果存入变量 dydx1
```

运行结果为　dydx1 = (exp(t)＊cos(t)+exp(t)＊sin(t))/(exp(t)＊cos(t)-

exp(t)＊sin(t))

```
>>dydx=simplify(dydx1)          % 化简 dydx1,结果存入变量 dydx
```

运行结果为　dydx=(cos(t)+sin(t))/(cos(t)-sin(t))

即

$$\frac{\mathrm{d}y}{\mathrm{d}x} = \frac{\cos t + \sin t}{\cos t - \sin t}.$$

5. 积分运算在 MATLAB 中的实现

在 MATLAB 中,常用下面命令格式求积分.

格式 1:int(f(x),x)　　　%求不定积分 $\int f(x)\mathrm{d}x$,其中 $f(x)$ 为符号函数;

格式 2:int(f(x),x,a,b)　　%求定积分 $\int_a^b f(x)\mathrm{d}x$,其中 $f(x)$ 为符号函数.

例 8　求定积分 $\int_1^2 \frac{2x^2}{\sqrt{9-x^2}}\mathrm{d}x$.

解　在 MATLAB 中输入下列语句:

```
>>syms x a
>>f=(2＊x^2)/sqrt(9-x^2);
>>a=int(f,1,2)                  % 计算定积分的精确解,并赋值给 a
>>b=vpa(a)                      % 计算 a 的数值
```

运行结果为

a=-2＊5^(1/2)+9＊asin(2/3)+2＊2^(1/2)-9＊asin(1/3);

b=1.8653

6. 求函数的极值在 MATLAB 中的实现

在 MATLAB 中,求一元函数的极值或极值点的命令格式有:

格式 1:x=fminbnd('fun',x1,x2)　%求函数 fun 在区间[x1,x2]内的极小值点 x;

格式 2:[x,fval]=fminbnd('fun',x1,x2)%求函数 fun 在区间[x1,x2]内的极小值点 x 和极小
值 fval.

注:(1) fun 可以是符号函数表达式、内部函数,也可以是自定义的 M 函数文件;

(2) fminbnd 返回区间[x1,x2]内的一个极小值点,要求出某区间内的所有极小值点(或某一
特定的极小值点),则要首先作出函数图形,确定每个极值点所在的小区间,然后用 fminbnd 逐个

求出极小值点;

（3）由于函数 fun 的极大值点是 - fun 的极小值点,所以要求 fun 的极大值点,只需将函数表达式换为 - fun 即可.

例9   求函数 $y = 2x^3 + 9x^2 - 24x$ 在区间$[-10, 10]$的极值.

解   在 MATLAB 中,输入下列语句(或编写 M 文件):

```
syms x
fplot('2*x^3+9*x^2-24*x',[-10,10]);              % 作函数图形,如图 10-16
```
所示.
```
x1=fminbnd('2*x^3+9*x^2-24*x',-10,10)            % 求函数的一个极小值点.
x2=fminbnd('-2*x^3-9*x^2+24*x',-10,10)           % 求函数的一个极大值点.
```

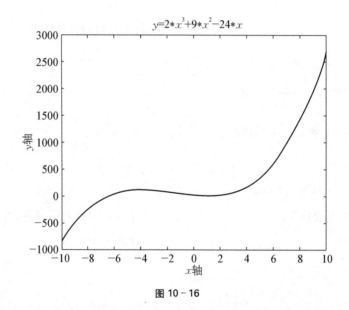

图 10 - 16

运行结果为

```
x1=1.0000
x2=-4.0000
```

7. 求微分方程的解析解在 MATLAB 中的实现

在 MATLAB 中求解微分方程(组)的解析解的命令格式为:

dsolve('方程1','方程2',…'方程 n','初始条件','自变量').

在表达微分方程时,用字母 D 表示导数,D2、D3 表示二阶、三阶导数.任何 D 后所跟的字母为因变量,自变量可以指定或由系统规则选定.若初始条件缺省,则求的是通解.

例如,微分方程 $\dfrac{d^2y}{dx^2} = 0$,应表示为 D2y = 0.

例 10　求微分方程 $\dfrac{d^2y}{dx^2} + 4\dfrac{dy}{dx} + 29y = 0$, $y(0) = 0$, $y'(0) = 15$ 的特解.

解　在 MATLAB 中输入语句:

```
y=dsolve('D2y+4*Dy+29*y=0','y(0)=0,Dy(0)=15','x')
```

运行结果为:y = 3 * exp(-2 * x) * sin(5 * x),即 $y = 3e^{-2x}\sin 5x$.

8. 函数的泰勒展开在 MATLAB 中的实现

在 MATLAB 中,函数的泰勒展开命令格式为

格式 1:taylor(f,n)　将函数 f 展开为默认变量的 n 阶麦克劳林公式;

格式 2:taylor(f,n,x,a)　将函数 f 在 $x = a$ 处展开为 n 阶泰勒公式.

例 11　将函数 $y = \dfrac{1}{x^2}$ 展开为关于 $(x - 2)$ 的 5 阶泰勒公式.

解　在 MATLAB 中输入下面语句:

```
syms x;
y=1/x^2;
taylor(y,5,x,2)
```

运行结果为:3/4-1/4 * x+3/16 * (x-2)^2-1/8 * (x-2)^3+5/64 * (x-2)^4.

附录　基本初等函数

一、常值函数

等式 $y = C$(C 为常数) 可以看成是 $y = 0 \cdot x + C$,对于 x 在实数集内的每一个值,y 总有唯一确定的值 C 和它对应. 因此,由函数的定义可知,$y = C$(C 为常数),$x \in \mathbf{R}$ 是 x 的函数,称它为**常值函数**.

当 $C \neq 0$ 时,常值函数 $y = C$ 的图形是过点 $(0, C)$ 平行于 x 轴的直线,如图 11 - 1 所示;当 $C = 0$ 时,它的图形是与 x 轴重合的直线.

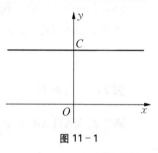

图 11 - 1

二、幂函数

定义 1　函数 $y = x^{\alpha}$ 叫做幂函数,其中幂底数 x 是自变量,幂指数 α 是任意实常数.

例如,常见到的函数 $y = x$,$y = x^2$,$y = x^3$,$y = \dfrac{1}{x} = x^{-1}$,$y = \sqrt{x} = x^{\frac{1}{2}}$ 等,都是幂函数.

幂函数 $y = x^{\alpha}$ 的定义域取决于指数 α.

例 1　求下列幂函数的定义域:

(1) $y = x^{\frac{2}{3}}$;　　　　(2) $y = x^{\frac{3}{4}}$;　　　　(3) $y = x^{-\frac{1}{2}}$;　　　　(4) $y = x^{-\frac{3}{5}}$.

解　(1) $y = x^{\frac{2}{3}} = \sqrt[3]{x^2}$. x 取任意实数 $\sqrt[3]{x^2}$ 都有意义,所以函数 $y = x^{\frac{2}{3}}$ 的定义域是 $(-\infty, +\infty)$.

(2) $y = x^{\frac{3}{4}} = \sqrt[4]{x^3}$. 当 $x < 0$ 时,$\sqrt[4]{x^3}$ 无意义,而当 $x \geq 0$ 时,$\sqrt[4]{x^3}$ 都有意义,所以函数 $y = x^{\frac{3}{4}}$ 的定义域是 $[0, +\infty)$.

（3）$y = x^{-\frac{1}{2}} = \dfrac{1}{\sqrt{x}}$. 当 $x \leqslant 0$ 时，$\dfrac{1}{\sqrt{x}}$ 无意义，而当 $x > 0$ 时，$\dfrac{1}{\sqrt{x}}$ 都有意义，所以函数 $y = x^{-\frac{1}{2}}$ 的定义域是 $(0, +\infty)$.

（4）$y = x^{-\frac{3}{5}} = \dfrac{1}{\sqrt[5]{x^3}}$. 当 $x = 0$ 时，$\dfrac{1}{\sqrt[5]{x^3}}$ 无意义，而当 $x \neq 0$ 时，$\dfrac{1}{\sqrt[5]{x^3}}$ 都有意义，所以函数 $y = x^{-\frac{3}{5}}$ 的定义域是 $(-\infty, 0) \cup (0, +\infty)$.

幂函数的特征及其在区间 $[0, +\infty)$ 或 $(0, +\infty)$ 内的图形见表 11-1.

表 11-1

图形（限定范围）	特　征
$y = x^{\alpha}(\alpha > 0)$, $x \in [0, +\infty)$ 时 	1. 曲线均通过点 $(0,0)$ 和 $(1,1)$ 2. 曲线在 $[0, +\infty)$ 内均上升，且当 $x > 1$ 时，α 越大上升越快 3. 当 α 为偶数时，函数是偶函数，在区间 $[0, +\infty)$ 内是增函数 4. 当 α 为奇数时，函数是奇函数和增函数
$y = x^{\alpha}(\alpha < 0)$, $x \in (0, +\infty)$ 时 	1. 曲线均通过点 $(1,1)$ 2. 曲线在区间 $(0, +\infty)$ 内均下降 3. 当 α 为负偶数时，函数是偶函数，在区间 $(0, +\infty)$ 内是减函数 4. 当 α 为负奇数时，函数是奇函数，在区间 $(0, +\infty)$ 内是减函数 5. 有水平渐近线 $y = 0$，有铅直渐近线 $x = 0$

注：水平渐近线及铅直渐近线定义见第一章第二节. 常用到的部分幂函数的图形及性质见附表.

x 的多项式 $y = a_0 x^n + a_1 x^{n-1} + \cdots + a_{n-1}x + a_n$，其中 $a_0, a_1, \cdots, a_n$ 为常数，n 为自然数，称为**有理整函数**，也称为**多项式函数**.

练习

1. 求下列函数的定义域：

（1）$y = x^{\frac{2}{5}}$；

（2）$y = x^{\frac{5}{6}}$；

（3）$y = (x-2)^{-\frac{1}{3}}$；

（4）$y = (x+3)^{-\frac{1}{2}}$.

2. 行星围绕太阳转,其公转周期(即行星绕太阳公转一周所需时间)的平方和它与太阳平均距离的立方成正比.已知地球与太阳的平均距离为 14 967.2 万公里,公转周期为 365.25 天,试把太阳系行星的公转周期 T(天)表示为它与太阳平均距离 x(万公里)的函数.

三、指数函数和对数函数

> **定义 2** 函数 $y = a^x$ 叫做**指数函数**,其中幂底数 a 是常数,且 $a > 0$, $a \neq 1$,幂指数 x 是自变量,函数的定义域是 $(-\infty, +\infty)$.

例如,函数 $y = 2^x$, $y = 10^x$, $y = \left(\dfrac{1}{2}\right)^x$, $y = \left(\dfrac{1}{10}\right)^x$ 等,都是指数函数.

特别地,当 a 是无理数 e(e $= 2.71828\cdots$) 时,为书写方便,有时把 e^x 记作 $\exp x$,把 $e^{f(x)}$ 记作 $\exp\{f(x)\}$.函数 $y = e^x$ 也称为**自然指数函数**.把关系式 $y = a^x (a > 0, a \neq 1)$ 写成对数式,得

$$x = \log_a y,$$

把其中的 x 和 y 对换,即得指数函数 $y = a^x (a > 0, a \neq 1)$ 的反函数

$$y = \log_a x \ (a > 0, a \neq 1).$$

> **定义 3** 函数 $y = \log_a x \ (a > 0, a \neq 1)$ 叫做**对数函数**,真数 x 是自变量,函数的定义域是 $(0, +\infty)$.

例如,函数 $y = \log_2 x$, $y = \lg x$, $y = \log_{\frac{1}{2}} x$ 都是对数函数,它们分别是指数函数 $y = 2^x$, $y = 10^x$, $y = \left(\dfrac{1}{2}\right)^x$ 的反函数.

特别地,自然指数函数 $y = e^x$ 的反函数 $y = \ln x$ 也称为**自然对数函数**.

由于对数函数 $y = \log_a x$ 和指数函数 $y = a^x (a > 0, a \neq 1)$ 互为反函数,因此,这两个函数的图形关于直线 $y = x$ 对称.如图 11-2 所示.

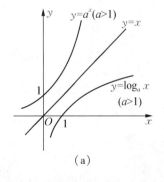

(a)

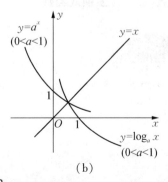

(b)

图 11-2

指数函数和对数函数的图形及性质见附表.

练习

1. 在同一坐标系中画出一组中三个函数的大致图形,共有两组:

(1) $y = \ln x$, $y = \log_5 x$, $y = \lg x$;

(2) $y = \log_{\frac{1}{2}} x$, $y = \log_{\frac{1}{5}} x$, $y = \log_{\frac{1}{10}} x$.

2. 不求值,比较下列各组中两个值的大小:

(1) $\log_5 0.9$ 与 $\log_5 1.2$;

(2) $\log_{\frac{2}{3}} \frac{1}{3}$ 与 $\log_{\frac{2}{3}} \frac{3}{4}$;

(3) $\log_2 1.8$ 与 1;

(4) $\log_{0.3} 0.8$ 与 $\log_8 0.3$.

3. 求下列函数的反函数:

(1) $y = 8^x$;

(2) $y = \left(\frac{1}{8} \right)^x$;

(3) $y = \log_3 x$;

(4) $y = \log_{0.6} x$;

(5) $y = e^{2x}$;

(6) $y = 3 \cdot 10^x$;

(7) $y = \log_3 \frac{x}{2}$;

(8) $y = \log_{\frac{1}{3}} (x + 1)$;

(9) $y = 1 + \ln x$;

(10) $y = 10^{x-1}$.

4. 求下列函数的定义域:

(1) $y = \log_2 (3 - x)$;

(2) $y = \lg x^2$;

(3) $y = \dfrac{1}{\log_{\frac{1}{2}} x}$;

(4) $y = \sqrt{\log_3 x}$.

5. 放射性物质氡-222 的质量每天衰减 16.604 5%,现有这种物质 m_0 克,t 天后质量减少到 m 克.

(1) 把 m 表示成 t 的函数;

(2) 求氡-222 的半衰期(精确到 0.01 天);

(3) 把在(1)中求出的函数表达式写成 $m = m_0 e^{kt}$ 的形式(k 为常数,其值保留到小数点后第六位).

四、三角函数

1. 三角函数的定义

如图 11 - 3 所示,设 α 是任意的一个角,其始边与 x 轴的非负半轴重合,$P(x, y)$ 是它的终边上除原点 O 外的任一点,P 到原点的距离为 $r = |OP| = \sqrt{x^2 + y^2}$,那么,有如下定义:

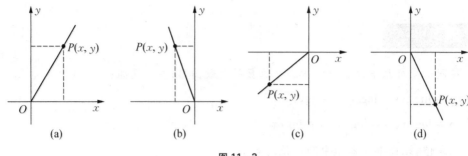

图 11-3

定义 4 （1）比值 $\dfrac{y}{r}$ 叫做 α 的 **正弦**，记作 $\sin\alpha$，即 $\sin\alpha = \dfrac{y}{r}$；

（2）比值 $\dfrac{x}{r}$ 叫做 α 的 **余弦**，记作 $\cos\alpha$，即 $\cos\alpha = \dfrac{x}{r}$；

（3）比值 $\dfrac{y}{x}$ 叫做 α 的 **正切**，记作 $\tan\alpha$，即 $\tan\alpha = \dfrac{y}{x}$；

（4）比值 $\dfrac{x}{y}$ 叫做 α 的 **余切**，记作 $\cot\alpha$，即 $\cot\alpha = \dfrac{x}{y}$；

（5）比值 $\dfrac{r}{x}$ 叫做 α 的 **正割**，记作 $\sec\alpha$，即 $\sec\alpha = \dfrac{r}{x}$；

（6）比值 $\dfrac{r}{y}$ 叫做 α 的 **余割**，记作 $\csc\alpha$，即 $\csc\alpha = \dfrac{r}{y}$.

如图 11-4 所示，当角 α 的终边落在 y 轴上，即 $\alpha = \dfrac{\pi}{2} + k\pi(k \in \mathbf{Z})$ 时，终边上任意一点 P（或 P'）的横坐标都等于 0，所以 $\tan\alpha = \dfrac{y}{x}$，$\sec\alpha = \dfrac{r}{x}$ 无意义；当角 α 的终边落在 x 轴上，即 $\alpha = k\pi(k \in \mathbf{Z})$ 时，终边上任意一点 P（或 P'）的纵坐标都等于 0，所以 $\cot\alpha = \dfrac{x}{y}$，$\csc\alpha = \dfrac{r}{y}$ 无意义. 除此之外，当 α 确定时，上面六个比值唯一确定. 所以，正弦、余弦、正切、余切、正割、余割都是以角为自变量，以上述相应比值为函数值的函数，分别称为 **正弦函数**、**余弦函数**、**正切函数**、**余切函数**、**正割函数**、**余割函数**，通称为 **三角函数**.

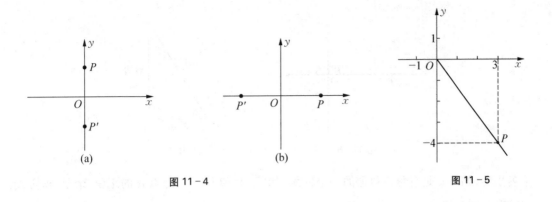

图 11-4   图 11-5

六个三角函数值在各象限的符号见表 11-2.

表 11-2

α 所在象限 \ 符号	$\sin\alpha$, $\csc\alpha$	$\cos\alpha$, $\sec\alpha$	$\tan\alpha$, $\cot\alpha$
第一象限	+	+	+
第二象限	+	−	−
第三象限	−	−	+
第四象限	−	+	−

例 2 已知角 α 的终边经过点 $P(3, -4)$（如图 11-5 所示），求角 α 的六个三角函数值.

解 $x = 3$, $y = -4$, $r = \sqrt{3^2 + (-4)^2} = 5$. 由三角函数定义得

$$\sin\alpha = \frac{y}{r} = -\frac{4}{5};\ \cos\alpha = \frac{x}{r} = \frac{3}{5};\ \tan\alpha = \frac{y}{x} = -\frac{4}{3};$$

$$\cot\alpha = \frac{x}{y} = -\frac{3}{4};\ \sec\alpha = \frac{r}{x} = \frac{5}{3};\ \csc\alpha = \frac{r}{y} = -\frac{5}{4}.$$

例 3 求角 π 的六个三角函数值.

解 如图 11-6 所示，在角 π 的终边，即 x 轴的负半轴上，任取一点 P（除原点外），则 P 的坐标为 $(x, 0)$. 因为 $x < 0$，所以 $r = |x| = -x$，又 $y = 0$，于是

$$\sin\pi = \frac{y}{r} = 0;\ \cos\pi = \frac{x}{r} = \frac{x}{-x} = -1;\ \tan\pi = \frac{y}{x} = 0;$$

$$\cot\pi\ 不存在;\ \sec\pi = \frac{r}{x} = \frac{-x}{x} = -1;\ \csc\pi\ 不存在.$$

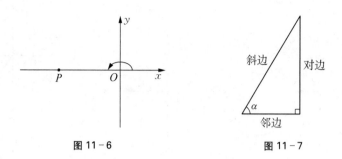

图 11-6   图 11-7

特别地,如果 α 是直角三角形的一个锐角(如图 11-7 所示),那么 α 的正弦、余弦、正切、余切、正割、余割分别为

$$\sin \alpha = \frac{对边}{斜边}; \cos \alpha = \frac{邻边}{斜边}; \tan \alpha = \frac{对边}{邻边}; \cot \alpha = \frac{邻边}{对边}; \sec \alpha = \frac{斜边}{邻边}; \csc \alpha = \frac{斜边}{对边}.$$

由于角的弧度数与实数一一对应,所以三角函数可以看成是自变量取实数的函数.若用 x 表示自变量,y 表示因变量,则六个三角函数就分别记为

$$y = \sin x、y = \cos x、y = \tan x、y = \cot x、y = \sec x、y = \csc x.$$

应当注意,这时 x、y 已不是上面讨论中角 α 终边上点 P 的坐标了.x 的值是上面角 α 的弧度数,y 的值分别是上面相应的比值.$y = \sin x、y = \cos x、y = \tan x、y = \cot x$ 这四个三角函数的图形及性质见附表.

练习

1. 已知角 α 的终边经过点 $P(-1, \sqrt{3})$,求角 α 的六个三角函数值.

2. 求角 $\dfrac{3\pi}{2}$ 的六个三角函数值.

3. 确定下列三角函数值的符号:

(1) $\sin(-1070°)$;   (2) $\sec 156°$;   (3) $\tan 200°$;

(4) $\cot\left(-\dfrac{6\pi}{5}\right)$;   (5) $\csc\left(-\dfrac{\pi}{5}\right)$;   (6) $\cos\dfrac{41\pi}{7}$.

2. 同角三角函数的基本关系式

由三角函数定义,容易得出同角三角函数的以下关系式:

倒数关系

$$\tan\alpha \cdot \cot\alpha = 1 \qquad \text{①}$$

$$\sec\alpha \cdot \cos\alpha = 1 \qquad \text{②}$$

$$\csc\alpha \cdot \sin\alpha = 1 \qquad \text{③}$$

商数关系

$$\frac{\sin\alpha}{\cos\alpha} = \tan\alpha \qquad \text{④}$$

$$\frac{\cos\alpha}{\sin\alpha} = \cot\alpha \qquad \text{⑤}$$

平方关系

$$\sin^2\alpha + \cos^2\alpha = 1 \qquad \text{⑥}$$

$$1 + \tan^2\alpha = \sec^2\alpha \qquad \text{⑦}$$

$$1 + \cot^2\alpha = \csc^2\alpha \qquad \text{⑧}$$

在 α 能够使等号两边的函数均有意义的情形下,以上八个关系式都是恒等式. 如式⑦,只要 $\alpha \neq \dfrac{\pi}{2} + k\pi(k \in \mathbf{Z})$,两边都恒等. 下面仅给出式⑦的证明.

证明 由三角函数定义,

$$1 + \tan^2\alpha = 1 + \left(\frac{y}{x}\right)^2 = \frac{x^2 + y^2}{x^2} = \frac{r^2}{x^2} = \left(\frac{r}{x}\right)^2 = \sec^2\alpha.$$

即式⑦成立.

例 4 $\tan\alpha = -\dfrac{15}{8}$,求角 α 的其他五个三角函数值.

解 因为 $\tan\alpha < 0$,所以 α 是第二或第四象限的角.

当 α 是第二象限的角时,

$$\cot\alpha = \frac{1}{\tan\alpha} = -\frac{8}{15}, \quad \sec\alpha = -\sqrt{1 + \tan^2\alpha} = -\sqrt{1 + \left(-\frac{15}{8}\right)^2} = -\frac{17}{8},$$

$$\cos\alpha = \frac{1}{\sec\alpha} = -\frac{8}{17}, \quad \sin\alpha = \cos\alpha \cdot \tan\alpha = \left(-\frac{8}{17}\right)\left(-\frac{15}{8}\right) = \frac{15}{17},$$

$$\csc\alpha = \frac{1}{\sin\alpha} = \frac{17}{15}.$$

当 α 是第四象限的角时,则有

$$\cot\alpha = -\frac{8}{15}, \ \sec\alpha = \frac{17}{8}, \ \cos\alpha = \frac{8}{17}, \ \sin\alpha = -\frac{15}{17}, \ \csc\alpha = -\frac{17}{15}.$$

例 5 化简 $\sqrt{\sec^2\alpha - 1} + \tan\alpha$,其中 $-90° < \alpha < 0°$.

解 原式 $= \sqrt{\tan^2\alpha} + \tan\alpha = |\tan\alpha| + \tan\alpha$.

由 $-90° < \alpha < 0°$ 可知,$\tan\alpha < 0$,所以

原式 $= -\tan\alpha + \tan\alpha = 0$.

练习

1. 已知 $\cot\alpha = -\sqrt{3}$,并且 $\frac{\pi}{2} < \alpha < \pi$,求角 α 的其他五个三角函数值.

2. 化简下列式子:

(1) $\sin\alpha \cdot \cot\alpha$;

(2) $\sin^2\alpha(1 + \cot^2\alpha)$;

(3) $\tan^2\alpha \cdot \cot\alpha \cdot \dfrac{\csc\alpha}{\sec\alpha}$;

(4) $\sec^2\alpha - \tan^2\alpha + \dfrac{1}{\csc^2\alpha} + \dfrac{1}{\sec^2\alpha}$;

(5) $\cos\alpha \cdot \csc\alpha \cdot \sqrt{\sec^2\alpha - 1}$,其中 $\pi < \alpha < \dfrac{3\pi}{2}$.

3. 证明:$\sin^2\alpha \cdot \sec^2\alpha + \tan^2\alpha \cdot \cos^2\alpha + \cot^2\alpha \cdot \sin^2\alpha = \sec^2\alpha$.

五、反三角函数

1. 反正弦函数

正弦函数 $y = \sin x$ 的定义域是 $(-\infty, +\infty)$,值域是 $[-1, 1]$,从它的图形(如图 11-8 所示)可以看出,对于 y 在 $[-1, 1]$ 上的每一个值,x 在 $(-\infty, +\infty)$ 上都有无穷多个值和它对应,因此函数 $y = \sin x$ 在 $(-\infty, +\infty)$ 上没有反函数.

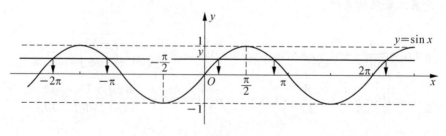

图 11-8

我们知道，$\left[-\dfrac{\pi}{2},\dfrac{\pi}{2}\right]$ 是 $y=\sin x$ 的一个单调区间（如图 11-8 所示），对于 x 在

$\left[-\dfrac{\pi}{2},\dfrac{\pi}{2}\right]$ 上的每一个值，y 在 $[-1,1]$ 上都有唯一的值和它对应. 反之，对于 y 在 $[-1,1]$ 上的

每一个值，x 在 $\left[-\dfrac{\pi}{2},\dfrac{\pi}{2}\right]$ 上也都有唯一的值和它对应. 这说明函数 $y=\sin x$，$x\in\left[-\dfrac{\pi}{2},\dfrac{\pi}{2}\right]$ 有

反函数，我们把这个反函数记为 $x=\arcsin y$. 习惯上，用 x 表示自变量，y 表示因变量，则该函数表示

为 $y=\arcsin x$.

定义 5　函数 $y=\sin x$，$x\in\left[-\dfrac{\pi}{2},\dfrac{\pi}{2}\right]$ 的反函数叫做**反正弦函数**，记作 $y=\arcsin$

x，其定义域是 $[-1,1]$，值域是 $\left[-\dfrac{\pi}{2},\dfrac{\pi}{2}\right]$.

由定义可知，当 $x\in[-1,1]$ 时，记号 $\arcsin x$ 表示一个角（弧度数），这个角是

$\left[-\dfrac{\pi}{2},\dfrac{\pi}{2}\right]$ 上正弦值等于 x 的那个角，即有

$$\sin(\arcsin x)=x,\ x\in[-1,1]. \tag{⑨}$$

例如，对于 $x=\dfrac{\sqrt{2}}{2}\in[-1,1]$，$\arcsin\dfrac{\sqrt{2}}{2}$ 就表示 $\left[-\dfrac{\pi}{2},\dfrac{\pi}{2}\right]$ 上正弦值等于 $\dfrac{\sqrt{2}}{2}$ 的那个角，可

知该角为 $\dfrac{\pi}{4}$，即 $\arcsin\dfrac{\sqrt{2}}{2}=\dfrac{\pi}{4}$，从而有

$$\sin\left(\arcsin\dfrac{\sqrt{2}}{2}\right)=\sin\dfrac{\pi}{4}=\dfrac{\sqrt{2}}{2}，即 \sin\left(\arcsin\dfrac{\sqrt{2}}{2}\right)=\dfrac{\sqrt{2}}{2}.$$

又如，对于 $x=1\in[-1,1]$，$\arcsin 1$ 就表示 $\left[-\dfrac{\pi}{2},\dfrac{\pi}{2}\right]$ 上正弦值等于 1 的那个角，可知该角

是 $\dfrac{\pi}{2}$，从而有

$$\sin(\arcsin 1)=\sin\dfrac{\pi}{2}=1，即 \sin(\arcsin 1)=1.$$

例 6　求下列各式的值：

(1) $\arcsin\dfrac{\sqrt{3}}{2}$;　　　　　　　　　　　(2) $\arcsin(-1)$;

(3) $\arcsin(-0.368\,2)$;　　　　　　　　　(4) $\arcsin\left(\sin\dfrac{\pi}{3}\right)$.

解　(1) 因为在 $\left[-\dfrac{\pi}{2},\dfrac{\pi}{2}\right]$ 上,$\sin\dfrac{\pi}{3}=\dfrac{\sqrt{3}}{2}$,所以 $\arcsin\dfrac{\sqrt{3}}{2}=\dfrac{\pi}{3}$.

(2) 因为在 $\left[-\dfrac{\pi}{2},\dfrac{\pi}{2}\right]$ 上,$\sin\left(-\dfrac{\pi}{2}\right)=-1$,所以 $\arcsin(-1)=-\dfrac{\pi}{2}$.

(3) 使用计算器计算,可得 $\arcsin(-0.368\,2)\approx-0.377\,1(\text{rad})$.

(4) $\arcsin\left(\sin\dfrac{\pi}{3}\right)=\arcsin\dfrac{\sqrt{3}}{2}$,由本例中(1)的结果,可知 $\arcsin\left(\sin\dfrac{\pi}{3}\right)=\dfrac{\pi}{3}$.

例 7　求下列各式的值:

(1) $\sin(\arcsin0.758\,3)$;　　　　　　　(2) $\sin\left[\arcsin\left(-\dfrac{2}{5}\right)\right]$.

解　(1) 因为 $0.758\,3\in[-1,1]$,所以由式⑨得 $\sin(\arcsin0.758\,3)=0.758\,3$.

(2) 因为 $-\dfrac{2}{5}\in[-1,1]$,所以由式⑨得 $\sin\left[\arcsin\left(-\dfrac{2}{5}\right)\right]=-\dfrac{2}{5}$.

例 8　用反正弦函数值表示下列各角:

(1) $\dfrac{\pi}{6}$;　　　　　　(2) $-\dfrac{\pi}{4}$;　　　　　　(3) $\dfrac{5\pi}{6}$.

解　(1) 因为 $\dfrac{\pi}{6}\in\left[-\dfrac{\pi}{2},\dfrac{\pi}{2}\right]$,且 $\sin\dfrac{\pi}{6}=\dfrac{1}{2}$,所以 $\dfrac{\pi}{6}=\arcsin\dfrac{1}{2}$.

(2) 因为 $-\dfrac{\pi}{4}\in\left[-\dfrac{\pi}{2},\dfrac{\pi}{2}\right]$,且 $\sin\left(-\dfrac{\pi}{4}\right)=-\dfrac{\sqrt{2}}{2}$,所以 $-\dfrac{\pi}{4}=\arcsin\left(-\dfrac{\sqrt{2}}{2}\right)$.

(3) $\dfrac{5\pi}{6}\notin\left[-\dfrac{\pi}{2},\dfrac{\pi}{2}\right]$,但 $\dfrac{5\pi}{6}=\pi-\dfrac{\pi}{6}$,由本例中(1),可得 $\dfrac{5\pi}{6}=\pi-\arcsin\dfrac{1}{2}$.

例 9　根据下列条件求角 x:

(1) $\sin x=0.653\,8$,$x\in\left(-\dfrac{\pi}{2},\dfrac{\pi}{2}\right)$;　(2) $\sin x=\dfrac{\sqrt{3}}{2}$,$x\in(0,2\pi)$.

解　(1) 因为 $x\in\left(-\dfrac{\pi}{2},\dfrac{\pi}{2}\right)$,所以 $x=\arcsin0.653\,8\approx0.71(\text{rad})\approx40.7°$.

(2) 由 $\sin x=\dfrac{\sqrt{3}}{2}>0$,$x\in(0,2\pi)$ 可知,$0<x<\dfrac{\pi}{2}$,或 $\dfrac{\pi}{2}<x<\pi$.

当 $x \in \left(0, \dfrac{\pi}{2}\right)$ 时, $x = \arcsin \dfrac{\sqrt{3}}{2} = \dfrac{\pi}{3}$;

当 $x \in \left(\dfrac{\pi}{2}, \pi\right)$ 时, 由 $\sin\left(\pi - \dfrac{\pi}{3}\right) = \sin \dfrac{\pi}{3} = \dfrac{\sqrt{3}}{2}$ 可知, $x = \pi - \dfrac{\pi}{3} = \dfrac{2\pi}{3}$.

即在 $(0, 2\pi)$ 上满足 $\sin x = \dfrac{\sqrt{3}}{2}$ 的角 x 有两个,分别

是 $\dfrac{\pi}{3}$ 和 $\dfrac{2\pi}{3}$.

作出函数 $y = \sin x$, $x \in \left[-\dfrac{\pi}{2}, \dfrac{\pi}{2}\right]$ 的图形和直线 $y = x$,

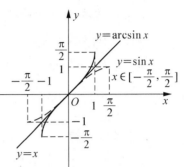

图 11-9

根据互为反函数的两个函数图形间的关系,利用对称性,就可
得到反正弦函数 $y = \arcsin x$ 的图形,如图 11-9 所示. 从图中
可以看出,反正弦函数 $y = \arcsin x$ 有如下性质:

(1) 它在定义域 $[-1, 1]$ 上单调增加;

(2) 它是奇函数,即有

$$\arcsin(-x) = -\arcsin x, \quad x \in [-1, 1]. \qquad ⑩$$

练习

1. $\arcsin \sqrt{2}$ 是否有意义? 为什么?

2. 求下列各式的值:

(1) $\arcsin 0$;

(2) $\arcsin\left(-\dfrac{1}{2}\right)$;

(3) $\sin\left[\arcsin\left(-\dfrac{1}{2}\right)\right]$;

(4) $\sin(\arcsin 0.2733)$.

3. 判断下列说法是否正确,并说明为什么:

"因为 $\sin \dfrac{3\pi}{4} = \dfrac{\sqrt{2}}{2}$, 所以 $\arcsin \dfrac{\sqrt{2}}{2} = \dfrac{3\pi}{4}$".

4. 用反正弦函数值表示下列各角:

(1) $\dfrac{\pi}{3}$;

(2) $-\dfrac{\pi}{6}$;

(3) $\dfrac{3\pi}{4}$.

5. 把下列各式写成反正弦形式:

(1) $\sin \dfrac{\pi}{4} = \dfrac{\sqrt{2}}{2}$;　　　(2) $\sin\left(-\dfrac{\pi}{3}\right) = -\dfrac{\sqrt{3}}{2}$;　　(3) $\sin \dfrac{2\pi}{5} = 0.9511$.

6. 已知 $\sin x = \dfrac{1}{2}$,$x \in (0, 2\pi)$,求角 x.

7. 如图所示,锥体冲头的斜长为 l,直径为 D.

(1) 用 D、l 表示角 α;

(2) 当 $D = 43$ mm,$l = 40$ mm 时,α 为多少度(精确到 $1'$)?

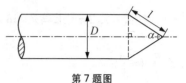

第 7 题图

2. 反余弦函数

与正弦函数一样,余弦函数 $y = \cos x$ 在其定义域 $(-\infty, +\infty)$ 上没有反函数. 但在单调区间 $[0, \pi]$ 上(如图 11-10 所示),对于 x 在其中的每一个值,y 在区间 $[-1, 1]$ 上都有唯一的值和它对应;反之,对于 y 在 $[-1, 1]$ 上的每一个值,x 在 $[0, \pi]$ 上也都有唯一的值和它对应,所以函数 $y = \cos x$,$x \in [0, \pi]$ 有反函数.

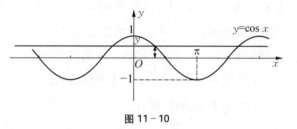

图 11-10

> **定义 6**　函数 $y = \cos x$,$x \in [0, \pi]$ 的反函数叫做**反余弦函数**,记作 $y = \arccos x$,它的定义域是 $[-1, 1]$,值域是 $[0, \pi]$.

由定义可知,当 $x \in [-1, 1]$ 时,记号 $\arccos x$ 表示 $[0, \pi]$ 上唯一确定的角,这个角的余弦值等于 x,即有

$$\cos(\arccos x) = x, \quad x \in [-1, 1]. \qquad ⑪$$

例 10　求下列各式的值:

(1) $\arccos \dfrac{1}{2}$;　　　　　　　　(2) $\arccos\left(-\dfrac{1}{2}\right)$;

(3) $\arccos 0.6771$;　　　　　　　(4) $\cos[\arccos(-0.8)]$.

解　(1) 因为在 $[0, \pi]$ 上 $\cos \dfrac{\pi}{3} = \dfrac{1}{2}$,所以 $\arccos \dfrac{1}{2} = \dfrac{\pi}{3}$.

（2）因为在 $[0, \pi]$ 上 $\cos \dfrac{2\pi}{3} = -\dfrac{1}{2}$，所以 $\arccos\left(-\dfrac{1}{2}\right) = \dfrac{2\pi}{3}$.

（3）使用计算器计算，可得 $\arccos 0.677\,1 \approx 0.827\,0$.

（4）因为 $-0.8 \in [-1, 1]$，所以 $\cos[\arccos(-0.8)] = -0.8$.

作出函数 $y = \cos x$，$x \in [0, \pi]$ 的图形和直线 $y = x$，根据互为反函数的两个函数图形间的关系，利用对称性，就可以得出反余弦函数 $y = \arccos x$ 的图形，如图 11–11 所示. 从图中可以看出：

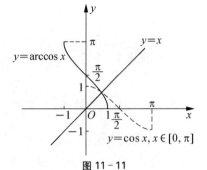

图 11–11

（1）反余弦函数在其定义域 $[-1, 1]$ 上单调减少；

（2）反余弦函数既不是奇函数也不是偶函数，但有下面的关系：

$$\arccos(-x) = \pi - \arccos x, \quad x \in [-1, 1].　　⑫$$

例如，上面例 10 中的（1）、（2），就有

$$\arccos\left(-\dfrac{1}{2}\right) = \dfrac{2\pi}{3} = \pi - \dfrac{\pi}{3} = \pi - \arccos \dfrac{1}{2}.$$

练习

1. $\arccos(-\sqrt{3})$ 是否有意义？为什么？

2. 求下列各式的值：

（1）$\arccos \dfrac{\sqrt{3}}{2}$；

（2）$\arccos 0$；

（3）$\arccos(-1)$；

（4）$\cos[\arccos(-0.97)]$.

3. 下列说法是否正确？为什么？

"因为 $\cos\left(-\dfrac{\pi}{3}\right) = \dfrac{1}{2}$，所以 $\arccos \dfrac{1}{2} = -\dfrac{\pi}{3}$."

4. 已知 $\cos x = 0.6$，根据下列条件用反余弦表示角 x：

（1）$x \in (0, \pi)$；

（2）$x \in (\pi, 2\pi)$.

5. 求下列函数的定义域：

（1）$y = \pi - \arccos(3x - 2)$；

（2）$y = \arcsin\sqrt{x - 1}$.

3. 反正切函数和反余切函数

从正切函数 $y = \tan x$ 和余切函数 $y = \cot x$ 的图形(见附表)可以看出,在各自的定义域上,这两个函数均没有反函数.与讨论反正弦函数和反余弦函数的方法一样,可以讨论反正切函数和反余切函数.在此略去讨论过程,直接给出下面的定义.

> **定义 7** (1) 函数 $y = \tan x$, $x \in \left(-\dfrac{\pi}{2}, \dfrac{\pi}{2}\right)$ 的反函数叫做**反正切函数**,记作 $y = \arctan x$,其定义域是 $(-\infty, +\infty)$,值域是 $\left(-\dfrac{\pi}{2}, \dfrac{\pi}{2}\right)$;
>
> (2) 函数 $y = \cot x$, $x \in (0, \pi)$ 的反函数叫做**反余切函数**,记作 $y = \operatorname{arccot} x$,其定义域是 $(-\infty, +\infty)$,值域是 $(0, \pi)$.

由于反正切函数和反余切函数的定义域都是 $(-\infty, +\infty)$,因此,对于任意给定的 x 都有:

(1) 记号 $\arctan x$ 表示 $\left(-\dfrac{\pi}{2}, \dfrac{\pi}{2}\right)$ 内唯一确定的角,这个角的正切值等于 x,即

$$\tan(\arctan x) = x, \ x \in \mathbf{R}. \tag{⑬}$$

(2) 记号 $\operatorname{arccot} x$ 表示 $(0, \pi)$ 内唯一确定的角,这个角的余切值等于 x,即

$$\cot(\operatorname{arccot} x) = x, \ x \in \mathbf{R}. \tag{⑭}$$

例 11 求下列各式的值:

(1) $\arctan 1$;

(2) $\operatorname{arccot}\sqrt{3}$;

(3) $\arctan\left(-\dfrac{\sqrt{3}}{3}\right)$;

(4) $\operatorname{arccot}(-1)$;

(5) $\tan(\arctan 3)$;

(6) $\cot[\operatorname{arccot}(-5.68)]$.

解 (1) 因为在 $\left(-\dfrac{\pi}{2}, \dfrac{\pi}{2}\right)$ 内 $\tan\dfrac{\pi}{4} = 1$,所以 $\arctan 1 = \dfrac{\pi}{4}$.

(2) 因为在 $(0, \pi)$ 内,$\cot\dfrac{\pi}{6} = \sqrt{3}$,所以 $\operatorname{arccot}\sqrt{3} = \dfrac{\pi}{6}$.

(3) 因为在 $\left(-\dfrac{\pi}{2}, \dfrac{\pi}{2}\right)$，内 $\tan\left(-\dfrac{\pi}{6}\right) = -\dfrac{\sqrt{3}}{3}$，所以 $\arctan\left(-\dfrac{\sqrt{3}}{3}\right) = -\dfrac{\pi}{6}$.

(4) 因为在 $(0, \pi)$ 内，$\cot\dfrac{3\pi}{4} = -1$，所以 $\mathrm{arccot}(-1) = \dfrac{3\pi}{4}$.

(5) 由式⑬得 $\tan(\arctan 3) = 3$.

(6) 由式⑭得 $\cot[\mathrm{arccot}(-5.68)] = -5.68$.

反正切函数 $y = \arctan x$ 和反余切函数 $y = \mathrm{arccot}\, x$ 的图形分别见图 11-12 和图 11-13.

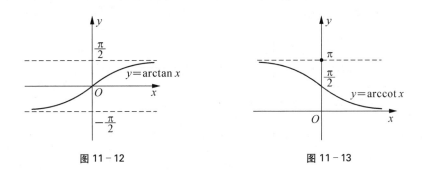

图 11-12   图 11-13

从图中可以看出：

反正切函数 $y = \arctan x$ 在 $(-\infty, +\infty)$ 上单调增加，并且是奇函数，即有

$$\arctan(-x) = -\arctan x, \quad x \in \mathbf{R}. \tag{⑮}$$

曲线 $y = \arctan x$ 有两条水平渐近线，分别是 $y = \dfrac{\pi}{2}$ 和 $y = -\dfrac{\pi}{2}$.

反余切函数 $y = \mathrm{arccot}\, x$ 在 $(-\infty, +\infty)$ 上单调减少，既不是奇函数也不是偶函数. 曲线 $y = \mathrm{arccot}\, x$ 也有两条水平渐近线，分别是 $y = 0$ 和 $y = \pi$.

练习

1. 求下列各式的值：

(1) $\tan(\arctan 100)$；   (2) $\cot[\mathrm{arccot}(-10)]$.

2. 求下列各式的值：

(1) $\arctan\sqrt{3}$；   (2) $\arctan(-1)$；   (3) $\arctan 0$；

(4) $\arctan 3.75$；   (5) $\mathrm{arccot}\, 1$；   (6) $\mathrm{arccot}(-\sqrt{3})$.

3. 已知等腰三角形的腰长为 $8\,\mathrm{cm}$，底边长为 $6\,\mathrm{cm}$，试用反正切表示底角.

附表　常用基本初等函数

	函数及其定义域、值域	图形	特性
常值函数	$y = C$（C 为常数） 定义域:$(-\infty, +\infty)$ 值域:$\{C\}$		偶函数
常用幂函数	$y = x$ 定义域:$(-\infty, +\infty)$ 值域:$(-\infty, +\infty)$		奇函数 单调增加
	$y = x^2$ 定义域:$(-\infty, +\infty)$ 值域:$[0, +\infty)$		偶函数 在$(-\infty, 0)$上单调减少 在$(0, +\infty)$上单调增加
	$y = x^3$ 定义域:$(-\infty, +\infty)$ 值域:$(-\infty, +\infty)$		奇函数 单调增加
	$y = x^{-1}$ 定义域:$(-\infty, 0) \cup (0, +\infty)$ 值域:$(-\infty, 0) \cup (0, +\infty)$		奇函数 在$(-\infty, 0)$上单调减少 在$(0, +\infty)$上单调减少 水平渐近线:$y = 0$ 铅直渐近线:$x = 0$

	函数及其定义域、值域	图形	特性
常用幂函数	$y = x^{-2}$ 定义域:$(-\infty,0)\cup(0,+\infty)$ 值域:$(0,+\infty)$		偶函数 在$(-\infty,0)$上单调增加 在$(0,+\infty)$上单调减少 水平渐近线:$y=0$ 铅直渐近线:$x=0$
	$y = x^{\frac{1}{2}}$ 定义域:$[0,+\infty)$ 值域:$[0,+\infty)$		单调增加
	$y = x^{\frac{1}{3}}$ 定义域:$(-\infty,+\infty)$ 值域:$(-\infty,+\infty)$		奇函数 单调增加
	$y = x^{\frac{2}{3}}$ 定义域:$(-\infty,+\infty)$ 值域:$[0,+\infty)$		偶函数 在$(-\infty,0)$上单调减少 在$(0,+\infty)$上单调增加
指数函数	$y = a^x\ (a>1)$ 定义域:$(-\infty,+\infty)$ 值域:$(0,+\infty)$		单调增加 水平渐近线:$y=0$
	$y = a^x$ $(0<a<1)$ 定义域:$(-\infty,+\infty)$ 值域:$(0,+\infty)$		单调减少 水平渐近线:$y=0$
对数函数	$y = \log_a x$ $(a>1)$ 定义域:$(0,+\infty)$ 值域:$(-\infty,+\infty)$		单调增加 铅直渐近线:$x=0$

	函数及其定义域、值域	图形	特性
对数函数	$y = \log_a x$ $(0 < a < 1)$ 定义域:$(0, +\infty)$ 值域:$(-\infty, +\infty)$		单调减少 铅直渐近线:$x = 0$
三角函数	$y = \sin x$ 定义域:$(-\infty, +\infty)$ 值域:$[-1, 1]$		周期为 2π,奇函数,有界,在 $\left[2k\pi - \dfrac{\pi}{2}, 2k\pi + \dfrac{\pi}{2}\right]$ 上单调增加,在 $\left[2k\pi + \dfrac{\pi}{2}, 2k\pi + \dfrac{3\pi}{2}\right]$ 上单调减少,$k \in \mathbf{Z}$
	$y = \cos x$ 定义域:$(-\infty, +\infty)$ 值域:$[-1, 1]$		周期为 2π,偶函数,有界,在 $[2k\pi, 2k\pi + \pi]$ 上单调减少,在 $[2k\pi + \pi, 2k\pi + 2\pi]$ 上单调增加,$k \in \mathbf{Z}$
	$y = \tan x$ 定义域: $\left\{x \mid x \neq k\pi + \dfrac{\pi}{2}, k \in \mathbf{Z}\right\}$ 值域:$(-\infty, +\infty)$		周期为 π,奇函数,在 $\left(k\pi - \dfrac{\pi}{2}, k\pi + \dfrac{\pi}{2}\right)$ $(k \in \mathbf{Z})$ 上单调增加 铅直渐近线:$x = k\pi + \dfrac{\pi}{2}, k \in \mathbf{Z}$
	$y = \cot x$ 定义域: $\{x \mid x \neq k\pi, k \in \mathbf{Z}\}$ 值域:$(-\infty, +\infty)$		周期为 π,奇函数,在 $(k\pi, k\pi + \pi)$ $(k \in \mathbf{Z})$ 上单调减少 铅直渐近线:$x = k\pi, k \in \mathbf{Z}$
反三角函数	$y = \arcsin x$ 定义域:$[-1, 1]$ 值域:$\left[-\dfrac{\pi}{2}, \dfrac{\pi}{2}\right]$		奇函数,单调增加,有界

	函数及其定义域、值域	图形	特性
反三角函数	$y = \arccos x$ 定义域:$[-1, 1]$ 值域:$[0, \pi]$		单调减少,有界
	$y = \arctan x$ 定义域:$(-\infty, +\infty)$ 值域:$\left(-\dfrac{\pi}{2}, \dfrac{\pi}{2}\right)$		奇函数,单调增加,有界 水平渐近线:$y = \dfrac{\pi}{2}$ 和 $y = -\dfrac{\pi}{2}$
	$y = \operatorname{arccot} x$ 定义域:$(-\infty, +\infty)$ 值域:$(0, \pi)$		单调减少,有界 水平渐近线:$y = 0$ 和 $y = \pi$

习题与复习题参考答案

第一章

习题 1-1

A 组

1. (1) $[-2, +\infty)$;　(2) $(-\infty, 3) \cup (3, +\infty)$;　(3) $\left(-\infty, \dfrac{1}{3}\right)$;　(4) $(-\infty, 0) \cup (0, +\infty)$;

(5) $\left(-\dfrac{1}{2}, +\infty\right)$;　(6) $(-2, 2)$;　(7) $(1, 2) \cup (2, +\infty)$;　(8) $[1, +\infty)$;　(9) $(0, 1)$;

(10) $[0, 2]$.

2. (1) $(-5, 3]$;　(2) $(-\infty, -3) \cup (3, +\infty)$;　(3) $(-\infty, -2) \cup (-2, 4) \cup (4, +\infty)$;

(4) $(-\infty, -1) \cup (1, 5)$;　(5) $[0, 1) \cup (1, +\infty)$;　(6) $[-3, -1)$.

3. $f(-3) = 2$、$f(0) = -1$、$f(3) = -2$、$f[f(0.5)] = 2$、$f[f(-1)] = -1$.

4. 略.

5. (1) 奇函数;　(2) 偶函数;　(3) 偶函数;　(4) 非奇函数也非偶函数;　(5) 奇函数;　(6) 偶函数.

6. 略.

7. (1) $\Delta x = 0.1$, $\Delta y = -\dfrac{1}{42}$;　(2) $\Delta x = -0.2$, $\Delta y = \dfrac{1}{76}$;　(3) $\Delta x = h$, $\Delta y = -\dfrac{h}{a(a+h)}$.

8. (1) $A = \dfrac{9}{2}x - \dfrac{4+\pi}{8}x^2$.　(2) ① $T = 26 - \dfrac{7}{1\,000}h$;　② 1 700 m;　③ 1 200 m.　(3) ① $P(t) = 16\,997\mathrm{e}^{0.198\,0t}$;　② 37 526 亿元.

B 组

1. 略.

2. (1) $[0, +\infty)$;　(2) $(-\infty, -3)$;　(3) $[-1, 0]$.

3. $(-1, 1)$, 奇函数.

4. (1) $\dfrac{\sin x}{1 + \sin x}$, 0, $\dfrac{1}{2}$;　(2) $\dfrac{1 - 2x^2}{(x^2 - 1)^2}$, $-\dfrac{7}{9}$.

习题 1－2

A 组

1. 略.

2. 略.

3. 略.

4. $\lim\limits_{x\to0}f(x)=0.$

5. (1) 1； (2) 2； (3) 0； (4) 1； (5) 0； (6) 0.

6. (1) $x\to-\dfrac{1}{3}$ 时为无穷小，$x\to\infty$ 时为无穷大； (2) $x\to1$ 时为无穷小，$x\to+\infty$ 时 $f(x)\to-\infty$，$x\to0^+$ 时 $f(x)\to+\infty$，有铅直渐近线 $x=0$； (3) $x\to\infty$ 时为无穷小，$x\to2$ 时为无穷大，有水平渐近线 $y=0$ 和铅直渐近线 $x=2$； (4) $x\to\infty$ 时为无穷小，$x\to3$ 及 $x\to-3$ 时均为无穷大，有水平渐近线 $y=0$，有铅直渐近线 $x=3$ 和 $x=-3$.

7. E；0.

B 组

1. 1，-1，不存在.

2. 0.

3. (1) $x\to0^-$ 时为无穷小，$x\to0^+$ 时为正无穷大； (2) 有水平渐近线 $y=1$，铅直渐近线 $x=0$.

习题 1－3

A 组

1. (1) -1； (2) $-\dfrac{2}{3}$； (3) 0； (4) $+\infty$； (5) $\dfrac{1}{12}$； (6) 3； (7) $\dfrac{2}{3}$； (8) ∞； (9) 0； (10) $-\dfrac{1}{2}$； (11) $\dfrac{1}{3}$； (12) $\dfrac{1}{6}$.

2. (1) 1； (2) 5； (3) 1； (4) 1； (5) 1； (6) $\dfrac{2}{3}$.

3. (1) e^3； (2) e^{-3}； (3) e^{-5}； (4) e^5； (5) e^{-9}； (6) e^{-1}.

4. (1) $y=-1,x=-\dfrac{1}{2}$； (2) $y=3,x=2,x=-2$； (3) $y=0$； (4) $y=0,x=-10$.

B 组

1. (1) 5； (2) 2； (3) $\sqrt{3}$； (4) 1.

2. (1) 2； (2) $\sqrt{2}$； (3) e^2； (4) e^{-2}.

3. -2.

4. (1) 略； (2) πr^2.

5. $\left(\dfrac{1}{2},0\right).$

习题 1－4

A 组

1. 略.

2. (1) 不连续; (2) 在 $x = -2$ 处不连续, 在 $x = 0$ 处连续; (3) 不连续; (4) 连续.

3. (1) $x = 1$, 第二类; (2) $x = -1$, 可去; (3) $x = -2$, 可去; $x = 1$, 第二类; (4) $x = 0$, 第二类;

(5) $x = 1$, 跳跃; (6) 无.

4. (1) $(-\infty, +\infty)$; (2) $(-2, +\infty)$; (3) $(-\infty, -3), (-3, +\infty)$; (4) $(-\infty, -3), (3, +\infty)$;

(5) $\left(k\pi - \dfrac{\pi}{2}, k\pi + \dfrac{\pi}{2}\right)$, $k \in \mathbf{Z}$; (6) $(-\infty, -1), (-1, 1), (1, +\infty)$.

5. (1) 0; (2) 1; (3) 3; (4) $\dfrac{3}{2}$; (5) $\dfrac{\pi}{4}$; (6) -1.

6. 略.

B 组

1. $x = 0$, 跳跃.

2. (1) 2; (2) 1.

3. 1.

4. 略.

复习题一

A 组

1. (1) 错. (2) 错. (3) 错. (4) 对. (5) 对. (6) 错. (7) 对. (8) 对.

2. (1) B. (2) C. (3) D. (4) B. (5) C.

3. 略.

4. (1) $\dfrac{1}{2}$; (2) 0; (3) 1; (4) $\dfrac{4}{7}$; (5) $\dfrac{4}{3}$; (6) 0; (7) $\dfrac{1}{3}$; (8) $\dfrac{1}{2}$; (9) e^{-6}.

5. (1) 900; (2) 这一极限值是这一种群数量的上限.

6. 略.

B 组

1. (1) 1; (2) $\dfrac{3}{2}$; (3) e^{-2}; (4) $\dfrac{1}{2}$.

2. 略.

3. -3.

第二章

习题 2−1

A 组

1. (1) $(-9.8t - 4.9\Delta t)\,\text{m/s}$; (2) $-9.8t\,\text{m/s}$; (3) $-39.2\,\text{m/s}$, $21.6\,\text{m}$.

2. 略.

3. $-\dfrac{1}{(x+1)^2}$; $-\dfrac{1}{4}$.

4. (1) $6x^5$; (2) $-\dfrac{3}{x^4}$; (3) $\dfrac{3}{4\sqrt[4]{x}}$; (4) $\dfrac{7}{10\sqrt[10]{x^3}}$; (5) $-\dfrac{1}{3x\sqrt[3]{x}}$; (6) $\dfrac{1}{15\sqrt[15]{x^{14}}}$.

5. (1) $x - y - 1 = 0$; (2) $x - 12y + 16 = 0$; (3) $y = x$.

6. $\left(\dfrac{1}{3},\ -\ln 3\right)$.

7. $\dfrac{\pi}{6}$或$\dfrac{5\pi}{6}$.

8. 75 米/秒.

9. $-\sin t$.

10. 略.

B 组

1. (1) -1; (2) 1.

2. (1) $-f'(a)$; (2) $2f'(a)$.

3. $a = 3, f(x) = x^3$.

习题 2−2

A 组

1. (1) $x^2 - \dfrac{1}{\sqrt{x}}$; (2) $12x^3 + 5\sin x + \dfrac{1}{x^2}$; (3) $2(1 + \ln x)$; (4) $-2x\tan x + \dfrac{1 - x^2}{\cos^2 x}$;

(5) $-\dfrac{1 + \cos^2 x}{\sin^3 x}$; (6) $\dfrac{1}{\sqrt{x}}\left(1 + \dfrac{1}{2x}\right)$; (7) $-\dfrac{\cos x}{(1 + \sin x)^2}$; (8) $\dfrac{1 - x^2}{(1 + x^2)^2}$; (9) $-\dfrac{1}{x^2}\ln x$;

(10) $-\dfrac{2\sin x}{(1 - \cos x)^2}$; (11) $\dfrac{x + \sin x}{1 + \cos x}$.

2. (1) $\sin 2x$; (2) $-2x\sin x^2$; (3) $3(x + 5)^2$; (4) $-35(2 - 7x)^4$; (5) $\dfrac{1}{\sqrt{2x + 3}}$;

(6) $\dfrac{2x}{3\sqrt[3]{(1 + x^2)^2}}$; (7) $\dfrac{2}{\cos^2(2x + 1)}$; (8) $\dfrac{\cos x}{2\sqrt{\sin x}}$; (9) $\dfrac{2x}{x^2 - 1}$; (10) $\dfrac{2}{\tan 2x}$;

（11）$\dfrac{1}{x\ln x \cdot \ln(\ln x)}$；　（12）$-\dfrac{1}{2\sqrt{x}}\sin 2\sqrt{x}$；　（13）$\dfrac{1}{x}\sin(2\ln x)$；　（14）$3\cos 2x \cdot \cos 3x - 2\sin 2x \cdot$

$\sin 3x$.

3. （1）$x + 2y = 0$；　（2）$x + y = 0$；　（3）$12x - y + 1 = 0$；　（4）$2x - y - 2 = 0$.

4. （1）$v(t) = -t^2 + 12t,\ a(t) = 12 - 2t$；　（2）$-12\ \text{m/s}^2$.

5. （1）$30\pi\cos(10\pi t)\ \text{cm/s}$；　（2）$-30\pi\ \text{cm/s}$.

6. $9A$.

7. 4π.

8. （1）$\dfrac{12(4 - t^2)}{(t^2 + 4)^2}$；　（2）$1.44℃/\text{h}$，$-0.36℃/\text{h}$；　（3）略.

B 组

1. （1）$\dfrac{2\sqrt{x} + 1}{4\sqrt{x}\sqrt{x + \sqrt{x}}}$；　（2）$-\sin x \cdot \sin(\cos x) \cdot \sin[\cos(\cos x)]$；　（3）$\dfrac{1}{\cos x}$.

2. $a = 3,\ b = -2$.

3. 略.

4. 略.

5. 略.

习题 2-3

A 组

1. （1）$10^x\ln 10 - \dfrac{2}{\sqrt{1 - x^2}} + 3e^x$；　（2）$e^{2x}\left(2\arctan x + \dfrac{1}{1 + x^2}\right)$；　（3）$\dfrac{1}{2\sqrt{x}\sqrt{1 - x}} - e^{-x}$；

（4）$\dfrac{1 - 2x\arctan x}{(1 + x^2)^2}$；　（5）$\dfrac{1}{x[1 + (\ln x)^2]}$；　（6）$e^{\arcsin x} \cdot \dfrac{1}{\sqrt{1 - x^2}} + 2^{\sin x} \cdot \ln 2 \cdot \cos x$；

（7）$2x\arctan\dfrac{1}{x} - \dfrac{x^2}{1 + x^2}$；　（8）$\dfrac{2}{\sqrt{1 - 4x^2}\arcsin 2x}$；　（9）$-\dfrac{2e^{-2x}}{1 + e^{-4x}}$.

2. （1）$-\dfrac{x}{y}$；　（2）$-\dfrac{1}{y}$；　（3）$-\dfrac{\cos x}{\sin y}$；　（4）$\dfrac{2x}{3y^2}$；　（5）$\dfrac{4y - 3x^2}{3y^2 - 4x}$；　（6）$\dfrac{1}{2\sqrt{x}\cos y}$；

（7）$\dfrac{3x^2 + y\sin(xy)}{3y^2 - x\sin(xy)}$；　（8）$\dfrac{1 + y^2}{2 + y^2}$；　（9）$\dfrac{2x}{x^2 + y^2 - 2y}$；　（10）$2\sqrt{y}$；　（11）$-\dfrac{\sqrt{y}}{\sqrt{x}}$；

（12）$\dfrac{y}{x(y - 1)}$（利用原方程化简）.

3. （1）$3x - 2y + 3 = 0$；　（2）$ex - y + 1 = 0$；　（3）$x - y + 4 = 0$.

4. （1）$\dfrac{1}{2\sqrt{x}}x^{\sqrt{x}}(2 + \ln x)$；　（2）$2x^{(\ln x - 1)}\ln x$；　（3）$(\sin x)^x\left(\ln\sin x + x\dfrac{\cos x}{\sin x}\right)$；

（4）$\dfrac{(x + 2)^3}{\sqrt[5]{x - 2}}\left[\dfrac{3}{x + 2} - \dfrac{1}{5(x - 2)}\right]$.

5. $1.2e^{-1.2t}(5\pi\cos 2\pi t - 3\sin 2\pi t)\,cm/s$.

6. $60e^{-6t}$.

B 组

1. $71.24°$.

2. (1) $\dfrac{m_0 v}{(c^2 - v^2)\sqrt{1 - \dfrac{v^2}{c^2}}}$; (2) 无穷大.

3. (1) $\dfrac{1}{3} \cdot \sqrt[3]{\dfrac{x^5(x-3)}{1+x^2}}\left(\dfrac{5}{x} + \dfrac{1}{x-3} - \dfrac{2x}{1+x^2}\right)$;

(2) $\dfrac{1}{5} \cdot \sqrt[5]{\dfrac{(x-1)(x-2)}{(x-3)(x-4)}}\left(\dfrac{1}{x-1} + \dfrac{1}{x-2} - \dfrac{1}{x-3} - \dfrac{1}{x-4}\right)$.

习题 2-4

A 组

1. (1) $-\dfrac{1}{t}$; (2) $-2\sin\theta$; (3) $\dfrac{2t}{1-t^2}$; (4) $\dfrac{t^2+1}{t^2-1}$.

2. (1) $x - 4y - 3 = 0$; (2) $x - y + 2(1 - \ln 2) = 0$; (3) $x + y - e^{\frac{\pi}{2}} = 0$.

3. (1) -80; (2) $\dfrac{4}{25}$.

4. (1) $a^x(\ln a)^n$; (2) $(n+x)e^x$; (3) $(-1)^n n! x^{-(n+1)}$; (4) $\cos\left(x + \dfrac{n\pi}{2}\right)$.

5. $\dfrac{1}{3}\,m/s$; $-\dfrac{1}{27}\,m/s^2$.

6. (1) $a(t) = 6t - 12$; (2) $t = 1\,s$ 时,$a(1) = -6\,m/s^2$; $t = 3\,s$ 时,$a(3) = 6\,m/s^2$.

B 组

1. $-\dfrac{k^2}{2r^2}$.

2. $f(x) = 2x^2 - x$.

3. 略.

习题 2-5

A 组

1. (1) 1.9; (2) -0.01.

2. (1) $x^2\left[3\ln(1+x) + \dfrac{x}{1+x}\right]dx$; (2) $-\dfrac{4x}{(1+x^2)^2}dx$; (3) $-2e^{-\sin 2x}\cos 2x\,dx$.

3. (1) $\dfrac{2}{\sqrt{t}}$; (2) $\dfrac{\sin t + t\cos t}{\cos t - t\sin t}$; (3) $\dfrac{t}{2}$.

4. $3a^2 \Delta x$.

5. $8\pi a \Delta r$.

6. -0.002 s.

7. 略.

B 组

1. $-\dfrac{1}{r}$.

2. (1) $1 - 3x$; (2) $-4x$; (3) x.

3. 略.

复习题二

A 组

1. (1) 错. (2) 错. (3) 对. (4) 对. (5) 错. (6) 对. (7) 对. (8) ① 对; ② 对; ③ 对.

2. (1) ℃/分; (2) -1℃/分.

3. (1) 5 秒; (2) 3.72 米/秒².

4. 126.5 米.

5. (1) $2(x^{-\frac{3}{4}} - x^{-\frac{5}{4}})$; (2) $\dfrac{3}{2}\sqrt{x} + \dfrac{1}{\sqrt{x}}(2 + \ln x)$; (3) $\dfrac{1}{\sqrt{x}(\sqrt{x} + 1)^2}$; (4) $-\dfrac{1}{2}e^{\cos\frac{x}{2}}\sin\dfrac{x}{2}$;

(5) $5(\sin^4 x\cos x - x^4 \sin x^5)$; (6) $e^{-\frac{1}{x}}(2x + 1)$; (7) $\dfrac{e^x}{\sqrt{1 - e^{2x}}\arcsin e^x}$;

(8) $\dfrac{1}{4\sqrt{x}\cos^2\sqrt{x}\sqrt{\tan\sqrt{x}}}$.

6. (1) $\dfrac{x}{y}$; (2) $\dfrac{4x^3 y}{1 + 2y^2}$; (3) $\dfrac{2x - y\cos(xy)}{1 + x\cos(xy)}$.

7. (1) $8x + y - 1 = 0$; (2) $x + y - 1 = 0$.

8. (1) $6 + 27e^{3x}$; (2) $\dfrac{2(3x^2 - 1)}{(1 + x^2)^3}$; (3) $\dfrac{(-2)^n n!}{(2x - 1)^{n+1}}$.

9. $2x - y = 0$.

10. $(0, 2)$.

11. 9.5 cm².

12. $-4\pi e^{-3a}\Delta t$.

B 组

1. 成立.

2. -1.

3. 2.

4. $4x - 4y - 5 = 0, 4x + 4y + 5 = 0$.

5. 略.

6. $2x-1$；1.1；0.96.

第三章

习题 3 − 1

A 组

1. (1) $F(x) = \dfrac{2}{3} x^{\frac{3}{2}} + C$；　(2) $F(x) = e^x + C$；　(3) $F(x) = \sin x + C$；　(4) $F(x) = kx + C$.

2. (1) 是；　(2) 是.

3. $y = x^2 + 2$

4. $s(t) = 2t^3 - 3t + 6$.

5. (1) $\dfrac{3}{5}$；　(2) $\dfrac{2}{3}$；　(3) 1；　(4) $+\infty$；　(5) 0；　(6) $\dfrac{15}{2}$.

B 组

1. $\xi = 0$.

2. $f(x) = x^3 - 1$.

3. (1) 1；　(2) 1；　(3) 1；　(4) 1.

习题 3 − 2

A 组

1. (1) 单调减少区间为 $(-\infty, 1)$，单调增加区间为 $(1, +\infty)$；　(2) 单调减少区间为 $\left(-\infty, -\dfrac{3}{2}\right)$，单调增

加区间为 $\left(-\dfrac{3}{2}, +\infty\right)$；　(3) 单调增加区间为 $(-\infty, +\infty)$；　(4) 单调增加区间为 $(-\infty, 0)$，$(2,$

$+\infty)$，单调减少区间为 $(0, 2)$；　(5) 单调增加区间为 $\left(-\infty, -\dfrac{1}{3}\right)$，$(1, +\infty)$，单调减少区间为

$\left(-\dfrac{1}{3}, 1\right)$．　(6) 单调减少区间为 $(-\infty, 0)$，单调增加区间为 $(0, +\infty)$.

2. (1) 极大值 $f\left(\dfrac{1}{2}\right) = \dfrac{9}{4}$；　(2) 极大值 $f(\pm 1) = 1$，极小值 $f(0) = 0$；　(3) 函数 $f(x)$ 有极大值

$f(-3) = 22$，极小值 $f(3) = -14$；　(4) 极大值 $f(0) = -1$.

B 组

1. (1) 单调减少区间为 $(-1, 0)$，单调增加区间为 $(0, +\infty)$；　(2) 单调增加区间为 $\left(\dfrac{1}{2}, +\infty\right)$；　(3) 单

调增加区间为 $(-\infty, -2)$，$(0, +\infty)$，单调减少区间为 $(-2, -1)$，$(-1, 0)$.

2. (1) 极小值 $f(\mathrm{e}^{-\frac{1}{2}}) = -\dfrac{1}{2\mathrm{e}}$;　(2) 极大值 $f(\sqrt{3}) = \dfrac{\sqrt{3}}{6}$,极小值 $f(-\sqrt{3}) = -\dfrac{\sqrt{3}}{6}$;　(3) 极大值 $f(0) = 0$.

3. (1) $t \in (0, 2) \cup (4, 10)$;　(2) $t \in (2, 4)$.

习题 3－3

A 组

1. (1) 最大值为 $f(2) = f(-1) = 15$,最小值为 $f(0) = 7$.　(2) 最大值 $f(\pm 2) = 13$,最小值 $f(\pm 1) = 4$;

(3) 最大值 $f(4) = 80$,最小值 $f(-1) = -5$;　(4) 最大值 $f\left(-\dfrac{\pi}{2}\right) = \dfrac{\pi}{2}$,最小值 $f\left(\dfrac{\pi}{2}\right) = -\dfrac{\pi}{2}$.

2. $x = 20$ 台时利润最大,最大利润为 200(万元).

3. $x = \dfrac{a}{2}$.

4. 截去的小正方形的边长 8 cm,做成的铁盒容积最大,最大容积为 8192 cm^2.

5. 经过 2.4 小时两船相距最近.

B 组

1. (1) 最大值 $f\left(\dfrac{3}{4}\right) = \dfrac{5}{4}$,最小值 $f(-5) = -5 + \sqrt{6}$;　(2) 最大值 $f(1) = \dfrac{1}{2}$;最小值 $f(0) = 0$;

(3) 最小值 $f(0) = 1$.

2. 池的底宽为 $\sqrt[3]{200}$ 米,高为 $4\sqrt[3]{25}$ 米时,水池的造价最低.

习题 3－4

A 组

1. (1) 凹区间 $(-\infty, +\infty)$,无拐点;　(2) 在 $\left(-\infty, \dfrac{1}{3}\right)$ 内是凸的,在 $\left(\dfrac{1}{3}, +\infty\right)$ 内是凹的,拐点 $\left(\dfrac{1}{3}, \dfrac{16}{27}\right)$;　(3) 在 $\left(-\infty, \dfrac{1}{2}\right)$ 内是凸的,在 $\left(\dfrac{1}{2}, +\infty\right)$ 内是凹的,拐点 $\left(\dfrac{1}{2}, -\dfrac{1}{2}\right)$;　(4) 在 $(-\infty, 1)$ 内是凹的,在 $(1, +\infty)$ 内是凸的,拐点 $(1, 11)$;　(5) 凸区间为 $(-\infty, -1)$ 和 $(1, +\infty)$,无拐点;　(6) 在 $(-\infty, 2)$ 内是凸的,在 $(2, +\infty)$ 内是凹的,拐点 $\left(2, \dfrac{2}{\mathrm{e}^2}\right)$.

2. $a = -3$,在 $(-\infty, 1)$ 内是凸的,在 $(1, +\infty)$ 内是凹的,拐点 $(1, -7)$.

B 组

1. (1) 在 $(-\infty, 0)$ 内是凹的,在 $(0, +\infty)$ 内是凸的,拐点 $(0, 1)$;　(2) 在 $(-\infty, -\sqrt{3})$ 和 $(0, \sqrt{3})$ 内是凸的,在 $(-\sqrt{3}, 0)$ 和 $(\sqrt{3}, +\infty)$ 上是凹的,拐点为 $(0, 0)$,$\left(-\sqrt{3}, -\dfrac{\sqrt{3}}{4}\right)$,$\left(\sqrt{3}, \dfrac{\sqrt{3}}{4}\right)$;　(3) 在 $(-1, 0)$ 内是凹的,在 $(0, 1)$ 内是凸的,拐点 $(0, 0)$.

2. $a = 1$、$b = 3$、$c = 0$、$d = 2$.

3. $a = 3$、$b = -9$、$c = 8$.

复习题三

A 组

1. (1) $F(x) = -e^{-x} + C$.　　(2) 0.　　(3) $\dfrac{1}{\ln 2}$.　　(4) $(-3, +\infty)$，$(-\infty, -3)$.　　(5) 最大值 e^2，最小值 0.

(6) $[-1, 0)$，$(0, 1]$，拐点 $(0, 0)$.　　(7) $(0, +\infty)$，$(-\infty, 0)$，拐点 $(0, 0)$.　　(8) $a = -2$，$b = -6$.

2. (1) B.　　(2) A.　　(3) D.　　(4) A.

3. (1) 极小值为 $f(0) = 1$;　　(2) 极小值 $f(1) = 1$.

4. 最大值为 2.

5. $q = 200$.

B 组

1. 极大值为 $f(1) = \dfrac{\pi}{4} - \dfrac{\ln 2}{2}$，图形略.

2. 圆锥的高是 3，底面半径是 $3\sqrt{2}$.

3. 宽为 24 cm 高为 32 cm 时，用纸最省.

4. $R = r$ 时，输出功率最大.

第四章

习题 4-1

A 组

1. (1) 0;　　(2) -;　　(3) 0;　　(4) 20;　　(5) π.

2. (1) 2;　　(2) -2;　　(3) 1;　　(4) 8π.

3. $\displaystyle\int_0^2 x^2 \mathrm{d}x$.

4. $\displaystyle\int_0^1 e^x \mathrm{d}x$.

B 组

1. $\displaystyle\int_0^1 9.8t\mathrm{d}t$, 4.9.

2. (a) $A = -\displaystyle\int_0^1 (x^2 - 1)\mathrm{d}x + \int_1^2 (x^2 - 1)\mathrm{d}x$;　　(b) $A = -\displaystyle\int_{-1}^0 x^3 \mathrm{d}x + \int_0^1 x^3 \mathrm{d}x$.

3. (步骤略) $\displaystyle\int_0^1 x^2 \mathrm{d}x = \lim_{n \to \infty} \dfrac{(n+1)(2n+1)}{6n^2} = \dfrac{1}{3}$.

习题 4-2

A 组

1. (1) 0；   (2) 2；   (3) <.

2. (1) $\dfrac{1}{6}$；   (2) 15；   (3) $\dfrac{16}{3}$；   (4) 1；   (5) e−1；   (6) 1；   (7) $\dfrac{\pi}{4}$；   (8) $\dfrac{\pi}{6}$；   (9) −6.

3. (1) 4；   (2) 0；   (3) 12；   (4) 0；   (5) 2；   (6) $\dfrac{5}{2}$.

4. 128.

B 组

1. (1) $\displaystyle\int_0^1 x^4 \mathrm{d}x \leqslant \int_0^1 x^2 \mathrm{d}x$；   (2) $\displaystyle\int_0^1 \mathrm{e}^x \mathrm{d}x \leqslant \int_0^1 \mathrm{e}^{2x} \mathrm{d}x$.

2. 10.

3. 889 m.

习题 4-3

A 组

1. (1) $x\tan x + C$；   (2) $\sin x + \cos x$；   (3) $\dfrac{1}{\sqrt{x}}\mathrm{d}x$；   (4) $\cos x + C$；

(5) $2^x \ln 2 + \cos x$；   (6) $\sin x + C$；   (7) $-\sin x + C$.

2. (1) 对；   (2) 错；   (3) 错；   (4) 对.

3. (1) $\dfrac{2}{7}x^{\frac{7}{2}} + C$；   (2) $3\arcsin x + C$；   (3) $\dfrac{2}{3}x^{\frac{3}{2}} + 5\mathrm{e}^x - 2\ln|x| + C$；   (4) $2\sin x + C$；   (5) $-2x^{-\frac{1}{2}} - \dfrac{2}{3}x^{\frac{3}{2}} + C$；   (6) $2\ln|x| - \dfrac{3}{2}x^{-2} + C$；   (7) $2x^{\frac{1}{2}} + \dfrac{2}{5}x^{\frac{5}{2}} + 2x + C$；   (8) $\ln|x| + \arctan x + C$；

(9) $t - \cos t + C$.

4. (1) $\dfrac{21}{8}$；   (2) $2\mathrm{e} - 2$；   (3) $\dfrac{\pi}{6}$；   (4) 1；   (5) $18 + 2\ln 2$；   (6) $\dfrac{29}{6}$；   (7) $21\dfrac{1}{2}$；   (8) $\dfrac{\pi}{2}$.

5. $\dfrac{2}{3} + \mathrm{e}^3 - \mathrm{e}$.

B 组

1. (1) $x - \mathrm{e}^x + C$；   (2) $\dfrac{1}{3}x^3 - x + \arctan x + C$；   (3) $-\dfrac{1}{x} - \arctan x + C$.

2. (1) 4；   (2) $-\dfrac{29}{6}$.

3. $Q(t) = 100t + \dfrac{20}{3}t^{\frac{3}{2}} - \dfrac{5}{2}t^2 + 1\,000\,000$.

习题 4－4

A 组

1. (1) $-\dfrac{1}{3}\cos 3x + C$;　(2) $\dfrac{1}{11}(x+3)^{11} + C$;　(3) $-\dfrac{1}{2}e^{-2x} + C$;　(4) $\ln|1+x| + C$;

(5) $-\dfrac{2}{3}(2-3x)^{\frac{1}{2}} + C$;　(6) $\dfrac{1}{2\cos^2 x} + C$;　(7) $-\dfrac{1}{\sin x} + C$;　(8) $\dfrac{1}{2}\sin x^2 + C$;　(9) $\dfrac{1}{2}e^{x^2} + C$;

(10) $\dfrac{1}{2}\ln(1+x^2) + C$;　(11) $\dfrac{1}{3}(e^x+1)^3 + C$;　(12) $-\cos(e^x) + C$;

(13) $\ln(e^x+1) + C$;　(14) $2\sqrt{e^x+1} + C$;　(15) $\dfrac{1}{2}(\ln x)^2 + C$;

(16) $\dfrac{1}{2}x - \dfrac{1}{4}\sin 2x + C$;　(17) $\dfrac{1}{2}\arctan x^2 + C$;　(18) $\dfrac{1}{2}(\arctan x)^2 + C$.

2. (1) $2\sqrt{x} - 2\ln(1+\sqrt{x}) + C$;　(2) $2\sqrt{x+1} - 2\ln(\sqrt{x+1}+1) + C$;

(3) $\dfrac{3}{2}x^{\frac{2}{3}} - 3\sqrt[3]{x} + 3\ln|\sqrt[3]{x}+1| + C$;　(4) $\dfrac{1}{15}(3x+1)^{\frac{5}{3}} + \dfrac{1}{3}(3x+1)^{\frac{2}{3}} + C$;

(5) $2\sqrt{x-2} - 2\ln(\sqrt{x-2}+1) + C$;　(6) $2\arcsin\dfrac{x}{2} + \dfrac{x}{2}\sqrt{4-x^2} + C$.

3. (1) $\sqrt{3} - \dfrac{1}{3}$;　(2) $\dfrac{7}{3}$;　(3) 0;　(4) $\dfrac{3}{2}$;　(5) $\dfrac{8}{3}$;　(6) 1;　(7) $\dfrac{2}{3}$;　(8) $2+4\ln\dfrac{3}{4}$;　(9) $\dfrac{5}{3}$;

(10) $3 + 4\ln 2 - 2\ln 3$;　(11) $\dfrac{\sqrt{3}}{9}\pi$;　(12) $\dfrac{\pi}{12}$.

4. πab.

B 组

1. (1) $\ln\left|\cos\dfrac{1}{x}\right| + C$;　(2) $2\sqrt{x} - 4\sqrt[4]{x} + 4\ln|1+\sqrt[4]{x}| + C$;　(3) $\arctan e^x + C$;　(4) $\dfrac{1}{4}\ln\left|\dfrac{x-2}{x+2}\right| + C$;

(5) $\dfrac{1}{3}\sin^3 x - \dfrac{1}{5}\sin^5 x + C$;　(6) $\sqrt{x^2+4} + C$;　(7) $2\sqrt{3} - 2$;　(8) $2\sqrt{2}$;　(9) $2 - \dfrac{\pi}{2}$.

2. 约 1817.76 亿桶.

习题 4－5

A 组

1. (1) $x\sin x + \cos x + C$;　(2) $x^2 e^x - 2x e^x + 2e^x + C$;　(3) $-x^2\cos x + 2x\sin x + 2\cos x + C$;

(4) $x^3\left(\ln x - \dfrac{1}{3}\right) + C$;　(5) $\dfrac{1}{4}x e^{4x} - \dfrac{1}{16}e^{4x} + C$;　(6) $-\dfrac{1}{3}x\cos 3x + \dfrac{1}{9}\sin 3x + C$;　(7) $x\ln x - x + C$;　(8) $x e^x + C$;　(9) $\cos x - x^2\cos x + 2x\sin x + C$.

2. (1) 1;　(2) $-\dfrac{1}{2}$;　(3) $\pi - 2$;　(4) $\dfrac{3}{16}e^4 + \dfrac{1}{16}$;　(5) $\dfrac{\pi}{4} - \dfrac{1}{2}\ln 2$;　(6) -2.

B 组

1. 略

2. (1) $\dfrac{1}{5}e^{2x}(2\sin x - \cos x) + C$；　(2) $2e^{\sqrt{x}}(\sqrt{x} - 1) + C$；　(3) $2 - \dfrac{2}{e}$；　(4) $\dfrac{1}{2\pi}(e^{\pi} + 1)$.

3. $\dfrac{1}{k^2}(1 - kTe^{-kT} - e^{-kT})$.

习题 4－6

1. (1) 收敛，$\dfrac{1}{2}$；　(2) 发散；　(3) 发散；　(4) 收敛，2；　(5) 收敛，$\dfrac{1}{5}$；　(6) 收敛，$-\dfrac{1}{2}$.

2. (1) $\dfrac{2}{\pi}$；　(2) $\dfrac{1}{2}$.

3. 1.

B 组

1. (1) 发散；　(2) 发散；　(3) 收敛，-1.

2. 600(L).

习题 4－7

A 组

1. (1) $\dfrac{4}{3}$；　(2) 18；　(3) $\dfrac{1}{6}$；　(4) $\dfrac{1}{3}$；　(5) $\dfrac{32}{3}$；　(6) $\dfrac{32}{3}$；　(7) $e + e^{-1} - 2$；　(8) $\dfrac{3}{2} - \ln 2$.

2. (1) $\dfrac{\pi}{2}(e^4 - e^2)$；　(2) $\dfrac{3\pi}{5}$；　(3) $\dfrac{\pi}{2}$；　(4) $\dfrac{3\pi}{10}$；　(5) $\dfrac{4}{3}\pi ab^2$，$\dfrac{4}{3}\pi ba^2$；　(6) $\dfrac{\pi}{5}$，$\dfrac{\pi}{2}$.

3. $\dfrac{1}{4}(2e^2 - 1)$.

4. $6a$.

5. 0.45(J).

6. $\dfrac{4}{3}$

7. 6.

8. 3.46×10^6(J).

B 组

1. $\dfrac{RI_m^2}{2}$.

2. $\ln(\sqrt{2} + 1)$.

3. 9.75×10^5(kJ).

复习题四

A 组

1. (1) 0;　(2) $2e^8 - e$;　(3) $\dfrac{x + \cos x}{1 + x^2} + C$;　(4) 0;　(5) $\dfrac{1}{2}\cos^2 x + C$;

(6) $\dfrac{1}{4}$;　(7) $\left[0, \dfrac{\pi}{2}\right]$, $\sin^2 t \cos^2 t$;　(8) $\displaystyle\int_0^{\frac{\pi}{2}} \sqrt{9\sin^2 t + 16\cos^2 t}\,\mathrm{d}t$.

2. (1) A.　(2) B.　(3) D.　(4) B.

3. (1) $-\dfrac{1}{x} + \arctan x + C$;　(2) $\dfrac{1}{4}(\ln x)^4 + C$;　(3) $\dfrac{1}{200}(x^2 - 1)^{100} + C$;

(4) $\sin(\sin x) + C$;　(5) $\dfrac{1}{2}(\sqrt{x} + 1)^4 + C$;　(6) $\dfrac{2}{3}(1 - x)^{\frac{3}{2}} - 2\sqrt{1 - x} + C$;

(7) $-\dfrac{1}{2}x\cos 2x + \dfrac{1}{4}\sin 2x + C$;　(8) $x^2(\ln x)^2 - 2x\ln x + 2x + C$;

(9) $\dfrac{1}{125}e^{5t}(25t^2 - 10t + 2) + C$.

4. (1) $\dfrac{39}{32}$;　(2) $e - 1$;　(3) $\dfrac{\pi^2}{32}$;　(4) $3\sqrt{3} - 1$;　(5) $\dfrac{22}{3}$;　(6) $e + 1$.

5. (1) $Q(t) = 1000(2 + e^{0.02t})$;　(2) 约 3105.2.

6. (1) $\dfrac{4}{3} - \dfrac{2}{3}\sqrt{2}$;　(2) $\dfrac{\pi}{2} + \dfrac{1}{3}$.

7. (1) $\dfrac{\pi^2}{2}$;　(2) $\dfrac{\pi}{6}$.

8. $\dfrac{3}{2\pi}$.

9. $5.625(\mathrm{J})$.

10. 约 $2.626 \times 10^6(\mathrm{J})$.

11. 约 12.002 小时.

B 组

1. (1) A.　(2) D.　(3) A.

2. (1) $-\dfrac{1}{\tan x} - \tan x + C$;　(2) $-\dfrac{1}{2(x^2 + 6x)} + C$;　(3) $\ln|x + \sin x| + C$;　(4) $-\arcsin x - 2\sqrt{1 - x^2} + C$;

(5) $2\sqrt{x}(\ln x - 2) + C$;　(6) $\dfrac{1}{2}e^{x^2}(x^2 - 1) + C$;　(7) $1 - \dfrac{\pi}{4}$;　(8) 1;　(9) $\dfrac{\pi}{4} + \ln\dfrac{\sqrt{6}}{2} - \dfrac{\sqrt{3}\,\pi}{9}$.

3. $\dfrac{9}{4}$

4. 约 17.872(百万立方米).

5. $\ln(\sqrt{2} + 1)$.

6. $1.76 \times 10^7 (\text{J})$.

7. $\dfrac{3}{8} \pi a^2$.

第五章

习题 5-1

A 组

1. （1）一阶； （2）一阶； （3）二阶； （4）二阶； （5）一阶； （6）四阶．

2. 均是所给方程的解，且其中(5)和(6)为通解．

3. （1）$y = 2e^{2x} + x + C$； （2）$y = 2e^{2x} + x + 1$．

4. （1）线性无关； （2）线性相关； （3）线性无关； （4）线性相关．

B 组

1. 为通解．

2. （1）$y = x^2 - 3$； （2）$y = x^2 + \dfrac{9}{4}$； （3）$y = x^2 + \dfrac{2}{3}$．

习题 5-2

A 组

1. （1）$e^y = x^2 + C$； （2）$2\sqrt{y} = x^3 + C$； （3）$\dfrac{1}{y} = -\dfrac{1}{x} + C$； （4）$y = Ce^{\arcsin x}$； （5）$\arctan y = \arctan x + C$； （6）$e^y = \dfrac{1}{2}e^{2x} + C$

2. （1）$y = \dfrac{3}{x+1}$； （2）$y^2 + 2y - 2x = 6$； （3）$y = 3e^{-x^2}$．

3. （1）$y = Ce^{2x} - \dfrac{1}{2}$； （2）$y = \dfrac{1}{x}\left(\dfrac{1}{4}x^4 + C\right)$； （3）$y = x^2(C + \sin x)$； （4）$y = Ce^{4x} - e^{3x}$； （5）$y = \dfrac{1}{x^2+1}(x^3 + C)$； （6）$y = \dfrac{1}{3}x\ln x - \dfrac{1}{9}x + \dfrac{C}{x^2}$．

4. （1）$y = e^{-x^2}(x^2 + 1)$； （2）$y = \dfrac{1}{2}x[1 + (\ln x)^2]$．

5. $m = m_0 e^{-kt}$（k 是比例系数，$k > 0$）．

6. $v = 2e^{-\left(\frac{1}{5}\ln 2\right)t}$ m/s．

7. 16.3℃．

8. $U_C = Ee^{-(1/RC)t}$．

9. $Q(t) = \dfrac{1}{2}(1 - e^{-10t})$，$\dfrac{1}{2}$．

B 组

1. $x = \dfrac{1}{2}y^3 + Cy$.

2. $v(t) = \dfrac{g}{k} + Ce^{-kt}$, $\dfrac{g}{k}$.

3. $I = \dfrac{1}{113}(\sin 30t - 15\cos 30t) + \dfrac{15}{113}e^{-2t}$.

习题 5-3

A 组

1. （1）$y = C_1 e^x + C_2 e^{-2x}$; （2）$y = C_1 + C_2 e^{-3x}$; （3）$y = C_1\cos 3x + C_2\sin 3x$; （4）$y = C_1 e^{3x} + C_2 e^{-3x}$;

（5）$y = (C_1 + C_2 x)e^{2x}$; （6）$y = C_1 e^x + C_2 e^{\frac{1}{2}x}$; （7）$y = e^{-x}(C_1\cos\sqrt{2}x + C_2\sin\sqrt{2}x)$; （8）$y = C_1 e^x + C_2 e^{-6x}$; （9）$y = C_1 + C_2 e^{\frac{1}{3}x}$.

2. （1）$y = e^{4x}(x + 1)$; （2）$y = e^{2x} + 2e^{-2x}$.

3. （1）$y = C_1 e^{2x} + C_2 e^{3x} + \dfrac{1}{2}x + \dfrac{3}{4}$; （2）$y = C_1 + C_2 e^{-3x} + \dfrac{3}{2}x^2 - x$; （3）$y = C_1 + C_2 e^{-4x} + \dfrac{1}{4}x$;

（4）$y = C_1 e^x + C_2 e^{-x} - 2x^2 - 4$; （5）$y = C_1 e^{3x} + C_2 e^{-3x} - e^x\left(x + \dfrac{3}{8}\right)$; （6）$y = C_1 e^x + C_2 e^{-2x} - \dfrac{1}{3}x e^{-2x}$; （7）$y = (C_1 + C_2 x + x^2)e^{2x}$; （8）$y = C_1 + C_2 e^{-2x} - \dfrac{1}{2}(\cos 2x + \sin 2x)$.

4. $\bar{y} = \dfrac{1}{4}x^2 - \dfrac{1}{4}x - \dfrac{1}{2}(\cos 2x + \sin 2x)$.

5. $y = x\sin x + 2\cos x$.

6. $x(t) = 0.05\cos 10t$.

B 组

1. $\dfrac{\mathrm{d}^2 Q}{\mathrm{d}t^2} + \dfrac{R}{L}\cdot\dfrac{\mathrm{d}Q}{\mathrm{d}t} + \dfrac{1}{LC}Q = \dfrac{1}{L}E(t)$.

2. $Q(t) = -\dfrac{1}{125}e^{-5t}(3\cos 15t + \sin 15t) + \dfrac{3}{125}$.

复习题五

A 组

1. （1）错. （2）错. （3）对. （4）错. （5）对. （6）对. （7）错.

2. （1）$y'' + y' - 2y = 0$; （2）$y'' + 6y' + 9y = 0$; （3）$y'' + 16y = 0$; （4）$y'' - 4y' = 0$.

3. （1）$y^2 = 4x + C$; （2）$\sqrt{1 + y^2} = e^x(x - 1) + C$; （3）$x = Ce^{\cos t}$; （4）$y = e^{-\sin x}(x + C)$;

（5）$y = x^2(3 + Ce^{\frac{1}{x}})$; （6）$y = C_1 + C_2 e^{6x}$; （7）$y = (C_1 + C_2 x)e^{\frac{1}{3}x}$; （8）$y = C_1\cos x + C_2\sin x + 10$;

(9) $y = C_1 + C_2 e^{5x} - \frac{1}{5}x^2 - \frac{2}{25}x$; (10) $y = C_1 e^x + C_2 e^{2x} + \left(x - \frac{3}{2}\right) e^{3x}$.

4. (1) $y = e^{\sin x}$; (2) $y = xe^x + 2$.

5. $y = e^{x+2} + x + 1$.

6. 约 15 683 年.

7. (1) $T = 20 - 15e^{\left(\frac{1}{25}\ln\frac{2}{3}\right)t}$; (2) 约 68 分钟.

B 组

1. $y = 2\cos x - 3\sin x$.

2. (1) $s(t) = \frac{360}{3.9}(1 - e^{-0.065t})$; (2) $\frac{360}{3.9} \approx 92.3(\text{m})$.

3. $h = \frac{m^2 g}{k^2}(e^{-\frac{k}{m}t} - 1) + \frac{m}{k}gt$（其中 g 为重力加速度）.

4. (1) $y = C_1\cos x + C_2\sin x - \cos 2x$; (2) $y = C_1\cos x + C_2\sin x - \cos 2x + 10$.

第六章

习题 6−1

A 组

1. (1) $\frac{5}{2}, \frac{5}{6}, \frac{5}{12}, \frac{1}{4}, \frac{1}{6}$; (2) $-\frac{1}{3}, \frac{1}{9}, -\frac{1}{15}, \frac{1}{21}, -\frac{1}{27}$.

2. (1) 发散; (2) 收敛; (3) 收敛; (4) 收敛; (5) 发散; (6) 发散.

3. (1) 发散; (2) 收敛,1; (3) 收敛,$\frac{1}{2}$; (4) 发散.

4. (1) 收敛,$\frac{8}{3}$; (2) 收敛,$\frac{2\pi-3}{\pi-1}$.

B 组

1. (1) 收敛,$\frac{1}{5}$; (2) 发散; (3) 收敛,3; (4) 收敛,1.

2. (1) 发散; (2) 收敛; (3) 发散; (4) 发散.

3. $\frac{8}{33}$.

习题 6−2

A 组

1. (1) 收敛; (2) 发散; (3) 收敛; (4) 发散; (5) 发散; (6) 收敛.

2. (1) 收敛; (2) 发散; (3) 收敛; (4) 发散; (5) 发散; (6) 收敛.

3. （1）绝对收敛； （2）条件收敛； （3）绝对收敛； （4）发散； （5）发散； （6）绝对收敛.

B 组

1. （1）发散； （2）收敛； （3）发散； （4）收敛； （5）发散； （6）收敛.

2. （1）发散； （2）发散； （3）收敛.

3. （1）条件收敛； （2）绝对收敛； （3）条件收敛.

4. 当 $p > 1$ 时，$\displaystyle\sum_{n=1}^{\infty} (-1)^{n-1} \frac{1}{n^p}$ 绝对收敛；当 $0 < p \leqslant 1$ 时，$\displaystyle\sum_{n=1}^{\infty} (-1)^{n-1} \frac{1}{n^p}$ 条件收敛.

习题 6 − 3

A 组

1. （1）$R = 1, (-1, 1)$； （2）$R = 1, (-1, 1)$； （3）$R = 0, \{x \mid x = 0\}$； （4）$R = +\infty, (-\infty, +\infty)$； （5）$R = 2, (-2, 2)$； （6）$R = 1, (-1, 1)$.

2. （1）$\dfrac{1}{1+x}, x \in (-1, 1)$； （2）$\dfrac{1}{1-x^2}, x \in (-1, 1)$； （3）$\dfrac{1}{x}, x \in (0, 2)$.

B 组

1. （1）$(-\sqrt{2}, \sqrt{2})$； （2）$\left(-\dfrac{2}{3}, 0\right)$； （3）$(-3, -1)$； （4）$(-2, 0)$； （5）$(-1, 1)$；

（6）$(-e, e)$.

2. （1）$\dfrac{1}{(1-x)^2}, x \in (-1, 1)$； （2）$\dfrac{1}{(1+x)^2}, x \in (-1, 1)$； （3）$\arctan x, x \in [-1, 1]$.

习题 6 − 4

A 组

1. （1）$e^{-x} = \displaystyle\sum_{n=0}^{\infty} \frac{(-1)^n x^n}{n!}, x \in (-\infty, +\infty)$； （2）$\dfrac{3}{3-x} = \displaystyle\sum_{n=0}^{\infty} \frac{x^n}{3^n}, x \in (-3, 3)$；

（3）$\sin x \cos x = \displaystyle\sum_{n=0}^{\infty} (-1)^n \frac{2^{2n}}{(2n+1)!} x^{2n+1}, x \in (-\infty, +\infty)$；

（4）$\ln(3+x) = \ln 3 + \displaystyle\sum_{n=0}^{\infty} (-1)^n \frac{x^{n+1}}{(n+1) \cdot 3^{n+1}}, x \in (-3, 3]$；

（5）$\dfrac{e^x - e^{-x}}{2} = \displaystyle\sum_{n=1}^{\infty} \frac{x^{2n-1}}{(2n-1)!}, x \in (-\infty, +\infty)$；

（6）$2^x = \displaystyle\sum_{n=0}^{\infty} \frac{(\ln 2)^n}{n!} x^n, x \in (-\infty, +\infty)$.

2. （1）$\dfrac{1}{4-x} = \dfrac{1}{3} \displaystyle\sum_{n=0}^{\infty} \frac{(x-1)^n}{3^n}, x \in (-2, 4)$；

（2）$\cos x = \dfrac{1}{2} \displaystyle\sum_{n=0}^{\infty} (-1)^n \left[\frac{\left(x + \dfrac{\pi}{3}\right)^{2n}}{(2n)!} + \frac{\sqrt{3}\left(x + \dfrac{\pi}{3}\right)^{2n+1}}{(2n+1)!} \right], x \in (-\infty, +\infty)$.

B 组

1. （1）$xe^{\frac{x}{2}} = \sum\limits_{n=0}^{\infty} \dfrac{x^{n+1}}{2^n \cdot n!}$，$x \in (-\infty, +\infty)$；

（2）$\cos^2 x = \dfrac{1}{2} + \sum\limits_{n=1}^{\infty} (-1)^n \dfrac{2^{2n-1}}{(2n)!} x^{2n}$，$x \in (-\infty, +\infty)$；

（3）$\dfrac{x}{1-x^2} = \sum\limits_{n=0}^{\infty} (-1)^n x^{2n+1}$，$x \in (-1, 1)$.

2. $\dfrac{1}{x^2 - 3x + 2} = \sum\limits_{n=0}^{\infty} \left(1 - \dfrac{1}{2^{n+1}}\right) x^n$，$x \in (-1, 1)$.

3. $\dfrac{1}{x} = \dfrac{1}{2} \sum\limits_{n=0}^{\infty} (-1)^n \left(\dfrac{x-2}{2}\right)^n$，$x \in (0, 4)$；

4. （1）0.342 43；　（2）0.493 97.

5. （1）0.207 911 69，误差小于 10^{-8}；　（2）11.180 32，误差小于 10^{-5}.

习题 6-5

A 组

1. （1）$f(x) = \dfrac{\pi}{2} - \dfrac{4}{\pi} \left[\cos x + \dfrac{1}{3^2} \cos 3x + \dfrac{1}{5^2} \cos 5x + \cdots + \dfrac{1}{(2n-1)^2} \cos(2n-1)x + \cdots\right]$，$(x \in \mathbf{R})$；

（2）$f(x) = \dfrac{4}{\pi} \left[\sin x + \dfrac{1}{3} \sin 3x + \dfrac{1}{5} \sin 5x + \cdots + \dfrac{1}{2n-1} \sin(2n-1)x + \cdots\right]$，$(x \in \mathbf{R}, x \neq k\pi,$

$k \in \mathbf{Z})$；

（3）$f(x) = \dfrac{2}{\pi} \sum\limits_{n=1}^{\infty} \left[\dfrac{1}{n^2} \sin \dfrac{n\pi}{2} - (-1)^n \dfrac{\pi}{2n}\right] \sin nx$，$(x \in \mathbf{R}, x \neq (2k+1)\pi, k \in \mathbf{Z})$.

2. $\dfrac{\pi^2}{8}$.

3. $f(x) = 1 + \dfrac{4}{\pi} \left[\sin \dfrac{\pi}{2} x + \dfrac{1}{3} \sin \dfrac{3\pi}{2} x + \dfrac{1}{5} \sin \dfrac{5\pi}{2} x + \cdots + \dfrac{1}{2n-1} \sin \dfrac{(2n-1)\pi}{2} x + \cdots\right]$，$(x \in \mathbf{R},$

$x \neq 2k, k \in \mathbf{Z})$.

4. $f(x) = \dfrac{1}{2} - \dfrac{4}{\pi^2} \left[\cos \pi x + \dfrac{1}{3^2} \cos 3\pi x + \dfrac{1}{5^2} \cos 5\pi x + \cdots + \dfrac{1}{(2n-1)^2} \cos(2n-1)\pi x + \cdots\right]$，$(x \in \mathbf{R})$.

B 组

1. $f(x) = \dfrac{1}{\pi} + \dfrac{1}{2} \sin x - \dfrac{2}{\pi} \left[\dfrac{1}{3} \cos 2x + \dfrac{1}{15} \cos 4x + \dfrac{1}{35} \cos 6x + \cdots + \dfrac{1}{4n^2 - 1} \cos 2nx + \cdots\right]$ $(x \in \mathbf{R})$.

2. $f(x) = \dfrac{8}{\pi} \left[\sin \dfrac{\pi}{2} x + \dfrac{1}{3} \sin \dfrac{3\pi}{2} x + \dfrac{1}{5} \sin \dfrac{5\pi}{2} x + \cdots + \dfrac{1}{2n-1} \sin \dfrac{(2n-1)\pi}{2} x + \cdots\right]$，$(x \in \mathbf{R}, x \neq 2k,$

$k \in \mathbf{Z})$.

复习题六

A 组

1. (1) C.　(2) B.　(3) A.　(4) B.　(5) A.　(6) D.　(7) B.　(8) C.　(9) D.

2. (1) 收敛；　(2) 收敛；　(3) 收敛；　(4) 发散；　(5) 发散.

3. (1) $\cos \dfrac{x}{2} = \sum\limits_{n=0}^{\infty} (-1)^n \dfrac{x^{2n}}{2^{2n}(2n)!}, x \in (-\infty, +\infty)$;　(2) $\dfrac{1}{x+2} = \sum\limits_{n=0}^{\infty} (-1)^n \dfrac{1}{2^{n+1}} x^n, x \in (-2, 0)$.

4. $\sin x = \dfrac{\sqrt{2}}{2} \left[\sum\limits_{n=0}^{\infty} (-1)^n \dfrac{1}{(2n)!} \left(x - \dfrac{\pi}{4}\right)^{2n} + \sum\limits_{n=0}^{\infty} (-1)^n \dfrac{1}{(2n+1)!} \left(x - \dfrac{\pi}{4}\right)^{2n+1} \right], \quad x \in (-\infty, +\infty)$.

5. $f(x) = \dfrac{\pi}{2} + \dfrac{4}{\pi} \sum\limits_{n=1}^{\infty} \dfrac{1}{(2n-1)^2} \cos(2n-1)x, x \in (-\infty, +\infty)$.

6. $f(x) = 4 \sum\limits_{n=1}^{\infty} (-1)^n \dfrac{\sin nx}{n}, (x \in \mathbf{R}, x \neq (2k-1)\pi, k \in \mathbf{Z})$.

B 组

1. (1) 收敛；　(2) 发散；　(3) 收敛.

2. $\arctan x = \sum\limits_{n=0}^{\infty} (-1)^n \dfrac{1}{2n+1} x^{2n+1}, x \in [-1, 1]$.

3. $\dfrac{1}{x^2 + 5x + 6} = \sum\limits_{n=0}^{\infty} \left(1 - \dfrac{1}{2^{n+1}}\right) (x+4)^n, x \in [-5, -3]$.

4. $-\dfrac{1}{12}$.

5. $\int e^{-x^2} dx = C + x - \dfrac{x^3}{3} + \dfrac{x^5}{5 \cdot 2!} - \dfrac{x^7}{7 \cdot 3!} + \cdots + (-1)^n \dfrac{x^{2n+1}}{(2n+1) \cdot n!} + \cdots$.

6. (1) $f(x) = \sum\limits_{k=1}^{\infty} \dfrac{2}{(2k-1)\pi} (\pi + 2) \sin(2k-1)x - \sum\limits_{k=1}^{\infty} \dfrac{1}{k} \sin 2kx, (x \in \mathbf{R}, x \neq k\pi, k \in \mathbf{Z})$;

(2) $f(x) = -\dfrac{1}{2} + \dfrac{6}{\pi^2} \sum\limits_{n=1}^{\infty} \left[\dfrac{1}{n^2} (1 - (-1)^n) \cos \dfrac{n\pi}{3} x + \dfrac{\pi}{n} (-1)^{n+1} \sin \dfrac{n\pi}{3} x \right], (x \in \mathbf{R}, x \neq 3k, k \in \mathbf{Z})$.

第七章

习题 7-1

A 组

1. $x = 1$、$y = 4$、$z = 2$.

2. (1) $\begin{bmatrix} 2 & 3 & 5 \\ -1 & 2 & 4 \end{bmatrix}$;　(2) $\begin{bmatrix} 3 & 8 & 11 \\ 1 & 8 & 9 \end{bmatrix}$;　(3) $\begin{bmatrix} 11 & 16 & 32 \\ -6 & 9 & 23 \end{bmatrix}$;　(4) $\begin{bmatrix} 6 & 10 & 6 \\ -2 & 10 & 10 \end{bmatrix}$.

3. (1) $\begin{bmatrix} 4 & 0 \\ 0 & 4 \end{bmatrix}$; (2) $\begin{bmatrix} 0 & 0 \\ 0 & 0 \\ 0 & 0 \end{bmatrix}$; (3) $\begin{bmatrix} 1 & 2 \\ 0 & 1 \end{bmatrix}$; (4) $\begin{bmatrix} 10 & 4 & 5 \\ 4 & -3 & 3 \end{bmatrix}$; (5) $\begin{bmatrix} -2 & 1 \\ -3 & -1 \\ 1 & 0 \end{bmatrix}$; (6) (14);

(7) $\begin{bmatrix} 1 & 3 & 5 \\ 0 & 0 & 0 \\ 2 & 6 & 10 \end{bmatrix}$; (8) $\begin{bmatrix} 8 & 12 & 6 \\ 0 & 8 & 12 \\ 0 & 0 & 8 \end{bmatrix}$; (9) $\begin{bmatrix} 2^{n-1} & 2^{n-1} \\ 2^{n-1} & 2^{n-1} \end{bmatrix}$.

4. 略.

5. $\begin{bmatrix} 6 & 3 \\ -1 & 1 \end{bmatrix}$.

B 组

1. $X = \begin{bmatrix} 3 & 8 & 1 \\ 2 & 1 & 2 \end{bmatrix}$.

2. (1) $\begin{bmatrix} 9 & 2 & 4 \\ 11 & 0 & 3 \\ -1 & 1 & -2 \end{bmatrix}$; (2) $\begin{bmatrix} 0 & 0 \\ 0 & 0 \end{bmatrix}$.

3. (1) $A + B = \begin{bmatrix} 135 & 65 & 31 & 18 \\ 150 & 65 & 45 & 14 \\ 135 & 55 & 33 & 16 \end{bmatrix}$, $B - A = \begin{bmatrix} 5 & 5 & -1 & -2 \\ 10 & -5 & 5 & -2 \\ 5 & 5 & 3 & 4 \end{bmatrix}$, $\dfrac{1}{2}(A + B) = $

$\begin{bmatrix} 67.5 & 32.5 & 15.5 & 9 \\ 75 & 32.5 & 22.5 & 7 \\ 67.5 & 27.5 & 16.5 & 8 \end{bmatrix}$, $AC = \begin{pmatrix} 121 \\ 133 \\ 111 \end{pmatrix}$, $(A + B)C = \begin{pmatrix} 249 \\ 274 \\ 239 \end{pmatrix}$. (2) 略.

习题 7-2

A 组

1. (1) 2, $\begin{bmatrix} 1 & 0 & -\dfrac{1}{4} \\ 0 & 1 & \dfrac{7}{4} \end{bmatrix}$; (2) 3, $\begin{bmatrix} 1 & 0 & 0 \\ 0 & 1 & 0 \\ 0 & 0 & 1 \end{bmatrix}$; (3) 2, $\begin{bmatrix} 1 & 0 \\ 0 & 1 \\ 0 & 0 \end{bmatrix}$; (4) 3, $\begin{bmatrix} 1 & 0 & 0 & 1 \\ 0 & 1 & 0 & 2 \\ 0 & 0 & 1 & 0 \end{bmatrix}$;

(5) 3, $\begin{bmatrix} 1 & 0 & 0 \\ 0 & 1 & 0 \\ 0 & 0 & 1 \\ 0 & 0 & 0 \end{bmatrix}$; (6) 4, $\begin{bmatrix} 1 & 0 & -1 & 0 & 0 \\ 0 & 1 & 1 & 0 & 0 \\ 0 & 0 & 0 & 1 & 0 \\ 0 & 0 & 0 & 0 & 1 \end{bmatrix}$.

2. (1) $\begin{bmatrix} -2 & -1 \\ 3 & 1 \end{bmatrix}$; (2) $\begin{bmatrix} \dfrac{1}{9} & -\dfrac{2}{3} \\ \dfrac{1}{9} & \dfrac{1}{3} \end{bmatrix}$; (3) $\begin{bmatrix} 1 & 5 & -19 \\ 0 & 1 & -3 \\ 0 & 0 & 1 \end{bmatrix}$; (4) 无逆矩阵; (5) $\begin{bmatrix} 1 & 1 & 3 \\ 2 & 3 & 7 \\ 3 & 4 & 9 \end{bmatrix}$;

(6) $\begin{bmatrix} \dfrac{1}{2} & 0 & -\dfrac{1}{2} & 0 \\ 0 & \dfrac{1}{2} & 0 & -\dfrac{1}{2} \\ 0 & 0 & \dfrac{1}{2} & 0 \\ 0 & 0 & 0 & \dfrac{1}{2} \end{bmatrix}$.

3. 略.

4. (1) $x_1 = 0, x_2 = -1$; (2) $x_1 = -15, x_2 = -17, x_3 = 6$.

B 组

1. 3.

2. $X = \begin{bmatrix} -26 & -11 & -52 \\ 19 & 9 & 39 \\ -16 & -7 & -31 \end{bmatrix}$.

3. 略.

习题 7 − 3

A 组

1. (1) $x_1 = x_2 = x_3 = 1$; (2) $x_1 = \dfrac{1}{2} + k_1, x_2 = k_1, x_3 = \dfrac{1}{2} + k_2, x_4 = k_2$; (3) 无解; (4) $x_1 = -6k$,

$x_2 = -4k, x_3 = k, x_4 = k$ (5) $x_1 = -2, x_2 = 0, x_3 = 1, x_4 = 5$; (6) $x_1 = 9 - 4k_1 - 9k_2, x_2 = -2 +$

$k_1 + 2k_2, x_3 = k_1, x_4 = k_2$; (7) $x_1 = x_2 = x_3 = 0$; (8) $x_1 = 1 - \dfrac{9}{7}k_1 + \dfrac{1}{2}k_2, x_2 = -2 + \dfrac{1}{7}k_1 - \dfrac{1}{2}k_2$,

$x_3 = k_1, x_4 = k_2$.

2. 甲、乙两种产品的生产量分别为 4 和 2.

B 组

1. (1) $\lambda = 4$ 时, 方程组无解; (2) $\lambda \neq 4$ 时方程组有唯一解 $x_1 = \dfrac{-2\lambda - 2}{\lambda - 4}, x_2 = \dfrac{3 - 2\lambda}{\lambda - 4}, x_3$

$= \dfrac{5}{\lambda - 4}$.

2. $I_1 = 1\,\text{A}、I_2 = 2\,\text{A}、I_3 = 1\,\text{A}$.

习题 7－4

A 组

1. (1) 1; (2) ab^2-ba^2; (3) -1; (4) -40; (5) 10; (6) 0; (7) 0; (8) 412; (9) $-4abcdef$.

2. 略.

3. (1) $x = -\dfrac{14}{3}$, $y = \dfrac{22}{3}$; (2) $x_1 = 1$, $x_2 = 1$, $x_3 = 2$.

B 组

1. (1) a^4; (2) $b_1 b_2 \cdots b_n$.

2. 略.

3. $x_1 = -1$, $x_2 = 1$, $x_3 = -2$, $x_4 = 2$.

复习题七

A 组

1. (1) 错. (2) 错. (3) 对. (4) 对. (5) 对. (6) 错.

2. (1) $\begin{bmatrix} 3 & -10 & 5 & -4 \\ -5 & 11 & -8 & -9 \\ -3 & 0 & 7 & 4 \end{bmatrix}$; (2) $\begin{bmatrix} 5 & 7 & 17 \\ 14 & 9 & 31 \end{bmatrix}$; (3) $\begin{bmatrix} -6 & 29 \\ 5 & 32 \end{bmatrix}$; (4) $\begin{bmatrix} -35 & -30 \\ 45 & 10 \end{bmatrix}$.

3. (1) $\begin{bmatrix} -9 & 0 & 6 \\ -6 & 0 & 0 \\ -6 & 0 & 9 \end{bmatrix}$; (2) $\begin{bmatrix} 0 & 0 & 6 \\ -3 & 0 & 0 \\ -6 & 0 & 0 \end{bmatrix}$.

4. (1) $\begin{bmatrix} \dfrac{4}{5} & -\dfrac{1}{5} \\ -\dfrac{3}{5} & \dfrac{2}{5} \end{bmatrix}$; (2) $\begin{bmatrix} \dfrac{2}{3} & \dfrac{2}{9} & -\dfrac{1}{9} \\ -\dfrac{1}{3} & -\dfrac{1}{6} & \dfrac{1}{6} \\ -\dfrac{1}{3} & \dfrac{1}{9} & \dfrac{1}{9} \end{bmatrix}$; (3) $\begin{bmatrix} -4 & 1 & 1 \\ -5 & 1 & 2 \\ 6 & -1 & -2 \end{bmatrix}$; (4) $\begin{bmatrix} 1 & -2 & 1 & 0 \\ 0 & 1 & -2 & 1 \\ 0 & 0 & 1 & -2 \\ 0 & 0 & 0 & 1 \end{bmatrix}$;

(5) $\begin{bmatrix} \dfrac{1}{a_1} & 0 & 0 & 0 \\ 0 & \dfrac{1}{a_2} & 0 & 0 \\ 0 & 0 & \dfrac{1}{a_3} & 0 \\ 0 & 0 & 0 & \dfrac{1}{a_4} \end{bmatrix}$.

5. (1) $x_1 = 3$, $x_2 = 1$, $x_3 = 1$; (2) 无解; (3) $x_1 = \dfrac{13}{7} - \dfrac{3}{7}k_1 - \dfrac{13}{7}k_2$, $x_2 = -\dfrac{4}{7} + \dfrac{2}{7}k_1 + \dfrac{4}{7}k_2$, $x_3 = $

k_1, $x_4 = k_2$；　（4）$x_1 = \dfrac{1}{2}$，$x_2 = \dfrac{5}{4}$，$x_3 = -\dfrac{3}{4}$；　（5）无解；　（6）$x_1 = -k_1 + \dfrac{7}{6}k_2$，$x_2 = k_1 + \dfrac{5}{6}k_2$，

$x_3 = k_1$，$x_4 = \dfrac{1}{3}k_1$，$x_5 = k_2$；　（7）$x_1 = -\dfrac{3}{2}k_1 - k_2$，$x_2 = \dfrac{7}{2}k_1 - 2k_2$，$x_3 = k_1$，$x_4 = k_2$；　（8）$x_1 = \dfrac{9}{14}$，

$x_2 = \dfrac{1}{2}$，$x_3 = -\dfrac{3}{2}$，$x_4 = \dfrac{3}{14}$.

6. （1）-270；　（2）0.

B 组

1. （1）$(-1)^{\frac{n(n-1)}{2}} a_1 a_2 \cdots a_n$；　（2）$a^2 b^2$.

2. 当 $\lambda = 3$ 或 $\lambda = -6$ 时方程组有非零解. 当 $\lambda = 3$ 时,非零解为 $x_1 = -2k_1 + 2k_2$，$x_2 = k_1$，$x_3 = k_2$；当 $\lambda = -6$ 时,非零解为 $x_1 = -\dfrac{1}{2}k$，$x_2 = -k$，$x_3 = k$.

3. 四种食品 A、B、C、D 的生产数量分别为 25.6 吨、4.8 吨、9.6 吨、3.2 吨.

第八章

习题 8－1

A 组

1. （1）3；　（2）$\sqrt{21}$.

2. 略.

3. （1）过 $(0, 0, -2)$ 且平行于 xOy 面的平面；　（2）过 $(2, 0, 0)$ 且平行于 yOz 面的平面；　（3）过 xOy 面上直线 $y = x$ 且垂直于 xOy 面的平面；　（4）平面 $y = 5$ 右侧的部分；　（5）介于平面 $z = -1$ 和 $z = 6$ 之间的部分.

4. （1）$|\boldsymbol{a}| = 7$，$|\boldsymbol{b}| = \sqrt{30}$，$\boldsymbol{a} + \boldsymbol{b} = \{5, 7, 1\}$，$\boldsymbol{a} - \boldsymbol{b} = \{7, -3, 5\}$，$3\boldsymbol{a} + 4\boldsymbol{b} = \{14, 26, 1\}$，$\boldsymbol{e}_a = \dfrac{1}{7}\{6,$

$2, 3\}$，$\boldsymbol{e}_b = \dfrac{1}{\sqrt{30}}\{-1, 5, -2\}$；　（2）$|\boldsymbol{a}| = \sqrt{26}$，$|\boldsymbol{b}| = 7$，$\boldsymbol{a} + \boldsymbol{b} = \{3, -2, -4\}$，$\boldsymbol{a} - \boldsymbol{b} = \{-9,$

$-6, 2\}$，$3\boldsymbol{a} + 4\boldsymbol{b} = \{15, -4, -15\}$，$\boldsymbol{e}_a = \dfrac{1}{\sqrt{26}}\{-3, -4, -1\}$，$\boldsymbol{e}_b = \dfrac{1}{7}\{6, 2, -3\}$；　（3）$|\boldsymbol{a}| =$

$\sqrt{6}$，$|\boldsymbol{b}| = \sqrt{5}$，$\boldsymbol{a} + \boldsymbol{b} = \boldsymbol{i} - \boldsymbol{j} + 3\boldsymbol{k}$，$\boldsymbol{a} - \boldsymbol{b} = \boldsymbol{i} - 3\boldsymbol{j} - \boldsymbol{k}$，$3\boldsymbol{a} + 4\boldsymbol{b} = 3\boldsymbol{i} - 2\boldsymbol{j} + 11\boldsymbol{k}$，$\boldsymbol{e}_a = \dfrac{1}{\sqrt{6}}(\boldsymbol{i} - 2\boldsymbol{j} + \boldsymbol{k})$，

$\boldsymbol{e}_b = \dfrac{1}{\sqrt{5}}(\boldsymbol{j} + 2\boldsymbol{k})$；　（4）$|\boldsymbol{a}| = \sqrt{13}$，$|\boldsymbol{b}| = \sqrt{3}$，$\boldsymbol{a} + \boldsymbol{b} = 4\boldsymbol{i} - \boldsymbol{j} - \boldsymbol{k}$，$\boldsymbol{a} - \boldsymbol{b} = 2\boldsymbol{i} + \boldsymbol{j} - 3\boldsymbol{k}$，$3\boldsymbol{a} + 4\boldsymbol{b} =$

$13\boldsymbol{i} - 4\boldsymbol{j} - 2\boldsymbol{k}$，$\boldsymbol{e}_a = \dfrac{1}{\sqrt{13}}(3\boldsymbol{i} - 2\boldsymbol{k})$，$\boldsymbol{e}_b = \dfrac{1}{\sqrt{3}}(\boldsymbol{i} - \boldsymbol{j} + \boldsymbol{k})$.

5. $\{-2, 3, 2\}$，$\cos\alpha = -\dfrac{2}{17}\sqrt{17}$，$\cos\beta = \dfrac{3}{17}\sqrt{17}$，$\cos\gamma = \dfrac{2}{17}\sqrt{17}$.

6. $|\overrightarrow{MN}| = 2$、$\cos\alpha = \dfrac{1}{2}$, $\cos\beta = \dfrac{1}{2}$, $\cos\gamma = -\dfrac{\sqrt{2}}{2}$, $\alpha = \dfrac{\pi}{3}$, $\beta = \dfrac{\pi}{3}$, $\gamma = \dfrac{3}{4}\pi$.

B 组

1. (1) 在一条直线上； (2) 不在一条直线上.

2. $\overrightarrow{AC} = \{10, -4, 4\}$、$\overrightarrow{BD} = \{4, -12, 14\}$、$\overrightarrow{AM} = \{5, -2, 2\}$、$\overrightarrow{MB} = \{-2, 6, -7\}$.

3. $\sqrt{35}$, $\alpha = \arccos\dfrac{5}{\sqrt{35}}$, $\beta = \arccos\dfrac{1}{\sqrt{35}}$, $\gamma = \arccos\dfrac{3}{\sqrt{35}}$.

习题 8−2

A 组

1. (1) $a \cdot b = -5$, $a \times b = \{2, 5, 1\}$; (2) $a \cdot b = 0$, $a \times b = \{10, -5, 15\}$, $a \perp b$; (3) $a \cdot b = -13$, $a \times b = \{2, 13, -8\}$; (4) $a \cdot b = 21$, $a \times b = \mathbf{0}$, $a \,/\!/\, b$; (5) $a \cdot b = 0$, $a \times b = \{-22, 14, -10\}$, $a \perp b$; (6) $a \cdot b = 0$, $a \times b = \{-10, 2, 22\}$, $a \perp b$.

2. $W = 8(\text{J})$.

3. (1) -15; (2) -1.

4. (1) -142; (2) $\{3, 5, 2\}$; (3) -7; (4) $\{24, 12, 4\}$.

B 组

1. $\sqrt{265}$.

2. (1) $\pm\dfrac{\sqrt{10}}{30}\{5, -8, -1\}$; (2) $\dfrac{3}{2}\sqrt{10}$.

3. $11.8(\text{J})$.

习题 8−3

A 组

1. (1) $2x + 3y + 4z - 10 = 0$; (2) $x - 2y + 3z + 15 = 0$; (3) $2x - y + 3z + 23 = 0$; (4) $x = 4$;

(5) $6x + 10y + 7z - 50 = 0$; (6) $\dfrac{x}{3} - \dfrac{y}{2} + \dfrac{z}{5} = 1$; (7) $y - 3z = 0$; (8) $2x + 5y - 8z - 93 = 0$.

2. (1) $\dfrac{x+3}{2} = \dfrac{y}{1} = \dfrac{z+1}{4}$, $\begin{cases} x = -3 + 2t, \\ y = t, \\ z = -1 + 4t; \end{cases}$ (2) $\dfrac{x-5}{1} = \dfrac{y-1}{4} = \dfrac{z-3}{-2}$, $\begin{cases} x = 5 + t, \\ y = 1 + 4t, \\ z = 3 - 2t; \end{cases}$ (3) $\dfrac{x-1}{1} =$

$\dfrac{y-2}{-1} = \dfrac{z}{3}$, $\begin{cases} x = 1 + t, \\ y = 2 - t, \\ z = 3t; \end{cases}$ (4) $\dfrac{x-2}{1} = \dfrac{y-4}{-5} = \dfrac{z+3}{4}$, $\begin{cases} x = 2 + t, \\ y = 4 - 5t, \\ z = -3 + 4t; \end{cases}$ (5) $\dfrac{x-2}{1} = \dfrac{y}{3} = \dfrac{z-1}{-5}$,

$\begin{cases} x = 2 + t, \\ y = 3t, \\ z = 1 - 5t. \end{cases}$

3. (1) $\dfrac{x}{-2} = \dfrac{y - \dfrac{3}{2}}{1} = \dfrac{z - \dfrac{5}{2}}{3}$, $\begin{cases} x = -2t, \\ y = \dfrac{3}{2} + t, \\ z = \dfrac{5}{2} + 3t; \end{cases}$ (2) $\dfrac{x}{5} = \dfrac{y + \dfrac{14}{5}}{7} = \dfrac{z + \dfrac{17}{5}}{11}$, $\begin{cases} x = 5t, \\ y = -\dfrac{14}{5} + 7t, \\ z = -\dfrac{17}{5} + 11t. \end{cases}$

4. $\dfrac{x + 2}{6} = \dfrac{y - 2}{1} = \dfrac{z - 6}{4}$.

5. (1) 交线：$x = \dfrac{1}{3} + 23t$, $y = \dfrac{1}{6} + t$, $z = 9t$; (2) 平行; (3) 交线：$x = \dfrac{3}{2} + t$, $y = -\dfrac{1}{2}$, $z = -t$;

　　(4) 垂直，交线：$x = \dfrac{13}{5} - 36t$, $y = \dfrac{1}{15} - 4t$, $z = 15t$.

B 组

1. (1) 相交，交点为 $(-1, -1, 0)$; (2) 异面.

2. (1) 略; (2) $\dfrac{\sqrt{14}}{42}$.

习题 8 - 4

A 组

1. $(x - 5)^2 + (y - 3)^2 + (z + 2)^2 = 38$.

2. (1) 椭圆柱面; (2) 椭圆抛物面; (3) 椭圆锥面; (4) 椭球面; (5) 双曲抛物面; (6) 单叶双曲面; (7) 球面.

B 组

1. (1) 圆，$\begin{cases} x = -2, \\ y = \sqrt{5}\cos t, \\ z = \sqrt{5}\sin t; \end{cases}$ (2) 椭圆，$\begin{cases} x = 2\sqrt{5}\cos t, \\ y = 2, \\ z = \dfrac{2\sqrt{5}}{3}\sin t; \end{cases}$ (3) 双曲线，$\begin{cases} x = 2 + \dfrac{2}{\cos t}, \\ y = \tan t, \\ z = \dfrac{2}{\cos t} + 2. \end{cases}$

2. 略.

复习题八

A 组

1. $B(-2, 4, -3)$, $e_{\overline{AB}} = \dfrac{1}{\sqrt{14}}\{-3, 2, 1\}$.

2. $\sqrt{14}$, $\sqrt{146}$, $\theta = \arccos\dfrac{11}{\sqrt{511}}$.

3. (1) 略; (2) $\dfrac{\sqrt{85}}{2}$, $\dfrac{\sqrt{94}}{2}$, $\dfrac{5}{2}$.

4. (1) $\pm\dfrac{\sqrt{6}}{6}\{1,\,2,\,1\}$； (2) $\dfrac{\sqrt{6}}{2}$.

5. $x + 3y = 0$.

6. $x - y + z - 2 = 0$.

7. $\dfrac{x-4}{2} = \dfrac{y+1}{1} = \dfrac{z-3}{5}$.

8. $\dfrac{x-1}{1} = \dfrac{y-1}{1} = \dfrac{z-1}{2}$.

B 组

1. $\left\{\dfrac{10}{7}\sqrt{35},\,-\dfrac{6}{7}\sqrt{35},\,\dfrac{2\sqrt{35}}{7}\right\}$.

2. $p = -3$；$x + 7y - 3z + 2 = 0$.

3. $\arccos\dfrac{5}{6}$.

4. (1) 略； (2) $\dfrac{4}{3}\sqrt{53}$.

第九章

习题 9 - 1

A 组

1. (1) $D = \{(x,\,y) \mid x^2 + y^2 \leqslant 1\}$； (2) $D = \{(x,\,y) \mid y^2 - x > 0\}$；

(3) $D = \{(x,\,y) \mid x^2 - y \geqslant 0\}$； (4) $D = \{(x,\,y) \mid 1 < x^2 + y^2 < 4\}$；

(5) $D = \{(x,\,y) \mid x + y > 0,\, y - x > 0\}$； (6) $D = \{(x,\,y) \mid x^2 + y^2 \leqslant 9,\, x^2 + y^2 \neq 1\}$.

2. (1) 1； (2) 1； (3) $\dfrac{4}{3}$； (4) 0； (5) 0； (6) $\dfrac{1}{6}$.

3. 略

B 组

1. $f(x,\,y) = \dfrac{x^2(1 - y^2)}{(1 + y)^2}$.

2. 略

3. 总产出也翻倍.

习题 9 - 2

A 组

1. $\dfrac{1}{3},\,\dfrac{2}{3}$.

2. （1）$\dfrac{\partial z}{\partial x} = e^y$，$\dfrac{\partial z}{\partial y} = xe^y - 2y$；　（2）$\dfrac{\partial z}{\partial x} = 2x\sin y$，$\dfrac{\partial z}{\partial y} = x^2\cos y$；　（3）$\dfrac{\partial z}{\partial x} = \dfrac{1}{x + 5y}$，$\dfrac{\partial z}{\partial y} = \dfrac{5}{x + 5y}$；

（4）$\dfrac{\partial z}{\partial x} = \dfrac{-2y}{(x - y)^2}$，$\dfrac{\partial z}{\partial y} = \dfrac{2x}{(x - y)^2}$；　（5）$\dfrac{\partial z}{\partial x} = 2\cos(2x + 3y)$，$\dfrac{\partial z}{\partial y} = 3\cos(2x + 3y)$；　（6）$\dfrac{\partial z}{\partial x} =$

$\dfrac{y}{\sqrt{1 - x^2y^2}}$，$\dfrac{\partial z}{\partial y} = \dfrac{x}{\sqrt{1 - x^2y^2}}$；　（7）$\dfrac{\partial u}{\partial x} = y^2z^3$，$\dfrac{\partial u}{\partial y} = 2xyz^3 + 3z$，$\dfrac{\partial u}{\partial z} = 3xy^2z^2 + 3y$；　（8）$\dfrac{\partial u}{\partial x} =$

$\dfrac{1}{x + 2y + 3z}$，$\dfrac{\partial u}{\partial y} = \dfrac{2}{x + 2y + 3z}$，$\dfrac{\partial u}{\partial z} = \dfrac{3}{x + 2y + 3z}$；　（9）$\dfrac{\partial u}{\partial x} = 2xy\cos(x^2 + z)$，$\dfrac{\partial u}{\partial y} = \sin(x^2 + z)$，$\dfrac{\partial u}{\partial z} =$

$y\cos(x^2 + z)$.

3. （1）$\dfrac{\partial^2 z}{\partial x^2} = 12x^2 - 6y^3$、$\dfrac{\partial^2 z}{\partial x \partial y} = -18xy^2$、$\dfrac{\partial^2 z}{\partial y^2} = -18x^2y$；　（2）$\dfrac{\partial^2 z}{\partial x^2} = 0$、$\dfrac{\partial^2 z}{\partial x \partial y} = \dfrac{3}{\cos^2 3y}$、$\dfrac{\partial^2 z}{\partial y^2} = \dfrac{18x\sin 3y}{\cos^3 3y}$；

（3）$\dfrac{\partial^2 z}{\partial x^2} = \dfrac{2y}{(x + y)^3}$、$\dfrac{\partial^2 z}{\partial x \partial y} = \dfrac{y - x}{(x + y)^3}$、$\dfrac{\partial^2 z}{\partial y^2} = \dfrac{-2x}{(x + y)^3}$.

4. 4π.

5. $\dfrac{\partial W}{\partial T} = 0.6215 + 0.3965v^{0.16}$，$\dfrac{\partial W}{\partial v} = (0.063\,44T - 1.8192)v^{-0.84}$.

B 组

1. 略.

2. 略.

3. $\dfrac{\partial^2 r}{\partial x^2} = \dfrac{y^2 + z^2}{(x^2 + y^2 + z^2)\sqrt{x^2 + y^2 + z^2}}$，$\dfrac{\partial^2 r}{\partial y \partial x} = -\dfrac{xy}{(x^2 + y^2 + z^2)\sqrt{x^2 + y^2 + z^2}}$. 证明略.

4. 略.

习题 9-3

1. （1）$\dfrac{dz}{dt} = -24t^2 + 20t^3 + 12t^5 - 42t^6 + 8t^7 + 10t^9 - 11t^{10}$；　（2）$\dfrac{dz}{dt} = \dfrac{5 - e^t}{\sqrt{1 - (5t - e^t)^2}}$；

（3）$\dfrac{dz}{dt} = e^{2(1-t)}\left[2t\sin(1 + 2t) - 2t^2\sin(1 + 2t) + 2t^2\cos(1 + 2t)\right]$.

2. $\dfrac{\partial z}{\partial x} = 2x + 2y + 2xy + y^2 + 2xy^2$，$\dfrac{\partial z}{\partial y} = 2x + 2y + 2xy + x^2 + 2x^2y$.

3. $\dfrac{\partial z}{\partial x} = \dfrac{2u\ln v}{y} + \dfrac{3u^2}{v}$，$\dfrac{\partial z}{\partial y} = -\dfrac{2ux\ln v}{y^2} - \dfrac{2u^2}{v}$.

4. $\dfrac{\partial z}{\partial x} = \dfrac{2u + 4v + 2wy}{u^2 + v^2 + w^2}$，$\dfrac{\partial z}{\partial y} = \dfrac{4u - 2v + 2wx}{u^2 + v^2 + w^2}$.

5. $\dfrac{dy}{dx} = \dfrac{2x + y}{x - 2y}$.

6. （1）$\dfrac{\partial z}{\partial x} = \dfrac{3yz - 2x}{2z - 3xy}$，$\dfrac{\partial z}{\partial y} = \dfrac{3xz - 2y}{2z - 3xy}$；　（2）$\dfrac{\partial z}{\partial x} = \dfrac{1 + y^2z^2}{1 + y^2z^2 + y}$，$\dfrac{\partial z}{\partial y} = -\dfrac{z}{1 + y^2z^2 + y}$.

B 组

1. $\dfrac{\partial z}{\partial x} = e^x(y + u + \sin y)$, $\dfrac{\partial z}{\partial y} = e^x(1 + x\cos y)$.

2. $\dfrac{\partial z}{\partial x} = \dfrac{\partial f}{\partial u} \cdot 2x + \dfrac{\partial f}{\partial v} \cdot y$, $\dfrac{\partial z}{\partial y} = \dfrac{\partial f}{\partial u} \cdot (-2y) + \dfrac{\partial f}{\partial v} \cdot x$.

3. $\dfrac{\partial z}{\partial x} = \dfrac{\partial f}{\partial u} \cdot 2x + \dfrac{\partial f}{\partial v} + \dfrac{\partial f}{\partial w} \cdot \left(-\dfrac{y}{x^2}\right)$, $\dfrac{\partial z}{\partial y} = \dfrac{\partial f}{\partial v} + \dfrac{\partial f}{\partial w} \cdot \dfrac{1}{x}$.

4. $v_x = \cos t - t\sin t$, $v_y = \sin t + t\cos t$, $v_z = 2t$.

5. 57 148 cm^3/s.

习题 9 - 4

A 组

1. 切线方程:$\dfrac{x - \frac{1}{2}}{\frac{1}{4}} = \dfrac{y - 2}{-1} = \dfrac{z - 1}{2}$,法平面方程:$2x - 8y + 16z - 1 = 0$.

2. 切线方程:$\begin{cases} x = 1, \\ y = z, \end{cases}$法平面方程:$y + z = 0$.

3. 切平面:$x + 2y + 3z - 14 = 0$,法线方程:$\dfrac{x - 1}{2} = \dfrac{y - 2}{4} = \dfrac{z - 3}{6}$.

4. 切平面方程:$4x - 5y - z - 4 = 0$,法线方程:$\dfrac{x - 2}{4} = \dfrac{y - 1}{-5} = \dfrac{z + 1}{-1}$.

5. 切平面方程:$x + 2y - 4 = 0$,法线方程:$\begin{cases} z = 0, \\ \dfrac{x - 2}{1} = \dfrac{y - 1}{2}. \end{cases}$

6. 切平面方程:$-6x + 4y - z - 5 = 0$,法线方程:$\dfrac{x + 1}{-6} = \dfrac{y - 1}{4} = \dfrac{z - 5}{-1}$.

7. 切平面方程:$2x + y - 4 = 0$,法线方程:$\begin{cases} z = 0, \\ \dfrac{x - 1}{4} = \dfrac{y - 2}{2}. \end{cases}$

B 组

1. 切线方程:$\dfrac{x - 1}{1} = \dfrac{y}{1} = \dfrac{z - 1}{2}$,法平面方程:$x + y + 2z - 3 = 0$.

2. $8x - 2y - z = 0$.

3. $(-3, -1, 3)$,法线方程为:$\dfrac{x + 3}{1} = \dfrac{y + 1}{3} = \dfrac{z - 3}{1}$.

习题 9 – 5

A 组

1. （1）极大值 $f\left(-1, \dfrac{1}{2}\right) = 11$；　（2）极小值 $f(1, 1) = -1$；　（3）极大值 $f(0, 2) = e^4$；　（4）极小值

$f(2, -2) = -8$；　（5）极大值 $f(3, 2) = 36$；　（6）直线 $y = x$ 上的点均为极大点，极大值为 3.

2. 底面半径和高均为 2 cm 时，圆柱体的体积最大.

3. $\left(\dfrac{5}{3}, \dfrac{4}{3}, \dfrac{11}{3}\right)$.

4. 长方体的长、宽、高均为 2 m 时，用料最省.

B 组

1. 三个数均为 $\dfrac{100}{3}$.

2. 最短距离为 1.

3. 窗子上半部分半圆的半径为 1 m，下半部分矩形的长为 2 m，宽为 1 m 时，窗子的采光面积最大.

习题 9 – 6

A 组

1. （1）8；　（2）$\dfrac{16}{3}\pi$.

2. $V = \iint\limits_{D} \sqrt{R^2 - x^2 - y^2}\,\mathrm{d}\sigma$，其中 $D = \{(x, y) \mid x^2 + y^2 \leq R^2\}$.

3. $V = \iint\limits_{D} (1 - x - y)\mathrm{d}\sigma$，其中 $D = \{(x, y) \mid 0 \leq x \leq 1, 0 \leq y \leq 1 - x\}$.

B 组

1. $\iint\limits_{D} e^{xy}\mathrm{d}\sigma \leq \iint\limits_{D} e^{x^2+y^2}\mathrm{d}\sigma$.

2. （1）$15 \leq \iint\limits_{D} (2x + y + 3)\mathrm{d}\sigma \leq 30$；　（2）$0 \leq \iint\limits_{D} \sin^2 x \sin^2 y\,\mathrm{d}\sigma \leq \dfrac{\pi^2}{16}$.

习题 9 – 7

1. （1）$\dfrac{11}{20}$；　（2）$\dfrac{9}{8}$；　（3）$\dfrac{1}{3}$；　（4）2π.

2. （1）12；　（2）$\dfrac{64}{9}$；　（3）$\dfrac{1}{2}(\ln 3 - \ln 2)$；　（4）$\dfrac{1}{12}$；　（5）$\dfrac{1}{35}$；　（6）$\dfrac{13}{6}$.

3. （1）$2\pi\ln 2$；　（2）$(1 - e^{-9})\pi$；　（3）0.

4. （1）$\displaystyle\int_0^1 \mathrm{d}x \int_x^{\sqrt{x}} f(x, y)\mathrm{d}y$；　（2）$\displaystyle\int_0^1 \mathrm{d}y \int_{e^y}^{e} f(x, y)\mathrm{d}x$；　（3）$\displaystyle\int_0^1 \mathrm{d}y \int_0^{\sqrt{y}} x^3 \sin y^3 \mathrm{d}x$.

5. 6.

6. $\dfrac{112}{3}\pi$.

7. $m = \dfrac{27}{2}$,形心坐标为 $\left(\dfrac{8}{5},\dfrac{1}{2}\right)$.

B 组

1. (1) $\displaystyle\int_0^{\pi}\mathrm{d}x\int_0^{x}x^2\sin(xy)\,\mathrm{d}y$, $\dfrac{1}{2}\pi^2 - \dfrac{1}{2}\sin\pi^2$;   (2) $\displaystyle\int_0^1\mathrm{d}y\int_0^{y}\mathrm{e}^{y^2}\,\mathrm{d}x$, $\dfrac{1}{2}(\mathrm{e}-1)$.

2. $\dfrac{8}{3}\pi - \dfrac{32}{9}$.

3. $m = \dfrac{13}{3}$,质心坐标为 $\left(\dfrac{4}{13},\dfrac{11}{13}\right)$.

4. $\dfrac{16\pi}{3} - \dfrac{64}{9}$.

5. $\dfrac{1}{2}\pi R^4$.

复习题九

A 组

1. (1) $D = \{(x,y)\mid x+y+1 \geqslant 0,\text{且 } x \neq 1\}$;   (2) $D = \{(x,y)\mid 1 < x^2+y^2 \leqslant 2\}$.

2. (1) $\dfrac{\partial z}{\partial x} = y\mathrm{e}^{xy} + \dfrac{1}{2\sqrt{x+y^2}}$, $\dfrac{\partial z}{\partial y} = x\mathrm{e}^{xy} + \dfrac{y}{\sqrt{x+y^2}}$;   (2) $\dfrac{\partial z}{\partial x} = 3\cos 3x + \dfrac{y}{(x+y)^2}$, $\dfrac{\partial z}{\partial y} = -\dfrac{x}{(x+y)^2}$;

(3) $\dfrac{\partial u}{\partial x} = \dfrac{\partial u}{\partial y} = \dfrac{\partial u}{\partial z} = \dfrac{1}{2\sqrt{x+y+z}}$;   (4) $\dfrac{\partial u}{\partial x} = \dfrac{2xy}{1+x^4y^2} + zx^{z-1}$, $\dfrac{\partial u}{\partial y} = \dfrac{x^2}{1+x^4y^2}$, $\dfrac{\partial u}{\partial z} = x^z\ln x$.

3. (1) $\dfrac{\partial^2 z}{\partial x^2} = \dfrac{-4}{(2x+y^2)^2}$, $\dfrac{\partial^2 z}{\partial x\partial y} = -\dfrac{4y}{(2x+y^2)^2}$, $\dfrac{\partial^2 z}{\partial y^2} = \dfrac{4x-2y^2}{(2x+y^2)^2}$;   (2) $\dfrac{\partial^2 z}{\partial x^2} = 2y+(\ln y)^2 y^x$, $\dfrac{\partial^2 z}{\partial x\partial y} = 2x +$ $y^{x-1}(x\ln y+1)$, $\dfrac{\partial^2 z}{\partial y^2} = x(x-1)y^{x-2}$.

4. $\dfrac{\partial z}{\partial x} = \mathrm{e}^{u\cos v}\left(y\cos v + \dfrac{u\sin v}{y-x}\right)$, $\dfrac{\partial z}{\partial y} = \mathrm{e}^{u\cos v}\left(x\cos v + \dfrac{u\sin v}{x-y}\right)$.

5. (1) $\dfrac{\partial z}{\partial x} = \dfrac{3x^2+54y-yz}{xy}$, $\dfrac{\partial z}{\partial y} = \dfrac{54x-2y-xz}{xy}$;   (2) $\dfrac{\partial z}{\partial x} = \dfrac{3}{2}x^2y\sqrt{1-(x+y+2z)^2} - \dfrac{1}{2}$, $\dfrac{\partial z}{\partial y} = $ $\dfrac{1}{2}x^3\sqrt{1-(x+y+2z)^2} - \dfrac{1}{2}$.

6. (1) 切平面方程: $2x+2y-z+1 = 0$,法线方程: $\dfrac{x-1}{2} = \dfrac{y+1}{2} = \dfrac{z-1}{-1}$;

(2) 切平面方程: $x+y+z-1 = 0$,法线方程: $x = y = z-1$.

7. (1) 切线方程: $\dfrac{x}{1} = \dfrac{y-2}{1} = \dfrac{z-1}{2}$,法平面方程: $x+y+2z-4 = 0$;

(2) 切线方程: $\dfrac{x-1}{-1} = \dfrac{y}{1} = \dfrac{z-1}{-1}$,法平面方程: $-x+y-z+2 = 0$.

8. （1）极小值 $f\left(\dfrac{1}{2},-1\right)=-\dfrac{1}{2}\mathrm{e}$；　（2）极小值 $f(0,-2)=-\dfrac{2}{\mathrm{e}}$.

9. 略

10. 长方体的长、宽、高均为 $\dfrac{4}{3}\sqrt{6}$.

11. 东墙的长、高分别为 $\dfrac{8}{3}\sqrt[3]{450}$ 和 $\sqrt[3]{450}$，南墙的长、高分别为 $\dfrac{10}{3}\sqrt[3]{450}$ 和 $\sqrt[3]{450}$.

12. （1）$\dfrac{4}{9}\mathrm{e}^{\frac{3}{2}}-\dfrac{32}{45}$；　（2）$-\dfrac{5}{6}$；　（3）$\mathrm{e}-1$；　（4）$\dfrac{33}{2}\pi$.

13. （1）$\dfrac{1}{3}(\ln 10-\ln 3)$；　（2）$\dfrac{32}{15}$；　（3）$\dfrac{1}{2}(1-\cos 1)$；　（4）$\dfrac{17}{4}$；　（5）$\pi(8\ln 2-3)$；　（6）$2\pi$；

（7）$(\sin 9-\sin 1)\pi$.

14. （1）$\dfrac{4\sqrt{2}-2}{9}$；　（2）$\dfrac{1}{4}\sin 16$；　（3）$\dfrac{1}{4}(\mathrm{e}^{16}-1)$.

15. 4.

16. $m=\dfrac{1}{3}\pi$，质心坐标为 $\left(0,\dfrac{3}{2\pi}\right)$.

B 组

1. $f(x,y)=x^2+y+5$.

2. 略

3. $\dfrac{\partial z}{\partial x}=vt+ut+uvy$，$\dfrac{\partial z}{\partial y}=vt-ut+uvx$.

4. $\dfrac{\partial z}{\partial x}=2x\cdot\dfrac{\partial f}{\partial u}+\dfrac{\partial f}{\partial v}+y\dfrac{\partial f}{\partial w}$，$\dfrac{\partial z}{\partial y}=\dfrac{\partial f}{\partial v}+x\dfrac{\partial f}{\partial w}$，其中 $u=x^2$，$v=x+y$，$w=xy$.

5. 改变小的电阻 R_1 时，总电阻的变化率大.

6. 最大值为 10，最小值为 1.

7. （1）$\dfrac{1}{2}\mathrm{e}^4-2\mathrm{e}$；　（2）$\dfrac{2}{15}$；　（3）$\dfrac{32}{9}$.

8. （1）$\displaystyle\int_0^1\mathrm{d}x\int_x^{2-x}f(x,y)\mathrm{d}y$；　（2）$\displaystyle\int_0^1\mathrm{d}y\int_{\sqrt{y}}^{2-y}f(x,y)\mathrm{d}x$.

9. 画图略，立体的体积为 $\dfrac{20}{3}\pi$.

10. $Q_1=5$，$Q_2=4$，$P_1=P_2=8$.

课堂测试题参考答案

课堂测试 1-1　1. B;2. D;3. A;4. C;5. D.

课堂测试 1-2　1. B;2. A;3. C;4. D;5. D.

课堂测试 1-3-1　1. B;2. A;3. C;4. A;5. D.

课堂测试 1-3-2　1. C;2. B;3. C;4. C;5. C.

课堂测试 1-4　1. A;2. B;3. C;4. B;5. B.

课堂测试 2-1　1. C;2. C;3. A;4. B;5. B.

课堂测试 2-2　1. B;2. B;3. C;4. A;5. A.

课堂测试 2-3　1. A;2. C;3. C;4. B;5. B.

课堂测试 2-4　1. C;2. A;3. B;4. A;5. C.

课堂测试 2-5　1. C;2. D;3. C;4. B;5. C.

课堂测试 3-1　1. D;2. C;3. B;4. B;5. C.

课堂测试 3-2　1. A;2. B;3. C;4. B;5. D.

课堂测试 3-3　1. C;2. B;3. C;4. B;5. C.

课堂测试 3-4　1. B;2. A;3. D;4. C;5. B.

课堂测试 4-1　1. D;2. C;3. C;4. D;5. D.

课堂测试 4-2　1. C;2. D;3. B;4. C;5. D.

课堂测试 4-3　1. C;2. D;3. B;4. D;5. A.

课堂测试 4-4　1. D;2. A;3. D;4. C;5. D.

课堂测试 4-5　1. D;2. C;3. A;4. A;5. C.

课堂测试 4-6　1. B;2. B;3. C;4. D;5. C.

课堂测试 4-7　1. C;2. A;3. B;4. B;5. C.

课堂测试 5-1　1. C;2. C;3. B;4. A;5. D.

课堂测试 5-2　1. C;2. A;3. D;4. D;5. A.

课堂测试 5-3-1　1. C;2. B;3. A;4. C;5. A.

课堂测试 5-3-2　1. C;2. A;3. B;4. C;5. D.

课堂测试 6-1　1. D;2. C;3. D;4. D;5. A.

课堂测试 6-2　1. C;2. C;3. B;4. D;5. C.

课堂测试 6-3　1. B;2. D;3. A;4. B;5. D.

课堂测试 6 - 4　1. C;2. A;3. B;4. C;5. D.

课堂测试 6 - 5　1. C;2. B;3. D;4. A;5. D.

课堂测试 7 - 1　1. A;2. D;3. C;4. B;5. B.

课堂测试 7 - 2　1. C;2. D;3. A;4. B;5. B.

课堂测试 7 - 3　1. B;2. A;3. A;4. D;5. C.

课堂测试 7 - 4　1. B;2. C;3. C;4. B;5. C.

课堂测试 8 - 1　1. C;2. D;3. B;4. B;5. B.

课堂测试 8 - 2　1. D;2. B;3. A;4. B;5. A.

课堂测试 8 - 3　1. D;2. D;3. A;4. B;5. C.

课堂测试 8 - 4　1. D;2. C;3. C;4. B;5. A.

课堂测试 9 - 1　1. B;2. C;3. B;4. D;5. A.

课堂测试 9 - 2　1. A;2. B;3. B;4. C;5. A.

课堂测试 9 - 3　1. C;2. B;3. A;4. D;5. B.

课堂测试 9 - 4　1. A;2. D;3. C;4. B;5. C.

课堂测试 9 - 5　1. D;2. B;3. B;4. C;5. C.

课堂测试 9 - 6　1. A;2. C;3. C;4. C.

课堂测试 9 - 7　1. C;2. B;3. A;4. D.

参 考 书 目

1. James Stewart. 微积分[M]. 北京:高等教育出版社,2004.

2. 邓俊谦. 应用数学基础[M]. 北京:华夏出版社,2006.

3. 宣立新. 高等数学(下册)[M]. 北京:高等教育出版社,2005.

4. 史俊贤. 高等数学[M]. 大连:大连理工大学出版社,2005.

5. 同济大学应用数学系. 高等数学[M]. 北京:高等教育出版社,2002.

6. 韩中庚. 数学建模实用教程[M]. 北京:高等教育出版社,2012.

7. 费浦生,羿旭明. 数学建模及其基础知识详解[M]. 武汉:武汉大学出版社,2006.

8. 周品,赵新芬. MATLAB 数学建模与仿真[M]. 北京:国防工业出版社,2009.

图书在版编目（CIP）数据

高等数学/邓俊谦,周素静主编.—上海:华东师范大学
出版社,2020
ISBN 978-7-5760-0190-7

Ⅰ.①高…　Ⅱ.①邓…②周…　Ⅲ.①高等数学—高
等职业教育—教材　Ⅳ.①O13

中国版本图书馆 CIP 数据核字（2020）第 042818 号

高等数学（高职高专版）（第1版）

主　　编　邓俊谦　周素静
责任编辑　胡结梅
责任校对　郑华盛　时东明
封面设计　俞　越

出版发行　华东师范大学出版社
社　　址　上海市中山北路 3663 号　邮编 200062
网　　址　www.ecnupress.com.cn
电　　话　021-60821666　行政传真 021-62572105
客服电话　021-62865537　门市（邮购）电话 021-62869887
地　　址　上海市中山北路 3663 号华东师范大学校内先锋路口
网　　店　http://hdsdcbs.tmall.com

印 刷 者　常熟高专印刷有限公司
开　　本　787×1092　16 开
印　　张　23.5
字　　数　530 千字
版　　次　2020 年 10 月第 1 版
印　　次　2020 年 10 月第 1 次
书　　号　ISBN 978-7-5760-0190-7
定　　价　49.00 元

出 版 人　王　焰